Computerunterstützung für das Management

Neue Möglichkeiten der computerbasierten Informationsunterstützung oberster Führungskräfte auf dem Weg von MIS zu EIS?

Von

Dr. oec. publ. R. Ulrich G. Oppelt

R. Oldenbourg Verlag München Wien

Zum Autor:

R. Ulrich G. Oppelt, geboren 1965 in Bad Godesberg, studierte nach dem Abitur 1984 an den Universitäten zu Bonn und München Mathematik, Informatik (Vordiplom 1988) und Volkswirtschaft (Diplom 1990). Nach einer Auslandsstation in Spanien schloß sich die Promotion in Betriebswirtschaft an (Abschluß 1995). Seit 1989 ist er als selbständiger Unternehmensberater in den Bereichen Strategie- und Organisationsentwicklung sowie Informationsmanagement, seit 1992 zusätzlich als Lehrbeauftragter tätig.

Korrespondenzanschrift: Edelweißstraße 12, D-81541 München

Die Deutsche Bibliothek - CIP-Einheitsaufnahme

Oppelt, R. Ulrich G.:
Computerunterstützung für das Management : neue Möglichkeiten der computerbasierten Informationsunterstützung oberster Führungskräfte auf dem Weg von MIS zu EIS? / Von R. Ulrich G. Oppelt. - München ; Wien : Oldenbourg, 1995
Zugl.: München, Univ., Diss., 1995
ISBN 3-486-23419-6

Gesamtherstellung: WB-Druck, Rieden

ISBN 3-486-23419-6

Meinen Eltern.

INHALTSÜBERSICHT

VORWORT

Seit den ersten Erfolgen des Computereinsatzes im mathematisch-naturwissenschaftlichen wie im betriebswirtschaftlichen Bereich in den späten fünfziger Jahren stellt sich die Frage nach Möglichkeiten und Grenzen der Unterstützung (wenn nicht gar Substitution) betrieblicher Managementaufgaben durch Informationstechnik. Im Zuge der frühen Erfolge bei der Rationalisierung betrieblicher Routineaufgaben auf Sachbearbeiterebene mittels des EDV-Einsatzes entstand in den sechziger Jahren eine zeitweise sehr lebhaft geführte Diskussion um die Anwendungspotentiale der Informationstechnik auch im Bereich des mittleren und oberen Managements.

In wiederkehrenden Wellen aber unter wechselnden »Titeln« ist diese Diskussion in den letzten 30 Jahren immer wieder neu entfacht worden. So folgten der Auseinandersetzung um »Managementinformationssysteme« die Diskussion über »Entscheidungsunterstützungssysteme« sowie »Expertensysteme« und »Bürokommunikationssysteme«. In den meisten dieser Fälle wich die erste Euphorie über die versprochenen Möglichkeiten früher oder später einer deutlichen Ernüchterung hinsichtlich der realisierten Implementierungen.

Mitte der achtziger Jahre kündigte sich unter dem Schlagwort »Executive Information System« ein neue Art von Systemen - speziell mit dem Ziel der *Informations*unterstützung *oberster* Führungskräfte - an, deren Markt seitdem stürmische Zuwachsraten feiert. Nachdem nunmehr fast zehn Jahre seit Markteinführung erster EIS-Produkte und etwa fünf Jahre seit ersten Berichten über Implementierungen in Deutschland vergangen sind, liegt es nahe, die gesammelten Erfahrungen einer systematischen Überprüfung zu unterziehen.

Dies war der Anlaß für die vorliegende Arbeit, die 1994 am Seminar für betriebswirtschaftliche Informations- und Kommunikationsforschung der Ludwig-Maximilians-Universität München fertiggestellt und in der Promotionsabschlußberatung vom 22. Februar 1995 unter dem Titel »Computerbasierte Informationsunterstützung oberster Führungskräfte: Neue Möglichkeiten für das Management auf dem Weg von MIS zu EIS?« als Dissertation der Universität München angenommen wurde. Im Zentrum der Arbeit steht somit die Frage, inwiefern sich auf dem Weg von den MIS der sechziger Jahre zu den EIS der achtziger neue Möglichkeiten für die Unterstützung der Arbeit von (Top) Managern ergeben haben und wo die Zukunftsperspektiven entsprechender Systeme liegen.

Befaßt man sich mit dem Thema der computerbasierten Informationsunterstützung oberster Führungskräfte, so stellt man schnell fest, daß sowohl zum Bereich »Managerial Work« wie zum Gebiet des computergestützten »Management Support« eine kaum mehr überschaubare Fülle von Literatur existiert. Sowohl innerhalb dieser Forschungsbereiche als auch zwischen ihnen fand in der Vergangenheit - so wird bei näherem Hinsehen erkennbar - allzu häufig nur eine ungenügende gegenseitige »Befruchtung« der verschiedenen Beiträge statt. Die isolierte Sicht aus der zuvor mehr oder minder explizit »aufgesetzten Brille« dominiert beide Forschungsfelder; Arbeiten, die versuchen, die verschiedenen Erkenntnisse zu integrieren, sind kaum auszumachen.

An diesem Punkt setzt die vorliegende Arbeit an, indem der Versuch unternommen wird, möglichst unvoreingenommen einen Überblick über *beide* Forschungsfelder und die ihnen gemeinsamen Schnittstellen zu leisten. Dem folgend steht die *explorative Bestandsaufnahme* des - so zeigt die Arbeit - teilweise recht »verstreuten« und durchaus noch lückenhaften Wissens um die Arbeit oberster Führungskräfte und die Erfahrungen ihrer Computerunterstützung sowie die hieraus möglichen Schlußfolgerungen im Vordergrund der Untersuchung und weniger die instrumentelle Lösung des Problems des »Computer-based Top Management Support«.

Im Rahmen des skizzierten Vorhabens wurde dabei in verschiedener Hinsicht versucht, einmal etwas andere, für Dissertationen des deutschen Sprachraums möglicherweise unübliche methodische Wege zu beschreiten. Dies gilt zum einen für die ausgiebige Verwendung auch längerer wörtlicher Zitate in der Originalsprache sowie das generelle Festhalten an den - zumeist englischsprachigen - Originalbegriffen. Abgesehen davon, daß sich einige - für die Themenstellung teilweise zentrale - Fachtermini, wie beispielsweise »Senior Executive«, »Information« oder »Measurement«, kaum inhaltsgleich ins Deutsche übersetzen lassen, ist diese Vorgehensweise von dem Wunsch getragen, dem Leser eine weitgehend eigene Interpretation von Begrifflichkeiten und Textpassagen zu erlauben. Dies erscheint umso wichtiger, als einige der insgesamt durchaus vielzitierten Quellen in ihren jeweiligen Originalsprachen in deutschen Bibliotheken nicht so leicht zugänglich sind, wie man es vielleicht erwarten sollte. Aus diesem Grunde auch werden die einzelnen Ansätze der Managementforschung sequentiell und zusammen mit Erläuterungen zu Ursprüngen wie zur verwendeten Methodik »vorgestellt« und nicht - methodische Unterschiede häufig verschleiernd - Themen-synoptisch zusammengefaßt. Schließlich können die Einleitungszitate vor den einzelnen Unterkapiteln sowie einige parabelartige Analogien in der zweiten Hälfte der Arbeit als Versuch aufgefaßt werden, einmal alternative »personalistische« Präsentationsformen - im Sinne von Mason & Mitroff - für ansonsten weitgehend analytisch gewonnene Informationen anzubieten.

Beide der oben genannten Forschungsfelder präsentieren sich in einem weitgehend unkonsolidierten Zustand, so daß selbst einige ihrer Vetreter zuweilen Zweifel über den Forschungsfortschritt in den vergangenen Jahrzehnten äußern. Insofern dient die - auf den ersten Blick vielleicht als historischer Diskurs erscheinende - Auswahl auch älterer Beiträge zur Arbeit oberster Führungskräfte durchaus der Skizzierung eines »Reference Standard«. Dafür möge auch die große Anzahl von in den letzten vier Jahren erfolgten Neuauflagen, Wiederabdrucken oder Übersetzungen der frühen Werke etwa von Barnard, Carlson, Drucker, March & Simon oder Mintzberg als Indiz gelten. Wie aktuell einige »Klassiker« und die in ihnen geschilderten Probleme auch im Blickwinkel heutiger Diskussionen noch sind, zeigt sich dabei nicht nur in Fayols anschaulicher Klage über zu lange Studienzeiten und verfehlte Studieninhalte von Hochschulabgängern.

Eine besondere Anmerkung verdient noch der Anhang, in welchem sich neben den empirischen Teilen auch einige ausgegliederte Textpassagen befinden, die gewissermaßen den Charakter »überlanger Fußnoten« haben, das heißt für den »roten Faden« der Arbeit nicht zwingend, für eine differenziertere wissenschaftliche Argumentation jedoch hilfreich sind.

Abschließend möchte ich nicht versäumen, mich bei denjenigen Personen herzlich zu bedanken, die am Entstehungsprozeß dieser Dissertation aktiv mitwirkten.

Mein Dank gilt zuvorderst und ganz besonders meinem Doktorvater Herrn Prof. Dr. Arnold Picot - nicht nur für die Anregung des Themas und hilfreiche inhaltliche Hinweise, sondern auch für die gewährten wissenschaftlichen Freiheiten und das mir geschenkte Vertrauen. Mein Dank gilt sodann Herrn Prof. Dr. Dr. h. c. Werner Kirsch für die spontane Bereitschaft zur Übernahme des Korreferats.

Auch wenn die zugesicherte Anonymität ihre Namensnennung verhindert, so möchte ich mich - neben den Teilnehmern meiner schriftlichen Umfragen - besonders bei den Damen und Herren bedanken, die ihre Zeit geopfert haben, um mir wertvolle Einblicke in die Praxis zu ermöglichen. Dank schulde ich daneben auch Ms. Judith Quillard (MIT) sowie Prof. William J. Bruns, Jr. (HBS) für den interessanten Meinungsaustausch und die »mit auf den Weg gegebene« Lektüre.

Für die kritische Durchsicht und Kommentierung (von Teilen) des Manuskripts bin ich meinen Kollegen und Freunden Herrn Dr. Jörg Bischoff, Herrn Dr. Helmut Dietl, Herrn Prof. Dr. Egon Franck, Herrn Robert Goecke, Herrn Ansgar Gründler, Herrn Dr. Hans Niggl, Frau Tanja Ripperger sowie Herrn Dr. Gernot Wunderle sehr dankbar.

Hinsichtlich der vielfältigen administrativen Unterstützung, wie insbesondere Literaturrecherche und -beschaffung, Pflege der Literaturdatenbank, Kopierarbeiten sowie die nie endende Suche nach Tippfehlern bin ich Herrn Christian Fechter, Frau Christine Hartig, Herrn Claus Huber, Frau Maria Kalteis, Herrn Tim Schmiel, Herrn Bernd Schulte, Frau Asja Ziegler sowie dem unermüdlichen Team von der Kopierfabrik zu herzlichem Dank verpflichtet.

Schließlich möchte ich es an dieser Stelle nicht versäumen, auch Frau Dagmar Fleischmann vom Promotionsausschuß meinen besonderen Dank auszusprechen für die herzliche Betreuung, die sie »ihren« Doktoranden über die gesamte Zeit zuteil werden läßt.

Last but not least gebührt meinen Eltern Dank - für mehr als dies hier in aller Kürze beschrieben werden könnte. Ihnen sei diese Arbeit gewidmet.

München, im April 1995 Ulrich Oppelt

INHALTSVERZEICHNIS

ABBILDUNGSVERZEICHNIS

Vgl. für die Abbildungen des Anhangs das Verzeichnis auf S. 193 f.!

ABKÜRZUNGSVERZEICHNIS

Anmerkung: Zeitschriftennamen sind kursiv gedruckt.

a. a. O.	am angegebenen Ort
Abb.	Abbildung
ACM	Association of Computing Machinery, Inc.
ADP	Automatic Data Processing
ADV	Automatisierte Datenverarbeitung
AG	Aktiengesellschaft
AIT	Angewandte Informations-Technik Verlags GmbH
AMA	American Management Association, Inc.
AMIT	*Accounting, Management & Information Technologies*
AMR	*Academy of Management Review*
Anm.	Anmerkung(en)
Apr.	April
ASQ	*Administrative Science Quarterly*
Aufl.	Auflage
Aug.	August
Bd.	Band (engl.: Vol.)
Bde.	Bände
BH	*Business Horizons*
BMFT	Bundesminister(ium) für Forschung und Technologie
BW	*Business Week*
bzw.	beziehungsweise
CACM	*Communications of the ACM*
Cal.	California
CAT	Computer Aided Team
CEO	Chief Executive Officer
CIB	Computer Integrated Business
CIO	*Chief Information Officer*
CIS	Chef-Informationssystem(e)
CISR	Center for Information Systems Research, MIT - Cambridge, Mass.
CMn	*Controller Magazin*
CMOS	Complemental Metal Oxide Semiconductor
CMR	*California Management Review*
Con.	Connecticut
CSCW	Computer Supported Cooperative Work
CSF	Critical Success Factors
CW	*Computerwoche*
CW-CSE	CW Communications, Services & Education
d. h.	das heißt
d. Verf.	des Verfassers
Darst.	Darstellung
DB	*Die Bank*
DBW	*Die Betriebswirtschaft*
Dez.	Dezember
Diss.	Dissertation
DMR	*Diebold Management Report*
DSS	Decision Support System(s)
DSSs	*Decision Support Systems*
dt.	deutsch(e)
DU	*Die Unternehmung*
DV	Datenverarbeitung
ebd.	ebenda
EDP	Electronic Data Processing
EDV	Elektronische Datenverarbeitung
EIS	Executive Information System(s)
EJIS	*European Journal of Information Systems*
engl.	englisch
ES	Expertensystem(e)
ESS	Executive Support System
et al.	und andere (Autoren bzw. Herausgeber)
etc.	et cetera

EUS	Entscheidungsunterstützungssystem(e)
f.	folgende (Seite bzw. Spalte)
FAZ	*Frankfurter Allgemeine Zeitung*
FBO	Fachverlag für Büro- und Organisationstechnik GmbH
Feb.	Februar
ff.	fortfolgende (Seiten bzw. Spalten)
FIS	Führungsinformationssystem(e)
Frj.	Frühjahr
GDSS	Group Decision Support System(s)
GmbH	Gesellschaft mit beschränkter Haftung
GMD	Gesellschaft für Mathematik und Datenverarbeitung
h	Stunde(n)
HBR	*Harvard Business Review*
HBS	Harvard Business School
Her.	Herbst
Herv.	Hervorhebung(en)
HM	*Harvard Manager*
HMD	*Handbuch der modernen Datenverarbeitung*
HRIS	Human Ressource Information System(s)
Hrsg.	Herausgeber; engl.: Editor(s)
i. V. m.	in Verbindung mit
I&M	*Information & Management*
IAO	Fraunhofer-Institut für Arbeitswirtschaft und Organisation, Stuttgart
IBM	International Business Machines
IC	Integrated Circuit
ICC	*Industrial and Corporate Change*
IDC	International Data Corporation
IFPS	Interactive Financial Planning System
IJIM	*International Journal of Information Management*
Ill.	Illinois
IM	*Information Management*
IMR	*Information Management Review*
Inc.	Incorporated
insb.	insbesondere
IS	Informationssystem
IS/EJ	*Information Strategy: The Executive's Journal*
IT	Informationstechnik / Informationstechnologie / Information Technology
IuK-	Informations- und Kommunikations-
Jan.	Januar
Jg.	Jahrgang (engl.: Vol.)
JISM	*Journal of Information Systems Management*
JITE	*Journal of Institutional and Theoretical Economics • Zeitschrift für die gesamte Staatswissenschaft*
JMAR	*Journal of Management Accounting Research*
JSM	*Journal of Systems Management*
k. A.	keine Angabe(n)
Kap.	Kapitel
KEF	Kritische Erfolgsfaktoren
KRP	*Kostenrechnungspraxis*
LMU	Ludwig-Maximilians Universität
LSI	Large Scale Integration
Mass.	Massachusetts
Mich.	Michigan
Minn.	Minnesota
Mio.	Millionen
MIPS	million instructions per second
MIS	Management Information System(s)
MISQ	*MIS Quarterly*
MIT	Massachusetts Institute of Technology
MKIS	Marketing Information System
MM	*manager magazin*
MRS	Management Reporting System(s)
MS	*Management Science*

MS	Microsoft Corporation
MSS	Management Support System(s)
mtl.	monatlich
MUS	Managementunterstützungs-system
N. J.	New Jersey
N. Y.	New York (State)
NASA	National Aeronautical and Space Administration
ngdr.	nachgedruckt
Nov.	November
Nr.	Heft Nummer; engl.: Number (No.)
NYU	New York University
o. Jg.	ohne Jahrgangsangabe
o. V.	ohne Verfasserangabe
OAS	Office Automation System(s)
Okt.	Oktober
OLRT	on-line real-time
OM	*Office Management*
ORQ	*Operational Research Quarterly*
OS	*Organization Science*
p. a.	per annum
PAR	*Public Administration Review*
PC	Personal Computer
qtl.	quartalsweise
ROB	*Research in Organizational Behavior*
S.	Seite(n); engl.: page(s)
SDC	System Development Corporation
Sep.	September
SMR	*Sloan Management Review*
Som.	Sommer
Sp.	Spalte(n)
SPJ	*Systems & Procedures Journal*
SSI	Small Scale Integration
tgl.	täglich
TPS	Transaction Processing System(s)
U. S.	United States
u. a.	unter anderen / unter anderem
u.	und
UCLA	University of California Los Angeles
usw.	und so weiter
v.	von / vom
vgl.	vergleiche
VIS	Vorstandsinformations-system(e)
VLSI	Very Large Scale Integration
Vol.	Volume (dt. Bd bzw. Jg.)
VP	Vice President
vs.	versus
WI	*Wirtschaftsinformatik*
Win.	Winter
WiSt	*Wirtschaftswissenschaftliches Studium*
WISU	*Das Wirtschaftsstudium*
WiWo	*Wirtschaftswoche*
WSJ	*The Wall Street Journal*
wtl.	wöchentlich
XPS	Expert System(s)
XSS	Expert Support Systems(s)
z. B.	zum Beispiel
ZfB	*Zeitschrift für Betriebswirtschaft*
ZfbF	*Schmalenbachs Zeitschrift für betriebswirtschaftliche Forschung*
ZFO	*Zeitschrift Führung + Organisation*
ZP	*Zeitschrift für Planung*

KAPITEL I
EINLEITENDE ÜBERLEGUNGEN

Ökonomisches Handeln im allgemeinen und Unternehmensführung im besonderen vollziehen sich - so eine herrschende Überzeugung - in einem Umfeld verschärften Wettbewerbs bei ständig zunehmender Komplexität und Dynamik.[1] Schlagworte aus Theorie und Praxis, wie zum Beispiel »Globalisierung der Märkte«, »Verkürzung der Produktlebenszyklen«, »Flexible Produktion«, »Time to Market« oder »Management der Diskontinuitäten«, unterstreichen dabei die wachsende Bedeutung des Erfolgsfaktors Zeit bei der Initiierung und Durchführung betrieblicher Prozesse, die in einem immer stärkeren Maße durch Vernetzung, Interdependenz, Variablenvielfalt und häufig auch Ergebnisunsicherheit geprägt sind.

1.1 GRUNDPROBLEME DER INFORMATIONSVERSORGUNG OBERSTER FÜHRUNGSKRÄFTE

Was allgemein für die Prozesse der betrieblichen Faktorkombination gilt, gilt analog auch für die zugrundeliegenden Entscheidungsprozesse des Managements. Zum einen benötigen Führungskräfte in Entscheidungssituationen, die in zunehmenden Maße von Komplexität, Unsicherheit und Neuartigkeit gekennzeichnet sind, eine immer längere Reaktionszeit.[2] Zum anderen macht der zunehmende Veränderungsdruck des Marktes eine immer kürzer werdende Anpassungszeit erforderlich. Die verfügbare Zeit zur Bewältigung komplexer Fragestellungen wird somit für Führungskräfte immer knapper. Entscheidungen der Unternehmensführung geraten zunehmend in eine »Zeitschere«, wie sie in Abbildung 1 veranschaulicht ist.

---

1 Vgl. z. B. Reinhard/Weidermann (1984), S. 57 ff., Hammer (1990), S. 238, Hinterhuber (1990), S. 17 ff., Senn (1990), S. 3 ff., Reichwald (1992), S. 5 f., Ziegenbein (1992), S. 15, Maul (1993), S. 716 f. oder Picot/Reichwald (1994), S. 548 f. Es lohnt sich allerdings durchaus, diese vielfach geäußerte Ansicht einmal kritisch in Frage zu stellen: Wird beispielsweise der Wettberwerb im Lichte zunehmender Konzentrationstendenzen in einigen Branchen sowie der Bildung von sogenannten »Handelsblöcken« insgesamt wirklich schärfer? Oder findet nicht vielmehr eine gewisse Kompensation oder Verschiebung statt in dem Sinne, daß zunehmender internationaler Wettbewerb innerhalb der EG begleitet wird von abnehmender intranationaler wie auch weltweiter Konkurrenz? Wird nicht auch Komplexität in gewisser Hinsicht transformiert, da die durch Unternehmenswachstum bedingte zunehmende intraorganisationelle Komplexität eine Kompensation durch verringerte Marktkomplexität erfährt? Vgl. ähnlich kritisch zur »herrschenden Überzeugung« etwa auch E. v. Kuenheim in Wilm (1994), S. 36.

2 Vgl. in diesem Zusammenhang zur Komplexität in Entscheidungsprozessen Kirsch (1988), S. 204 - 219 sowie zum Grundproblem der Unsicherheitsbewältigung Holzheu (1987), insb. S. 16 ff.

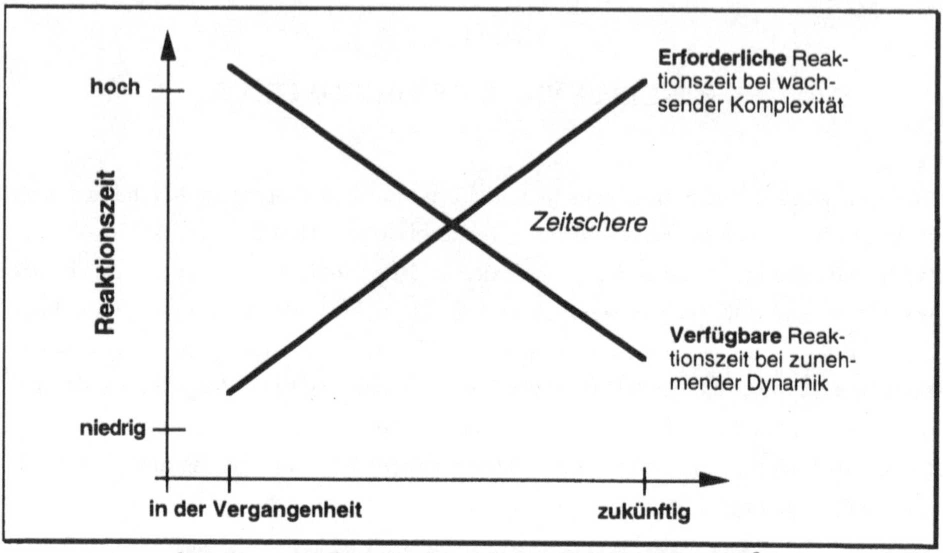

ABB. 1: DIE ZEITSCHERE IM ENTSCHEIDUNGSPROZESS[3]

Das dort illustrierte Dilemma der Unternehmensführung läßt unmittelbar auch Schlußfolgerungen hinsichtlich möglicher Ansatzhebel zur Verbesserung erkennen. Da die Umweltdynamik für das Unternehmen im wesentlichen exogen vorgegeben ist, kann die *verfügbare Reaktionszeit* höchstens durch frühzeitigeres Erkennen oder Prognostizieren dynamischer Entwicklungen (das heißt einer **Beschleunigung der Informationsversorgung**) verlängert werden. Hinsichtlich der *erforderlichen Reaktionszeit* sind grundsätzlich zwei Ansatzhebel denkbar. Zum einen kann es Ziel sein, Komplexität (im wesentlichen die der eigenen Organisation) zu *reduzieren*, was sich zum Beispiel in Konzepten wie »Lean Management«, »Schlanke Produktion« oder »Refokussierung auf Kernkompetenzen« niedergeschlagen hat. Ein anderer Weg ist in der Zielsetzung einer besseren Komplexitätshandhabung oder Komplexitäts*beherrschung* zu sehen, wie es unter anderem in Wünschen nach erhöhter **Transparenz** (der Umwelt wie der eigenen Organisation) und nach allgemeiner **Verbesserung der Informationsversorgung** der Entscheidungsträger einer Unternehmung zum Ausdruck kommt.[4]

Die wachsende Bedeutung des **Faktors Information** als Schlüssel zur Sicherung der Überlebensfähigkeit der Unternehmung wird aus diesen Erörterungen unmittelbar deutlich.[5] Das *Management* von Information wird zu einer grundlegenden strategischen

3 Quelle: Greschner/Zahn (1992), S. 11.

4 Vgl. zum Thema der Komplexitätshandhabung ausführlicher Kirsch (1988), S. 219 - 223.

5 Zuweilen wird deshalb Information als vierter Produktionsfaktor [Vgl. Dickson (1968), S. 17] oder sogar noch vor den drei klassischen Produktionsfaktoren als „Produktionsfaktor Nummer 1" [Picot (1988a), vgl. auch Picot (1986a), S. 766, Picot (1986b), S. 52, Picot (1989a), S. 205] bezeichnet.

Aufgabenstellung für eine Unternehmung, wobei die Zielsetzung der schnelleren und besseren Informationsgewinnung und -verwertung beinahe zwangsläufig auch die Frage nach der Unterstützbarkeit von Management-Entscheidungsprozessen durch Informationstechnik hervorruft.

Doch nicht nur an einer zeitlichen Vebesserung der Informationsversorgung besteht ein Bedarf, ist doch in heutiger Zeit allzu häufig unter Führungskräften ein Versorgungszustand des **Mangels im Überfluß** zu verzeichnen. Einer Flut von irrelevanten *Daten* steht eine gleichzeitige Unterversorgung mit entscheidungsrelevanten *Informationen* gegenüber (Abbildung 2)[6]. Der tatsächliche Informationsstand (M) ist entsprechend klein.

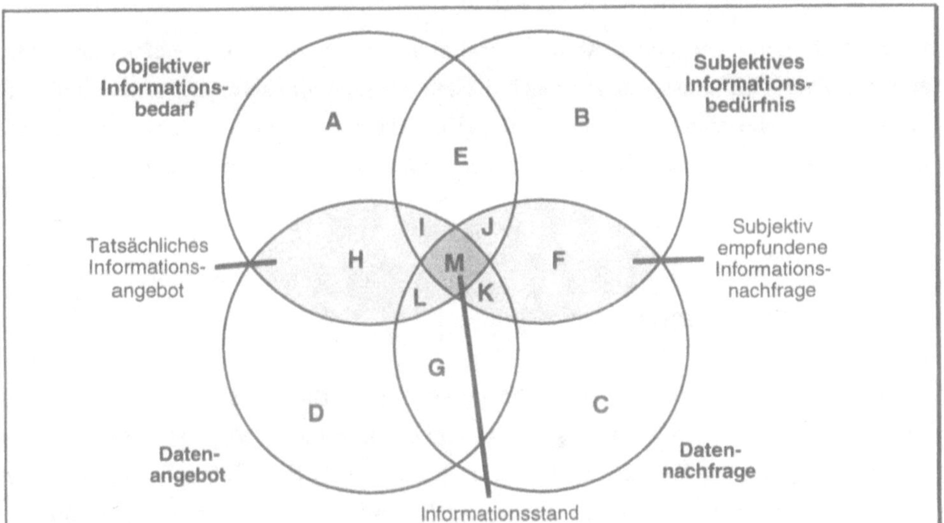

ABB. 2: INFORMATIONSMANGEL IM DATENÜBERFLUSS[7]

Die Zielsetzung eines Managements des Faktors Information im allgemeinen, wie einer

Andere sprechen von Information als - neben Materie und Energie - „dritte Kategorie der Wirklichkeit" [Wild (1971), S. 315] oder »strategische Waffe« [Vgl. Wiseman/Macmillan (1984/1988), Wiseman (1985), Synnott (1987)]. Die Fähigkeit der Informationsgewinnung und -verwertung wird als Hauptquelle des unternehmerischen Erfolges wie des gesellschaftlichen Wohlstandes in der Zukunft aufgefaßt [Vgl. z. B. Levitan (1982), S. 45, Porter/Millar (1985) bzw. (1986), Bechtler (1986), S. 20, Picot/Franck (1988), S 544, Picot (1988b), S. 3, Drucker (1989), S. 173 ff., Picot (1990), S. 6f., Wieselhuber (1990), S. 33, Greschner/Zahn (1992), S. 10].

6 Vgl. zum Verhältnis der Begriffe »Daten«, »Nachrichten« und »Informationen« weiter unten.

7 In Anlehnung an Schmidt (1969), S. 29, Berthel (1975), S. 30, Koreimann (1976), S. 67 f., Kirsch/Klein (1977a), S. 47, Szyperski (1980), Sp. 906, Picot/Franck (1988), S. 609, Berthel (1992), Sp. 875. Die Größe der Kreise ist für die schematische Darstellung ohne Bedeutung. Vgl. daneben auch die ausführlichere Erläuterung der Graphik in Anhang B.

Unterstützung der Informationsversorgung durch Informationssysteme im besonderen, läßt sich nunmehr sehr anschaulich über die **Verbesserung des Informationsstandes** definieren, was mittels der Realisierung größerer Kongruenz der vier Kreise zu bewerkstelligen ist.[8] Dies ist zum einen mittels einer Vergrößerung der Kreise (bei ansonsten gleicher Positionierung) denkbar, zum anderen über die Verschiebung der (ansonsten größenidentischen) Kreise. Erstere »Strategie« spiegelt sich beispielsweise in einer Vergrößerung der Menge angebotener Daten wider, letztere in einer Annäherung des subjektiven Informationsbedürfnisses an den objektiven Informationsbedarf.

1.2 BEGRIFFS- UND THEMENABGRENZUNG

Im Zentrum der vorliegenden Arbeit steht die *computer*basierte *Informations*unterstützung *oberster* Führungskräfte. Um sich diesem Thema zu nähern (1.2.4) sei zunächst ein Blick auf die zugrundeliegenden Begrifflichkeiten, nämlich »oberste Führungskräfte« (1.2.1), »Information« (1.2.2) sowie »computerbasierte Informationssysteme« (1.2.3) geworfen.

1.2.1 OBERSTE FÜHRUNGSKRÄFTE

Der Begriff »oberste Führungskraft« sei im weiteren Verlauf verstanden als deutsches Synonym für den - auch im Angelsächsischen nur schwer faßbaren - Begriff des (»Senior ...« oder zuweilen auch »Top ...«) »Executive«.[9] Für die Personengruppe der obersten Führungskräfte existiert daneben noch Ausdrücke wie »Senior ...«, »Top ...« oder »General Management«, die im folgenden ebenso synonym Verwendung finden sollen.[10]

Oberste Führungskräfte (**Senior Excecutives**, **Top** oder **General Managers**) sind dabei als eine Teilmenge derjenigen Personengruppe aufzufassen, die im allgemeinen als »Management«, zuweilen auch als »(Unternehmens-) Führung« bezeichnet wird und letztlich alle Mitglieder einer Institution (z. B. Unternehmung) umfaßt, die über ihre

8 Vgl. Picot/Franck (1988), S. 609, Reinermann (1991), S. 375, Groffmann (1992), S. 16 ff. sowie Anhang B.

9 Im Zuge der Analyse des Kapitels II erfolgt eine tiefergehende Annäherung an die Inhalte dieser Begriffe.

10 Vgl. zum Begriff und Inhalten des Ausdruckes »Top Management« auch Drucker (1973/1993), S. 603 ff. Unglücklicherweise ist auch die Verwendung in den angelsächsischen Ländern (z. B. zwischen den USA und Großbritannien) nicht einheitlich.

Fachaufgaben hinaus *leitende* (bzw. steuernde oder koordinierende) Funktionen in dieser Institution ausüben.[11] Die Personengruppe des Managements wiederum kann als eine Untergruppe der Angestellten einer Unternehmung beziehungsweise des gesamten Bürobereichs aufgefaßt werden.

Zur Gruppe oberster Führungskräfte gehören sicherlich die Vorstände einer AG, die Geschäftsführer einer GmbH oder einer Personengesellschaft sowie beispielsweise auch die Leiter eines (genossenschaftlichen) Verbandes oder einer Anstalt des öffentlichen Rechts. Auch wenn es die Wahl des Begriffes vielleicht suggeriert, soll der Begriff der obersten Führungskraft im folgenden jedoch nicht streng hierarchisch interpretiert werden. Definitionsmerkmal soll - im Sinne der angelsächsischen Begriffe »Senior Executive« und »Top Management« - vielmehr die Existenz eines **gesamtunternehmerischen Leistungs- und Verantwortungsumfangs** des Aufgabenträgers sein.[12]

In diesem Kontext können Leiter von Tochterunternehmen, Divisionen, Sparten, Investment- oder Profit-Center, je nach Umfang der ihnen zustehenden Verfügungsrechte, durchaus auch als oberste Führungskräfte bezeichnet werden. Dagegen sollen Leiter von fachbezogenen Zentralabteilungen (zum Beispiel Controlling, Personal, Rechnungswesen, EDV, Forschung), sofern sie nicht darüberhinaus mit einer gesamtunternehmerischen Verantwortung betraut sind, nicht zur Personengruppe der obersten Führungskräfte gezählt werden.

1.2.2 INFORMATION UND VERWANDTE BEGRIFFE

Da dem Begriff der Information im Rahmen dieser Arbeit ein eigener Exkurs gewidmet ist,[13] sei hier nur das wesentliche zusammengetragen. So findet im **allgemeinen Sprachgebrauch** das aus dem Lateinischen stammende »informieren« als Synonym für »ausrichten«, »benachrichtigen«, »unterrichten«, »in Kenntnis setzen« oder »belehren« Verwendung.[14] Die Substantivierung des Verbs, die »Information«, kann (entsprechend den Wörtern »Nachricht«, »Unterrichtung«, »Kenntnis« oder »Belehrung«) dann entweder den *Prozeß* des Informierens oder aber den *Inhalt* des Informierens zum Aus-

---

11 Vgl. zum Begriff Management ausführlicher etwa Koontz/O'Donnel (1955/1959), S. 3, Staehle (1991), S. 65 ff. oder Steinmann/Schreyögg (1990), S. 5 ff.

12 Vgl. auch Drucker (1966/1993), S. 8 sowie Drucker (1973/1993) S. 621 f.

13 Vgl. den Exkurs des Anhangs A sowie daneben den Überblick von Capurro (1987).

14 Vgl. allgemeine Lexika wie z. B. Bibliographisches Institut (Hrsg.; 1980), Bd. 12, S. 583 u. 581 oder Brockhaus (Hrsg.; 1989), Bd. 19, S. 499 u. 496 f.

druck bringen. Vom Informationsbegriff abzugrenzen ist der Wissensbegriff, der im Sprachgebrauch sowohl eine objektive Auslegung (»wahre« *Erkenntnis*) als auch eine subjektive Interpretation (»gewisse« *Überzeugung*) erfährt. Wissen kann darüber hinaus auch zerlegt werden in Kennen und Können.

In der **deutschen Betriebswirtschaftslehre** wird zurückgehend auf Wittmann Information üblicherweise als *zweckorientiertes Wissen* definiert,[15] wobei der Zweck letztlich in der (Vorbereitung der) Entscheidungs beziehungsweise Handlungsdurchführung zu sehen ist. Der Definition Wittmanns, die sich ganz offenbar nur eines engen Ausschnitts des Wissens- wie des Informationsbegriffes bedient, wurde von verschiedener Seite Kritik zuteil, die hier nicht im einzelnen referiert werden kann.[16] Interessant ist in diesem Zusammenhang jedoch, daß **angelsächsische Autoren** im Gegensatz zum deutschen Usus Information zumeist definieren als *Daten*, die für den Empfänger (in zukünftigen Handlungen oder Entscheidungen) eine *Bedeutung* beziehungsweise einen Wert haben.[17] Daten werden als »raw material« zur Gewinnung von Informationen aufgefaßt. Auch in diesem Fall erfährt der Informationsbegriff somit eine Einengung. Konstitutives Merkmal der Information ist bei beiden Ansätzen offenbar der Handlungs- und der Subjektbezug.

Darüber hinaus existiert eine Fülle von Definitionsansätzen. Schon die ersten drei Beispiele jedoch zeigen, daß ganz unterschiedliche Ansätze zur Charakterisierung von Information vorliegen, die häufig untereinander nicht kompatibel sind.[18] Zur Systematisierung der möglichen Definitionsebenen wird häufig das sprachwissenschaftliche **Modell der Semiotik** herangezogen, das - in seiner Grundform - drei Ebenen unterscheidet:[19]

---

15 Vgl. Wittmann (1959), S. 14 und Wittmann (1980), Sp. 894 sowie z. B. Wöhe (1960/1993), S. 205, Picot/Reichwald (1991), S. 252, Berthel (1992), Sp. 872, Gabler (Hrsg.; 1993), Bd. 4, S. 1609. Eine fast identische Definitionen findet sich interessanterweise auch bei Mason/Mitroff (1971), die ihrerseits auf frühe Arbeiten von Ackoff und Churchman verweisen [Vgl. Churchman/Ackoff (1947) sowie Ackoff (1958)].

16 Vgl. Kirsch (1971), S. 78 ff., Wild (1971), S. 318, Abel (1977), S. 34 f., Schneider (1987), S. 200 ff., Krcmar (1991b), S. 5 ff., Minnig (1991), S. 51 ff., Rüttler (1991), S. 29 sowie den Exkurs zum Informationsbegriff im Anhang A dieser Arbeit.

17 Vgl. Davis/Olson (1974/1985), S. 200 sowie z. B. Blumenthal (1967), S. 14, Ahituv/Neumann (1982), S. 5, Anderson (1986), S. 71, Drucker (1989), S. 209, Anthony (1965/1988), Senn (1978/1990), S. 62 f.

18 Vgl. vertiefend zum Begriffsverständnis von Daten - Information - Wissen die neueren Erörterungen in den Dissertationen von Kleinhans (1989), 6 - 17, Rüttler (1991), S. 27 - 33 und insb. Wessling (1991), S. 11 - 29, samt der dort angegebenen Literatur. Interessante frühere Beiträge finden sich bei Hayek (1937/1976), Hayek (1946/1976), Wild (1971), Böhme (1974), Weizsäcker (1974). Eine Übersicht über die verschiedenen Definitionsansätze findet sich bei Krcmar (1991b), S. 4 - 8.

19 Vgl. ausführlicher zum Modell der Semiotik etwa Wild (1971), S. 317 ff., Picot/Reichwald (1991), S. 241, Wessling (1991), S. 13 ff.

- Syntaktik, als Lehre von den Zeichen und ihrer Verknüpfung,
- Semantik, als Lehre von der Bedeutung der Zeichen (-verknüpfungen),
- Pragmatik, als Lehre von der Wirkung der Zeichen (-verknüpfungen).

In Analogie und Erweiterung zur semiotischen Ebenenbetrachtung zeigt Abbildung 3 zehn Ebenen sprachlich äquivalenter Begrifflichkeiten, anhand derer der Informationsbegriff und seine Nachbarbegriffe hergeleitet werden sollen.[20]

Ebene	Name	Äquivalente Objekte der Ebenen	Def. (D)	Def. (E)
1		Die Welt = alles Existente	Welt	World
2		Die Wirklichkeit = die Welt, wie sie erscheint	Realität	Reality
3		Tatsache Tatbestand Sachverhalt Sehbares/Sicht	Faktum Datum 1	Fact
4	Syntaktik	Zeichen Bezeichner (Merk-)Mal (Sinn-)Bild	Signal Symbol Datum 2	Signal Symbol
5	Sigmatik	Aussage Unterlage Angabe Beschreibung Abbildung	Datum 3 Nachricht 1	Data
6	Semantik	Botschaft Mitteilung Meldung Darlegung Vorführung	Datum 4 Nachricht 2 Information 1	Message
7	Pragmatik	Benachrichtigung Unterrichtung Belehrung Lehre	Nachricht 3 Information 2 Wissen 1	Information
8		Kenntnis Erkenntnis Bildung Erfahrung	Information 3 Wissen 2 Erkenntnis	Knowledge Cognition
9		Der Verstand = Summe aller Erkenntnisse = alles Gelernte, Erfahrene und Gedachte (d.h. der Logik / dem Denkvermögen Entsprungene)	Wissen 3 Verstand Geist	Cognition Wisdom Intellect
10		Der Mensch = Summe aus Verstand, Geist, Urteilsvermögen, Willen, Gefühl, ...	Mensch	Man

ABB. 3: SPRACHEBENEN ZUR HERLEITUNG DES INFORMATIONSBEGRIFFS

Die linken zwei Spalten der Tabelle zeigen dabei die zehn gewählten Ebenen mit den zugeordneten Begriffen. Rechts daneben sind die verschiedenen Zuordnungen der deutschen und angelsächsischen Definitionsansätze zu sehen sowie die Begriffsabgrenzung, die im folgenden für die vorliegende Arbeit gewählt sei:[21]

<u>Daten</u> sind aus Symbolen[22] bestehende Abbilder[23] von Sachverhalten der Wirklichkeit.

Eine <u>Botschaft</u> ist eine Menge von Daten, die für ein Individuum eine inhaltliche Bedeutung hat.[24]

20 Vgl. dazu ausführlicher den genannten Exkurs im Anhang A.

21 Vgl. zur Herleitung ausführlicher den genannten Exkurs im Anhang A.

22 Symbol hier verstanden als Oberbegriff von Zeichen, Sinnbild, Merkmal etc.

23 Abbild hier breit aufgefaßt als Oberbegriff zu Aussage, Unterlage, Beschreibung, Angabe etc.

24 Botschaft hier breit aufgefaßt als Oberbegriff aller Sinneswahrnehmungen, denen eine formale und inhaltliche Bedeutung zukommt. Neben *Bedeutung enthaltenden* Aussagen, Angaben, Unterlagen sind hier auch *Bedeutung enthaltende* Abbildungen, Gerüche etc. zu nennen.

Information [1] ist der *Prozeß* der Veränderung der verhaltenswirksamen Erkenntnisse[25] eines Individuums mittels einer Botschaft.

Eine Nachricht (oder Information [2]) ist die auf einer Botschaft beruhende Veränderung der verhaltenswirksamen Erkenntnisse eines Individuums.

Wissen ist der Gesamtbestand an verhaltenswirksamen Erkenntnissen eines Individuums.

Wissen wird hier definiert als Erkenntnisstand, der sich auf ein in einer Verhaltenssituation befindliches Subjekt bezieht[26] und entweder über einen Prozeß der Information (d. h. durch Nachrichten bzw. Informationen [2]), einen Prozeß der Logik (»Nachdenken«) oder einen sonstigen Erfahrungsprozeß erzielt worden sein kann. Auf reinem Nachdenken (Logik) und/oder Intuition beruhende verhaltenswirksame Erkenntnisveränderung wird demgemäß nicht als Information [2] aufgefaßt, ebensowenig wie eine Botschaft aus der Umwelt, die zwar erkenntnisverändernd ist, aber keinen Einfluß auf das Verhalten des Individuums in einem wie auch immer gegebenen Kontext hat. Information [1] dient als Sammelbegriff für Ausdrücke wie »Unterrichtung«, »Benachrichtigung« oder »Belehrung« in ihrem prozeduralen Sinn. Nachricht wird im strukturellen Sinn als Pendant zu Information [1] und synonym zu Information [2] gebraucht und beschreibt das verhaltenswirksame Erkenntnisveränderungspotential einer Botschaft.

1.2.3 Computerbasierte Informationssysteme

Zum Begriff des Informationssystems ließen sich vermutlich ähnlich viele Definitionen finden wie zum Begriff der Information selbst.[27] Neben der unterschiedlichen Interpretationsmöglichkeit der Begriffsbestandteile »Information« und »System« mag dafür auch die unterschiedliche »Abgrenzungsweite« des Gesamtbegriffs verantwortlich sein. Unter Berücksichtigung der oben getroffenen Definitionen und in Anlehnung an Picot sei im Rahmen dieser Arbeit definiert:[28]

---

25 Erkenntnisse hier und im folgenden aufgefaßt als Oberbegriff von Kennen und Können. Verhaltenswirksamkeit bedeutet Wirkung der Erkenntnisse auf das Verhalten in einer Verhaltenssituation. Vgl. darüberhinaus grundlegend zum Erkenntnisbegriff Popper (1972/1974).

26 Wessling (1991), S. 29 nennt dies »effektives Wissen« und unterscheidet weiter in »latentes Wissen« (subjektorientierter Bestand an Botschaften, die er als Nachrichten tituliert) und »objektives Wissen« (Bestand an Daten).

27 Vgl. zur Übersicht Maier (1990), S. 7 ff. sowie Kirsch/Klein (1977a), S. 22 ff. und Kirsch/Klein (1977b), S. 15 ff.

28 Vgl. Picot (1989b), S. 363 f. sowie Picot/Maier (1992), Sp. 923. Inhaltlich ähnliche Abgrenzungen finden sich z. B. auch bei Ahituv/Neumann (1982), S. 5, Hansen (1987), S. 63 f., Laudon/Laudon

Ein Informationssystem ist ein aufeinander abgestimmtes Arrangement von personellen, organisatorischen und technischen Elementen, das dazu dient, die verhaltenswirksame Erkenntnis von Individuen zu verändern.

Computerbasierte Informationssysteme sind Informationssysteme, bei denen Teilaktivitäten maschinell abgewickelt werden.

In Theorie und Praxis wird auf den Zusatz »computerbasiert« in neuerer Zeit vermehrt verzichtet, was zu einer synonymen Verwendung beider Begriffe führt.[29] Die angelsächsische Übersetzung, »Computer-based Information Systems« konkurriert darüber hinaus sehr stark mit dem Begriff »Management Information Systems« als Synonym.[30] Letzterer Begriff erfährt allerdings auch ganz andere Abgrenzungen, die von der Kennzeichnung operativer Berichtssysteme bis hin zur Umschreibung der gesamten Betriebsinformatik reichen.[31] Dies ist in Abbildung 4 veranschaulicht.

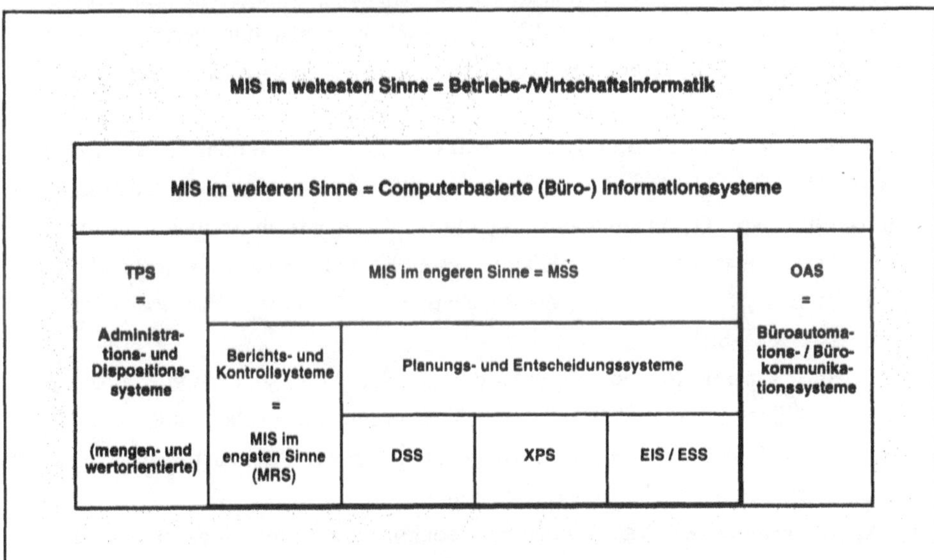

ABB. 4: BEGRIFFSHIERARCHIE COMPUTERBASIERTER INFORMATIONSSYSTEME[32]

(1988), S. 5, Angell/Smithson (1991), S. 12.

29 Vgl. etwa Davis/Olson (1974/1985), S. 5 f., Senn (1978/1990), S. 8., Zwass (1992), S. 5.

30 Vgl. z. B. Davis/Olson (1974/1985), S. 5 f., Awad (1988), S. 5 aber auch Stahlknecht (1990), S. 265 ff.

31 Vgl. Emery (1987), S. 22, Stahlknecht (1990), S. 265, Zwass (1992), S. 21 f.

32 Die Abbildung zeigt nur einen Ausschnitt aller im Rahmen der Betriebs-/Wirtschaftsinformatik relevanten Systeme. Je nach Abgrenzung könnten beispielsweise noch technische Informationssysteme sowie Kommunikationssysteme ergänzt werden, letztere durchaus mit Überschneidungen mit OAS.

Insbesondere in amerikanischen Lehrbüchern finden sich darüberhinaus generische Ansätze zur Begriffsbestimmung der (Management) Information Systems, indem die darunter verstandenen Systemklassen aufgezählt und gegeneinander abgegrenzt werden.[33] In der Regel werden die folgenden - ebenfalls aus Abbildung 4 ersichtlichen - Systemklassen unterschieden:

a) **Office Automation Systems** (OAS) als Oberbegriff für bürotätigkeitsunterstützende Informations- und Kommunikationssysteme wie Textverarbeitungs-Software, elektronischer Terminkalender, elektronische Post, Videokonferenz und neuerliche Ansätze der Groupware beziehungsweise des Workflow-Computing. Hierzulande spricht man in diesem Zusammenhang von *Büroautomatisierung* oder *Bürokommunikationssystemen*.

b) **Transaction Processing Systems** (TPS) als der administrativen und dispositiven Massendatenverarbeitung dienende, operative (tagesgeschäftsbezogene) Systeme, wie sie beispielsweise in der Lagerverwaltung, der Auftragsbearbeitung oder im Rechnungswesen im Einsatz sind.[34] Im deutschen Sprachraum werden solchartige Systeme zumeist als *Administrations-*, *Dispositions-* oder *Transaktionsdatensysteme* bezeichnet.

c) **Management Information Systems** (MIS)[35] oder **Management Reporting Systems** (MRS) als Systeme, deren Zielsetzung in der regelmäßigen oder fallweisen Bereitstellung von Dokumentations-, Analyse- oder Kontrollinformationen für Führungskräfte besteht. Für diese MIS im engsten Sinne haben sich in Deutschland neben der Begriffseindeutschung die Bezeichnungen *Berichts-*, *Diagnose-* oder *Kontrollsysteme* etabliert.

d) **Decision Support Systems** (DSS) oder deutsch *Entscheidungsunterstützungssysteme* als interaktive modellorientierte Systeme mit statistischen, analytischen und Simulationsfunktionen zur direkten Unterstützung von Aufgabenträgern in (nicht programmierten) Entscheidungssituationen.

e) **Expert Systems** (XPS) als interaktive modellorientierte Systeme, die mittels einer spezifischen Wissensbasis Entscheidungsvorschläge für Aufgabenträger in fachspezifischen (nicht programmierten) Entscheidungssituationen generieren können. Sie werden in der deutschen Sprache *Expertensysteme* oder (neuerdings) auch *Wissensbasierte Systeme* genannt.

---

33 Vgl. hierzu und zum folgenden Kroeber/Watson (1984/1987), S. 4 - 13, Laudon/Laudon (1988), S. 5 - 10, Senn (1978/1990), S. 13 - 19, Turban (1988/1990), S. 4 - 26, Zwass (1992), S. 84 - 108 und für den deutschen Sprachraum Mertens/Griese (1972/1991), S. 1 - 9; Kirsch/Klein (1977b), S. 16 - 26, Klein (1982), S. 520, Picot/Maier (1992), Sp. 930 - 934.

34 Einige Autoren unterscheiden hier noch in mengen- und wertorientiere Systeme. Vgl. Picot/Maier (1992), Sp. 932.

35 Es handelt sich hier um eine Begriffsverwendung im engsten Sinne.

f) **Executive Information Systems** (EIS) beziehungsweise **Executive Support Systems** (ESS) als speziell auf den Informationsbedarf oberster Führungskräfte zugeschnittene flexible Informations- und Unterstützungssysteme. Sofern die beiden Begriffe nicht synonym gebraucht werden, versteht man unter ESS (gegenüber den EIS) Systeme mit einer (beispielsweise um Kommunikationsfunktionen) erweiterten Funktionalität. Für diese noch recht jungen Systemkonzepte hat sich noch keine allgemeine Übersetzung ins Deutsche durchsetzen können. Zumeist werden sie als *Chef-*, *Vorstands-* oder insbesondere *Führungsinformationssysteme* bezeichnet.

Als Oberbegriff für Systeme der Klassen c) bis f) kann man (neben einem erweiterten Begriffsverständnis von »Management Information Systems«) in jüngerer Zeit häufiger die Bezeichnung **Management Support System (MSS)**, zu deutsch *Managementunterstützungssystem*, identifizieren. Im deutschen Sprachraum faßt man die Klassen d) bis f) zuweilen unter dem Begriff *Planungs- und Entscheidungssysteme* zusammen. Mit dem Begriff **Expert Support Systems (XSS)** schließlich werden zuweilen Systemansätze belegt, die eine Integration von Systemfunktionen aus d) und e) zum Ziel haben.

Die hier nur kurz vorgestellten Begriffe sind zusammen mit den gebräuchlichen Abkürzungen und Übersetzungen in Abbildung 5 nochmals zusammengefaßt. Eine detailliertere Behandlung der dahinter stehenden Konzepte findet sich dann im Kapitel III.

Angelsächsischer Sprachraum	**Deutscher Sprachraum**
OAS - Office Automation System	Büroautomationssystem Bürokommunikationssystem
TPS - Transaction Processing System	Transaktionssysteme Operative Systeme Administrationsssysteme
MSS - Management Support System	MUS - Managementunterstützungssystem
MRS - Management Reporting System	MIS - Managementinformationssystem Berichts- und Kontrollsystem
MIS - Management Information System(s)	Computergestütztes Informationssystem
	Betriebs-/Wirtschaftsinformatik
DSS - Decision Support System	EUS - Entscheidungsunterstützungssystem
XPS - Expert System	ES - Expertensystem
EIS - Executive Information System ESS - Executive Support System	FIS - Führungsinformationssystem CIS - Chefinformationssystem VIS - Vorstandsinformationssystem

ABB. 5: BEGRIFFE UND AKRONYME COMPUTERBASIERTER INFORMATIONSSYSTEME

1.2.4 THEMENABGRENZUNG

Anhand der zuvor getroffenen Definitionen läßt sich das Thema wie folgt abgrenzen: Einer der Hauptzielsetzungen der frühen Managementinformationssysteme wie der späten Führungsinformationssysteme folgend, wird sich die Untersuchung auf die *Informations*unterstützung *oberster* Führungskräfte[36] mittels *computer*basierter Informationssysteme konzentrieren. Dieser »Fokus« ist - zusammen mit einer ersten Systematisierung der bereits eingeführten Systembezeichnungen - in Abbildung 6 veranschaulicht.

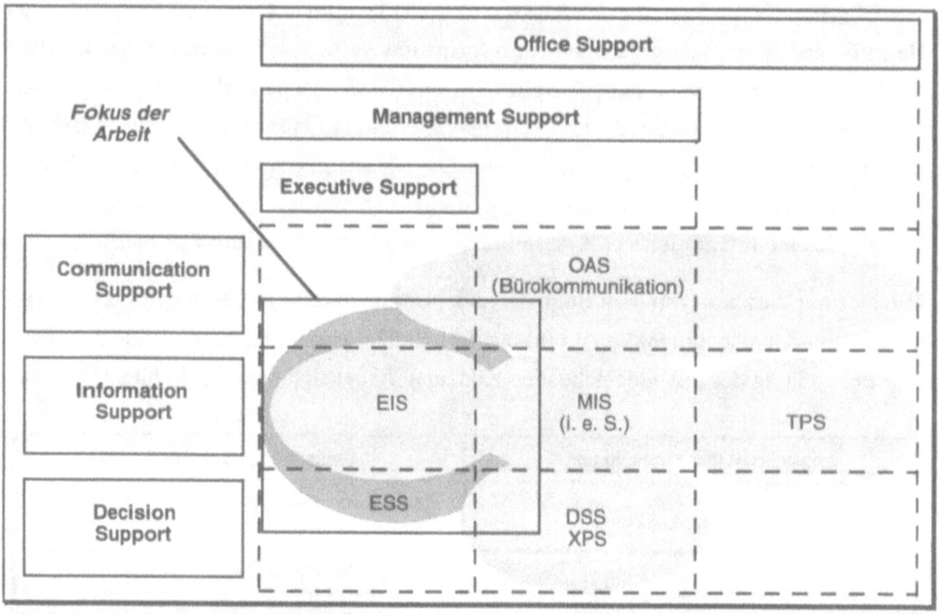

ABB. 6: COMPUTERUNTERSTÜTZUNG - SYSTEMATISIERUNG UND FOKUS DER ARBEIT [37]

Die skizzierte Abgrenzung des Themas birgt verschiedene **Implikationen**. Zum einen können die Themen der Kommunikations- und Entscheidungsunterstützung (und die hierauf abstellenden Informationssysteme) nur am Rande berücksichtigt werden - soweit sie nämlich mit der Problematik der *Informations*unterstützung eng verwoben sind. Zum anderen können in der folgenden Analyse die Aspekte der Unterstützung des *gesamten* Managementbereichs wie des *gesamten* Bürobereichs nur insoweit Berücksichtigung finden, wie sie gleichzeitig auch Unterstützung für das TopManagement leisten.

Die getroffene Themenabgrenzung ist - wie schon die Abbildung vermuten läßt - nicht

36 Im Angelsächsischen zumeist als »Top Manager« oder »(Senior) Executives« bezeichnet.

37 Die beiden Dimensionen der Systematisierungsmatrix sind angelehnt an ähnliche Unterscheidungen bei Sprague/Carlson (1982), S. 9 sowie Scott Morton (1982/1983), S. 15 - 18.

ganz trennscharf. So kann beispielsweise bezogen auf den Aspekt »Executive Support« wohl jede mit den Unternehmenszielen in Einklang stehende Aktivität - unabhängig von der hierarchischen Ebene, in der sie sich vollzieht - eine Unterstützung der Unternehmensführung in der Wahrnehmung ihrer Verantwortung für das Unternehmen als Ganzes darstellen. In diesem Sinne könnte man dann jedes im Betrieb im Einsatz befindliche computerbasierte Informationssystem als ein (indirektes) Unterstützungswerkzeug des Top-Management bezeichnen.[38] Die Fülle der in diesem Falle in Betracht kommenden Computersysteme kann und soll im folgenden jedoch nicht betrachtet werden. Vielmehr lenkt die Untersuchung den Blick auf Informationssysteme, deren *Zielsetzung* es ist, eine wirksame Informationsunterstützung bei der *spezifischen* Aufgabenerfüllung von *obersten* Führungskräften einer »wirtschaftenden Institution« zu leisten.[39] Ausgehend von den individuellen Informationsbedürfnissen einer entsprechenden Führungsperson stehen hierbei Systeme im Vordergrund, die vom Manager *direkt selbst* genutzt werden oder zumindest genutzt werden sollen. Daneben sollen Fragestellungen mitberücksichtigt werden, die sich mit einer Nutzung solcher Systeme im *unmittelbaren* Assistenzbereich[40] einer obersten Führungskraft ergeben; einem Bereich der nahezu vollständig der Arbeitsentlastung des jeweiligen Managers dient. Demgegenüber werden Möglichkeiten und Grenzen der Nutzung entsprechender Informationssysteme auf nachgeordneten Führungsebenen sowie in Stabs- oder Zentralabteilungen nicht diskutiert - auch wenn dort möglicherweise identische Systeme zum Einsatz kommen.[41]

---

38 Tatsächlich gehen manche angelsächsischen Abgrenzungen des Begriffs »Management Information System« derart weit. Vgl. dazu weiter auch 1.2.3 weiter unten:

39 Die Untersuchung ist nicht beschränkt auf Unternehmen im betriebswirtschaftlichen Sinn oder Führungskräfte nur der ersten Ebene. Vgl. dazu auch 1.2.1 weiter unten.

40 Darunter seien in diesem Zusammenhang *persönlich* zugeordnete Assistenten und Sekretariatskräfte verstanden.

41 So finden - wie noch zu sehen sein wird - viele MIS- und EIS-Systeme typischerweise in zentralen Controlling-Abteilung Verwendung und leisten dort offenbar auch wertvolle Unterstützung. Auch wenn man eine Controlling-Abteilung als »verlängerten Arm« oder Instrument der Unternehmensführung betrachten sollte, so unterstützen bzw. erleichtern diese Systeme dort doch primär die *Fachaufgaben des Controllers*. Dieser wird die durch solche Systeme bereitgestellten Informationen nicht einfach nur aufbereiten und weiterleiten (wie typischerweise ein Vorstandsassistent) sondern in aller Regel wohl hauptsächlich für seine eigenen Fachaufgaben des Planens, Koordinierens und Kontrollierens verwenden. Vgl. zur Stellung des Controllings in Theorie und Praxis Küpper et al. (1990), Albach/Weber (Hrsg.; 1991), Ziegenbein (1992), S. 18 ff., Weber (1993) sowie Horvath (1994), S. 15 - 72.

1.3 ZIELSETZUNG UND VORGEHENSWEISE DER ARBEIT

„Die größte Bedrohung, die vom Personal-Computer ausgeht, besteht darin, daß Manager ihn ernst nehmen und eines Tages zu der Überzeugung kommen, sie könnten managen, indem sie in ihren Büros sitzen bleiben und sich an den Bildschirmen die Zahlenfelder betrachten."[42]

Der Erörterung des dynamischen Problems der »Zeitschere« sowie des statischen »Mangels im Überfluß« folgend, kann die *Hauptzielsetzung* der vorliegenden Arbeit in der Beantwortung der folgenden Frage gesehen werden:

In welcher Weise und in welchem Umfang sind computerbasierte Informationssysteme in der Lage, den Informationsstand oberster Führungskräfte in zeitlicher wie inhaltlicher Art zu verbessern und damit einen wirksamen Beitrag zur Komplexitätsbewältigung wie zur allgemeinen Arbeitsunterstützung zu leisten?

Wie die Art der Frage schon vermuten läßt, steht dabei der Manager mit seiner Arbeit und dem sich hieraus ergebenden Informationsbedarfen im Vordergrund der Betrachtung.[43] Dem werden die verschiedenen Systemansätze gegenübergestellt, um somit Rückschlüsse auf die Möglichkeiten wie die Grenzen der Managementunterstützung zu gewinnen. Die sich daraus ergebende Struktur der Arbeit veranschaulicht Abbildung 7.

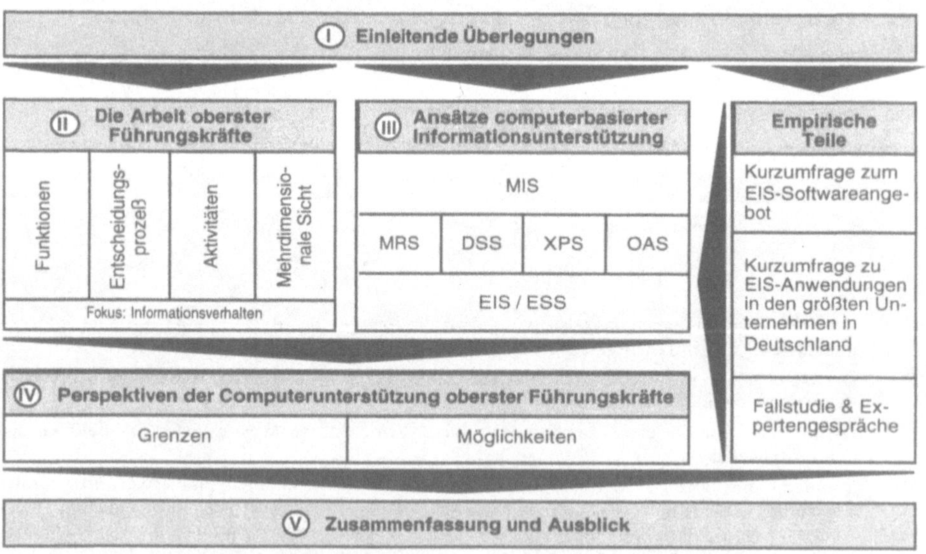

ABB. 7: STRUKTUR UND VORGEHENSWEISE DER ARBEIT

42 Mintzberg (1975a/1990), S. 96. Das Zitat stammt aus 1990 (Rückschau auf den Artikel von 1975).

43 Die Untersuchung bedient sich somit einer Managerperspektive (und nicht einer Technikerperspektive).

In **Kapitel II** erfolgt zunächst eine eingehende Bestandsaufnahme theoretischer wie empirischer Forschungserkenntnisse zur Arbeit von obersten Führungskräften, die Schlußfolgerungen hinsichtlich der *Einsatzpotentiale* computerbasierter Informationssysteme erlauben. Im Fokus der Untersuchung wird dabei das Informations- und Entscheidungsverhalten im (Top-) Management stehen, dem man sich allerdings auf ganz unterschiedliche Art und Weise nähern kann. Neben den dominierenden »Schulen« der funktions- und aktivitätsorientierten Untersuchungen sind hier entscheidungsprozeßorientierte sowie integrative, mehrdimensionale Ansätze zu nennen. In der Überzeugung, gerade aus der Verknüpfung der unterschiedlichen Ergebnisse dieser verschiedenen Ansätze wertvolle Anhaltspunkte zur Gestaltung möglicher Unterstützungssysteme ableiten zu können, wird dabei versucht werden, die zwischen diesen »Schulen« zum Teil bestehenden tiefen »Gräben« zu überwinden.

Im logischen Sinne parallel, das heißt im wesentlichen ohne Bezugnahme auf die Ergebnisse des Kapitels II,[44] erfolgt dann in **Kapitel III** eine Aufarbeitung der bislang vorliegenden Systemkonzepte zur Computerunterstützung oberster Führungskräfte. Darin eingeschlossen ist, neben einer Skizzierung von Ursprüngen und Entwicklungsgeschichte der jeweiligen Konzepte, der Darstellung ihres theoretischen Ansatzes wie ihrer praktischen Relevanz, auch eine ausführliche Wüdigung der historisch gewachsenen Kritik an den jeweiligen Konzepte. Der Schwerpunkt des Kapitels liegt in der Behandlung der früheren *Management Information Systems* (MIS) sowie der neueren *Executive Information Systems* (EIS). Die sogenannten *Management Reporting Systems* (MRS), *Decision Support Systems* (DSS), *Expert Systems* (XPS) und *Office Automation Systems* (OAS) werden - da nicht primär mit der Zielsetzung des Top Management Support angetreten - etwas kürzer behandelt. Die Analyse schließt mit einer Zusammenfassung hinsichtlich der Lehren, die aus den früheren und neueren Ansätzen zur Computerunterstützung oberster Führungskräfte zu ziehen sind.

Dem **Kapitel IV** ist sodann die Verknüpfung der Ergebnisse aus den Kapiteln II und III vorbehalten. Es werden die wesentlichen Schlußfolgerungen hinsichtlich der zukünftigen Perspektiven der Computerunterstützung oberster Führungskräfte abgeleitet und entwickelt. Dabei finden auch Aspekte Berücksichtigung, die zuvor nur am Rande berücksichtigt wurden. Dazu gehören zum einen Probleme, die sich im Rahmen der Implementierung entsprechender Systeme ergeben können. Zum anderen werden hier auch

---

44 Dies mag auf den ersten Blick verwundern, entspricht jedoch durchaus »historischer Tradition«: Wie noch zu sehen sein wird, haben Erkenntnisse der Managementforschung lange Zeit nur sehr zögerlich und unvollständig Eingang in die Systemkonzeptionen gefunden, die mehr vom technischen Machbaren geprägt worden sind. Die gleichwohl notwendige Verknüpfung von Kapitel II und III erfolgt dann aber in Kapitel IV.

die aktuellen, mehr kommunikationsorientierten Technologieansätze hinsichtlich der wechselseitigen Befruchtungsmöglichkeiten mit den informationsorientierten Konzepten andiskutiert.

Obschon nicht mit einem eigenen Kapitel bedacht, verdienen die drei Elemente des **empirischen Teils** (Anhang D, E und F) und ihre Einbindung in die zuvor beschriebenen drei Kernkapitel besondere Erwähnung. So finden wesentliche Aspekte der Ergebnisse aller drei emprischen Module fallweise Eingang in die Erörterung der EIS in Kapitel 3.3. Den wesentlichen Ergebnissen der Fallstudie »Führungsinformation« ist daneben auch ein eigenes Kapitel (2.1.5) im Anschluß an die untersuchten Ansätze zum Thema »Managerial Work« gewidmet. Daneben erfüllen die qualitativen empirischen Untersuchungen (Fallstudie sowie Expertengespräche) auch eine Verifizierungsfunktion für die in Kapitel IV ansonsten im wesentlichen analytisch-deduktiv hergeleiteten Schlußfolgerungen zu den Perspektiven der Computerunterstützung.

Kapitel V schließt die Klammer um die vorangegangenen Kapitel mit einer thesenartigen Zusammenfassung der wesentlichen Erkenntnisse und einem Ausblick.

Vor dem Eintritt in das Zentrum der Untersuchungen sei noch ein kurzer Blick geworfen auf wesentliche Entwicklungen im Themenumfeld der Arbeit (1.4). Wenngleich diese Erläuterungen aufgrund der gebotenen Kürze notgedrungen nur oberflächlich sein können, so erfüllen sie gleichwohl eine nicht unwichtige Funktion, indem sie einen gewissen »Background« schaffen, aus dem heraus sich Erörterungen der Kapitel II und III zu historischen Ansätzen der Managementforschung wie zu frühen Konzepten von Informationssystemen für den Leser leichter erschließen lassen.

1.4 Wesentliche Entwicklungen im Themenumfeld

Die Entwicklungsgeschichte computerbasierter Informationssysteme für oberste Führungskräfte erstreckt sich nunmehr über beinahe vierzig Jahre, wobei sich die einzelnen Ansätze nicht »isoliert« entwickelt haben sondern vielmehr von einer ganzen Reihe von **Rahmenfaktoren** beeinflußt worden sind.[45] Besondere Bedeutung kommt dabei zum einen der rasanten Entwicklung der Computertechnik in den letzten vier Jahrzehnten zu, zum anderen den Veränderungen in der Praxis der Unternehmensführung. Die wesentliche Stationen der **technologischen Entwicklung** sind in der folgenden Abbildung 8 veranschaulicht.

45 Vgl. hierzu und zum folgenden auch die ausführlicheren Erläuterungen des Exkurses im Anhang C sowie die dort angegebene Literatur.

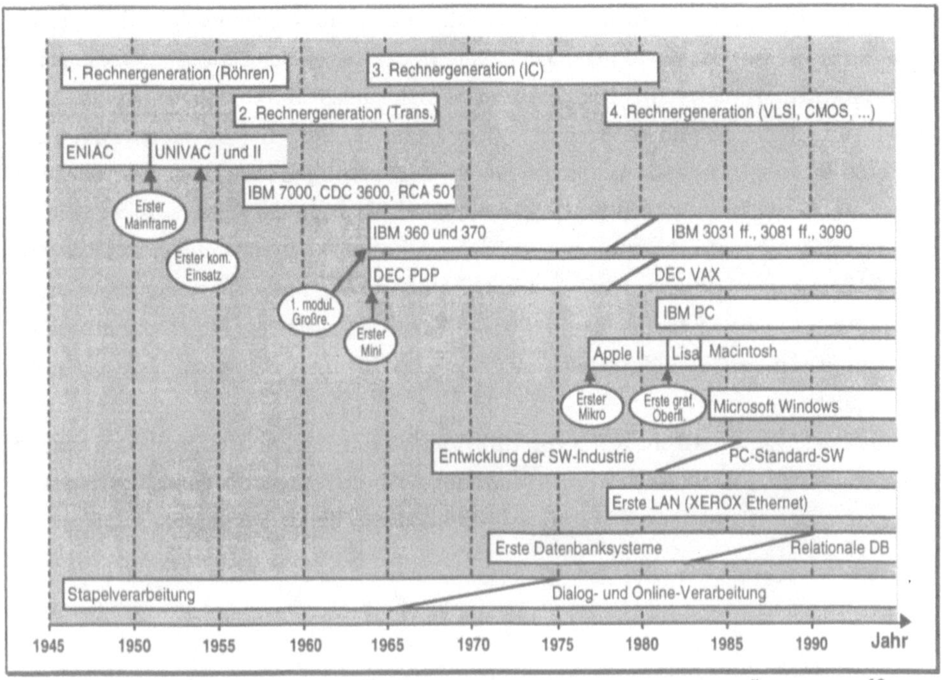

ABB. 8: WESENTLICHE EDV-ENTWICKLUNGEN IM SYNOPTISCHEN ÜBERBLICK[46]

Im Kontext der vorliegenden Arbeit verdienen dabei insbesondere die folgenden »anwendernahen« Punkte, auf die später noch häufiger Bezug genommen wird, eine Hervorhebung:

- Einführung der **Dialog- und Online-Verarbeitung** mit Einzug der dritten Rechnergeneration Ende der sechziger Jahre - und damit Loslösung von der reinen Batch-Verarbeitung mit ihren eingeschränkten Interaktions- und Ausgabemöglichkeiten,
- »dramatische« Entwicklungen bei der Bauteileminiaturisierung und -integration, die Ende der siebziger Jahre mit der Einführung des **Personal Computer** erstmals die Bereitstellung (individueller) Rechenleistung am Arbeitsplatz ermöglichen - zu einem um den Faktor 4 (1980) bis 50 (1990) besseren Preis-/Leistungsverhältnis,[47]
- kommerzielle Durchsetzung der **graphischen Benutzeroberfläche** mit Mausbedienung Ende der achtziger Jahre - und damit auch für unerfahrene und sporadische Benutzer die Möglichkeit einer produktiven Rechnernutzung bei einfacher Bedienung.

Auch in der **Praxis der Unternehmensführung** haben sich in einem Großteil der Unternehmen bedeutende Entwicklungen vollzogen, hinsichtlich derer hier nur auf die we-

46 In Anlehnung an Zwass (1992), S. 198 bzw. 200, Arthur D. Little (1992), S. 39 bzw. S. 266, Hoch/Schirra (1993), S. 24, Heilmann (1987), S. 6, McLeod (1979/1993).

47 Vgl. dazu ausführlicher den Exkurs im Anhang C und insb. die Abbildungen C-1 und C-2.

sentlichen, für die Unterstützung oberster Führungskräfte relevanten, Trends (oder Paradigmenwechsel) der letzten vier Jahrzehnte in den Bereichen Strategie, Organisation und Informationsmanagement hingewiesen werden kann.[48] Hervorzuheben sind hier:

- die zunehmende Hinwendung zu »strategischen«, längerfristig-prospektiven und **qualitativen** (oder auch kulturorientierten) **Zielsetzungen** in der Unternehmenspolitik an Stelle der (übermäßigen) Betonung kurzfristiger finanzwirtschaftlicher Ziele,
- die mit wachsender Unternehmensgröße und -komplexität einhergehende **Dezentralisierung** von Verantwortung und Entscheidungsbefugnissen in immer autonomere organisatorische Subeinheiten (wie es in den Schlagworten »Projektorganisation«, »Profit-Center«, »Holding« oder »Fabrik in der Fabrik« beispielhaft zum Ausdruck kommt),
- die immer gewichtigere **Rolle von Information** (als strategische Ressource oder sogar »Waffe«) in Strategie wie Organisation sowie die immer drängendere Notwendigkeit des effektiven und effizienten **Management** dieser Ressource.

48 Vgl. ausführlicher Anhang C und insb. die Abbildung C-4.

KAPITEL II
DIE ARBEIT OBERSTER FÜHRUNGSKRÄFTE

„The field of management, so devoted to progress and change, has for more than half a century not seriously addressed t h e basic question: What do managers do? Without a proper answer, how can we teach management? How can we design planning or information systems for managers? How can we improve the practice of management at all?"[49]

Die Frage nach Möglichkeiten der Computerunterstützung oberster Führungskräfte legt es nahe, sich zunächst intensiver mit Art und Inhalten der »**Arbeit**« dieser Personengruppe sowie mit der Art und Weise, wie diese »Arbeit« ausgefüllt wird, zu beschäftigen. Der Themenstellung der Dissertation folgend, stehen dabei die Aspekte **Information** sowie ***oberste* Führungskräfte** im Mittelpunkt des Interesses. Aus der Fülle des vorliegenden Materials zum Thema »Managerial Work«[50] seien deshalb nachfolgend diejenigen Ansätze ausgewählt, die wichtige Beiträge zur Erforschung des Informationsverhaltens[51] von Top Managern geleistet haben und darauf aufbauend Schlußfolgerungen hinsichtlich der Perspektiven einer Computerunterstützung erlauben. Neben den Arbeiten, die sich dem Thema »Executive Information« ganz explizit verschrieben haben, werden dabei auch Untersuchungen herangezogen, die auf implizite Weise wertvolle Hinweise zur Problemstellung geben.[52]

Die folgende Erörterung erfolgt dabei in zwei relativ streng unterschiedenen Schritten. Zunächst (2.1) seien die ausgewählten Ansätze mit den jeweils verwendeten Methoden sowie den für die Themenstellung der vorliegenden Abeit relevanten Ergebnissen vorgestellt, wobei eine weitgehend deskriptiv-explorative Vorgehensweise gewählt wurde, die es dem Leser gestattet, sich ein weitgehend eigenes Bild zu verschaffen.[53] Hernach (2.2) findet die zusammenfassende Diskussion und Analyse der Ansätze statt.[54]

---

49 Mintzberg (1975a), S. 49, Herv. auch im Original. Ähnlich auch Mintzberg (1973/1980), S. 5.

50 Vgl. zum Überblick die Übersichten bei Ramme (1990), Staehle (1991) sowie Schirmer (1992).

51 Informationsverhalten hier vor allem aufgefaßt als der auf die Informations*gewinnung* (und nicht -verteilung) bezogene Teil der Arbeit von Managern.

52 Hierunter seien beispielsweise Ansätze verstanden, die sich dem Informationsverhalten des *gesamten* Management widmen oder etwa das dem Informationsverhalten »übergeordnete« Entscheidungsverhalten oberster Führungskräfte thematisieren.

53 Aus diesem Grunde auch werden die Untersuchungen nicht themensynoptisch zusammengefaßt, sondern in den Unterkapiteln der Kapitel 2.1.1 bis 2.1.4 jeweils in ihrer chronologischen Reihenfolge abgehandelt. Im Vordergrund der Erörterung eines jeden Ansatzes steht dabei dann das jeweils »Neue« der Untersuchung, die Aspekte der Erkenntnis*erweiterung* (und nicht so sehr die Bestätigungsaspekte).

54 Die Schlußfolgerungen auf die Perspektiven der computerbasierten Informationsunterstützung oberster Führungskräfte bleibt - unter Einbezug der Ergebnisse aus Kapitel III - dann Kapitel IV vorbehalten.

2.1 AUSGEWÄHLTE FORSCHUNGSANSÄTZE UND -ERGEBNISSE

„So among those who coöperate the things that are seen are moved by the things unseen. Out of the void comes the spririt that shapes the ends of men."[55]

Schon die Systematisierung der in Betracht kommenden Ansätze ist nicht einfach. Denkbar und in der Praxis auch vorfindbar sind die verschiedensten Abgrenzungen, zumeist anhand von wissenschaftstheoretischen Begriffspaaren wie analytisch - empirisch, deduktiv - induktiv, deskriptiv - präskriptiv, positiv - normativ, formalwissenschaftlich - verhaltenswissenschaftlich. Da eine Zuordnung der verschiedenen Ansätze zu diesen Begriffspaaren vielfach nicht eindeutig vollzogen werden kann, sei im folgenden eine pragmatische (und nicht ganz überschneidungsfreie) Vierteilung gewählt, die sich mehr am Wissenschafts*objekt* als an Wissenschafts*ziel* oder *-methodik* anlehnt:[56]

- Funktionssicht (2.1.1): Welche »Aufgaben« haben Manager?
- Prozeßsicht (2.1.2): Wie vollzieht sich dabei der Entscheidungsprozeß?
- Aktivitätssicht (2.1.3): Was »machen« Manager offensichtlich, Tag für Tag?
- Mehrdimensionale, integrative Sicht (2.1.4): Welche Aufgaben führen Manager aus welchem Grund mittels welcher Aktivitäten aus?

Kapitel 2.1 wird sodann beschlossen mit einer Zusammenfassung der wesentlichen Ergebnisse aus der im Rahmen der vorliegenden Dissertation durchgeführten Fallstudie Führungsinformation (2.1.5),[57] die im Inhalt auf die eben skizzierten Fragestellungen (Sichtweisen) und deren Verknüpfung aufsetzt.

2.1.1 FUNKTIONSORIENTIERTE ANSÄTZE

„Not the least of the difficulties of appraising the executive functions or the relative merits of executives lies in the fact that there is little direct opportunity to observe the essential operations of decision."[58]

Die - in der Managementforschung vorherrschenden - funktionsorientierten Beiträge haben ihren Ursprung in Werken aus der Unternehmenspraxis mit zumeist stark normativ-präskriptiven Charakter sowie einer analytisch-deduktiven Vorgehensweise. Eine ge-

55 Barnard (1938/1968), S. 284.

56 In der Systematisierung kommt daneben auch das unterschiedliche Begriffsverständis von »Arbeit« zum Ausdruck, wobei man sich von der Funktionssicht über die Prozeßsicht bis zur Aktivitätssicht von einer Art »Makrobetrachtung« hin zu einer »Mikrobetrachtung« bewegt. Bemerkenswert im nachfolgenden Zusammenhang ist ferner, daß Ramme (1990) unter den zahlreicheren funktionsorientierten Veröffentlichungen nur sechs empirische Studien identifiziert - gegenüber 36 aktivitätsorientierten empirischen Studien.

57 Vgl. dazu ausführlicher auch Anhang F.

58 Barnard (1938/1968), S. 192 f.

wisse Sonderstellung nimmt dabei die Arbeit von Barnard ein, die stark verhaltenswissenschaftlich geprägt ist und auch als Ausgangspunkt der im späteren Verlauf skizzierten deskriptiven Entscheidungstheorie aufgefaßt werden kann. Neben diesem (2.1.1.2) sei im folgenden der Blick auf die Arbeiten von Fayol (2.1.1.1), Drucker (2.1.1.3), Mahoney et al. (2.1.1.4) und Anthony (2.1.1.5) gelenkt. Einige Bemerkungen zu sonstigen Ansätzen (2.1.1.6) sowie ein kurzes Fazit (2.1.1.7) beschließen das Kapitel 2.1.1 sodann.

2.1.1.1 FAYOL 1916

„... die wesentliche Befähigung der Leiter großer Unternehmungen ist die administrative Befähigung"[59]

Wenngleich sich frühe Ansätze zu einer Beschäftigung mit dem Thema Management schon vor 4000 Jahren lokalisieren lassen,[60] so kann in der 1916 unter dem Titel »Administration Industrielle et Général«[61] erschienenen Arbeit des französischen Bergwerksdirektors und späteren Generaldirektors Henry Fayol die erste systematische Auseinandersetzung mit den Aufgaben des (oberen) Managements gesehen werden.[62] Ausgehend von den Erfahrungen aus seiner eigenen, sehr erfolgreichen Managertätigkeit, wählt Fayol dabei einen ausgesprochen normativen Weg.[63]

Alle Vorgänge in einer Unternehmung lassen sich nach Fayol in sechs Klassen von Funktionen untergliedern, nämlich in technische, kommerzielle, finanzwirtschaftliche, sicherheitsbezogene, rechnungslegende und administrative.[64] Diese Funktionen sind in unterschiedlicher Ausprägung in allen Unternehmen und in allen Hierarchieebenen einer Unternehmung vorhanden, was entsprechende Befähigung des Personals notwendig macht.[65] Letztere Funktion, die Verwaltungsfunktion, der er eine grundlegende und für

---

59 Fayol (1916/1929), S. 15, hervorgehoben im Original.

60 So in Bewässerungs- und Pyramidenprojekten der Ägypter. Vgl. ausführlicher zur Entwicklungsgeschichte des Managements in Theorie und Praxis Drucker (1973/1993) S. 3 - 26 sowie Staehle (1991), S. 3 - 64.

61 Deutsche Übersetzung 1929, amerikanische Übersetzung und Veröffentlichung erst 1949! Wesentliche Elemente seines Werkes finden sich auch in Vortragsmanuskripten aus den Jahren 1900, 1908 und 1917. Letzteres findet sich ins Englische übersetzt auch schon in Gulick/Urwick (Hrsg.; 1937). Vgl. hierzu auch Koontz/O'Donnel (1955/1959), S. 23.

62 Vgl. z. B. Grün (1988), S. 328.

63 Vgl. Fayol (1916/1929), S. 16 f. zur Zielsetzung seiner Arbeit. Dort wird im übrigen ausdrücklich bedauert, daß es zwar eine Vielzahl technologisch geprägter Studien gibt aber noch keine Beschäftigung mit dem Thema, das einen Manager eigentlich ausmacht: die »administrative Befähigung.«

64 Vgl. Fayol (1916/1929), S. 6.

65 Vgl. Fayol (1916/1929), S. 6 sowie S. 9 ff. Nur auf den unteren Ebenen (Arbeiter, Meisterc etc.) fehlen teilweise kommerzielle und finanzwirtschaftliche Funktionen.

die Unternehmensleitung überragende Bedeutung zumißt,[66] definiert er wie folgt:

„Verwalten heißt vorausplanen, organisieren, Aufträge erteilen, zuordnen und kontrollieren.

Vorausplanen heißt, die Zukunft erforschen und den Wirtschaftsplan aufstellen.
Organisieren heißt, den zwiefachen Organismus der Unternehmung, der sowohl materieller wie auch sozialer Art ist, begründen.
Aufträge erteilen heißt, dafür Sorge tragen, daß das Personal die ihm obliegenden Aufgaben erfüllt.
Zuordnen heißt verbinden, einigen, alle Tätigkeiten und Kräfte miteinander in Einklang bringen.
Kontrollieren heißt, darüber wachen, daß alles gemäß den festgesetzten Regeln und gegebenen Anordnungen verläuft."[67]

Ohne daß Fayol den Begriff verwenden würde, handelt es sich hierbei ganz offensichtlich um die erste Systematisierung dessen, was heute im allgemeinen mit Management umschrieben wird. Im weiteren Verlauf seiner Arbeit widmet sich Fayol, nach einer Charakterisierung allgemeiner Verwaltungsprinzipien,[68] ausführlich der Analyse der verschiedenen Aspekte der Verwaltungsfunktion und den daraus abzuleitenden Empfehlungen. Aus der Fülle der Ergebnisse, die vielfach heute noch so aktuell wie damals erscheinen,[69] seien im folgenden nur die für den weiteren Verlauf der Arbeit relevanten Aspekte herausgegriffen.

Ausdrücklich betont Fayol wiederholt, daß die relative Bedeutung der zu Beginn genannten sechs Funktionen beziehungsweise Befähigungen in Abhängigkeit von der betrachteten Hierarchieebene und Unternehmensgröße variiert.[70] So steigt nach Einschätzung von Fayol die relative Bedeutung der administrativen Befähigung auf dem Weg von der untersten Hierarchieebene (Arbeiter) zur obersten (Generaldirektor) einer sehr großen Unternehmung von 5 % auf 50 % wohingegen die relative Bedeutung der technischen Befähigung von 85 % auf 10 % sinkt.[71] In Abhängigkeit von der Größe der Unternehmung schätzt Fayol die relative Bedeutung der administrativen Befähigung ei-

66 Vgl. Fayol (1916/1929), S. 9 ff. An anderer Stelle spricht er in diesem Zusammenhang vom »Nervensystem der Unternehmung«. Vgl. Fayols Vortragsmanuskript vom 23. Juni 1900 in Fayol (1916/1929), S. 84 - 87.

67 Fayol (1916/1929), S. 8; Herv. auch im Original.

68 So u. a. den Prinzipien der Einheit der Auftragserteilung sowie der (durch die Fayolsche Brücke unterbrochenen) Rangordnung, die später zu Allgemeingut der betriebswirtschaftlichen Organisationstheorie avancieren sollten.

69 So z. B. die Beschwerde über zu lange Studienzeiten. Vgl. Fayol (1916/1929), S. 69.

70 Vgl. Fayol (1916/1929), S. 9 - 15. Obschon Fayol durchgehend von einer personenbezogenen Befähigung spricht (Beispiel: Der Meister sollte zu 60 % über technische Befähigung verfügen), so erscheint der Rückschluß auf die Aufgaben gleichwohl statthaft und sinnvoll (Beispiel: Das Aufgabengebiet eines Meisters erfordert zu 60 % technische Befähigungen, ist also zu 60 % technisch).

71 Fayol (1916/1929), S. 10 Es wird darauf hingewiesen, daß hierbei das horizontale Verhältnis (5:85 versus 50:10) von Bedeutung ist und keine Vergleichsmöglichkeit in vertikaler Hinsicht besteht (Der Generaldirektor ist *nicht* 10 mal (50:5) befähigter zur Administration als der Arbeiter!).

nes Unternehmensleiters zwischen 15 % (sehr kleine Unternehmung) und 60 % (Unternehmung des Staates als größte Unternehmung).

An mehreren Stellen weist Fayol auf die **Vorteilhaftigkeit mündlicher Face-to-Face Kontakte** in sozialer Hinsicht wie aus Effizienzgründen hin.[72] So ist die interne mündliche Kommunikation dem Schriftverkehr nicht nur wegen der Schnelligkeit und Klarheit überlegen, sondern auch zur Erzielung einer möglichst großen Eintracht, indem Mißverständnisse und Meinungsverschiedenheiten (bzw. ihre Eskalation) vermieden werden.

In Anlehnung an militärisches Vokabular prägt Fayol den **Begriff des Stabes,** einer Gruppe von Arbeitskräften, die einem Generaldirektor bei der Erfüllung seiner persönlichen Verpflichtungen behilflich sind.[73] Im Lichte dieser Zielsetzung fallen einem Stab insbesondere Informationsversorgungsaufgaben im Rahmen der Vorausplanung, Auftragserteilung und Kontrolle zu, deren wohl wichtigste Fayol in der Ermittlung von Verbesserungspotentialen *innerhalb* der Unternehmung sieht.

Wünschenswerte Eigenschaften und Kenntnisse aller Leiter großer Unternehmen sieht Fayol (in der Reihenfolge abnehmender Wichtigkeit) in (1) Gesundheit, (2) Intelligenz, (3) Charakter, (4) Allgemeinbildung, (5) administrativer Befähigung, (6) allgemeiner Kenntnis hinsichtlich aller wesentlichen Funktionen und (7) spezifischer (technischer) Fachkenntnisse.[74] Das Vorhandensein der ersteren Aspekte ist dabei jeweils notwendige Voraussetzung für den erfolgreichen Einsatz der nachfolgenden Eigenschaften.

Fayol ist ferner äußerst skeptisch, was die Eignung tieferer mathematischer Fachkenntnisse zur Unterstützung der Unternehmensführung anbelangt.[75] Ausgehend von seinen Erfahrungen, daß die Kenntnis mathematischer Methoden in praktisch keiner Weise die Leitung von Unternehmen vereinfacht, empfiehlt Fayol eine drastische Reduzierung des Mathematikunterrichts in der Ausbildung von Führungskräften. Bezüglich der Entwicklung des Urteilsvermögens von Menschen schreibt er: „Die bildende Kraft ist weder der Mathematik noch den alten Sprachen vorbehalten, sie steckt vor allem in den sozialen Problemen, die das Leben uns aufgibt."[76]

---

72 Vgl. Fayol (1916/1929), S. 33 sowie S. 78.

73 Vgl. Fayol (1916/1929), S. 51 f. sowie S. 57.

74 Vgl. Fayol (1916/1929), S. 58.

75 Vgl. Fayol (1916/1929), S. 65 ff.

76 Fayol (1916/1929), S. 67.

2.1.1.2 BARNARD 1938

„I believe in the power of the coöperation of men of free will to make men free to coöperate ...“[77]

Chester I. Barnard, Präsident einer amerikanischen Telefongesellschaft, nähert sich dem Thema der Funktionen oberster Führungskräfte auf einem ganz anderen Weg.[78] Ausgehend von dem Verständnis, daß Funktionen des Managements nicht isoliert betrachtet werden können, sondern vielmehr eingebettet in und beeinflußt von einer sie umgebenden Organisation zu analysieren sind,[79] entwirft Barnard 1938 in seinem ambitionierten Buch »The Functions of the Executives«[80] zunächst eine allgemeine Theorie formaler Organisationen.[81]

Offensichtlich nicht unbeeinflußt von den Ergebnissen der Hawthorne-Experimente[82] entwicklelt Barnard auf sehr verhaltenswissenschaftlich geprägten Weg die Definition einer **formalen Organisation** als „... a system of consciously coördinated activities or forces of two or more persons,“[83] das besondere Ausprägung eines allgemeinen kooperativen Systems ist. *Konstituierende* Elemente einer formalen Organisation sind (1) im Willen zur Zusammenarbeit, (2) in der gemeinsamen Zielsetzung und (3) in der Fähigkeit zur Kommunikation unter den teilnehmenden Personen zu sehen.[84] Zum Überleben der Organisation ist darüberhinaus »Effektivität« und/oder »Effizienz« der Organisation unabdingbar.[85] Mit ersterer bezeichnet Barnard die (objektive, technologische) Erreichung des gemeinsamen Zieles, als letztere die Erfüllung der individuellen (subjektiven, persönlichen) Motive beziehungsweise Bedürfnisse der Teilnehmer.[86] Die Effizienz eines kooperativen Systems nennt Barnard auch Gleichgewichtskapazität, verstanden als „... the balancing of burdens by satisfaction which results in continuance.“[87]

77 Barnard (1938/1968), S. 296.

78 Trotz der späten angelsächsischen Rezeption des Werkes von Fayol, das von Barnard nicht erwähnt wird, dürfte Barnard über Fayols Gedankengut in Kenntnis gewesen sein. Neben einer Quellenangabe des bereits angesprochenen Sammelbandes von Gulick/Urwick (Hrsg.; 1937) spricht dafür auch Fayols Analogon des »Nervensystems«, das sich bei Barnard (1938/1968) auf Seite 217 wiederfindet.

79 Vgl. Barnard (1938/1968), S. 7.

80 Deutsche Übersetzung 1970.

81 Vgl. auch Williamson (1993), der in Barnard einen der Begründer einer Organisationswissenschaft sieht.

82 Vgl. insb. Roethlisberger/Dickson (1939).

83 Barnard (1938/1968), S. 73.

84 Vgl. Barnard (1938/1968), S. 82.

85 Vgl. Barnard (1938/1968), S. 82. Dies gilt für jede Art von Kooperation; vgl. ebd., S. 60.

86 Vgl. Barnard (1938/1968), S. 55 ff., Staehle (1991), S. 35 bezeichnet diese mit »Leistungswirksamkeit« und »Sozialwirksamkeit«.

87 Barnard (1938/1968), S. 57.

Komplexe formale Organisationen sind gekennzeichnet durch mehrere (untergeordnete) Basisorganisationen, denen mindestens eine **Führungsorganisation** übergeordnet ist.[88] Ihr Entstehen ist im wesentlichen durch Organisationswachstum und -aufteilung begründet. Alle formalen Organisationen weisen Elemente der Spezialisierung, der Anreizsetzung und der Autoritätsausübung auf.[89] Bezüglich der Führungsfunktionen heißt es sodann:

> „The executive functions serve to maintain a system of coöperative effort. They are impersonal. ... They are, first, to provide the system of communication; second, to promote the securing of essential efforts; and, third, to formulate and define purpose."[90]

Die Bereitstellung des Kommunikationssystems umfaßt dabei sowohl die Defintion einer formalen Organisationsstruktur, Personalauswahl und -anreizsetzung für diese Struktur als auch die Aufrechterhaltung einer informalen Organisation, die in der Lage ist, intangible Fakten, Meinungen und Gerüchte zu transportieren.[91]

Ein besonderes Augenmerk richtet Barnard auf **Entscheidungen** als essentiellen Prozeß der Anpassung von Organisationen bei Störungen des Gleichgewichts.[92] Entscheidungen in Organisationen reflektieren dabei zuvorderst einen sozialen Aspekt, anders als Individualentscheidungen, die Barnard als sozialkonditionierte psychologische Prozesse einstuft.[93] Ferner sind Entscheidungen auf oberster Unternehmensebene generell eher ziel- oder zweckorientiert, Entscheidungen auf niederer Ebene eher mittelorientiert.[94] An mehreren Stellen bezeichnet Barnard »executive decision« als »fine art« und betont in diesem Zusammenhang die Notwendigkeit intuitiver, nicht-logischer Denkprozesse.[95] An anderer Stelle, im Rahmen eines Universitätsvortrages, führt Barnard dazu aus, daß die richtige Mischung von logischen und nicht-logischen Elementen im Denkprozeß neben der verfügbaren Zeit (»speed factor«) direkt von der Art der zu bewältigenden Aufgabenstellung (»the material to which mind is applied«) abhängig ist: je weniger präzise und verläßlich die vorliegende Information, desto notwendiger sind subjektive, intuitive, nicht-logische Elemente im Entscheidungsprozeß.[96]

88 Vgl. Barnard (1938/1968), S. 113. So bildet z. B. jede einem Meister zugeordnete Gruppe von Abeitern inkl. ihrem Meister eine formale Basisorganisation. Der Meister ist jedoch gleichzeitig Mitglied einer (übergeordneten) Führungsorganisation, die aus den anderen Meistern mit dem selben Vorgesetzten und diesemVorgesetzten selbst besteht.

89 Vgl. Barnard (1938/1968), S. 184.

90 Barnard (1938/1968), S. 216 f.

91 Vgl. Barnard (1938/1968), S. 225 f.

92 Vgl. Barnard (1938/1968), S. 286.

93 Vgl. Barnard (1938/1968), S. 198 f.

94 Vgl. Barnard (1938/1968), S. 192.

95 Vgl. Barnard (1938/1968), S. 194, S. 235, S. 291 und insb. Barnard (1936/1968);

96 Vgl. Barnard (1936/1968), S. 308 ff.

2.1.1.3 DIE BEITRÄGE VON DRUCKER

The manager „... must, so to speak, keep his nose to the grindstone while lifting his eyes to the hills - which is quite an acrobatic feat.“[97]

Der aus Wien stammende, in Amerika lebende und als Professor und Kolumnist tätige Peter F. Drucker hat sich in mehreren vielgelesenen, praxisorientierten Monographien mit dem Thema der Arbeit oberster Führungskräfte auseinandergesetzt. So unter anderen in:[98]

- »The Practice of Management« 1954,
- »The Effective Executive« 1966 und insbesondere
- »Management: Tasks, Responsibilities, Practices« 1973.

In Kenntnis der Beiträge von Fayol, Barnard, Simon, Koontz & O'Donnell, Anthony und auch Carlson (und ganz in der präskripiven Tradition von Fayol) definiert Drucker im letzteren Werk fünf »Basistätigkeiten«, die die Arbeit eines *Managers* ausmachen:[99] (1) Ziele setzten, (2) Organisieren, (3) Motivieren und Kommunizieren, (4) »Measuring« und (5) Personalentwicklung. Davon zumindest teilweise abzugrenzen sind - so Drucker - die Hauptaufgaben des *Top* Management:

„1. There is, first the task of thinking through the mission of the business, that is, of asking the question »What is our business and what should it be?« ...
2. There is need for standard setting, example setting, ...
3. There is the responsibility to build and maintain the human organization. ...
4. Equally important are major relations which only the people at the top of a business can establish and maintain. ...
5. There are countless »ceremonial« functions - dinners, civic events, etc. ...
6. There is also a need for a »stand-by« organ for major crises, for somebody who is available to take over when things go seriously wrong.“[100]

Zielsetzung und Meßlatte für die Tätigkeit eines Executive ist **Effektivität** (»get the right things done«) und nicht Effizienz (»do things right«).[101] Auf dem Weg hin zu diesem Ziel sind gewisse Hürden der Ineffektivität zu überwinden. Die schlimmsten Behinderungen sieht Drucker dabei in den folgenden:

„1. The executive's time tends to belong to everybody else. ... Everybody can move in on his time, and everybody does. ...
2. Executives are forced to keep on »operating« unless they take positive action to change the reality in which they live and work. ... If the executive lets the flow of events determine what

97 Drucker (1973/1993), S. 399.

98 Alle folgenden Bücher haben 1993 eine Neuauflage erfahren und sind (zuvor schon) auf Deutsch veröffentlicht worden.

99 Vgl. Drucker (1973/1993), S. 400. Drucker unterscheidet praktisch nicht zwischen »Aufgaben«, »Tätigkeiten« und »Funktionen«.

100 Drucker (1973/1993), S. 611 f.

101 Vgl. Drucker (1966/1993), S. 1 f.

he does, what he works on, and what he takes seriously, he will fritter himself away »operating«. ...

3. ... he is within an *organization*. That means that he is effective only if and when other people make use of what he contributes. ...
4. Finally, the executive is *within* an organization. ... This outside, this environment which is the true reality, is well beyond effective control from inside. ... Unless he makes special efforts to gain direct access to outside reality, he will become increasingly inside-focused."[102]

Zielsetzung, Aufgaben und Hürden deuten somit unmittelbar hin auf die zentrale Bedeutung, die den Faktoren Information, Kommunikation und soziale Kontakte in der Arbeit oberster Führungskräfte zukommt.[103] Die Arbeit des Top Managements im allgemeinen und Entscheidungsfindung auf dieser Ebene im besonderen ist deshalb zu einem großen Teil Teamarbeit.[104] Kommunikation und Information (im prozeduralen Sinne) sind dabei durch Aspekte der Perzeption und Erwartungshaltung des Empfängers sowie Zwecksetzung des Senders gekennzeichnet.[105] „Communication ... is not a *means* of organization. It is the *mode* of organization."[106] Und „... the tools for the top-management job are information, stimulation, analysis, and questions."[107] Unter der Überschrift »Management as a Liberal Art« faßt Drucker an anderer Stelle seine Überzeugungen wie folgt zusammen:

„From the beginning I wrote, taught, and advised that management has to be both outside-focused on its mission and on the results of the organization, and inside-focused on the structure, values, and relationships that enable the individual to achieve."[108]

2.1.1.4 Mahoney und andere 1963

„Lists of responsibilities may have value in organization planning and control, but they lack clear relevance to the process of determining individual qualifications, compensation differentials, and the type of training and education necessary for successful performance."[109]

Obschon weder mit dem Fokus Top Management noch mit einem Schwerpunkt auf Informationsverhalten angetreten, verdient die von der University of Minnesota durchge-

---

102 Drucker (1966/1993), S. 10 - 15, Herv. auch im Original. In dieser Passage ist recht deutlich der Einfluß der frühen aktivitätsorientierten Erkenntnisse von Carlson zu erkennen. Vgl. dazu Kap. 2.1.3.1 weiter unten.

103 Vgl. Drucker (1966/1993), S. 16, Drucker (1973/1993), S. 415, S. 453, S. 481 ff., S. 538 f.

104 Vgl. Drucker (1966/1993), S. 143 ff., Drucker (1973/1993), S. 621 ff.

105 Vgl. Drucker (1973/1993), S. 483 ff.

106 Drucker (1973/1993), S. 493, Herv. auch im Original.

107 Drucker (1973/1993), S. 625.

108 Drucker (1986), S. 227.

109 Mahoney et al. (1965), S. 98.

führte Studie[110] der Professoren Thomas A. Mahoney, Thomas H. Jerdee und Stephan J. Carroll aus zwei Gründen an dieser Stelle Erwähnung. Zum einen handelt es sich um eine der wenigen Studien, die sich im Wege einer Felduntersuchung (bzw. überhaupt empirisch) dem Thema der Funktionen von Führungskräften widmen. Zum anderen stellen die Autoren - dies ebensfalls eine Ausnahme - auf den Leistungsaspekt (»performance«) in der Arbeit von Führungskräften ab. Zur Analyse der »Performance« bedienen sich die Autoren dabei zweier Dimensionen: der Funktionen sowie der Fachaufgaben (»areas of competence«) von Führungskräften. Um dem Leser die Interpretation der nachfolgenden Grafiken zu erleichtern, sei die von den Autoren gewählte Operationalisierung der beiden Dimensionen im folgenden wörtlich wiedergegeben:

„The functional dimensions applied in our study are the following:

1. *Planning*: Determining goals, policies, and courses of action. Work scheduling, budgeting, setting up procedures, setting goals or standards, preparing agendas, programming.
2. *Investigating*: Collecting and preparing information, usually in the form of records, reports, and accounts. Inventorying, measuring output, preparing financial statements, recordkeeping, performing research, job analysis.
3. *Coordinating*: Exchanging information with people in the organization other than subordinates in order to relate and adjust programs. Advising other departments, expediting, liaison with other managers, arranging meetings, informing superiors, seeking other departments' cooperation.
4. *Evaluating*: Assessment and appraisal of proposals or of reported or observed performance. Employee appraisals, judging output records, judging financial reports, product inspection, approving requests, judging proposals and suggestions.
5. *Supervising*: Directing, leading, and devoloping subordinates. Counseling subordinates, training subordinates, explaining work rules, assigning work, disciplining, handling complaints of subordinates.
6. *Staffing*: Maintaining the work force of a unit or of several units. College recruiting, employment interviewing, selecting employees, placing employees, promoting employees, transferring employees.
7. *Negotiating*: Purchasing, selling, or contracting for goods or services. Tax negotiations, contacting suppliers, dealing with sales representatives, advertising products, collective bargaining, selling to dealers or customers.
8. *Representing*: Advancing general organizational interests through speeches, consultation, and contacts with individuals or groups outside the organization. Public speeches, community drives, news releases, attending conventions, business club meetings."[111]

„The dimensions identifying areas of competence are:

1. *Employees*: Employee relations activities such as recruiting, hiring, training, promotion, transfer, discipline, collective bargaining, employee appraisal, and wage and salary administration.
2. *Finances*: Collection, receipt, and payment of funds; budgeting, credit, securities, loans, and financial accounting and reporting.
3. *Materials and goods*: Determination of materials standards or orders, receipt, inspection, inventorying, storing, transfer, issuance and processing of all finished and raw goods.
4. *Purchase and sales*: market forecasts, buying, selling, advertising, promotion, and distributio of goods and services.
5. *Methods and procedures*: Analysis, revision, and installation of procedures and methods.
6. *Facilities and equipment*: Installation, maintenance, and determination of standards or orders

110 Vgl. Mahoney et al. (1963) sowie zusammenfassend Mahoney et al. (1965).

111 Mahoney et al. (1965), S. 100; Herv. auch im Original.

for facilities and equipment used in the business."[112]

Bezüglich dieser Dimensionen ermitteln die Autoren in einer schriftlichen Befragung von 452 Managern aller Ebenen aus 13 Unternehmen unterschiedlicher Branchen Zeitanteile sowie eine Rangordnung der Wichtigkeit der entsprechenden Items.[113] Bezüglich der durchschnittlichen Zeitverteilung heißt es sodann:

> „The *average* profile is misleading, however, if interpreted as the *typical* performance pattern of all managerial assignments. It is a summary of a number of quite different performance profiles, and the variations from this average occur frequently enough to indicate the feasibility of classifying individual performance profiles into more homogeneous job types."[114]

Im wesentlichen anhand der funktionsbezogenen Zeitverteilung leiten die Autoren acht Job-Typen ab: »Planners«, »Investigators«, »Coordinators«, »Evaluators«, »Supervisors«, »Negotiators«, »Generalists« und »Multispecialists«. Hinsichtlich der fachaufgabenbezogenen Zeitanteile konstatieren die Autoren zwischen den Job-Typen nur vergleichsweise geringe Unterschiede,[115] abgesehen von Ausnahmen bei der Gruppe der »Supervisor« (überdurchschnittliche Beschäftigung mit »employees«), der »Investigator« (Schwerpunkt auf »money and finance«) sowie der »Negotiator« (Fokus in »purchase and sales«).

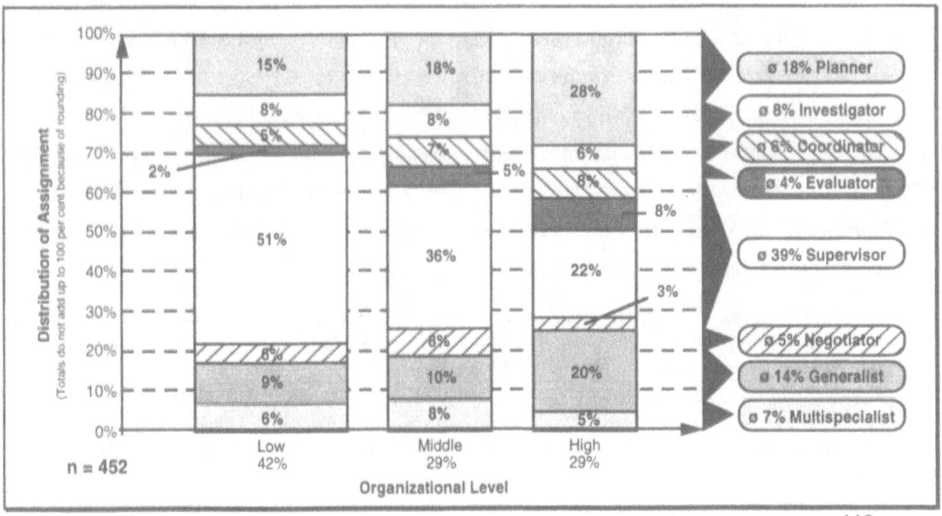

ABB. 9: VERTEILUNG FUNKTIONALER JOB-TYPEN NACH FÜHRUNGSEBENEN[116]

---

112 Mahoney et al. (1965), S. 101; Herv. auch im Original.

113 Vgl. zum Untersuchungsdesign Mahoney et al. (1965), S. 102.

114 Mahoney et al. (1965), S. 103.

115 Vgl. Mahoney et al. (1965), S. 105 f. Dieser Befund kann allerdings kaum verwundern, da diese Dimension bei der Typenbildung keinen Einfluß nahm!

116 Quelle: Mahoney et al (1965), S. 109 i. V. m. S. 105.

Die Zuordnung der »job types« zu den Führungsebenen der Unternehmen (Abbildung 9) liefert - so die Autoren - ein vergleichsweise heterogenes Bild, in dem sich gleichwohl einige Tendenzen abzeichnen.[117] So ist zu erkennen, daß der in den niederen Führungsebenen dominierende Job-Typ »Supervisor« auf den höheren Ebenen weniger als halb so oft vertreten ist, wohingegen dort die Typen »Planner« und »Generalist« im Schnitt doppelt so häufig, der »Evaluator« sogar viermal so oft im Vergleich zu niederen Führungsebenen anzutreffen ist. Ein **dominierender Job-Typ** jedoch **existiert** der Untersuchung zufolge auf den oberen Führungsebenen **nicht**!

2.1.1.5 ANTHONY 1965

„The area of management labeled Planning and Control Systems currently has scarcely any generally accepted principles, and everyone in the field, therefore, works by intuition and by folklore.“[118]

Der 1965 unter dem Titel »Planning and Control Systems«[119] veröffentlichte Bezugsrahmen (»Framework«) des Harvard-Professors Robert N. Anthony nimmt eine Brükkenstellung zwischen der funktionsorientierten Management-Lehre (in deren Tradition er steht) und den Ansätzen zur Systemgestaltung (auf die er häufig angewandt werden sollte) ein. Unzufrieden über die mangelhafte Trennschärfe und starke Verwobenheit der beiden Begriffe »Planung« und »Kontrolle« in den typischen funktionsorientierten Ansätzen und dem damit verbundenen Mangel an Operationalisierbarkeit,[120] entwirft Anthony einen **dreistufigen, hierarchischen Bezugsrahmen**, in dem die Trennung von Planung und Kontrolle zugunsten einer Differenzierung der Planungs- und Kontrollinhalte aufgegeben wird. So unterscheidet Anthony »Strategic Planning«, »Management Control« und »Operational Control«, die er wie folgt definiert:

„*Strategic planning* is the process of deciding on objectives of the organization, on changes in these objectives, on the resources used to attain these objectives, and on the policies that are to govern the acquisition, use, and disposition of these resources.“[121]
„*Management control* is the process by which managers assure that resources are obtained and used effectively and efficiently in the accomplishment of the organization's objectives.“[122]
„*Operational control* is the process of assuring that specific tasks are carried out effectively and efficiently.“[123]

117 Vgl. dazu Mahoney et al. (1965), S. 108 ff.

118 Anthony (1965), S. vii.

119 Ersterscheinung 1965, mehrere Nachdrucke; 1988 ergänzt durch »The Management Control Function«.

120 Vgl. Anthony (1965), S. 10 - 13.

121 Anthony (1965), S. 16 sowie S. 24; Herv. auch im Original.

122 Anthony (1965), S. 17 sowie S. 27; Herv. auch im Original.

123 Anthony (1965), S. 18 sowie S. 69; Herv. auch im Original. In Anthony (1988), S. 12 wird dersel-

Typische Beispiele für Aktivitäten des »Strategic Planning« sind in der Wahl der Firmenziele, in »policies settings« jeglicher Art, in der Auswahl neuer Produktlinien oder der Akquisition neuer Geschäftsfelder zu sehen. »Management Control« äußert sich beispielsweise in der Formulierung von »budgets«, »personnel practices«, »advertising programs« und »decision rules« oder der Auswahl von Produkt- oder Produktionsverbesserungsmaßnahmen. Aktivitäten wie zum Beispiel »scheduling production«, »controlling hiring«, »implementing policies« oder »controlling inventory« sind dem »Operational Control« zuzuordnen.[124]

Typischerweise zeichnen sich die Aktivitäten des »Strategic Planning« aus durch eine höhere Komplexität und Unstrukturiertheit, der Notwendigkeit weniger akkurater Information mit eher externen und prospektiven Bezug, einen eher längeren Zeithorizont, eine kreative und/oder analytische Vorgehensweise und einer vornehmlichen Zuordnung zum Top Management.[125] Dem quasi diametral gegenüber angeordnet sind die typischen Aktivitäten des »Operational Control«, die insbesondere gekennzeichnet sind durch ihren Bezug auf einzelne, exakt definierte Aufgaben oder Transaktionen, die meist dem Tagesgeschäft zuzuordnen sind und eine an Regeln oder Direktiven gebundene, urteilsfreie und rationale Vorgehensweise. Sofern es sich nicht um vollständig programmierte Tätigkeiten handelt, sind sie auf der Ebene der »Supervisors« anzusiedeln.[126] Das »breite Mittelfeld« zwischen »Strategic Planning« und »Operational Control« wird vom »Management Control« eingenommen, dem - insbesondere auch hinsichtlich Ansätzen der Systemgestaltung - eine Schlüsselrolle zukommt.[127]

Dem Thema »Management Control«, in dem sich - anders als es der Name vielleicht auf den ersten Blick vermuten läßt - in besonderer Weise die Verwobenheit von Planung und Kontrolle über verschiedene Ebenen der Unternehmensorganisation widerspiegelt, hat sich Anthony in der Folge auf verschiedenen Wegen ausführlicher gewidmet.[128] So heißt es bezüglich einer entsprechenden Informationssystemunterstützung zusammenfassend:

> „The management control system should be a unified, total system because its seperate pieces will be aggregated into information about the entity as a whole. This requires that it be built around a financial core because money provides a common denominator that permits this aggregation."[129]

be Prozeß mit »Task Control« bezeichnet.

124 Vgl. zu den Beispielen auch Anthony (1965), S. 19.

125 Vgl. Anthony (1965), S. 67.

126 Vgl. Anthony (1965), S. 93.

127 Vgl. Anthony (1965), S. 113 - 116.

128 Vgl. insb. Anthony (1988) sowie Anthony et al. (1965/1988).

129 Anthony (1988), S. 17; vgl. ähnlich auch Anthony et al. (1965/1988), S. 13 - 15.

Auch an anderer Stelle hebt Anthony hervor, daß - im Gegensatz zu einem System des »Strategic Planning« - die in einem »Management Control System« abzubildenden Informationen schwerpunktmäßig finanziell-quantitativer Natur und internen Ursprungs seien.[130]

2.1.1.6 SONSTIGE FUNKTIONSORIENTIERTE ANSÄTZE

Die funktionsorientierte Sicht des Managements findet sich in einer breiten Masse von Beiträgen.[131] Angefangen mit dem frühen Standardwerk »Principles of Management«[132] der beiden UCLA-Professoren Harold Koontz und Cyril O'Donnell bis hin zu neueren Veröffentlichungen[133] finden sich Funktionen wie »Planning«, »Organizing«, »Staffing«, »Directing« und »Controlling« als Grundschema zur Systematisierung der Arbeit von Führungskräften. So heißt es bei Koontz & O'Donnel:

> „Where cooperation of individuals toward a common goal becomes organized in a formal association, the fundamental and essential component of this association is management - the function of getting things done through people. In bringing about this coordination of group activity, the manager, *as a manager*, plans, organizes, staffs, directs, and controls the activities of others."[134]

Wenngleich die Anzahl der Funktionen oder ihre Abgrenzung von Autor zu Autor variieren, so sind doch in den Ansätzen eine Reihe von Gemeinsamkeiten zu erkennen. So hat die überwiegende Zahl der funktionsorientierten Beiträge eine ausgesprochen **normativ-präskriptive Zielsetzung**. Einige Beiträge lesen sich durchaus wie »Praxisratgeber« zum Thema Management. Der Charakter einer durchaus praxisbezogenen »Anleitung« kann in gewisser Weise auch nicht verwundern. Schließlich haben die funktionsorientierten Ansätze ihre Wurzeln in der Praxis, oder genauer genommen in Managern, wie Fayol oder Barnard, die ihre Praxiserfahrungen - in jeweils unterschiedlicher Art und Weise - einer größeren Allgemeinheit zugänglich machen wollten.

Im Einklang damit wird zumeist eine **analytisch-deduktive Vorgehensweise** gewählt, in dem weder die empirische Beschreibung der Managerarbeit noch die Erklärung des beobachteten Verhaltens im Vordergrund steht. Empirische Arbeiten zu Funktionen von Führungskräften sind entsprechend rar.

Hinsichtlich der **Hierarchieebene** des Managers wird von den funktionsorientierten Ar-

130 Vgl. Anthony (1965/1988), S. 133 - 149.

131 Vgl. zur Übersicht etwa Ramme (1990), S. 17 - 29 sowie S. 51.

132 Erstveröffentlichung 1955; 8. Auflage 1984 zusammen mit H. Weihrich.

133 Vgl. etwa Steinmann/Schreyögg (1990) aus dem deutschen Sprachraum.

134 Koontz/O'Donnel (1955/1959), S. 3, Herv. auch im Original.

beiten zumeist eine gewisse Verschiebung der Aufgabenschwerpunkte unterstellt. In ihrer Essenz wird die Managerarbeit über alle Führungsebenen hinweg jedoch als mehr oder minder gleich eingestuft.[135] Aspekte der Kommunikation und Information finden sich dabei in praktisch allen Arbeiten, ohne jedoch immer in den Vordergrund gerückt zu werden.

2.1.1.7 FAZIT UND WÜRDIGUNG

„Yet the authors feel strongly that ... the managerial job will ever be to a great extent an art."[136]

Insgesamt kann den funktionsorientierten Beiträgen das Verdienst zugesprochen werden, als erste die Thematik und Problematik der »Managerial Work« aufgegriffen und - in einer intuitiv verständlichen Weise - systematisiert und aufbereitet zu haben. Ihrer Zielsetzung entsprechend haben sie mehr den Charakter eines Leitbildes des erwünschten denn einer Bestandsaufnahme des tatsächlichen Managerverhaltens. Die Ermangelung des letzteren ist hierbei jedoch nicht prinzipiell mit einer Praxisferne der Beiträge gleichzusetzen.

Nicht zuletzt aus der Praxiserfahrung einiger Autoren heraus lassen sich in einigen der Beiträge durchaus sehr **brauchbare Hinweise** bezüglich der Themenstellung der vorliegenden Arbeit lokalisieren. Insbesondere sei an die folgenden Aspekte erinnert:

- die Effektivität als Hauptzielsetzung in der Arbeit von »Executives«,
- die Aufgabenverschiebung bei obersten Führungskräften (mehr planende und weniger Mitarbeiter-überwachende Funktionen),
- die Bedeutung formaler wie informaler Kommunikation und die Vorteilhaftigkeit von Face-to-Face Kontakten in sozialer Hinsicht,
- die Existenz subjektiv-intuitiver Problemlösungsverfahren.

Teilweise im Zusammenhang mit der gewählten Forschungszielsetzung und -methodik zeigen die funktionsorientierten Beiträge jedoch auch gewisse **Beschränkungen**. Diese sind in der Beschreibungs- und insbesondere Erklärungskomponente zu sehen. Indem die Autoren diesbezüglich überwiegend und hauptsächlich auf eine (den Wissenschaften verschlossene) »Kunst« der Unternehmensführung verweisen, legen sie einen Schleier über ihre Untersuchungen, der deren Nutzbarmachung - insbesondere auch für Fragestellungen der Computerunterstützung - nicht unerheblich beeinträchtigt.

---

135 Vgl. z. B. Koontz/O'Donnel (1955/1959), S. vii.

136 Koontz/O'Donnell (1955/1959), S. ix.

2.1.2 ENTSCHEIDUNGSPROZESSORIENTIERTE ANSÄTZE

Die den individuellen und/oder betrieblichen Entscheidungsprozeß in den Mittelpunkt ihrer Untersuchungen stellenden Forschungsansätze sind deutlich jüngeren Ursprungs als die zuvor behandelte Funktionssicht des Managements. Wenngleich die entscheidungsprozeßorientierten Ansätze auch teilweise in der Tradition der funktionsorientierten Forschung stehen, so unterscheiden sie sich doch in einigen grundsätzlichen Belangen. Zum einen wird das normativ-präskriptive Wissenschaftsverständnis zu Gunsten einer deskriptiv-explikativen Vorgehensweise aufgegeben. Gleichzeitig finden verhaltenswissenschaftliche Erkenntnisse und Methoden verstärkt Eingang in diese Erklärungsansätze, deren Ausgangspunkt wohl in der frühen Arbeit von Simon gesehen werden kann (2.1.2.1). Aus der Fülle des vorliegenden Materials wird daraufhin der Ansatz des Inkrementalismus (2.1.2.2) sowie die empirische Entscheidungsforschung des deutschsprachigen Raums (2.1.2.3) eine nähere Beleuchtung erfahren. Verweise auf sonstige Ansätzen (2.1.2.4) und eine kurze Würdigung (2.1.2.5) bilden den Abschluß des Kapitels 2.1.2.

2.1.2.1 DIE ARBEITEN VON SIMON SOWIE MARCH

„We cannot understand either the »input« or the »output« of the executive without understanding the organization in which he works."[137]

Genau an dem von Barnard schon vorgezeichneten Ansatzpunkt, der **Entscheidung** als Schlüssel zur Erklärung des Verhaltens von Organisationen, knüpfen nach dem zweiten Weltkrieg die Arbeiten der amerikanischen Professoren Herbert A. Simon und James G. March an. Von Belang für den weiteren Verlauf der Arbeit sind dabei neben einigen Artikeln dieser Autoren[138] insbesondere ausgewählte Aspekte der folgenden Werke:

- »Administrative Behavior« (Simon 1945),[139]
- »Organizations« (March & Simon 1958),[140]
- »The New Science of Management Decision« (Simon 1960),[141]
- »A Behavioral Theory of the Firm« (Cyert & March 1963).

---

137 Simon (1945/1976), S. xvii.

138 So z. B. Dearborn/Simon (1958/1976), Simon (1968/1976), Simon (1973/1976), March (1978a), March (1978b), Feldman/March (1981), March/Sevón (1984), March (1986/1990).

139 Dritte, erweiterte Auflage 1976; deutsche Übersetzung derselben 1981.

140 Zweite Auflage 1993; deutsche Übersetzung der Erstauflage 1976.

141 Dritte, erweiterte Auflage 1977.

In der Einführung zur dritten Auflage von »Administrative Behavior« faßt Simon den Kern seiner These selbst zusammen:

> „*The central concern of administrative theory is with the boundary between the rational and the nonrational aspects of human social behavior.* Administrative theory is peculiarly the theory of intended and bounded rationality - of the behavior of human beings who *satisfice* because they have not the wits to *maximize*."[142]

Dies soll kurz erläutert werden.[143] Im wesentlichen von einem ähnlichen organisatorischem Grundverständnis geprägt wie Barnard, stellt Simon den „Auswahlprozeß, der zur Handlung führt"[144] in den Mittelpunkt seines Interesses. Der Auswahlprozeß einer Handlungsalternative ist durch drei Schritte gekennzeichnet: (1) Zusammenstellung der Alternativen, (2) Bestimmung der Ergebnisse jeder Alternative, (3) vergleichende Bewertung der Ergebnisse.[145] Entgegen den mikroökonomischen Annahmen des Homo Oeconomicus vollzieht sich dieser Entscheidungsprozeß jedoch unter einer Reihe gravierender kognitiver Einschränkungen:[146]

- es besteht in aller Regel unvollständige Kenntnis über die Ergebnisse jeder Alternative,
- da es sich um zukünftige Ergebnisse handelt, können die Ergebnisse nur schwerlich richtig bewertet werden,
- es ist praktisch unmöglich alle möglichen Alternativen im Bewußtsein zu haben.

Dies führt dazu, daß das Individuum in einer Entscheidungssituation nicht die beste sondern (nur) eine befriedigende Lösung sucht.[147] Eine besondere Rolle in der Wahl einer befriedigenden Alternative spielt dabei die nur selektive Aufnahme der Umweltstimuli,[148] die in Form von Informationen auf das Indviduum einwirken.

Dieses Grundmodell der **begrenzten Rationalität** erfährt in den Folgearbeiten einige **Erweiterungen** und Vertiefungen, von denen im Hinblick auf die weitere Untersuchung folgende von besonderem Belang sind:

- Entscheidungsverhalten in Organisationen ist (auch) geprägt durch unterschiedliche persönliche Zielsetzungen zwischen einzelnen Individuen oder Gruppen der Organisation und den daraus entstehenden Konflikten.[149]

---

142 Simon (1945/1976), S. xxviii; Herv. auch im Original.

143 Vgl. daneben auch die Übersichten bei Bamberg/Coenenberg (1991), S. 6 ff. sowie March (1986/1990).

144 Simon (1945/1981), S. 47.

145 Vgl. Simon (1945/1976), S. 67.

146 Vgl. Simon (1945/1981), S. 116 ff.

147 Vgl. Simon (1945/1976), S. xxix.

148 Vgl. Simon (1945/1976), S. xxx und S. 89 ff. sowie Dearborn/Simon (1958/1976).

149 Vgl. March/Simon (1958/1976), S. 107 ff.

- Bei der Suche nach einer befriedigenden Problemlösung wenden Individuen wie Gruppen ein schrittweises, adaptives Vorgehen an, im Zuge dessen auch das Niveau der Zielanspüche variiert werden kann.[150]
- Für das Phasenmodell des Problemlösungs- beziehungsweise Entscheidungsprozesses werden vier Phasen verwendet, die später eine weite Verbreitung finden sollen:[151] »Intelligence« (Entdeckung eines Entscheidungstatbestandes), »Design« (Auffinden von Handlungsalternativen bzw. -strategien), »Choice« (Auswahl einer Alternative) und »Review« (Evaluation vergangener Wahlakte). Diese Phasen sind in der Regel eng ineinander verwoben.[152]
- Zur Klassifikation von Entscheidungen können (als Extrempunkte in einem Kontinuum) prinzipiell Routine- von Problemlösungsentscheidungen[153] unterschieden werden, die auch als »programmed« und »non-programmed« Entscheidungen bezeichnet werden.[154]

Der Anteil der »nicht-programmierten«, also echten Problemlösungsentscheidungen nimmt dabei tendenziell in höheren Hierarchieebenen zu. Obere Führungskräfte verbringen typischerweise dabei höhere Zeitanteile in der Intelligence- und Design-Phase als in der Choice- und Review-Phase.[155]

Besondere Bedeutung schenken beide Autoren dem **Informations- und Kommunikationsverhalten in Organisationen**, wobei sie zu teilweise unterschiedlichen Schlußfolgerungen kommen. In einer noch aus der Erstausgabe von 1945 stammenden Passage schreibt Simon bezugnehmend auf den Machtfaktor der Informationsübertragung:

> „Hence, information tends to be transmitted upward in the organization only if (1) its transmission will not have unpleasant consequences for the transmitter, or (2) the superior will hear of it anyway from other channels, and it is better to tell him first, or (3) it is information that the superior needs in his dealings with his own superiors, and he will be displeased if he is caught without it. In addition, there is often failure to transmit information upward simply because the subordinate cannot visualize accurately what information his superior needs in order to make his decisions.
>
> A major communication problem, then, of the higher levels of the administrative hierarchy is that much of the information relevant to the decisions at this level originates at lower levels, and may not reach the higher levels unless the executive is extraordinarily alert."[156]

In der dreißig Jahre später geschriebenen Einführung zur dritten Auflage relativiert Si-

---

150 Vgl. Cyert/ March (1963), S. 29 - 40 bzw. S. 121.

151 Vgl. Simon (1960/1977), S. 40 f.

152 Vgl. Simon (1960/1977), S. 43.

153 Vgl. March/Simon (1958/1976), S. 131 ff. sowie 165 ff.

154 Vgl. Simon (1960/1977), S. 45 ff.

155 Vgl. Simon (1960/1977), S. 40.

156 Simon (1945/1976), S. 163.

mon allerdings in gewisser Hinsicht diese Äußerung, indem er bezüglich des Einflusses der Computertechnologie auf Organisationen schreibt: „The central lesson ... is that information is no longer scarce: We now live in an information-rich world."[157] An anderer Stellen führt er dies aus, wobei er mehrfach die Bedeutung *externer* Informationen unterstreicht:

> „The information-processing systems of our contemporary world swim in an exceedingly rich soup of information, of symbols. In a world of this kind, the scarce resource is not information; it is processing capacity to attend to information. Attention is the chief bottleneck in organizational activity, and the bottleneck becomes narrower and narrower as we move to the tops of organizations, where parallel processing capacity becomes less easy to provide without damaging the coordination function that is prime responsibility of these levels.
> ... the difficulty of coping with the information-rich environment is compounded by the fact that most information relevant to top-level and long-run organizational decisions typically originates outside the organization, and hence in forms and quantities that are beyond its control."[158]

> „If we analyze the decisions in which top management play a major role, and the kinds of information that would be most relevant to making those decisions well, we soon see that a large part of the information that is wanted does not originate in company records, or inside the company at all. Top managers stand at the interface between a company and its environment of customers, competitors, sources of funds, and political and social systems. Their main concerns are to discover how the company can live effectively and profitably in this external environment. **A large part, probably most, of the information that would be genuinely helpful to them is information about the external environment, obtainable only from external sources**."[159]

Auch March schenkt in verschiedenen Beiträgen dem Faktor Information besondere Beachtung,[160] wobei im Mittelpunkt seines Interesses die **soziologischen Phänomene** der Information stehen. Seine zentrale Erkenntnis ist, daß zwischen dem Zeitpunkt einer Entscheidungssituation und Art und Zeit der Informationssuche nur eine sehr lose Verbindung besteht.[161] Dies äußert sich beispielsweise in den folgenden Beobachtungen, die March auch als (scheinbare) »Informationsperversitäten« bezeichnet:[162]

- Informationen werden beschafft, obwohl sie nur geringe Entscheidungsrelevanz haben,
- Informationen, die für eine Entscheidungsrechtfertigung notwendig sind, werden zum Teil erst nach erfolgter Entscheidung gesammelt und ausgewertet,
- Informationen werden - obschon nachgefragt und geliefert - im Entscheidungsprozeß nicht berücksichtigt,
- es werden immer noch zusätzliche Informationen angefordert, unabhängig wie gut

157 Simon (1945/1976), S. xxvi. Vgl. hierzu auch Simon (1968/1976), S. 284 f. sowie Simon (1973/1976), S. 296.

158 Simon (1973/1976), S. 294.

159 Simon (1960/1977), S. 127; Herv. d. Verf.

160 Vgl. March (1978b/1990), Feldman/March (1981/1990), March/Sevón (1984/1990).

161 Vgl. Feldman/March (1981), S. 174 sowie insb. March (1978b).

162 Vgl. hierzu und zum folgenden Feldman/March (1981), S. 174.

der Informationsstand bereits ist,

- es wird bedauert, daß wesentliche Informationen fehlen, während gleichzeitig vorhandene Informationen nicht benutzt werden.

Die Begründung für solchartiges Verhalten liegt (neben anderen Erklärungen, wie z. B. das Scannen der Umwelt nach »gossip«, der strategisch relevant sein könnte) vor allem darin, daß „... the use of information is embedded in social norms that make it highly symbolic."[163] Dieser **Signal- und Symbolwert** von Informationsprozessen besteht so zum Beispiel daraus, daß Information beim Entscheidungsträger als Symbole für fachliche Kompetenz und soziale Effektivität aufgefaßt werden oder als Signal für Entscheidungsrelevanz wie auch Entscheidungslegitimität. Ausgehend von der bereits bei Simon weiter oben geäußerten These, daß Informationsversorgung einen Machtfaktor darstellt, der (insbesondere bei konfligierenden Individualinteressen) Informationsmanipulation hervorruft, kann einem Entscheidungsträger bei seiner Informationsnachfrage auch durchaus daran gelegen sein, Signale zu verschleiern. Indem bewußt eine breite (zum Teil irrelevante) Masse an Informationen bei Zulieferern nachgefragt wird, sinkt die Chance, daß seitens der Zulieferer eine effektive Manipulation des *relevanten* Materials vorgenommen werden kann.

2.1.2.2 Das Modell des Inkrementalismus

„Die Entscheidungsträger ähneln dann eher Reitern, die sich mühsam im Sattel eines in Panik geratenen Pferdes halten und dann die unkontrolliert eingeschlagene Richtung ihres Rittes zum Ziel erklären."[164]

Eine Verschärfung der Annahmen von March & Simon stellt das sogenannte Modell des Inkrementalismus dar, das auf Arbeiten von Charles E. Lindblom zurückgeht und mit dem Titel seines Artikels „The Science of »Muddling Through«"[165] treffend charakterisiert werden kann.[166] Dieses Durchwursteln ist durch folgende **Merkmale** gekennzeichnet:

- Ein Individuum läßt eine Entscheidungssituation auf sich zukommen und sucht sie nicht etwa,

---

163 Feldman/March (1981), S. 171. Vgl. zum folgenden ebd., S. 177 ff. sowie March/Sevón (1984/1990), S. 487 f.

164 Kirsch (1990), S. 95. Das Zitat bezieht sich auf eine Extremform bzw. »Abart« des Inkrementalismus.

165 Lindblom (1959).

166 Vgl. hierzu und zum folgenden auch Staehle (1991), S. 488 f. sowie Kirsch (1988), S. 26 ff. bzw. Kirsch et al. (1993), S. 76 f.

- in einer Entscheidungssituation sucht sich das Individuum nur solche Ziele, die in Schrittnähe des vertrauten gegenwärtigen Zustandes liegen,
- das Individuum zieht sodann nur wenige Alternativen in Betracht und von diesen nur wenige Konsequenzen,
- das Individuum erwartet schließlich keine endgültige Problemlösung, sondern definiert vielmehr das Problem immer wieder neu, paßt die Problemdefinition sozusagen an das Suchverhalten an.

Das darin skizzierte, der »Trial and Error« Methode ähnliche Suchverhalten stellt den Gegensatz zur synoptischen, ganzheitlich-rationalen, holistischen Vorgehensweise dar. Während das synoptische Vorgehen hinsichtlich der Ergebnis-Rationalität deutlich stärker einzuschätzen ist, ist das inkrementale Vorgehen wesentlich Verfahrens-rationaler. In einer den strategischen Planungsprozeß abbildenden Laborstudie wurden darüberhinaus im Vergleich von synoptischer und inkrementaler Vorgehensweise folgende Hypothesen - im Einklang mit anderen Untersuchungen - bestätigt:

> „Inkrementale Planung führt zu einer größeren wahrgenommenen Übereinstimmung unter den Planern über die Ziele und Stratgien als synoptische Planung. ...
> Inkrementale Planung führt zu einer stärkeren Verpflichtung der Beteiligten hinsichtlich der gewählten Strategie. ...
> Planer empfinden hinsichtlich der Anwendung des Planungsprozesses bei Anwendung des inkrementalen Verfahrens größere Zufriedenheit als bei Anwendung des synoptischen Verfahrens. ...
> Das synoptische Verfahren führt zu kreativeren Strategien als das inkrementale Verfahren.“[167]

In Anbetracht dieser Ergebnisse (Verfahrensrationalität und -zufriedenheit) kann es nicht verwundern, wenn das inkrementale Verfahren in der Praxis weit verbreitet ist.[168] Gleichwohl ist es an Innovationskraft, die insbesondere in turbulenten Zeiten nötig ist, unterlegen.[169] Die bereits zitierten Autoren schließen ihren Beitrag mit folgender Bemerkung:

> „Beide Aspekte (innerorganisatorische Harmonie und Innovation) sind in *einem* strategischen Planungssystem *simultan* wohl kaum zu verwirklichen. Hier wird deutlich, daß Entscheidungen über Planungssysteme zugleich auch Entscheidungen über Wertordnungen bedeuten können, ohne daß dies den Entscheidern stets bewußt würde.“[170]

Aus Sicht der Themenstellung der vorliegenden Arbeit könnte ergänzt werden, daß die Wahl des Planungsverfahrens natürlich auch die Art der Informationsnachfrage beeinflußt. In einer stark an der Ist-Situation verhafteten inkrementalen Planung wird der Schwerpunkt eher auf gegenwartsbezogenen, »kontrollartigen« Daten liegen, bei einem

---

167 Picot/Lange (1979), S. 584 - 590.

168 Vgl. dazu auch Hauschildt (1988b), S. 101 f.

169 Vgl. Picot/Lange (1979), S. 593.

170 Picot/Lange (1979), S. 593, Herv. auch im Original.

synoptischen, langfristig orientierten Vorgehen sehr viel mehr auf zukunftsbezogenen, »erwartungsartigen« Daten.[171]

2.1.2.3 Empirische Entscheidungsforschung

„Wir glauben nicht, daß die Effizienz von Entschlüssen allein durch eine Erhöhung der Informations-Versorgung gesteigert werden kann, sogar dann nicht, wenn diese Versorgung bedarfsgerecht ist."[172]

Die empirische Entscheidungsforschung ist - nicht nur den deutschen Sprachraum betreffend - eng verknüpft mit den Arbeiten des Münchner Professors Eberhard Witte und seiner (ehemaligen) Forschungsgruppe (insbesondere Rolf Bronner, Hans Georg Gemünden, Oskar Grün, Jürgen Hauschildt).[173] Im Mittelpunkt der Untersuchungen stehen Entscheidungen aus prozessualer Sicht, das heißt „... als Leistungsprozesse zur Hervorbringung eines geistigen Produktes, nämlich des Entschlusses."[174]

Der Schwerpunkt der Untersuchungen **Wittes** liegt dabei auf sogenannten **»innovativen«**, das heißt strategischen oder unternehmenspolitischen **Entscheidungen**, die sich durch eine schlechtstrukturierte *Problemstellung* in Verbindung mit einem schlechtstrukturierten *Entscheidungsprozeß* kennzeichnen lassen.[175] Im Rahmen des sich über 16 Jahre erstreckenden Forschungsprojektes »Columbus« dienten dabei zunächst 233 repräsentativ ausgewählte Entscheidungsprozesse zur Erstbeschaffung einer elektronischen Datenverarbeitungsanlage als Untersuchungsobjekt.[176] Als Methodik fanden Dokumentenanalyse, persönliche Befragung und ergänzend auch Laborexperimente Anwendung. Aus der Fülle der Ergebnisse verdienen im Zusammenhang der vorliegenden Arbeit die folgenden besondere Erwähnung:

- In den untersuchten innovativen Entscheidungsprozessen waren durchschnittlich mindestens 10 Personen - darunter auch firmenexterne - aktiv beteiligt, die im jeweiligen Prozess dann durchschnittlich etwa sechs mal mitwirkend tätig wurden.[177]

---

171 Vgl. dazu auch die Übersicht über Vor- und Nachteile der Planungsverfahren bei Picot/Lange (1979), S. 573.

172 Witte (1972), S. 5.

173 Vgl. insb. Witte (1972), Witte et al. (Hrsg.; 1988), Witte (1992) sowie Hauschildt et al. (1983), Grün (1988), Hauschildt (1989) und Gemünden (1992). Ein Überblick über den Stand der empirischen Entscheidungsforschung findet sich in Hauschildt/Grün (Hrsg.; 1993) und dort insbesondere in den Beiträgen von Bronner (1993) und Gemünden (1993).

174 Witte (1988a), S. 20.

175 Vgl. dazu Witte (1992), Sp. 555 ff. sowie Witte im Vorwort von Witte et al. (Hrsg.; 1988), S. 2.

176 Vgl. Witte (1988a), S. 22 ff. Es handelt sich dabei um die Zahl der »voll erhobenen und voll brauchbaren« Entscheidungsprozesse.

177 Vgl. Grün et al. (1988), S. 37 - 39 bzw. Grün et al. (1972), S. 123 - 125.

- Die firmeninterne Prozeßbeteiligung und -mitwirkung vollzog sich zu circa 40 % auf der Ebene des Top-Managements und zu weiteren circa 50 % auf der Ebene des mittleren Managements.[178]
- Der gesamte Entscheidungsprozeß zur Erstbeschaffung einer EDV-Anlage zog sich - bei allerdings vergleichsweise großer Streuung - durchschnittlich über einen Zeitraum von mehr als vier Jahren (ca. 1460 Tage) hin,[179] wobei folgende Intervalle unterschieden wurden:
  - Anregungsintervall (»Anregung« bis »Start«): ø 477 Tage,
  - Entscheidungsintervall (»Start« bis »Hauptentschluß«): ø 421 Tage,
  - Realisationsintervall (»Hauptentschluß« bis »Realisation«): ø 567 Tage.
- Jeder Prozeß bestand im Mittel aus 38 Operationen, von denen jeweils ungefähr ein Viertel den Tätigkeitsgruppen »Informieren/Kommunizieren« sowie »Orientieren«, circa ein Drittel dem »Steuern« und ein Sechstel dem »Entschließen« (Hauptentschluß zuzüglich durchschnittlich fünf Vorentschlüssen) zuzuordnen war.[180]
- „Die Zielbildung in innovativen Entscheidungen ist ... ein kognitiver und ein konfliktbewältigender geistiger Arbeitsablauf, der mit dem Problemlösungsprozeß interdependent verbunden ist.“[181]
- „Die einem Entscheidungsprozeß zugrundeliegende Zielsetzung wird *erst im Verlauf des Entscheidungsprozesses entwickelt*, ...
  Entscheidungsalternativen beeinflussen die Entscheidungsziele.“[182]
- Die in der theoretischen Literatur typischerweise konstruierten Phasen des Entscheidungsprozesses (Problemidentifikation - Informationssammlung - Lösungsalternativengenerierung - Alternativenbewertung - Alternativenauswahl) ließen sich in den Entscheidungsprozessen empirisch zwar beobachten, jedoch erfolgen sie nicht - wie postuliert - sequentiell nacheinander sondern vielmehr weitgehend parallel mit ihrem Aktivitätsmaximum jeweils gegen Ende des gesamten Entscheidungsprozesses.[183]
- „Das Entwickeln und Sichern eines durch Frage und Suche geprägten, kognitiv offenen Problemlösestils verspricht qualitativ höherwertige Entscheidungsergebnisse als das bloße Bereitstellen noch so umfangreicher Informationen.“[184]

Hauschildt widmete sich zusammen mit seiner Kieler Forschungsgruppe in den siebzi-

178 Vgl. Grün et al. (1988), S. 40 f. bzw. Grün et al. (1972), S. 129 f.

179 Vgl. dazu und zum folgenden Grün et al. (1988), S. 43 - 46 bzw. Grün et al. (1972), S. 131 - 136.

180 Vgl. Grün et al. (1988), S. 52 f. bzw. Grün et al. (1972), S. 142 f.

181 Hauschildt (1988a), S. 77.

182 Hamel (1988), S. 94.

183 Vgl. Witte (1988b) sowie zusammenfassend Witte (1992), Sp. 553 f.

184 Bronner/Wossidlo (1988), S. 267. Vgl. ausführlicher auch Bronner et al. (1972).

ger Jahren auch gesondert der empirischen Erforschung von »Entscheidungen der Geschäftsführung«,[185] wobei insbesondere die Verknüpfung der Aspekte **Informationsverhalten und Effizienz** im Mittelpunkt der Untersuchung stehen.[186] Obschon in der Forschungstradition Wittes stehend wählt das Kieler Team einen deutlich anderen Weg, indem es *alle* (das heißt 83) Entscheidungsprozesse eines *gleichbleibenden*, aus drei Personen bestehenden Geschäftsführungskollegiums *eines* (mittelständischen) Produktionsunternehmens über einen Zeitraum von anderthalb Jahren anhand einer Analyse der Protokolle der Geschäftsleitungssitzungen und ergänzender Interviews analysiert und darüberhinaus die erhobenen Prozesse *denselben* Personen sieben Jahre später zur kritischen Revision bezüglich Art und Effizienz der getroffenen Entscheidung vorlegt.[187]

<table>
<tr><td colspan="8">Führungsentscheidungen</td></tr>
<tr><td rowspan="3">Situative, Routine- bzw. Ressort-Entscheidungen
(nicht vorgefunden)</td><td colspan="6">Entscheidungen "mittlerer" Komplexität
(83 Entscheidungsprozesse = 100%)</td><td rowspan="3">Innovative bzw. konstitutive Entscheidungen
(nicht vorgefunden)</td></tr>
<tr><td rowspan="2">Entscheidungen zur laufenden Bereichsabstimmung
(23%)</td><td colspan="2">Entscheidungen unter Streß
(25%)</td><td colspan="2">Entscheidungen im außergewöhnlichen Fall
(30%)</td><td rowspan="2">Unternehmens-politische Richtlinien-Entscheidungen
(22%)</td></tr>
<tr><td>Entscheidungen über eilige Plankorrekturen
(12%)</td><td>Entscheidungen über Störungen oder Okkasionen
(13%)</td><td>Fallweise Entscheidungen
(11%)</td><td>Präzedenz-Entscheidungen
(19%)</td></tr>
<tr><td>Theor. Merkmale:
• besonders niedrige Ausprägung von Seltenheit, Relevanz und Präzedenz,
• unterdurchschnittlicher Spielraum.</td><td>Typische Merkmale:
• besonders niedrige Ausprägung von Relevanz, Seltenheit und Zeitdruck,
• unterdurchschnittliche Präzedenz
• eher unterdurchschnittlicher Spielraum</td><td colspan="2">Typische Merkmale:
• besonders hoher Zeitdruck,
• besond. niedrige Relevanz,
• besonders hohe Ausprägung von Seltenheit und Spielraum bei Störungen und Okkasionen, unterdurchschnittliche dagegen bei eiligen Plankorrekturen.</td><td colspan="2">Typische Merkmale:
• besonders hohe Seltenheit,
• besonders niedrige Ausprägung von Relevanz und Zeitdruck,
• besonders niedrige Präzedenzausprägung bei fallweisen, besonders hohe bei Präzedenz-Entscheidungen.</td><td>Typische Merkmale:
• besonders hohe Ausprägung von Relevanz,
• überdurchschnittliche Präzedenz,
• eher überdurchschnittlicher Speilraum,
• eher unterdurchschnittlicher Zeitdruck.</td><td>Theor. Merkmale:
• besonders hohe Ausprägung von Relevanz, Präzedenz und Seltenheit,
• eher unterdurchschnittlicher Zeitdruck.</td></tr>
</table>

ABB. 10: REALTYPOLOGIE VON FÜHRUNGSENTSCHEIDUNGEN[188]

Anhand ihrer Beobachtungen entwickeln die Autoren zunächst die in der vorangestellten Abbildung 10 veranschaulichte **Realtypologie von Führungsentscheidung,** wobei die Beschreibungsmerkmale (funktionaler) »Geltungsbereich«, »Präzedenzcharakter«, »Relevanz«, »Häufigkeit/Regelmäßigkeit«, »Eilbedürftigkeit/Dringlichkeit/Zeitdruck« und »Gestaltungsspielraum« (Anzahl der generierten Alternativen) Verwendung fin-

185 Vgl. insb. die gleichnamige Veröffentlichung von Hauschildt et al. (1983).

186 Vgl. Hauschildt et al. (1983), S. VII.

187 Vgl. zum Forschungsdesign Hauschildt (1983a) sowie Haidle/Grotz-Martin (1983).

188 In Anlehnung an Gemünden (1983b), S. 101.

den.[189] Von den bei Dichotomisierung der Variablen möglichen 64 (=2^6) Entscheidungstypen lassen sich im Untersuchungsfeld der 83 Entscheidungsprozesse 28 Typen wiederfinden,[190] die sich „mit eindrucksvoller Treffsicherheit"[191] Gutenbergs Katalog »echter Führungsentscheidungen«[192] annähern. Am häufigsten im Geschäftsführungskollegium anzutreffen waren wichtige, einmalige bis seltene, unter höchstens normalem Zeitdruck stattfindende Entscheidungen mit mehreren Alternativen und Auswirkungen auf mehrere Funktionsbereiche mit (14 von 83) und ohne (8 von 83) Präzedenzwirkungen. Mittels einer Clusteranalyse lassen sich vier Klassen von Entscheidungen *mittlerer* Komplexität[193] unterscheiden, von denen zwei weiter zu unterteilen sind.

Im weiteren Verlauf ihrer Arbeit kommen die Autoren dann unter anderen zu den folgenden signifikanten **Ergebnissen**:

- Besonders hohe Informationsnachfrage ist dann zu verzeichnen wenn die Entscheidung Präzedenzcharakter hat und eine höhere Alternativenzahl betrachtet wird. Wichtigkeit und Seltenheit der Entscheidung sind dagegen nur notwendige aber nicht hinreichende Bedingungen für eine erhöhte Informationsnachfrage.[194]
- Bei Vorliegen von Zeitdruck wirken besonders große Chancen und Risikien aktivierend auf die Informationsnachfrage, geringe Chancen und Risiken dagegen problemvereinfachend. Bei Entscheidungen im außergewöhnlich Fall ist das oben bereits entsprechend erwähnte Präzedenzkriterium entscheidend für die Informationsnachfrage. Unternehmenspolitische Richtlinien-Entscheidungen sind zumindest in den positiv beurteilten Fällen durch eine erhöhte Informationnachfrage gekennzeichnet. Die Problemkomplexität schafft in diesen Fällen jedoch vermutlich Barrieren zur Erkennung des problemgerechten Informationsbedarfs (hoher Anteil schlechter Beurteilung korrespondiert mit verminderter Informationsnachfrage).[195]
- Die Akzeptanz gelieferter Informationen ist generell bei internen Informationen höher als bei externen, bei schriftlichen größer als bei mündlichen, bei regelmäßig erstellten stärker ausgeprägt als bei fallweise erstellten und bei vergangenheits-/gegenwartsbezogenen besser als bei prospektiven.[196]
- Hohe Informationsnachfrage ist eine notwendige (Ausnahme Zielunsicherheit) aber

189 Vgl. hierzu und zum folgenden Gemünden (1983b) sowie daneben Gemünden (1983a).

190 Vgl. hierzu und zum folgenden Gemünden (1983b), S. 73 - 77 bzw. Gemünden (1983a), S. 54 f.

191 Gemünden (1983b), S. 77; im Original hervorgehoben.

192 Vgl. dazu Gutenberg (1962), insb. S. 61 - 74;

193 Innovative Entscheidungen (hohe Komplexität) und Routine-Entscheidungen (niedrige Komplexität) konnten im Sample nicht identifiziert werden. Vgl. Gemünden (1983b), S. 72.

194 Vgl. Gemünden (1983c), S. 133 f.

195 Vgl. Gemünden (1983c), S. 142 f.

196 Vgl. Grotz-Martin (1983).

keine hinreichende Bedingung für eine effiziente Entscheidung. Bei einer Verknüpfung mit gesteigerter Alternativenzahl jedoch führt die höhere Informationsnachfrage über gesteigerte Komplexität zu einer erhöhten Entscheidungseffizienz.[197] „Erfolgreiches Entscheiden ist danach auf den »richtigen« Umgang mit der Komplexität zurückzuführen."[198]

2.1.2.4 SONSTIGE ENTSCHEIDUNGSPROZESSORIENTIERTE ANSÄTZE

Unter der Vielzahl der entscheidungsprozeßorientierten Arbeiten verdienen an dieser Stelle noch zwei, im Detail nicht näher darstellbare, Ansätze besondere Hervorhebung.

Es ist dies einaml der sogenannte **Informationsverarbeitungsansatz**, der zum einen als eine Weiterentwicklung des Gedankenguts von March & Simon aufgefaßt werden kann, zum anderen auch Anknüpfungspunkte zur frühen KI-Forschung hat. Dieser insbesondere in den siebziger Jahren recht populäre Ansatz erfährt seine wohl umfassendste Darstellung 1972 in »Human Problem Solving« von Allen Newell & Herbert A. Simon. Im Mittelpunkt des Ansatzes steht die Modellierung der menschlichen Informationsaufnahme und -verarbeitung, wobei der Mensch als eine Art »Informationssystem« mit »Eingabeeinheiten« (Rezeptoren/Sinnesorgane), »Speicher« (Gedächtnis), »Prozessor« (Gehirn/Nervensystem) und »Ausgabe« (Effektoren wie Sprache, Körpersprache und Handlungen) betrachtet wird.[199]

Zum anderen sind hier die allgemeinen Ansätze einer **deskriptiven Entscheidungstheorie** zu nennen,[200] wie sie sich im deutschen Sprachraum insbesondere im Konzept der »Entscheidungsorientierten Betriebswirtschaftslehre« niedergeschlagen haben.[201]

2.1.2.5 FAZIT UND WÜRDIGUNG

Die **Vorteile** der entscheidungsprozeßorientierten Ansätze bezogen auf die Managementforschung sind in verschiedenen Punkten zu erblicken. Zum einen wird generell

197 Vgl. Hauschildt (1983) u. darüberhinaus zur Komplexität in Entscheidungsprozessen Hauschildt (1990) sowie Bronner (1990).

198 Hauschildt (1983b), S. 261; im Original hervorgehoben.

199 Vgl. detaillierter Newell/Simon (1972) sowie Kirsch (1971) und Abel (1977), S. 53 ff. für den deutschen Sprachraum.

200 Vgl. z. B. Harrison (1975).

201 Vgl. dazu detaillierter bzw. zum Überblick Heinen (1991) sowie zur Abgrenzung auch Kirsch (1989) und Rühli (1989).

der Einblick geöffnet in die »Mikroperspektive« der Managemententscheidung - das Abstraktionsniveau der eher »makroperspektivischen« funktionsorientierten Beiräge somit verlassen. Die Integration verhaltenswissenschaftlicher Erkenntnisse führt sodann zu realistischeren Annahmen über das Individualverhalten als es das in den funktionsorientierten Beiträgen mehr oder minder implizit enthaltene Menschenbild des optimierenden Homo Oeconomicus bereit hält. Innerhalb dieser Mikroperspektive des Entscheidungsprozesses werden sodann mittels der deskriptiv-explikativen Vorgehensweise praxisnähere Modelle zur Erklärung der beobachtbaren Phänomene bereitgestellt,[202] was - zusammen mit den anderen Punkten - insgesamt zu einem facettenreicheren Bild der Managerarbeit führt.

Bezogen auf das Informationsverhalten oberster Führungskräfte scheinen insbesondere die folgenden **Erkenntnisse** der entscheidungsprozeßorientierten Beiträge hervorhebenswürdig:

- die Differenzierung des Entscheidungs- und Informationsprozesses sowohl hinsichtlich der Entscheidungskomplexität (mehr »nicht-programmierte« Entscheidungen in oberen Führungsebenen) als auch der Entscheidungsphase (Top Manager stärker in »Intelligence« und »Design« involviert),
- die Einführung der beschränkten Rationalität als Handlungsmaxime sowie generell die Unterscheidung zwischen einer Verfahrens- und einer Ergebnisoptimalität,
- die Betonung der Bedeutung externer Informationen und der entgegenstehenden Verarbeitungsengpässe - gerade bei oberen Führungskräften,
- die Hinweise auf den Gruppencharakter vieler Entscheidungen und die Einführung soziologischer sowie politischer Aspekte als Determinanten der Informationsbereitstellung.

Gleichsam als »Kehrseite der deskriptiven Münze« fällt es den entscheidungsprozeßorientierten Ansätzen zuweilen schwer, zu »echten«, normativ-präskriptiven Gestaltungsempfehlungen zu kommen, die über den Vorschlag einer Unterstützung des vorhandenen Verhaltens hinausreichen. Darüberhinaus interessant erscheint, wie March & Simon, die Mitbegründer der deskriptiven Entscheidungstheorie, 35 Jahre später ihre klassische Arbeit (»Organizations«) im Rückblick bewerten:

> „However, there are at least four broad features of our treatment that would be a little different if we were writing the book for the first time now: (1) we would give more attention to empirical observations as opposed to theoretical speculations; (2) we would place relatively less emphasis on analytically rational, as opposed to rule-based, action; (3) we would less often take the premises of

202 Vgl. kritisch hinsichtlich der Erklärungskraft der deskriptiven Entscheidungstheorie jedoch Franck (1992b), der unter dem Schlagwort »körperliche Entscheidungen« auf die mangelhafte Beschreibbarkeit von - auf »taziten« Wissen beruhenden - (intuitiven) Routineentscheidungsprozessen erfahrener Experten hinweist.

decisions as given exogenously; (4) we would accord a greater role to the historical, social, and interpretive contexts of organizations."[203]

2.1.3 AKTIVITÄTSORIENTIERTE ANSÄTZE

„If the manager does indeed plan, it is not by locking his door, puffing on his pipe, and thinking great thoughts."[204]

Sich in Ansatz und Forschungsziel von den funktionsorientierten Ansätzen zum Teil scharf abgrenzend, wählen die Vertreter der aktivitätsorientierten Sicht einen vornehmlich empirisch-deskriptiven Weg, indem sie die täglichen Tätigkeiten von Managern unter die Lupe nehmen. Dies geschieht entweder im Wege von Selbstaufschreibungen der Manager oder mittels Fremdbeobachtung. Unter der Vielzahl der vorliegenden Untersuchungen dieser Art verdienen die Arbeiten von Carlson (2.1.3.1), Stewart (2.1.3.2), Mintzberg (2.1.3.3) sowie Kotter (2.1.3.4) eine nähere Betrachtung. Vor der zusammenfassenden Würdigung in 2.1.3.6 wird dann noch etwas ausführlicher auf einige andere Untersuchungen eingegangen (2.1.3.5).

2.1.3.1 CARLSON 1951

„I always thought of a chief executive as the conductor of an orchestra, standing aloof on his platform. Now I am in some respect inclined to see him as the puppet in a puppet-show with hundreds of people pulling the strings and forcing him to act in one way or another."[205]

Die aus dem Jahre 1951 stammende Studie »Executive Behaviour«[206] des schwedischen Professors Sune Carlson kann - wenngleich nicht ohne Vorläufer[207] - als erste fundierte empirische Auseinandersetzung mit dem Arbeitsalltag von obersten Führungskräften angesehen werden.[208] Enttäuscht über über das Fehlen eines operationalisierbaren Rahmenwerkes zur Analyse der Arbeit oberster Führungskräfte,[209] führt Carlson bei neun »Managing Directors« beziehungsweise »Chief Executives« verschiedenartiger großer schwedischer Firmen über einen Zeitraum von vier Wochen eine empirische Untersu-

203 March/Simon (1993), S. 302; vgl. zu Punkt (2) dieser Liste auch die vorangegangene Fußnote.

204 Mintzberg (1973/1980), S. 37.

205 Carlson (1951/1991), S. 46.

206 Nachdruck 1991, zusammen mit Beiträgen von Mintzberg und Stewart.

207 Vgl. Carlson (1951/1991), S. 27 ff.

208 Vgl. Staehle (1991), S. 74.

209 Vgl. Carlson (1951/1991), S. 19 („I have often felt lost and bewildered") sowie S. 25.

chung durch, im Rahmen derer die ausgewählten Top Manager über ihren Tagesablauf und dessen Inhalte Buch führen. Dabei sollten, neben den im Vordergrund stehenenden Zeitanteilen jeder Aktivität, Ort, involvierte Personen oder Institutionen, gewählte Kommunikationstechnik, Natur der behandelten Fragestellung sowie Art der Aktivität verzeichnet werden. Ergänzt wurden diese Ergebnisse mittels Befragungen ausgewählter involvierter Personengruppen (z. B. Sekretariat) sowie durch intensive komplementäre Materialanalysen (Schriftverkehr, Reports etc.).[210]

Carlson kommt trotz einiger methodisch bedingter Unsicherheiten zu bemerkenswerten Ergebnissen (Abbildung 11). So verbringen die von Carlson untersuchten Manager nur etwas mehr als die Hälfte ihrer gesamten Arbeitszeit (von durchschnittlich zehn Stunden pro Tag) in der eigenen Firma und nur ungefähr **ein Drittel der Zeit im eigenen Büro**.[211] Die Besuche außer Haus sind dabei nicht etwa schwerpunktmäßig Kunden und Lieferanten gewidmet, sondern in der überwiegenden Mehrzahl staatlichen Stellen sowie Handels- und Arbeitgeberverbänden, was Carlson als möglicherweise schwedische Besonderheit charakterisiert.

Place of work: / Type of occupation:	Inside the firm			Outside the firm		Σ
	Head office			At home	Other places	
	Own Office					
Working alone	10 %	-	-	8 %	-	18 %
Conferences	25 %	6 %	?	?	33 %	74 %
Visits		-	?	?		
Visiting subordinates	-	1 %	?	-	-	
Lunches	-	5 %	-	-	-	5 %
Travelling	-	-	-	-	3 %	3 %
Σ	35 %	12 %	9 %	8 %	36 %	100 %

ABB. 11: ARBEITSZEITVERTEILUNG VON TOP MANAGERN NACH ORT UND AKTIVITÄT[212]

Von der im eigenen Büro zur Verfügung stehenden Zeit verbleibt nach Abzug von Besuchs- und Konferenzzeiten ein »**Alleinarbeitsanteil**« von **10 %** an der Gesamtarbeitszeit, was (unter Abzug der reinen Reisetage) einem täglichen Durchschnitt von circa 1

210 Vgl. zum Untersuchungsdesign Carlson (1951/1991), S. 31 - 46.

211 Vgl. hierzu und zum folgenden Carlson (1951/1991), S. 52 ff.

212 Quelle: Carlson (1951/1991), S. 54, Darst. d. Verf.; zu Feldern mit »?« macht Carlson keine Angaben.

Stunde und 20 Minuten an den im Büro anwesenden Tagen entspricht.[213] Diese Zeit steht jedoch nicht ununterbrochen zur Verfügung, sondern wird vielmehr durch zweierlei Einflußfaktoren unterbrochen: Besucher und Telefonate. Die dadurch entstehenden **Arbeitsintervalle** veranschaulicht Abbildung 12 für *einen* (typischen) der neun Manager.

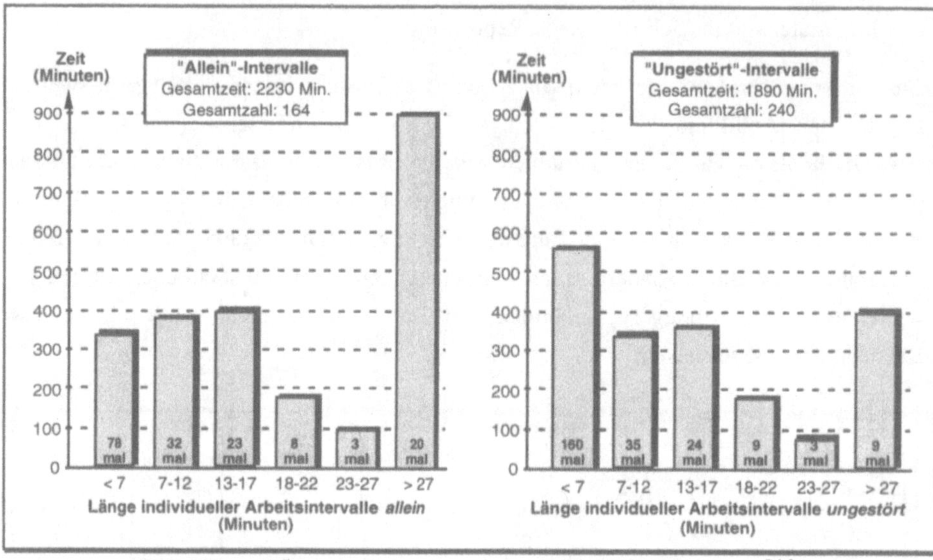

ABB. 12: BÜROARBEITSINTERVALLE EINES TOP MANAGERS[214]

Der linke Teil der Abbildung zeigt dabei die Verteilung der alleine verbrachten Arbeitszeit, das heißt individuelle Büro-Arbeitszeiten die nicht durch einen Besuch unterbrochen wurden, der rechte Teil die Verteilung der ungestörten Arbeitszeit, das heißt individuelle Büro-Arbeitszeiten, die weder durch Besuch noch durch Telefonate unterbrochen wurden. Folgende **Ergebnisse** sind hierbei hervorzuheben:

- Ungefähr 15 % der allein verbrachten Arbeitszeit wird Telefonaten gewidmet.
- Die Dauer allein verbrachter beziehungsweise ungestörter individueller Arbeitsintervalle beträgt durchschnittlich nur 13,5 beziehungsweise 8 Minuten.
- Fast 50 % der Gesamtzahl aller allein verbrachten beziehungsweise über 65 % der Gesamtzahl aller ungestörten Arbeitsintervalle sind kürzer als 7 Minuten.
- Nur circa 15 % der gesamten allein verbrachten Arbeitszeit aber immerhin circa 30 % der gesamten ungestörten Arbeitszeit entfällt auf Intervalle, die kürzer als 7 Minuten sind.

---

213 Vgl. hierzu und zum folgenden Carlson (1951/1991), S. 59 ff.

214 Quelle: Carlson (1951/1991), S. 60. Als Basis dient hierbei eines der neun Fallbeispiele; die Gesamtzeit bezieht sich auf den gesamten Untersuchungszeitraum von 4 Wochen.

Auch wenn es sich bei den oben angegeben Werten um Durchschnitte und Beispiele mit einer sicherlich nicht unbeträchtlichen Varianz handelt, so kann doch festgehalten werden, daß der Arbeitsalltag der neun von Carlson untersuchten Top Manager durch hohen Anteil von Aktivitäten außerhalb der eigenen Firma, durch sehr hohen Anteil kommunikationsorientierter Aktivitäten (Konferenzen, Besprechungen etc.) und nur sehr geringe Zeit für ungestörte Informationsaufnahme (Lesen von Berichten, Memos etc.) am eigenen Schreibtisch gekennzeichnet ist. Erschwerend tritt hinzu, daß die Arbeitszeit am eigenen Schreibtisch nicht in einem zur Verfügung steht, sondern sehr zerstückelt ist, was das Einarbeiten in Unterlagen erschwert. Diesbezüglich vermerkt Carlson:

> „Since the majority of the chief executives never had enough time undisturbed by visitors and telephone calls while at their offices, they had to bring a considerable amount of work home with them. ... The main part of the work at home consisted of reading of trade journals and memoranda of various kinds and of reviewing statistical reports. ... Provided that the chief executive would not be more disturbed in his office than in his home, it seems that he would do most of this work much more efficiently in his office, where he has access to all the necessary documents and information."[215]

Genauer widmet sich Carlson in seiner Untersuchung auch den verwendeten »**Kommunikationstechniken**«, die er in (1) persönliche Observation, (2) Konversation Person zu Person, (3) Konferenz, geplant wie ungeplant, (4) Telefonat, (5) personenübermittelt und (6) papierübermittelt sowie die Klassen »Direkte Kontakte« (1-4) und »Indirekte Kontakte« (5 und 6) einteilt.[216] Wie schon an der gesamten Arbeitszeitverteilung gesehen werden kann, wird insgesamt die mündliche Kommunikation (2-4) bevorzugt. Schriftliche Kommunikation findet - so Carlson - zur überwiegenden Mehrheit nur zum Zwecke der Informationsaufnahme statt.[217] Aber auch viele der anderen Aktivitäten haben (unter anderen) die Zielsetzung der Informationsaufnahme, die Carlson als Hauptproblem charakterisert. Von den zur Auswahl gestellten neun möglichen Aktionsinhalten wurden bei 38 % aller Aktionen »getting information« angegeben, gefolgt von »advising and explaining« (15 %), »taking decisions« (12 %) und giving orders (11 %).[218] Während erstere beiden in allen untersuchten Unternehmen mehr oder minder gleich häufig angegeben wurden, variieren letztere beiden in starker Abhängigkeit vom Zentralistionsgrad der Unternehmung (ca. je 14 % bei Zentralorganisation, ca. je 6,5 % bei dezentraler Organisation).

Die Übersicht über wesentliche Ergebnisse der Arbeit von Carlson sei abgeschlossen

215 Carlson (1951/1991), S. 61.

216 Vgl. Carlson (1951/1991), S. 40.

217 Vgl. Carlson (1951/1991), S. 74.

218 Vgl. Carlson (1951/1991), S. 88. Die restlichen 23 % der Nennungen verbleiben dann für »systematizing information«, »confirming or correcting the decisions of others«, »inspecting and reviewing«, »executing« und »personal development«. Vgl. Carlson (1951/1991), S. 36.

mit einer Erfahrung, die Carlson im Verlaufe seiner Untersuchung sammeln konnte:

„The study of the kind of action was, as I expected it to be, the most difficult part of our whole investigation, ... A conversation which from the point of view of the managing director merely means the getting of information may very well be regarded by the subordinates as decision-taking or even the receiving of orders."[219]

2.1.3.2 STEWART 1967

Die 1967 veröffentlichte Untersuchung »Managers and their Jobs«[220] der englischen Professorin Rosemary Stewart verdient an dieser Stelle insbesondere deshalb Erwähnung, weil es sich um eine der umfassendsten und sorgfältigsten Studien im Rahmen der »Work Activiy School« handelt. Untersucht wurden 160 mittlere und obere Führungskräfte verschiedener Abteilungen aus unterschiedlich großen britischen Unternehmen der verschiedensten Branchen über einen Zeitraum von vier Wochen mittels der Selbstaufschreibungsmethode. In ihrem Sample identifiziert Stewart dabei 55 Top Manager, von denen sie 17 als General Manager bezeichnet.[221]

Im Mittelpunkt der vorgenommenen Arbeitszeitmessung stehen dabei die Dimensionen Gesamtarbeitszeit, Ort der Arbeit, Art der Aktivität, Form der Kontakte und Länge der Arbeitsintervalle.[222] Wenngleich sich auch die durchschnittlichen Ergebnisse nicht nennenswert von denen Carlsons (und später Mintzbergs) unterscheiden, so konstatiert Stewart doch bei jeder erhobenen Dimension erhebliche Schwankungsbreiten, die sich natürlich unmittelbar auf die Interpretationsfähigkeit ihrer (wie anderer) Ergebnisse auswirken.[223] Mittels einer computergestützten Cluster-Analyse über alle in der Untersuchung erhobenen Variablen kann Stewart jedoch eine Klassifizierung fünf unterschiedlicher »**Job Profiles**« mit jeweils ähnlichen Aktivitätsprofilen vornehmen,[224] die sie mit den Bezeichnungen »Emmissaries«, »Writers«, »Discussers«, »Trouble-shooters« und »Committee-men« belegt (Abbildungen 13 und 14).

219 Carlson (1951/1991), S. 43 f.

220 Erweiterte Zweitauflage 1988.

221 Vgl. Stewart (1967/1988), S. 143 - 149. Stewart definiert den Begriff des Top Managemers streng hierarchisch: „... those who are member of the board of directors or who report to the managing director" [Stewart (1967/1988), S. 143]. Dies ist bedingt durch die unterschiedlichen Unternehmensgrößen nicht unproblematisch, wie Stewart a. a. O. selbst schreibt. Mit dem Begriffsverständnis der vorliegenden Arbeit dürfte deshalb mehr Stewarts eher funktional orientierte Bezeichnung »General Manager« synonym sein.

222 Vgl. Stewart (1967/1988), S. 9.

223 Vgl. Stewart (1967/1988), S. 77 sowie zusätzlich auch Stewart (1989).

224 Vgl. dazu Stewart (1967/1988), S. 77 ff.

Über die in den Abbildungen dargestellten Unterschiede zeichnen sich die Mitglieder der Gruppe der »Emissaries« im Vergleich zu den anderen durch eine hohe Zahl externer Kontakte, längere Arbeitszeiten und etwas niedrigerer Arbeitsfragmentierung aus. 45 aller untersuchten Manager, vornehmlich »Sales Manager«, fallen in diese Gruppe.[225] Die Gruppe der »Writers« ist gekennzeichnet durch Mitglieder mit den höchsten Alleinarbeitsanteilen und der niedrigsten Zahl interner Kontakte und der vergleichsweise kürzesten Arbeitszeit. Die Zusammensetzung dieser 33 Personen umfassenden Gruppe ist recht gemischt mit einem Schwerpunkt von »Specialist Engineering Advisers«.[226] Die Gruppe der 35 »Discussers« ist die gemischteste und gleichzeitig diejenige, die dem Durchschnitt am nächsten kommt. Ihre Mitglieder zeichnen sich durch die niedrigsten Alleinarbeitszeiten aus und eine hohe Anzahl von Kontakten mit Kollegen und ihren Vorgesetzten. In der Gruppe der 33 »Trouble-shooters« befindet sich die Mehrzahl der »Works Managers«. Ihre Mitglieder zeichnen sich durch die höchste Arbeitszeitfragmentierung, die größte Anzahl an Mitarbeiterkontakten sowie an Kontakten mit externen Lieferanten und den höchsten Zeitaufwand für »Inspections« aus. Die mit 14 Personen kleinste Gruppe sind die »Committee-men«, die über die ausgeprägtesten Kontake zu »Fellow Specialists« verfügen. Die Mitglieder kommen vornehmlich aus dem »Production Management« großer Unternehmen.

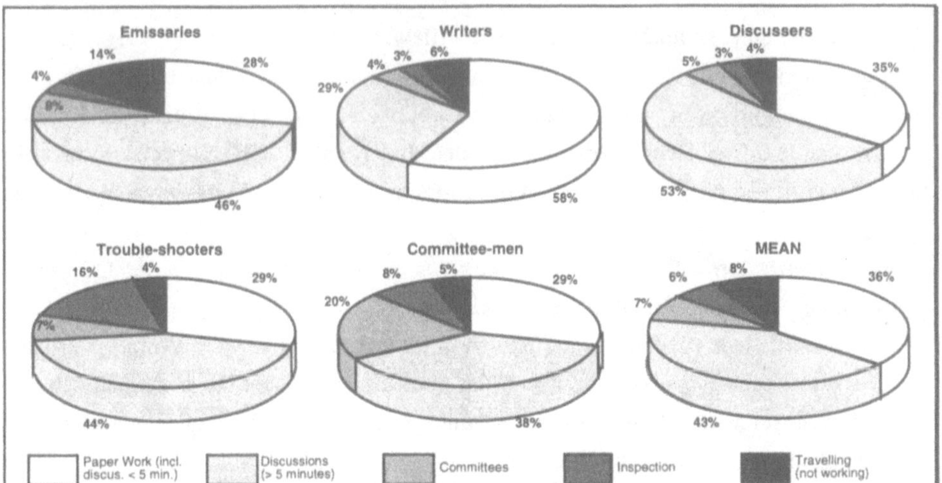

ABB. 13: AKTIVITÄTSBEZOGENE MANAGERARBEITSZEITVERTEILUNG IN JOB-PROFILEN[227]

Die 17 »General Manager« der Studie konzentrieren sich auf die Gruppen der »Emissa-

225 Vgl. Stewart (1967/1988), S. 79.

226 Vgl. Stewart (1967/1988), S. 83f.

227 Quelle: Stewart (1967/1988), S. 104.

ries« (10 Vertreter, hauptsächlich größerer Unternehmen) und »Trouble-shooter« (5), in welchen sie deutlich überrepräsentiert sind. Zwei »General Manager« kleinerer Unternehmen finden sich noch bei den »Writers«, die Gruppen der »Discussers« sowie »Committee-men« sind ohne Vertreter des »General Management«.

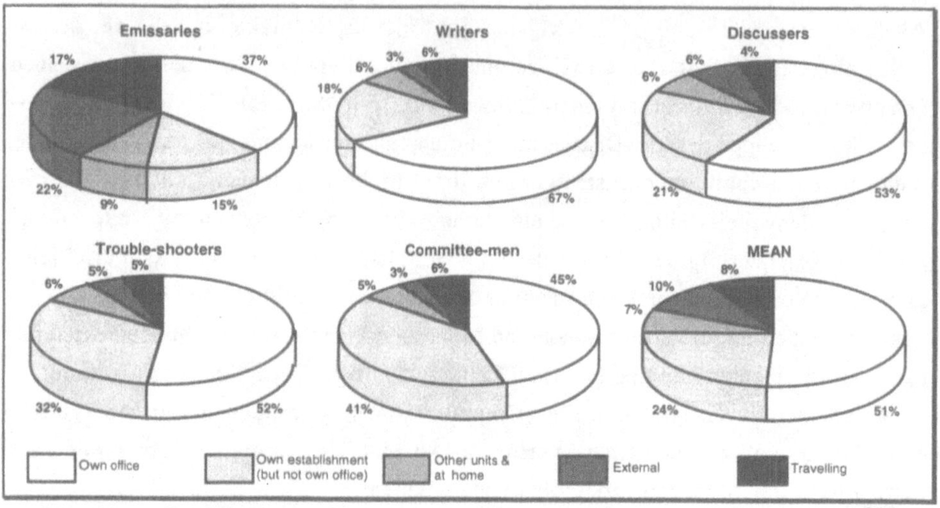

ABB. 14: ORTSBEZOGENE MANAGERARBEITSZEITVERTEILUNG IN JOB-PROFILEN[228]

Die wesentlichen Ergebnisse ihrer Studie faßt Stewart im Lichte zwanzigjähriger Erfahrung und zu einem gewissen Teil unter Berücksichtigung der zwischenzeitlich erfolgten Forschungsbemühungen anderer Autoren rückblickend in einem zusätzlichen Kapitel der Zweitauflage von 1988 zusammen. Sie identifiziert dabei fünf **Hauptcharakteristika** (a bis e) und vier »**Ineffizienzversuchungen**« (f bis i) des Arbeitsverhaltens von Managern:[229]

a) »**Fragmentation**«: Die Kürze der Aktivitätsintervalle ist ein generelles Charakteristikum von Managern aller Hierarchieebenen.

b) »**It's mainly talk**«: Manager präferieren in ihrer Arbeit in großem Umfang verbale, »Face-to-Face«-Kontakte, ein Trend der über die Jahre noch zuzunehmen scheint und im besonderen Maße auf oberste Führungskräfte zutrifft, bei denen zudem externe Kontakte in den Vordergrund rücken.

c) »**Establishing cooperative relationships**«: Gerade höhere Führungskräfte klammern sich nicht eng an die hierarchischen Beziehungen, sondern suchen vielmehr vielseitige horizontale und laterale Kontakte innerhalb und außerhalb der Unternehmung.

228 Quelle: Stewart (1967/1988), S. 101.

229 Vgl. dazu Stewart (1967/1988), S. 113 und daneben Stewart (1987).

d) »**Using informal information**«: Mit dem Aufstieg in der Unternehmenshierarchie gewinnen informale Informationen immer stärker an Bedeutung.
e) »**Managing on the run**«: Manager müssen fähig sein zu denken während sie handeln. Gleichzeitig nutzen sie viele Aktivitäten zu mehreren Zwecken gleichzeitig.
f) »**Not in control**«: Manager fühlen sich häufig als Sklaven ihres Terminkalenders, dessen Gestaltung vermeintlich mehr von anderen als ihnen selbst beeinflußt wird.
g) »**Superficiality**«: Oberflächliche Behandlung von Problemen kann als unmittelbare Folge der kurzen, fragmentierten Arbeitsintervalle gesehen werden.
h) »**Overworking**«: Die täglich Arbeitsbelastung ist insbesondere für die oberen Hierarchieebenen und im zeitlichen Verlauf zunehmend ein Problem.
i) »**Mistaken beliefs**«: Manager neigen dazu einen größeren Anteil ihrer Arbeitsaufgaben als »demand« (unbeeinflußbare Notwendigkeit) aufzufassen als dies tatsächlich der Fall ist. Ein größerer als wahrgenommener Arbeitsanteil besteht aus Aufgaben die eigentlich »choice« (selbst beeinflußbare Wahlakte) darstellen.

2.1.3.3 Mintzberg 1973

„So remains the state of our understanding. The manager is the folk hero of contemporary American society."[230]

Während der Ersterscheinung der Studie Carlsons nur eine bescheidene Rezeption widerfuhr, rückte die aktivitätsorientierte Manager-Forschung 1973 mit der nachträglichen Veröffentlichung der MIT-Dissertation »The Nature of Managerial Work«[231] des späteren McGill-Professors Henry Mintzberg schlagartig ins Rampenlicht. Dies dürfte nicht zuletzt mit der Veröffentlichung des in Inhalt und Diktion sehr provokativen Artikels »The Manager's Job: Folklore and Fact«[232] im Jahre 1975 zusammenhängen, in dem Ausschnitte der Ergebnisse der Dissertation enthalten sind und der leicht als Generalabrechnung mit der funktionsorientierten Management-Schule aufgefaßt werden kann.

Im Gegensatz zu Carlson und Stewart basiert Mintzbergs empirische Untersuchung auf einer *direkten* Beobachtung von fünf oberen Führungskräften aus großen Institutionen ganz unterschiedlicher Sektoren (Schule, Krankenhaus, Beratungs-, Konsumgüter- und High-Tech-Unternehmung) über eine Zeitraum von jeweils einer Woche. Dabei werden die Ergebnisse der Carlson-Studie - trotz teilweise differierender Abgrenzungen - im wesentlichen bestätigt.

230 Mintzberg (1973/1980), S. 2.
231 Fertigstellung der Disseration bereits 1968; gekürzte Zweitauflage 1980.
232 Diverse Nachdrucke, dt. Übersetzung erst 1990!

So haben die untersuchten Manager im Durchschnitt täglich 36 schriftliche (Briefe, Reports, Zeitschriften etc.) sowie 16 mündliche Kontakte (5 Telefonate, 8 »Meetings« und 3 sonstige).[233] Der Manager-Alltag ist stark zerstückelt, die Hälfte aller Aktivitäten dauert weniger als 9 Minuten wobei teilweise starke Schwankungen zu verzeichnen sind (Durchschnittswerte in Minuten: Desk Work 15,[234] Telephone Call 6, Scheduled Meeting 68, Unscheduled Meeting 12, Tours 11).[235] Die Manger zeigen dabei eine starke **Präferenz für verbale Kommunikationsmedien**. Die mündlichen Aktivitäten machen 67 % der Gesamt*zahl* aller Aktivitäten und 78 % der Gesamt*zeit* aller Aktivitäten aus,[236] wie es die folgende Abbildung 15 veranschaulicht.

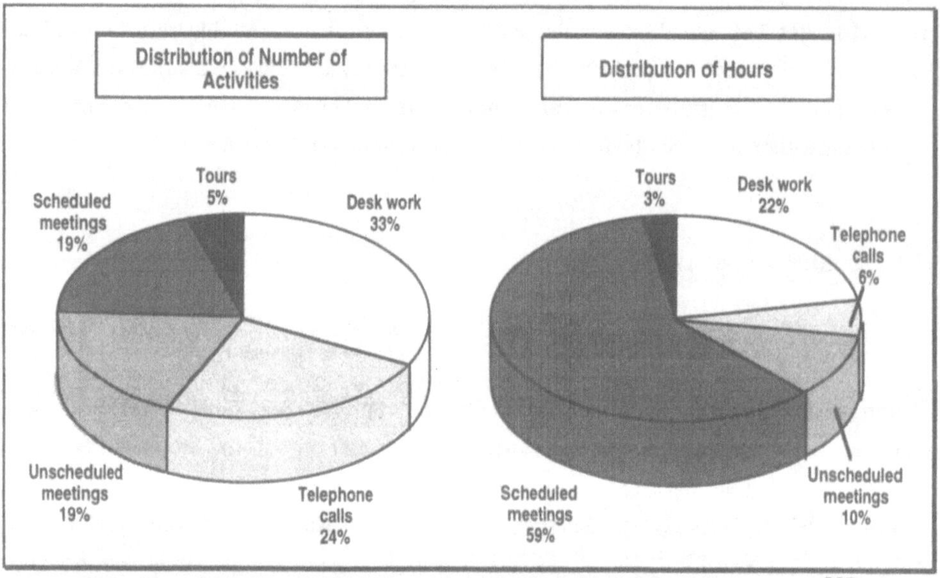

ABB. 15: TOP-MANAGER-ARBEIT NACH AKTIVITÄTSDAUER UND -ANZAHL[237]

Interessanter als die Bestätigung der Erhebungen Carlsons sind jedoch die Schlußfolgerungen und Erklärungsansätze, die Mintzberg - größtenteils unter Einbezug anderer empirischer Untersuchungen - aus seinen Beobachtungen ableitet. So kommt Mintzberg beispielsweise zu dem Schluß, daß aus verschiedenen Gründen die häufigen Arbeitsunterbrechungen von den Managern teilweise gesucht, zumindest aber toleriert werden.[238] Darüberhinaus zeichnen sich Führungskräfte durch eine hohe Präferenz bezüglich »live

233 Vgl. Mintzberg (1973/1980), S. 30 f.

234 Ein Aktivitätsintervall »Desk Work« kann aus mehreren schriftlichen Kontakten bestehen.

235 Vgl. Mintzberg (1973/1980), S. 33.

236 Vgl. Mintzberg (1973/1980), S. 38.

237 Quelle: Mintzberg (1973/1980), S. 39.

238 Vgl. Mintzberg (1973/1980), S. 34 f.

action« und »instant information« aus.[239] Der Geringschätzung von formaler und Routine-Information steht ein enormes Interesse an weicher, aktueller Information entgegen: „... gossip, speculation, and hearsay form a most important part of the manager's information diet."[240] Der Grund dafür liegt in der Frühwarnfunktion: „... today's gossip may be tomorrow's fact."[241] Um sich Zugang zu externen Informationen zu verschaffen, entwickeln oberste Führungskräfte »Informanden-Netzwerke«, sozusagen sebstgestaltete externe Informationssysteme.[242]

Als Erklärungsansatz zieht Mintzberg im weiteren Verlauf seiner Arbeit ein **Rollenkonzept** heran, das später weite Verbreitung finden sollte. Mintzberg gruppiert die beobachteten Aktivitäten in zehn Rollen („organized sets of behaviors belonging to an identifiable office or position"[243]), die er wiederum zu drei Gruppen zusammenfaßt:[244]

- Interpersonal Roles: Figurehead, Leader, Liaison,
- Informational Roles: Monitor, Disseminator, Spokesman,
- Decisional Roles: Entrepreneur, Disturbance Handler, Resource Allocator, Negotiator.

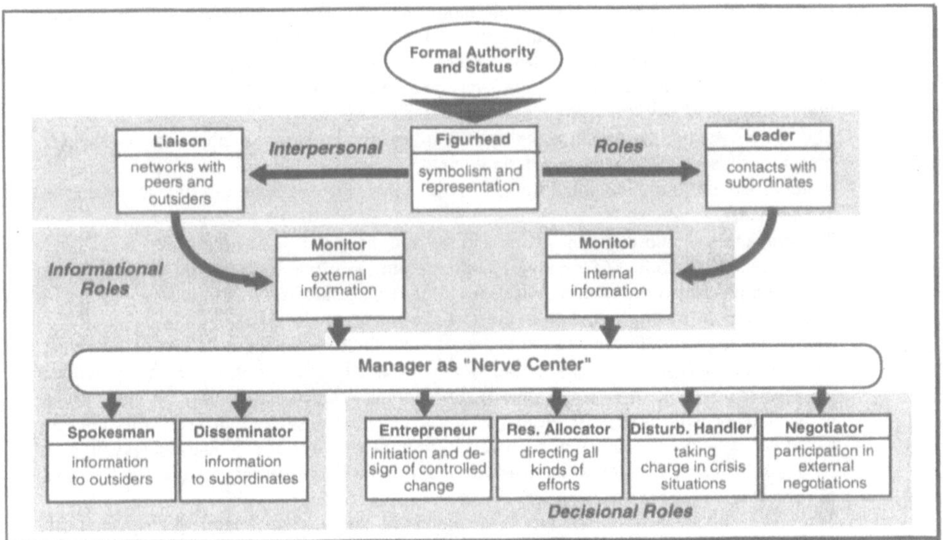

ABB. 16: MINTZBERGS MANAGEMENT-ROLLEN UND IHR ZUSAMMENHANG[245]

239 Vgl. Mintzberg (1973/1980), S. 35 f.

240 Mintzberg (1973/1980), S. 36.

241 Mintzberg (1975a), S. 52. Vgl. auch Mintzberg (1989/1991), S. 27.

242 Vgl. Mintzberg (1973/1980), S. 45 f.

243 Mintzberg (1973/1980), S. 54.

244 Vgl. hierzu und zum folgenden Mintzberg (1973/1980), S. 56 ff., wo sich auch eine detailliertere Beschreibung der Rollen findet, auf die deshalb im folgenden verzichtet wurde.

245 In Anlehnung an und Erweiterung von Mintzberg (1973/1980), S. 59 u. S. 72. Vgl. ebd., S. 92 f.

Unter den Rollen besteht eine hierarchische Ordnung. So leiten sich die interpersonellen Rollen unmittelbar aus dem formellen Status des Managers ab. Interpersonale Kontake ermöglichen erst die Ausfüllung von Informationsrollen, die wiederum Vorbedingung sind um in Entscheidungsrollen aktiv werden zu können. Dieser stark auf einem Informationsverarbeitungsprozeß basierende Zusammenhang ist in der vorangegangenen Abbildung 16 veranschaulicht.

Die von Mintzberg skizzierten zehn Rollen finden natürlich nicht bei jeder Führungskraft eine gleiche Ausprägung. Vielmehr ist ihre Ausprägung und ihr Zusammenwirken bei obersten Führungskräften abhängig von verschiedenen Variablen, die Mintzberg - teilweise sehr stark auf Fremduntersuchungen aufsetzend - ausführlich analysiert. Die ermittelten Zusmmenhänge faßt er abschließend komprimiert als »Propositions« zusammen, die hier - aufgrund der Relevanz in späteren Diskussionen der vorliegenden Arbeit - ungekürzt wiedergegeben seien:

„1. Variations in the content and characteristics of mangers' work can be explained by a contingency theory comprising four sets of variables - environmental variables, characteristics of the milieu, the industry, and the organization; job variables, including level in the organization and the function supervised; person variables, including the personality and style of the incumbent; and situational variables, including a host of time related factors.

2. The level of the job and the functions supervised appear to account for more of the variation in managers' work than any other variables.

3. The more dynamic his organization's environment (competition, rate of change, growth, pressure to produce), the more time the manager spends in informal communication, the more varied and fragmented his work, and the greater his orientation to live action and to verbal media.

4. Top managers of public organizations and institutions spend more time in formal activity (such as scheduled, clocked meetings) and more time meeting directors and outside groups than do managers of private organizations. Top managers of service organizations spend more time in the *liaison* role than do those of product organizations.

5. The larger the overall organization, the more time the top management spends in formal communication (memos, scheduled meetings), the less brief and fragmented his activities, the greater his range of external contacts, the more developed his formal communications network (especially mail), the greater his involvement with external work (ceremony, external board work), the less his involvement with internal operations, and the less time he spends substituting for subordinates. Managers of small firms spend more time on the roles of *specialist* and *substitute operator*.

6. The higher the level of the manager in the hierarchy, the more unstructured, unspecialized, and long-range the job, the more complex, intertwined, and extended in time the issues handled, the less focused the work.

7. The lower the level, the more informal the job and less time spent in *figure head* role.

8. Managers at lower levels are oriented more directly toward maintaining a steady workflow than those at higher levels; hence the former spend more time in the real-time roles - *disturbance handler* and *negotiator*.

9. The lower the level, the more pronounced the characteristics of brevity and fragmentation and the greater the focus on the current and specific issues.

10. Senior managers work longer hours than others, both on the job and in their off-hours.

11. Managers at given levels specialize in the information they process and spend much of their contact time with a related »clique« of people.

12. Line production managers are more oriented toward operating problems, and experience

greater fragmentation in their work; they spend more time in the decisional roles, especially *disturbance handler* and *negotiator*.

13. Line sales managers focus on external relationships and the development of subordinates; they spend more time in the interpersonal roles - *figurehead*, *leader*, *liaison*.
14. Managers of staff specialists spend more time alone, are more involved with paperwork, demonstrate the least amount of fragmentation, and variety in their work, spend more time advising outsiders in peer and lateral relationships, and spend considerable time in their specialty functions; they serve as experts as well as managers; and they spend more time in the informational roles, *monitor*, *spokesman*, *disseminator*.
15. In some organizations top managers informally create executive teams of two (diads) or three (triads) that share responsibility for the performance of the ten roles of a single managerial job; these team arrangements succeed to the extent that nerve-center information can be shared efficiently.
16. Most common is the diad in which the chief executive concentrates on the external roles (*figurehead*, *liaison*, *spokesman*, *negotiator*), leaving much the responsibility for the internal roles (*leader*, *disseminator*, *resource allocator*, *disturbance handler*) to his second in command.
17. Time-related variations in managerial jobs suggest annual and perhaps monthly patterns but few weekly or daily patterns.
18. Managerial jobs tend to reflect a change-stability cycle in which periods of concentration on change (more time in *entrepreneur* and *negotiator* roles in particular) are followed by periods in which the changes are consolidated (more time in *leader* and *disturbance handler* roles).
19. Periods of intensive threat require the manager to spend a great proportion of his time in the *disturbance handler* role; these are followed by periods of replenishment of contacts and of resources - *liaison*, *spokesman*, and *resource allocater* roles.
20. Managers in new jobs tend to spend a greater proportion of time than others developing contacts and collecting information (*liaison* and *monitor* roles); later they go through a period of innovation (*entrepreneur* role); finally, they settle into the regular working patterns.
21. Societal shifts toward greater organizational democracy and extension of the organization's coalition will require that managers of the future spend more time on the *leader* role and the external roles, *figurehead*, *liaison*, *spokesman*, and *negotiator*.
22. Managerial jobs may be grouped into eight basic types: contact man (for whom the *liaison* and *figurehead* roles are most important); political manager (stressing the *spokesman* and *negotiator* roles); entrepreneur (*entrepreneur* and *negotiator* roles); insider (*resource allocator* role); real-time manager (*disturbance handler* role); team manager (*leader* role); expert manager (*monitor*, *spokesman* roles); new manager (*liaison*, *monitor* roles).“[246]

Wenig später liefert Mintzberg ein Erklärungsmodell für das beobachtete Verhalten oberster Führungskräfte nach.[247] Inspiriert wird er dabei durch die Ergebnisse der physiologischen **Split-Brain Forschung**, die den beiden Hemisphären des menschlichen Hirns ganz unterschiedliche Fähigkeiten zuordnet. Danach ist die linke Hirnhälfte jedes Menschen spezialisiert auf eine lineare, sequentielle, analytische, verbale Informationsverarbeitung, die rechte dagegen auf eine intuitive, ganzheitliche, simultane, visuelle Informationsverarbeitung.[248] Die beiden Hirnhälften sind bei jedem Menschen ganz unter-

246 Mintzberg (1973/1980), S. 129 - 131; Herv. auch im Original.

247 Vgl. Mintzberg (1976).

248 Vgl. hierzu und zum folgenden Mintzberg (1989/1991), S. 58 ff. Eine äußerst kritische Einschätzung zu den Verwendungsmöglichkeiten der medizinischen Hirnhemisphärenforschung findet sich bei Hines (1987).

schiedlich ausgeprägt. So schreibt man zum Beispiel Künstlern eine mehr rechtshemisphärische, Mathematikern eine mehr linkshemisphärische Orientierung zu. Mintzberg kommt bezogen auf das Top Management dann zu der Hypothese, „... *daß die wichtigen Prozesse des Managements von Organisationen zu einem wesentlichen Teil auf diejenigen Fähigkeiten angewiesen sind, die mit der rechten Hirnhälfte zusammenhängen.*"[249] Dies erkläre, warum oberste Führungskräfte generell weniger der analytischen, systematischen Planung zugetan sind, als vielmehr weichen, spekulativen Faktoren. Ausgehend von der Vermutung, daß die linke Hirnhälfte aufgrund eines fehlenden »Bewußtseins« nicht explizit artikulieren kann, was die rechte »weiß«, liegt - so Mintzberg - nahe, warum oberste Führungskräfte zuweilen Schwierigkeiten haben, relevantes Wissen bei Aufgabendelegationen weiterzugeben oder auch zu formulieren.[250] Mintzberg betont dabei, daß organisatorische Effektivität nicht *allein* in der »klassischen« Rationalität *oder* der Intuition begründet ist, sondern daß es vielmehr „... einer Mischung aus einer klaren Logik *und* einer starken Intuition ..."[251] bedarf.

2.1.3.4 KOTTER 1982

„Nevertheless, hit or miss is precisely how planning and organizing manifest themselves in the daily behavior of effective executives, and for perfectly understandable reasons."[252]

Die 1982 unter dem Titel »The General Managers«[253] erschienene Arbeit des Harvard-Professors John P. Kotter kann als der vielleicht reifste und abgeschlossenste Ansatz innerhalb der Work Activity School angesehen werden, wofür sich verschiedene Begründungen anführen lassen. Zum einen handelt es sich - bezogen auf die Gruppe des Top Managements - um die breiteste und tiefgehendste Untersuchung der Work Activity School. Über einen (mehrfach unterbrochenen) Zeitraum von fünf Jahren wurden fünfzehn »General Manager«, das heißt *„individuals who hold positions with some multifunctional responsibility for a business (or businesses)"*[254] von neun amerikanischen Unternehmen unterschiedlicher Größe aus sieben verschiedenen Branchen untersucht.[255] Als Methoden fanden dabei sowohl Beobachtungen (insgesamt über 500 Stunden), Fragebögen und Interviews (über 100 Stunden insgesamt) als auch ergänzende

249 Mintzberg (1989/1991), S. 61; Herv. auch im Original.

250 Vgl. Mintzberg (1989/1991), S. 63.

251 Mintzberg (1989/1991), S. 67; Herv. auch im Original. Vgl. auch ebd., S. 73.

252 Kotter (1982), S. 160.

253 Zweitauflage 1986.

254 Kotter, (1982/1986), S. 2. Herv. auch im Original.

255 Vgl hierzu und zum folgenden Kotter (1982/1986), S. 155 - 191.

Materialstudien und circa 200 Interviews mit Mitarbeitern Verwendung. Erhoben wurden nicht nur Arbeitszeiten, sondern auch Hintergrundinformationen zu den Personen, ihren Jobs, dem Geschäft, in dem sie tätig waren und darüberhinaus auch zur Effizienz und Effektivität ihrer Leistungserfüllung. Zum anderen läßt der gewählte Ansatz die primär deskriptiv orientierten Untersuchungen hinter sich, indem er die **Erklärung** des (beobachteten) Verhaltens oberster Führungskräfte in den Mittelpunkt rückt und darüberhinaus auch das Thema der **Beurteilung** des Verhaltens hinsichtlich Effizienz beziehungsweise Effektivität angeht. Kotters Arbeit hat ferner eine gewisse Integrationskraft, indem sie ihre Ergebnisse auch zu Erkenntnissen beispielsweise der funktions- wie eigenschaftsorientierten Managerlehre in Beziehung setzt.

Der Kern des Ansatzes Kotters ist in Abbildung 17 veranschaulicht, die nachfolgend erläutert werden soll. Oberste Führungskräfte stehen zwei fundamentalen, ihren Jobs inhärenten Problemen gegenüber. Zum einen gilt es, in einem komplexen, unsicheren Umfeld richtige Entscheidungen zu fällen (»figuring out what to do«), zum anderen diese Entscheidungen mittels Individuen umzusetzten, über die man nur unvollständige Kontrolle hat. Dieses Dilemma bewältigen Manager unter Ausnutzung ihrer persönlichen Fähigkeiten in drei Stufen:[256]

1) »**Agenda setting**«: Insbesondere in den ersten Monaten ihres neuen Jobs verwenden oberste Führungskräfte einen beträchtlichen Teil ihrer Zeit darauf, verschiedenste Informationen zu sammeln, mit Hilfe derer sie einen »Plan« von lose verknüpften Zielen und Absichten entwerfen. Eine solche Agenda beinhaltet dabei sowohl sehr langfristige (5 bis 20 Jahre), mittelfristige (1 bis 5 Jahre) als auch kurzfristige (unter einem Jahr) Zielsetzungen in finanzieller, Produkt/Markt-orientierter wie organisatorisch-personeller Hinsicht. Diese nur in den Köpfen vorhandene Agenda, die fortlaufend angepaßt und aktualisiert wird, beinhaltet dabei - abgesehen vom Kurzfristzeitraum - überwiegend keine quantitativ-exakt formulierten (geschweige denn niedergelegten) Zielsetzungen sondern vielmehr eher qualitative, »weiche« und zum Teil vage Absichten, die sich im Zeitverlauf inkrementell verdichten und konkretisieren.
2) »**Network building**«: Gleichzeitig widmen sich die Führungskräfte intensiv dem Aufbau und später der Pflege eines Netzes kooperativer, in gewisser Hinsicht »persönlicher« Beziehungen zu vermeintlich wichtigen Individuen innerhalb wie außerhalb der eigenen Abteilung und auch Unternehmung. Formelle vertikale, hierarchische »Befehlswege« spielen in der Auswahl der Personen dabei nur eine untergeordnete Rolle. Solche Netzwerke bestehen in der Regel aus mehreren hundert Personen.

256 Vgl. zum folgenden Kotter (1982/1986), S. 60 - 75, Kotter (1982), S. 160 - 163 bzw. Conger/Kotter (1987), S. 393 - 397.

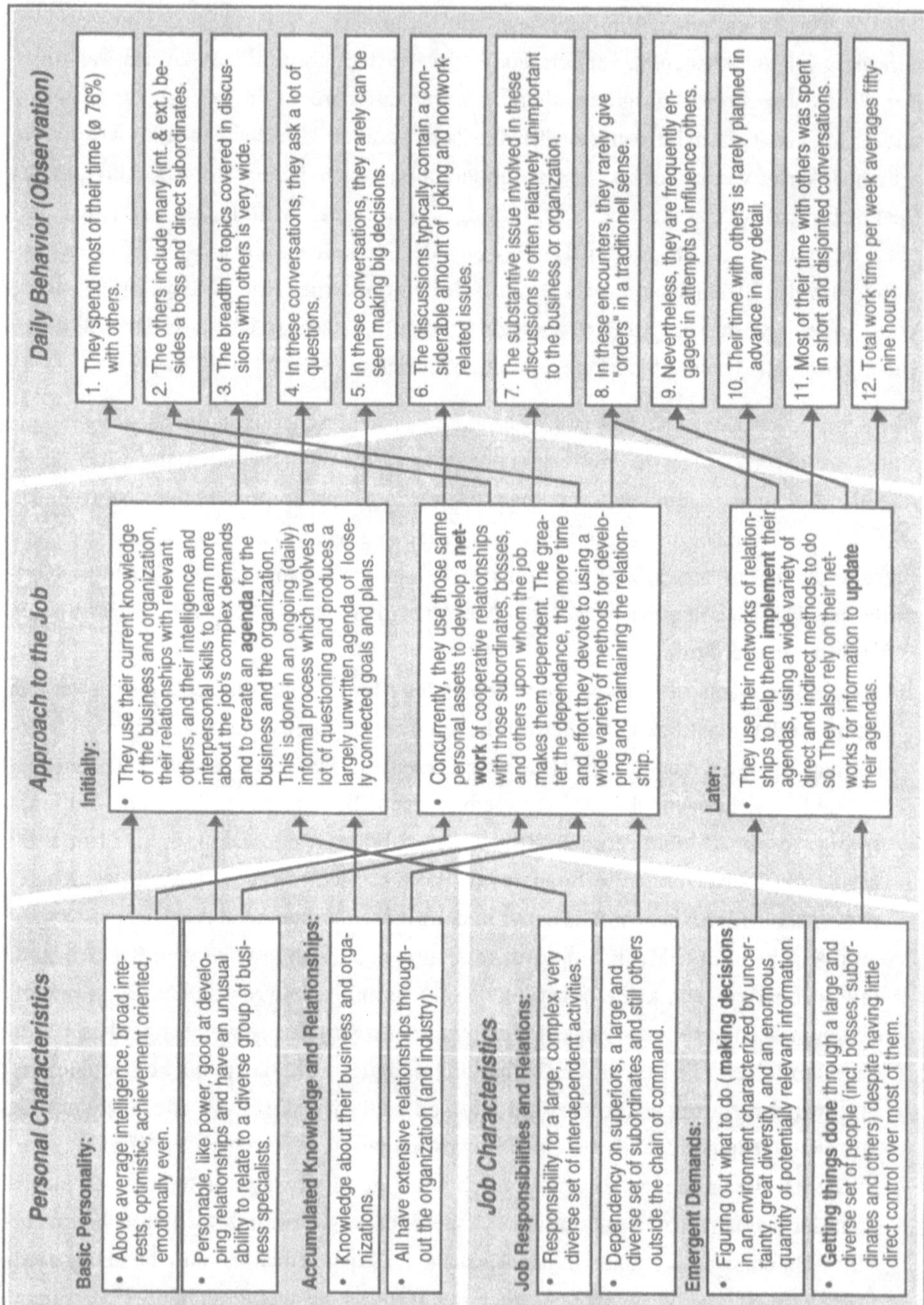

ABB. 17: KOTTERS ERKLÄRUNGSANSATZ ZUM VERHALTEN VON TOP MANAGERN[257]

[257] In Anlehnung an und Erweiterung von Kotter (1982/1986), S. 80 f., S. 87, S. 91, S. 93 sowie Con-

3) **»Getting networks to implement agendas«**: Sowie Agenda und Netzwerk aufgebaut und/oder hinreichend entwickelt sind, setzen oberste Führungskräfte ihre Agendas mittels des aufgebauten Beziehungsnetzwerkes um. Auch hierbei finden mehr informelle Methoden der Beeinflussung Anwendung als zum Beispiel formale Anweisungen.

Im Rahmen dieses Modells leuchtet die Bedeutung (und der hohe Zeitanteil) zwischenmenschlicher, weitgehend informeller Face-to-Face Kontakte oberster Führungskräfte unmittelbar ein. Kommunikation dient obersten Führungskräften im Ansatz Kotters nicht nur zum Informationsaustausch, zum »Update« der Agenda, sondern zumeist gleichzeitig auch zur Beziehungspflege.

Art und Umfang der Agenda wie des Netzwerkes variieren je nach Persönlichkeit des Managers, hierarchischer Ebene und Autonomiegrad seines Jobs, Größe der Firma, Reife ihrer Produkte, Marktlage etc.[258] Oberste Führungskräfte in größeren Unternehmen zeichnen sich beispielsweise durch eine eher längerfristig orientierte Agenda und eher größere Netzwerke mit einer höheren Zahl externer Mitglieder aus. Darüber hinaus unterscheiden sich effiziente Manager von weniger effizienten darin, daß sie über breitere sowie stärker strategisch und längerfrisitig ausgelegte Agendas verfügen, die sie mittels aggressiverer, interpersonaler Informationssuche entwickeln und erweitern.[259] Gleichzeitig benutzen die effizienteren Manager aus Kotters Studie ein breiteres Instrumentarium zum Aufbau des Netzwerkes, das überdies über einen stärkeren Zusammenhalt verfügt. In der Implementierung der Agendas finden bei den effizienteren Managern vielseitigere Beeinflussungskanäle Anwendung, wobei insbesondere Stärken zur indirekten Manipulation und Motivation in Face-to-Face-Situationen identifiziert wurden.

2.1.3.5 SONSTIGE AKTIVITÄTSORIENTIERTE UNTERSUCHUNGEN

Aktivitätsorientierte Studien nach dem Muster Carlsons oder Mintzbergs sind in großer Zahl repliziert worden,[260] angefangen mit der auch Aufgabenaspekte umfassenden Carl-

---

ger/Kotter (1987), S. 397 f. Die wichtigsten Beziehungen sind mit Pfeilen veranschaulicht.

258 Vgl. ausführlicher Kotter (1982/1986), S. 22 ff., S. 51 ff., S 95 ff. und Conger/Kotter (1987), S. 398 f.

259 Vgl. hierzu und zum folgenden Kotter (1982/1986), S. 66 f., S. 71, S. 75 sowie Kotter (1982), S. 161 und S. 163.

260 Vgl. dazu die Übersichten bei Schirmer (1992), S. 49 ff. oder Ramme (1990), S. 52 ff. Vgl. daneben auch die Aktivitätsaspekte in den Untersuchungen von Beckurts/Reichwald (1984) und Pi-

son-orientierten Studie von Burns[261] über die exakte Mintzberg-Replikation von Kurke & Aldrich[262] bis hin zur ebenfalls Mintzberg-orientierten neueren Studie über deutsche Manager von Schreyögg & Hübl.[263]

Die Kernerkenntnisse der vorgestellten Untersuchungen wurden dabei - trotz stark unterschiedlicher Untersuchungspopulationen - im wesentlichen bestätigt. So beträgt der für **Kommunikationsaktivitäten** aufgewendete Zeitanteil bei *obersten* Führungskräften *größerer* Unternehmen regelmäßig **zwischen 60 % und 80 %**.[264] Einzig die großzahlige Untersuchung von Ramme & Müller-Böling stellt hier eine deutliche Ausnahme dar, indem nur 40 % der Gesamtzeit der untersuchten Population für Kommunikationsaktivitäten genutzt wird.[265] Obschon weder Ramme noch Müller-Böling dazu eine explizite Aussage machen, kann vermutet werden, daß diese Abweichung nicht (nur) durch die größere Repräsentativität der 707 befragten Manager oder Spezifikas des deutschen Managements verursacht ist, sondern eher in der Wahl der Erhebungsmethode (Fragebogenversand) begründet ist. Ohne Selbstaufschreibung oder Fremdbeobachtung fällt es Führungskräften möglicherweise schwer die tatsächlichen Kommunikationszeiten zu ermitteln. Insbesondere kurze Besprechungen und Telefonate dürften bei einer solchen subjektiven ex-post-Schätzung eher unterbewertet, die zur Verfügung stehende Schreibtischarbeitszeit eher überbewertet werden.[266] In jedem Falle scheint die Kommunikationsintensität mit zunehmender Unternehmensgröße, höherer Führungsebene und wachsender Umweltturbulenz zuzunehmen.

Ein weiteres Merkmal, das sich durch alle Untersuchungen zieht ist die hohe **Fragmentierung** des Arbeitsalltags im allgemeinen und der am eigenen Schreibtisch verbrachten Arbeitszeit im besonderen. 50 % bis 80 % aller Aktivitätsintervalle sind kürzer als 9 Mi-

cot/Reichwald (1984/1987), Jones/McLeod (1986) sowie Müller-Böling/Ramme (1990), auf die in den Kapitels 2.1.4.3 bis 2.1.4.5 noch näher eingegangen wird.

261 Vgl. Burns (1957).

262 Vgl. Kurke/Aldrich (1983).

263 Vgl. Schreyögg/Hübl (1992).

264 Vgl. dazu die Übersicht bei Schirmer (1992), S. 58. Bei einer Analyse der Abweichungen sind auch die unterschiedlichen Systematisierungen der Autoren zu berücksichtigen. So schlägt beispielsweise Stewart flüchtige telefonische und persönliche Kontake im Büro des Managers der Schreibtischarbeit zu [Vgl. Stewart (1967/1988), S. 139]. Ramme und Müller-Böling wiederum zählen Arbeitsessen sowie die Teilnahme an Gremiumssitzungen und Tagungen nicht zu Kommunikations- sondern zu außerbetrieblichen Aktivitäten [Vgl. Müller-Böling/Ramme (1990), S. 78 f. bzw. Ramme (1990), S. 165 f.].

265 Vgl. Ramme (1990), S. 165 bzw. Müller-Böling/Ramme (1990), S. 78.

266 Tatsächlich berichtet Ramme über gewisse Schwierigkeiten in der Ermittlung der Besprechungszeiten bei der Durchführung erster Pretests (unstrukturierte Interviews) zu ihrer Umfrage, die allerdings anders interpretiert werden. Vgl. Ramme (1990), S. 125.

nuten und nur 5 % bis 10 % länger als 60 Minuten (zumeist geplante Konferenzen).[267] Die Intervallängen scheinen dabei auf niederen Führungsebenen eher noch kürzer zu sein als auf den höheren. Oberste Führungskräfte sind aufgrund ihrer Position zumindest *in der Lage* eine freiere Einteilung ihres Terminkalenders vorzunehmen und mittels der ihren zugeordneten Assistenzkräfte (insbesondere Sekretariat) diese auch einzuhalten.

Von besonderem Interesse für die weiter unten noch erfolgenden Erörterungen ist darüber hinaus eine Studie von **El Sawy** aus dem Jahr 1985, in der 37 »CEO's« zu ihrem Verhalten hinsichtlich der Aufnahme strategisch relevanter Informationen befragt werden (»Strategic Scanning Behavior«).[268] In semistrukturierten Interviews beschrieben die befragten Personen dabei Aspekte (einzelne Informationsaktivitäten) ihres aktuellen Informationsverhaltens hinsichtlich dreier, selbstgewählter strategischer Bedrohungen oder Chancen. Von insgesamt 198 genannten Informationsaktivitäten entfallen dabei 75 % auf externe Informationsquellen (insbesondere »Customers« 20 %, »Friends in industry« 14 % und »Trade journals« 14 %) und 25 % auf interne Informationsquellen (insbesondere »VP's/managers in marketing« 13 %). 64 % aller Quellen sind persönlicher Natur, 36 % unpersönlicher, wobei der Autor alle internen Quellen als persönlich bezeichnet, auch wenn das Informationsmedium schriftlicher Art ist. Bezogen auf die externen Quellen ergibt sich deshalb ein ausgeglichenes Verhältnis von persönlichen und unpersönlichen Quellen.

Eine Sonderstellung im Rahmen der aktivitätsorientierten Untersuchungen nehmen die Arbeiten des amerikanischen Professors Leonard **Sayles** ein,[269] die eine sehr viel stärker explikative Zielsetzung verfolgen und deshalb von anderen Autoren der Work Activity School gern zur Erklärung der eigenen Beobachtungen herangezogen werden. Auf der Basis seiner Beobachtungen identifiziert Sayles bereits 1964 drei aktivitätsorientierte Verhaltenskategorien, mittels derer sich die Arbeit oberster Führungskräfte klassifizieren läßt:»Participant in External Work Flows«, »Leader« und »Monitor«.[270] Diese Verhaltensmuster sind nun aber nicht statisch zu interpretieren, sondern vollziehen sich vielmehr in einem offenen, dynamischen, instabilen System (bzw. Netzwerk) gegenseitig abhängiger Beziehungen,[271] in dem ständige Störungen zu Anpassungsnotwendigkeiten führen. Die in einem solchen System gegebene inhärente Herausforderung und essentielle Natur aller Management-Positionen faßt Sayles wie folgt zusammen:

267 Vgl. dazu die Übersicht bei Schreyögg/Hübl (1992), S. 89.

268 Vgl. hierzu und zum folgenden El Sawy (1985).

269 Vgl. Sayles (1964) sowie Sayles (1979).

270 Vgl. Sayles (1964), S. 49 - 53.

271 Vgl. Sayles (1964), S. 56 sowie S. 258.

„The one enduring objective is the effort to build and maintain a predictable, reciprocating system of relationships, the behavioral patterns of which stay within reasonable physical limits. But this is seeking a moving equilibrium, since the parameters of the system (the division of labor and the controls) are evolving and changing. Thus the manager endeavors to introduce regularity in a world that will never allow him to achieve the ideal."[272]

2.1.3.6 Fazit und Würdigung

> The manager „... is like a symphony orchestra conductor, endeavoring to maintain a melodious performance in which the contributions of the various instruments are coordinated and sequenced, patterned and paced, while the orchestra members are having various personal difficulties, stage hands are moving music stands, alternating excessive heat and cold are creating audience and instrument problems, and the sponsor of the concert is insisting on irrational changes in the program."[273]

Die aktivitätsorientierten Ansätze präsentieren die Arbeit oberster Führungskräfte in einem ganz neuen Licht. Anders als in den vorangegangenen Ansätzen der funktions- und entscheidungsprozeßorientierten Sicht, die ein geplant oder zumindest intendiert rationales Manager-Verhalten unterstellen, erscheint der Arbeitstag des Managers in den aktivitätsorientierten Untersuchungen auf den ersten Blick recht »chaotisch«. Es werden dabei zum einen die Restriktionen aufgezeigt, die sich einer analytisch-planenden Gestaltung des Arbeitstages in den Weg stellen (z. B. Arbeitsunterbrechungen). Zum anderen wird der Blick geöffnet auf die Art und Weise, wie Führungskräfte mit diesen Restriktionen offenbar umgehen (z. B. hoher Kommunikationsanteil).

Noch mehr als den ebenfalls desriptiv vorgehenden Ansätzen der entscheidungsprozeßorientierten Sicht, fehlt es den aktivitätsorientierten Untersuchungen jedoch an »normativer Kraft«. Ob das beobachtete Verhalten tatsächlich effektiv, effizient und wünschenswert ist, bleibt zumeist im Dunkeln. Zur Erklärung des Managerverhaltens muß das aktivitätsorientierte Modell in der Regel verlassen werden, was sich in Rollenkonzepten widerspiegelt, die in gewisser Weise als Ersatz einer Funktionsbetrachtung dienen. Die Frage nach dem Grund (»Warum«) der beobachteten Tätigkeiten genau wie nach deren Zweck (»Wozu«) wird insgesamt nicht befriedigend beantwortet.

---

272 Sayles (1964), S. 258 f.

273 Sayles (1964), S. 162.

2.1.4 Integrative, mehrdimensionale Ansätze

„Man kann nicht nicht *kommunizieren"*[274]

Nachdem in den vorangegangenen Abschnitten der Blick auf Arbeiten gelenkt worden war, die jeweils *einen* Aspekt (Managerfunktionen, Entscheidungsprozesse, Manageraktivitäten) besonders in den Vordergrund gerückt haben, seien im folgenden nun fünf Ansätze vorgestellt, die auf eine *mehrdimensionale*, *integrativ* ausgerichtete Art Hinweise auf das Informationsverhaltens oberster Führungskräfte geben.[275] So heterogen die Zusammenstellung auf den ersten Blick wirken mag, können gleichwohl doch auch einige bedeutsame Gemeinsamkeiten - neben der Mehrdimensionalität - ausgemacht werden. Zum einen steht bei den Arbeiten weniger der Informations- sondern vielmehr der **Kommunikationsaspekt** im Vordergrund. Zum anderen haben die Arbeiten eine stärker **positiv-explikative Ausrichtung** als die zuvor dargestellten Ansätze.[276] Die angelsächsischen Beiträge von O'Reilly (2.1.4.1) sowie Daft & Lengel (2.1.4.2) nähern sich dem Erklärungsziel dabei mehr mittels einer analytisch-deduktiven und organisationsbezogenen Vorgehensweise. Die deutschsprachigen Arbeiten von Picot & Reichwald (2.1.4.3) sowie Müller-Böling & Ramme (2.1.4.5) wählen dagegen einen mehr empirisch-induktiven und auf das Individuum abstellenden Weg, ganau wie auch die amerikanische Untersuchung von Jones & McLeod (2.1.4.4). Zum Abschluß von 2.1.4 findet sich ein Ausblick auf weitere, nicht im Detail behandelte Ansätze (2.1.4.6) sowie ein kurzes Fazit (2.1.4.7).

274 Watzlawick et al. (1967/1990), S. 53; Herv. auch im Original.

275 So zieht O'Reilly drei (neue) Dimensionen (Organisationsstruktur, Anreiz- und Kontrollsysteme, Gruppenzwänge) zur Erklärung von Informationsverhalten heran und bemüht sich darüber hinaus um die Verknüpfung der Aspekte Informationsverwendung und -übertragung. Daft & Lengel verknüpfen die Dimensionen Informationsmedium/-reichhatligkeit, Problemkomplexität und Effektivität. Picot & Reichwald stellen Zusammenhänge zwischen den Dimensionen Aufgabe, Kommunikationsinhalten, -partnern und kanälen her. Jones & McLeod integrieren in ihrer Arbeit die Dimensionen Informationsmenge, -quelle, -medium, -wert und -verwendung. Müller-Böling & Ramme schließlich widmen sich zum einen der Frage nach dem Zusammenhang von Funktion und Aktivität, zum anderen den Einflußdimensionen der Medienwahl.

276 Gerade aus Sicht des Erklärungspotentials verdienen an dieser Stelle auch zwei ältere Arbeiten besondere Hervorhebung, auf die im nachfolgenden nicht in einem eigenen Punkt eingegangen wird. Es ist dies zum einen das 1967 erstmals erschienene »Pragmatics of Human Communication« von Paul Watzlawick, Janet D. Beavin und Don D. Jackson, das im Rahmen der Arbeiten von Picot & Reichwald kurz behandelt wird. Zum anderen handelt es sich um »The Social Psychology of Organizing«, das 1969 von K. E. Weick veröffentlich wurde und besonders in Rahmen der Arbeit von Daft & Lengel rezipiert wird. Vgl. Watzlawick et al. (1967/1990) sowie Weick (1969/1979).

2.1.4.1 DIE BEITRÄGE O'REILLYS 1983 UND 1987

„Knowledge does not necessarily equate with action"[277]

Charles A. O'Reilly von der UCLA widmete sich in verschiedenen Veröffentlichungen dem Informations- und Kommunikationsverhalten in Entscheidungsprozessen.[278] Im Vordergrund seiner Untersuchungen stehen Variablen des **organisatorischen Kontextes von Entscheidungen**, die - so die Ansicht O'Reillys - das Informationsverhalten von Individuen maßgeblich beeinflussen.[279] Neben den Erfordernissen der Aufgabe nennt O'Reilly dabei insbesondere folgende **Einflußfaktoren**:

- Organisationsstruktur (Kommunikationsnetzwerke, Rollen, Autorität),
- Anreiz- und Kontrollsysteme (Belohnung, Bestrafung, Ziele, Macht),
- Gruppenzwänge (Normen, Erwartungen, Konflikte).

Die genannten Faktoren (Kontextvariablen) beeinflussen dabei sowohl Menge und Qualität der für eine Entscheidung verfügbaren Information als auch den Prozeß der individullen Informationsverarbeitung. Die Ergebnisse eigener wie anderer Untersuchungen faßt O'Reilly in der Folge in zwölf »propositions« zusammen, die nachfolgend ungekürzt wiedergegeben seien:[280]

„**Proposition 1:** Information will be more likely to be used by decision makers when:
a. the originating source is powerful compared to the user.
b. the information is not available from other sources; that is, the control of uncertainty is not substitutable.
c. the information is central to the user's functioning."[281]

„**Proposition 2:** Information will be more likely to be used by decision makers when:
a. It can be used to assess achievment of quantifiable goals.
b. It is fed into a well-articulated and operating control system which includes an effective set of incentives; that is, measured performance can be sanctioned.
c. It does not recommend actions which are incompatible with the existing control system's ability to monitor and sanction.
d. It originates from sources who have a vested interest in the continuation of the project."[282]

„**Proposition 3:** Information is more likely to be used by decision makers if it is:
a. readily accessible;
b. summarized;
c. presented orally;
d. from a source deemed as credible, that is, trustworthy."[283]

„**Proposition 4:** Information is more likely to be used by decision makers if the information:

277 O'Reilly (1983), S. 132.

278 Vgl. insb. O'Reilly (1983) sowie O'Reilly et al. (1987).

279 Vgl. hierzu und zum folgenden O'Reilly (1983), S. 111 ff. sowie O'Reilly et al. (1987), S. 609 ff.

280 Vgl zum folgenden auch die spätere Untersuchung von Swanson (1992) mit ähnlichen Ergebnissen.

281 O'Reilly (1983), S. 114; Herv. auch im Original.

282 O'Reilly (1983), S. 117; Herv. auch im Original.

283 O'Reilly (1983), S. 119; Herv. auch im Original.

a. is supportive of the outcomes favored by the decision makers.
b. does not lead to conflict among the set of relevant actors.
c. cannot be attacked by those in opposition."[284]

„**Proposition 5:** Information is less likely to be used for decision making when:
a. it is transmitted through several intermediate links in a communication network rather than delivered directly to the relevant decision makers.
b. transmitters of the information are likely to suffer personal or organizational losses from the message.
c. senders and receivers do not trust each other.
d. the information is transmitted to decision makers in another unit or organization."[285]

„**Proposition 6:** Only limited amounts of information from any set are likeley to be used for decision making purposes.

Propostion 7: Given the same information set, different decision makers will use different parts in different ways; that is, judges will select and weight information differentially.

Proposition 8: Over time, decision makers will be more likely to interpret favorable information as less ambiguous than originally perceived.

Proposition 9: Over time, decision makers will be more likely to forget unfavorable information or reinterpret such information as either irrelevant (e. g., does not address the »relevant« question) or favorable."[286]

„**Proposition 10:** Information will be more likely to be used when it can be selectively interpreted as either supportive of a desired position or unsupportive on opposing positions."[287]

„**Proposition 11:** Responsibility that results in increased commitment on the part of decision makers increases the likelyhood that information will be used when the information can be interpreted as favorable or supportive of the decision maker's position."[288]

„**Proposition 12:** Information is more likely to be used when vivid, concrete illustrations of the conclusions are available."[289]

Ganz offensichtlich wird die Informations*verwendung* somit durch Aspekte der Informations*übertragung* determiniert. Gleichzeitig spielen subjektiv gewünschte Entscheidungsergebnisse für das Informationsverhalten im Entscheidungsprozeß eine größere Rolle als die objektive Problemstellung an sich: „It may be ... that the decision itself may be driven by the solution rather than the problem."[290]

Diese Resultate veranlassen O'Reilly an anderer Stelle, eine wesentliche engere Verzahnung der bis dato recht isoliert und mit unterschiedlichen Methoden vollzogenen Forschungsbemühungen zu den Themenkreisen »Message Flow« (mit Fokus Informationsübertragung) und »Decision Making« (mit Fokus: Informationsverwendung) zu fordern, um ein realistischeres Bild des Informationsverhaltens in Organisationen zu gewinnen.[291]

---

284 O'Reilly (1983), S. 121; Herv. auch im Original.
285 O'Reilly (1983), S. 123; Herv. auch im Original.
286 O'Reilly (1983), S. 126; Herv. auch im Original.
287 O'Reilly (1983), S. 128; Herv. auch im Original.
288 O'Reilly (1983), S. 130; Herv. auch im Original.
289 O'Reilly (1983), S. 132; Herv. auch im Original.
290 O'Reilly (1983), S. 110.
291 Vgl. O'Reilly et al. (1987), S. 618.

2.1.4.2 Das Modell von Daft & Lengel 1984

„The premise ... is that organizational success is based on the organizations's ability to process information of appropriate richness to reduce uncertainty and clarify ambiguity.“[292]

Zur Erklärung des Informationsverhaltens von Führungskräften in Organisationen führen Richard L. Daft und Robert H. Lengel von der University of Texas mit ihrem gleichnamigen Artikel aus dem Jahre 1984 den Begriff der **Informationsreichhaltigkeit** (»information richness«) ein,[293] den sie wie folgt definieren: „Richness is definded as the potential information-carrying capacity of data.“[294] Die Informationsreichhaltigkeit jedoch wird determiniert vom benutzten Kommunikationsmedium.[295] Face-to-Face-Kontakte bieten in der fünfstufigen Skala der Autoren die höchste Informationsreichhaltigkeit, da sie sofortiges Feed-Back ermöglichen, sich sowohl des visuellen als auch des akustischen Kanals bedienen, einen persönlichen Kontakt herstellen und die gleichzeitige Anwendung der natürlichen wie der Körpersprache erlauben. Dem stehen am anderen Ende der Skala numerisch-formale Medien (zum Beispiel Computer-Output) gegenüber, der nur sehr verzögertes Feed-Back erlaubt, sich nur begrenzt des visuellen Kanals bedient, unpersönlich ist und darüberhinaus auch aus einer eingeschränkten (numerischen) Sprache besteht.

Dem Grad der Informationsreichhaltigkeit stellen die Autoren das Ausmaß der **Komplexität organisatorischer Phänomene** (»complexity of organizational phenomena«) gegenüber (Abbildung 18). Geringe Komplexität wird dabei einfachen, vorhersehbaren, mechanischen oder Routine-Problemstellungen zugeordnet. Hohe Komplexität zeigt sich in schwierigen, schwer analysierbaren, unvorhersehbaren, nicht programmierbaren oder emotionsgeladenen Problemstellungen. Die Grundaussage über die Rolle des Informationsmediums im Informationsverhalten von Führungskräften beschreiben die Autoren dann wie folgt: „... rich media are needed to process information about complex organizational topics. Media low in richness are suited to simple topics.“[296] Effiziente Informationsverarbeitung ist mithin gekennzeichnet durch die Wahl eines Informationsmediums, das bezüglich der Informationsreichhaltigkeit der Problemkomplexität angepaßt ist.

---

292 Daft/Lengel (1984), S. 194 f.; im Original hervorgehoben.

293 Vgl. Daft/Lengel (1984).

294 Daft/Lengel (1984), S. 196.

295 Vgl hierzu und zum folgenden Daft/Lengel (1984), S. 196 ff.

296 Daft/Lengel (1984), S. 199.

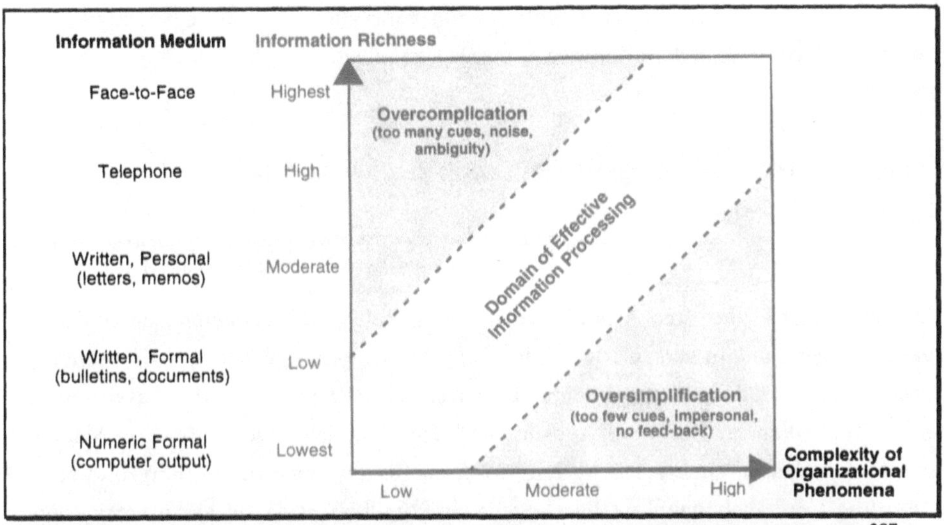

ABB. 18: DAFT & LENGELS MODELL EFFEKTIVER INFORMATIONSVERARBEITUNG[297]

Bezugnehmend auf die Arbeiten von Karl E. Weick sowie Jay Galbraith[298] betten Daft & Lengel ihr Modell der individuellen Informationsverarbeitung in der Folge in ein Modell der vertikalen und horizontalen **Informationsverarbeitung in Organisationen** ein. Hinsichtlich der vertikalen (top-down) Informationsverarbeitung („Purpose is to interpret the environment and reduce equivocality.“[299]) schreiben die Autoren:

> „Top managers use rich media to discuss, analyze and interpret the external environment, and to develop goals and strategies. These interpretations can be translated into less rich policies, paperwork, rules and procedures for use at middle and lower organization levels. *Organization reduce equivocality through the use of sequentially less rich media down through the hierarchy.*[300]

Hinsichtlich der horizontalen Informationsverarbeitung in einem Unternehmen („Purpose is to coordinate internal elements.“[301]) heißt es:

> „Two problems must be faced - frames of reference and interdependence. The need to reduce equivocality is caused by different frames of reference that require rich media to resolve. Once a common language and perspective have been established between departments, less rich media such as memos, paperwork, and reports can be used for coordination. As the interdependence between departments increases, devices must be in place to allow sufficient volume of information to be processed, otherwise organizational performance may suffer.“[302]

297 Quelle: Daft/Lengel (1984), S. 199 i. V. m. S. 196.

298 Vgl. insb. Weick (1969/1979) sowie Galbraith (1972) und Galbraith (1977).

299 Daft/Lengel (1984), S. 208.

300 Daft/Lengel (1984), S. 211 f.; Herv. auch im Original.

301 Daft/Lengel (1984), S. 208.

302 Daft/Lengel (1984), S. 215.

Der Schlüssel zu einer effizienten Informationsverarbeitung, so die Überzeugung der Autoren, ist letztlich in der »**balance of media**« zu sehen.[303]

2.1.4.3 Die Untersuchungen von Picot & Reichwald 1984

Das Organisationsmanagement „... weiß zu wenig über den Zusammenhang von Kommunikation und Aufgabe, ...“[304]

Die Münchner Professoren Arnold Picot und Ralf Reichwald widmeten sich zu Beginn der achtziger Jahre in verschiedenen, breit angelegten, praxisverbundenen Forschungsprojekten Fragen des bedarfsgerechten Einsatzes, der Akzeptanz und der Auswirkungen neuer Techniken der Bürokommunikation.[305] Obschon dabei weder das Top Management noch dessen Unterstützung durch *Informations*systeme im Vordergrund stand, seien die Untersuchungen an dieser Stelle hervorgehoben, da sie einen der wenigen **Brückenschläge** zwischen einer deskriptiv-aktivitätsorientierten und normativ-funktionsorientierten Betrachtungsweise des Arbeitsalltags von Managern darstellen und zum anderen ganz unmittelbar Rückschlüsse ziehen auf (kommunikationstechnische) Einsatzpotentiale.

Auch Picot und Reichwald ermitteln bei der Untersuchung der Tätigkeitsstruktur von 449 mittleren und höheren Managern einen **hohen zeitlichen Anteil für Kommunikationsaktivitäten.**[306] Die Manager ihrer Untersuchung widmeten im Durchschnitt 62 % ihrer *Zeit* der Bearbeitung von Schriftgut (23 %), dem Abwickeln von Telefonaten (12 %) sowie offiziellen und spontanan Besprechungen (12 % sowie 15 %). Die verbleibenden 38 % verteilen sich auf sach- und problembezogene Alleinarbeiten (31 %) sowie Verwaltungstätigkeiten (7 %).

Darüber hinausgehend stellten die Autoren auch die Frage nach dem **Zusammenhang** von **Kommunikationspartner** und **Kommunikationskanal** (Abbildung 19). Wie - bezogen auf die *Anzahl* der Kommunikationskontakte - zu sehen ist, wählen Manager in Abhängigkeit der Kommunikationspartner ganz unterschiedliche Kommunikationskanäle.[307] So ist für die abteilungsinterne Kommunikation eines Managers der Face-

303 Vgl. Daft/Lengel (1984), S. 191 sowie S. 224.

304 Picot/Reichwald (1985), S. 8.

305 Vgl. insb. die Ergebnisbände von Picot/Reichwald (1984/1987) und Beckurts/Reichwald (1984) sowie Picot (1982), Klingenberg/Kränzle (1983), Fornfeist (1985), Picot/Reichwald (1985).Vgl. daneben auch Reichwald/Stauffert (1989).

306 Vgl. Klingenberg/Kränzle (1983), S. 79 sowie Picot/Reichwald (1984/1987), S. 30 in Verbindung mit Picot (1982), S. 264 f.

307 Man beachte, daß zum Zeitpunkt der Untersuchung neuere Kommunikationsformen wie Telefax

to-Face-Kontakt das wichtigste Medium, für den abteilungsübergreifenden unternehmensinternen wie auch den unternehmensexternen Kontakt wird das Telefon bevorzugt. Ganz offensichtlich sinkt mit zunehmender Entfernung der Kommunikationspartner allgemein der mündliche Kommunikationsanteil und insbesondere der Anteil der Face-to-Face-Kontakte wohingegen der *Anteil* der zeitaufwendigen schriftlicher Kommunikationsvorgänge deutlich zunimmt.

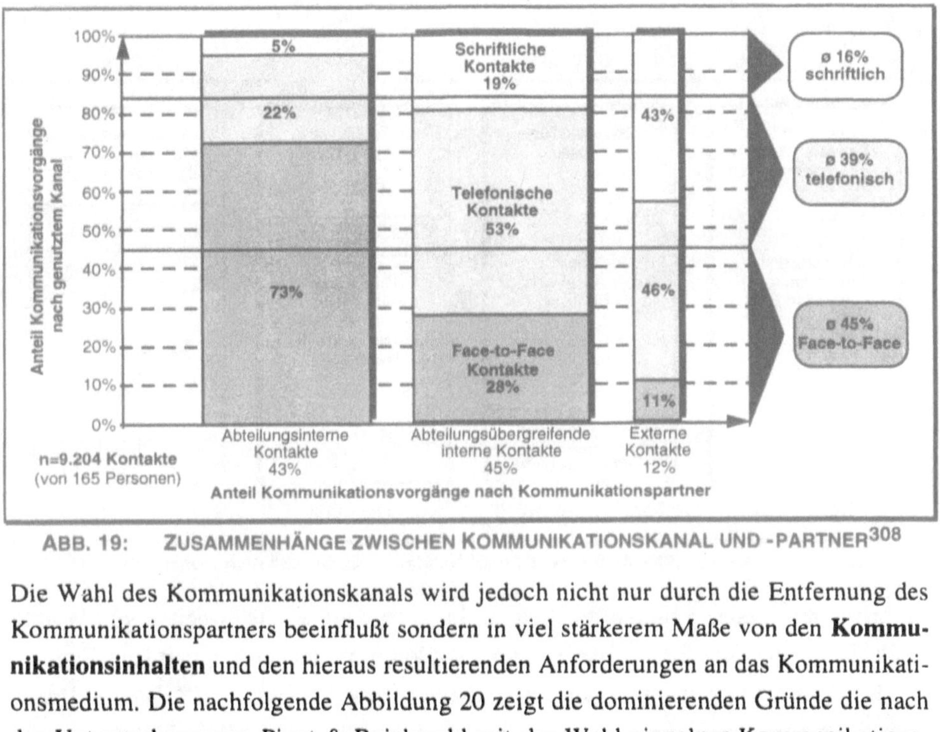

ABB. 19: ZUSAMMENHÄNGE ZWISCHEN KOMMUNIKATIONSKANAL UND -PARTNER[308]

Die Wahl des Kommunikationskanals wird jedoch nicht nur durch die Entfernung des Kommunikationspartners beeinflußt sondern in viel stärkerem Maße von den **Kommunikationsinhalten** und den hieraus resultierenden Anforderungen an das Kommunikationsmedium. Die nachfolgende Abbildung 20 zeigt die dominierenden Gründe die nach der Untersuchung von Picot & Reichwald mit der Wahl einzelner Kommunikationskanäle verbunden sind. Es lassen sich dabei allgemein vier **Grundanforderungen an einen Kommunikationsvorgang** erkennen, die je nach der zu bewältigenden Aufgabe in unterschiedlichem Maße bedeutsam sind:[309]

- Schnelligkeit/Bequemlichkeit,
- Komplexität (Bewältigungsvermögen schwieriger Inhalte),
- Vertraulichkeit,
- Genauigkeit.

oder E-Mail, noch keine größere Verbreitung hatten.

308 In Anlehnung an Klingenberg/Kränzle (1983), S. 83 bzw. Picot/Reichwald (1984/1987); S. 35 f.

309 Vgl. hierzu und zum folgenden Picot (1982), S. 275 ff., Picot/Reichwald (1984/1987), S. 46 f. sowie Reichwald/Stauffert (1989), S. 11.

Zur Bewältigung einer Aufgabe wird in der Regel derjenige Kommunikationskanal gewählt, der den spezifischen Anforderungsmuster der Aufgabe am besten entspricht. *Den* optimalen Kommunikationsweg jedoch gibt es nicht. So wird beispielsweise das Telefon allgemein als das bequemste, zugleich aber auch als das ungenaueste Medium eingestuft, der Face-to-Face-Kontakt gilt als am vorteilhaftesten hinsichtlich Komplexität und Vertraulichkeit und die Briefpost als der genaueste Kanal, der insbesondere dann gewählt wird, wenn es auf die Dokumentationsfähigkeit der Kommunikationsinhalte ankommt.

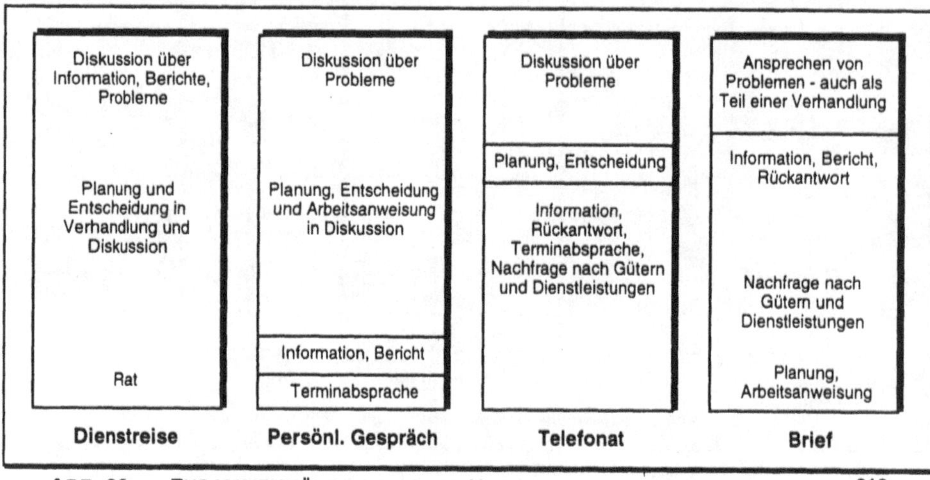

ABB. 20: ZUSAMMENHÄNGE ZWISCHEN KOMMUNIKATIONSKANAL UND -INHALT[310]

An mehreren Stellen betonen die Autoren in Anlehnung an die Arbeiten von Watzlawick, Beavin & Jackson,[311] daß Kommunikation nicht nur eine inhaltliche Funktion sondern darüber hinaus immer auch eine **soziale Funktion** hat.[312] Watzlawick, Beavin & Jackson sprechen in diesem Zusammenhang vom Inhalts- und Beziehungsaspekt der Kommunikation: „Der Inhaltsaspekt vermittelt die «Daten», der Beziehungsaspekt weist an, wie diese Daten aufzufassen sind".[313] Letzterer (der Beziehungsaspekt) stellt somit eine Metakommunikation dar, da er ersteren bestimmt.[314] Die amerikanischen Autoren unterscheiden ferner eine digitale und analoge Form der Kommunikation.[315] Erstere besteht in der Übertragung von Zeichen mit vereinbarter Syntax (z. B. die menschliche

310 Quelle: Klingenberg/Kränzle (1983), S. 194 bzw. Picot/Reichwald (1984/1987); S. 45.
311 Vgl. insb. Watzlawick et al. (1967).
312 Vgl. Picot (1982), S. 274, Picot/Reichwald (1984/1987), S. 40 ff.; ähnlich auch Reichwald et al. (1984), S. 86 ff.
313 Watzlawick et al. (1967/1990), S. 55.
314 Vgl. Watzlawick et al. (1967/1990), S. 56.
315 Vgl. Watzlawick et al. (1967/1990), S. 61 ff.

Sprache), letztere besteht aus symbolhafter, semantischer Übertragung von Analogien, wie sie im Tonfall einer Stimme oder in Gestik und Mimik zum Ausdruck kommen. Beide Kommunikationsformen treten beim Menschen simultan auf,[316] wobei der Inhaltsaspekt vorwiegend digital, der Beziehungsaspekt vorwiegend analog transportiert wird.[317]

Aus diesen Erörterungen wird unmittelbar klar, daß je nach der zu bewältigenden Aufgabe (und den daraus resultierenden Kommunikationsanforderungen) ganz unterschiedliche Kommunikationskanäle gewählt werden. Picot & Reichwald unterscheiden dabei **drei Idealtypen von Büroaufgaben**, die mit ihren typischen Merkmalen in der folgenden Abbildung 21 dargestellt sind.[318]

Aufgabentyp: / Merkmale:	Büroarbeit vom Typ 1 Einzelfall (nicht formalisierbar)	Büroarbeit vom Typ 2 Sachbezogener Fall (teilweise formalisierbar)	Büroarbeit vom Typ 3 Routinefall (vollständig formalisierbar)
Problemstellung	hohe Komplexität, niedrige Planbarkeit	mittlere Komplexität, mittlere Planbarkeit	niedrige Komplexität, hohe Planbarkeit
Informationsbedarf	unbestimmt	problemabhängig (un)bestimmt	bestimmt
Kooperationspartner	wechselnd, nicht festgelegt	wechselnd, festgelegt	geichbleibend, festgelegt
Lösungsweg	offen	geregelt bis offen	festgelegt
Standardisierbarkeit	sehr niedrig	mittel	hoch
Flexibilitätsbedarf	sehr hoch	hoch	niedrig
Assistenzbedarf	sehr hoch	hoch	niedrig
Analysierbarkeit	schlecht	bedingt	gut

ABB. 21: AUFGABENTYPEN DER BÜROARBEIT NACH PICOT & REICHWALD[319]

Die überwiegende Mehrheit der Aufgaben, denen sich das Top Management gegenübersieht, sind unter die Büroarbeit vom Typ 1 einzuordnen. Es sind dies innovative oder improvisatorische Aufgabenstellungen mit zumeist hohem Komplexitätsgrad, niedriger Planbarkeit, geringer Strukturiertheit und hoher Veränderlichkeit. Informationsbedarf, Kooperationspartner und Lösungsweg sind häufig unbestimmt. Dies bedingt eine

316 Tiere verfügen dagegen nur über analoge Kommunikationsformen.

317 Vgl. Watzlawick et al. (1967/1990), S. 64.

318 Vgl. hierzu und zum folgenden Picot/Reichwald (1984/1987), S. 70 ff. sowie daneben die Weiterentwicklungen der Aufgabentypologie bei Nippa (1988), Reichwald/Nippa (1988), Picot/Reichwald (1991), S. 277 f., Picot (1993), S. 118 ff., Reichwald (1993), S. 473 ff.

319 In Anlehnung an Picot/Reichwald (1984/1987); S. 70 sowie S. 90.

niedrige Strandardisierbarkeit und erfordert einen hohen Flexibilitäts- und Assistenzbedarf, wobei die Assistenzkräfte in der Regel nicht nur administrative Tätigkeiten verrichten, sondern auch inhaltlich eingebunden sind.[320]

2.1.4.4 Die Studie von Jones & McLeod 1986

„Where and how do executives really *get their information?"*[321]

Jack W. Jones und Raymond McLeod, Jr. (beide Professoren in Texas) führten Mitte der achtziger Jahre eine Studie unter fünf »Senior Executives« (drei CEO's/Presidents, zwei VP's/Corporate Officers) verschiedener Branchen durch,[322] in deren Mittelpunkt eine Analyse der **Zusammenhänge** von Informationsmenge (Anzahl Transaktionen), Informationquelle (intern vs. extern), Übertragungsmedium (schriftlich vs. mündlich), Informationswert (auf einer Skals von 0 = min. bis 10 = max.) und Informationsverwendung (Mintzbergs »Decision Roles«) stand. Als Methode fanden unstrukturierte Intensivinterviews sowie zweiwöchige Selbstaufschreibungen der Führungskräfte und ihres Sekretariats statt.

Insgesamt werden 1454 Informationstransaktionen ermittelt, was einem Durchschnitt von 29 Transaktionen je Manager und Tag - mit allerdings erheblichen Schwankungen - entspricht. So schwankt - zum einen - der Durchschnitt hinsichtlich des untersuchten Managers (zwischen 41 und 14 Transaktionen), zum anderen bezüglich verschiedener Tage (zwischen 8 und 19 Transaktionen täglich beim »low-volume executive«; zwischen 28 und 60 beim »high-volume« executive).[323]

Einen detaillierten **Überblick** über vier der fünf untersuchten Dimensionen liefert die Tabelle in Abbildung 22. Dort zeigen die Spalten die untersuchten **Informationsquellen** (»Source«),[324] die Zeilen die **Informationsmedien**.[325] In den Feldern der aufge-

---

320 Vgl. zum sich daraus ergebenden Kooperationsbedarf ausführlicher Reichwald et al. (1984).

321 Jones/McLeod (1986), S. 224; Herv. auch im Original.

322 Vgl. zusammenfassend McLeod/Jones (1986/1992) und McLeod (1979/1993), S. 576 - 585 sowie detaillierter Jones/McLeod (1986).

323 Vgl. Jones/McLeod (1986), S. 229.

324 Legende der Informationsquellen: EOX = External organization, no specific level; EPX = External person, no specific level; IOX = Internal support unit; IPX = Internal support person, no specific level; SDX = Person same level, different organizational unit; COM = Committee; LO1 = Person one level below the executive; LO2 = Person two levels below the executive; LO3 = Person three levels below the executive; LO4+ = Person four or more levels below the executive; UPP = Person one or more levels above the executive; XXX = Unclassified source.

325 Legende der Informationsmedien: SM = Scheduled meeting; UM = Unscheduled meeting; EC = Encounter; SA = Social activity; BM = Business meal; TP = Telephone; MM = Memo; LT = Letter; NR = Noncomputer report; CR = Computer report; PD = Periodical.

spannten Matrix lassen sich die ermittelten **Informationsmengen** (Anzahl der Transaktionen) sowie die durchschnittlich zugeordneten **Informationswerte** ablesen. Wie per Addition der Zeilen- beziehungsweise Spaltensummen zu sehen ist, sind insgesamt 61,8 % (898) aller Informationstransaktionen schriftlicher und 38,2 % (556) mündlicher Natur. 57,0 % (829) entstammen internen, 43,0 % (625) externen Quellen. Am häufigsten zu verzeichnen sind Telefonate mit externen Kommunikationspartnern (11,8 % aller Transaktionen), gefolgt von Briefen (9,6 %) und Zeitschriften (9,2 %) jeweils externer Organisationen, von Memos der direkt zugeordneten Mitarbeiter (6,4 %) sowie Briefen externer Personen (6,3 %).

Me\So	EOX	EPX	IOX	IPX	SDX	COM	LO1	LO2	LO3	LO4+	UPP	XXX	Σ/Ø
SM	9/7.0	14/6.4	2/9.0	1/5.0	1/10.0	18/8.0	19/7.4	5/7.2	4/7.8	0/0	5/8.0		78/7.4
UM		5/5.4	1/7.0		1/6.0		45/6.4	23/6.3	2/5.0	2/8.0	12/5.9		91/6.2
EC	3/4.3	1/10.0	2/4.0	3/6.0	2/5.0		12/5.9	10/4.9	474.3	2/7.0	10/4.4		49/5.3
SA		2/5.0											2/5.0
BM	8/1.6	4/5.0	1/0.0		1/4.0		6/4.0	2/5.0	1/7.0		1/8.0		24/3.6
TP	6/5.3	171/3.5		1/6.0	13/4.0	2/8.0	59/4.0	21/4.7	23/2.8	5/4.4	8/2.5	3/0.7	312/3.7
MM	6/2.0	12/6.3	31/6.4	1/6.0	11/3.0	2/4.7	94/5.1	71/5.0	31/5.0	7/2.4	12/3.8		278/4.8
LT	140/3.6	91/5.8	9/4.4	2/6.0		1/9.0	14/4.6	6/5.5	12/3.7	5/6.2	4/6.5		284/4.2
NR	14/3.3	3/4.3	53/4.5	4/5.0	3/6.0	1/5.0	28/5.2	7/6.1	7/4.2	2/2.5	14/5.8		136/4.7
CR		1/0.0	38/4.4				5/6.6	1/6.0	4/6.0				49/4.7
PD	134/3.0	1/4.0	10/4.7	1/5.0			3/5.3	1/3.0		1/0.0			151/3.1
Σ/Ø	320/3.4	305/4.2	147/4.6	13/5.5	32/4.2	24/7.3	285/5.2	147/5.3	88/4.4	24/4.4	66/5.2	3/0.7	1454/4.5

ABB. 22: INFORMATIONSMENGE UND -WERT VERSCHIEDENER MEDIEN UND QUELLEN[326]

Die **Menge** der empfangenen Informationen **korrelliert** allerdings **nicht mit** der **Qualität** beziehungsweise dem Wert, der ihnen zugemessen wird! So werden den drei häufigsten der oben genannten Kombinationen von Quelle und Medium nur Informationswerte zwischen 3.0 und 3.6 zugeordnet. Die »Rangliste« der wertvollsten Transaktionen wird - läßt man solche mit einer Häufigkeit unter 1 % (15 Fälle) weg - angeführt von den seltenen Sitzungen interner Ausschüsse (8.0), den geplanten (7.4) und ungeplanten (6.4) Besprechungen mit den direkt zugeordneten Mitarbeitern, den Memos interner Unterstützungseinheiten (6.4) sowie den ungeplanten Besprechungen mit zwei Ebenen niedriger angesiedelten Mitarbeitern (6.3) - allesamt durch Häufigkeiten nicht über 3 % gekennzeichnet.[327]

326 Quelle: Jones/McLeod (1986), S. 234.

327 Diese auch von den Autoren herausgestellten Ergebnisse sind allerdings auch durch das sehr viel

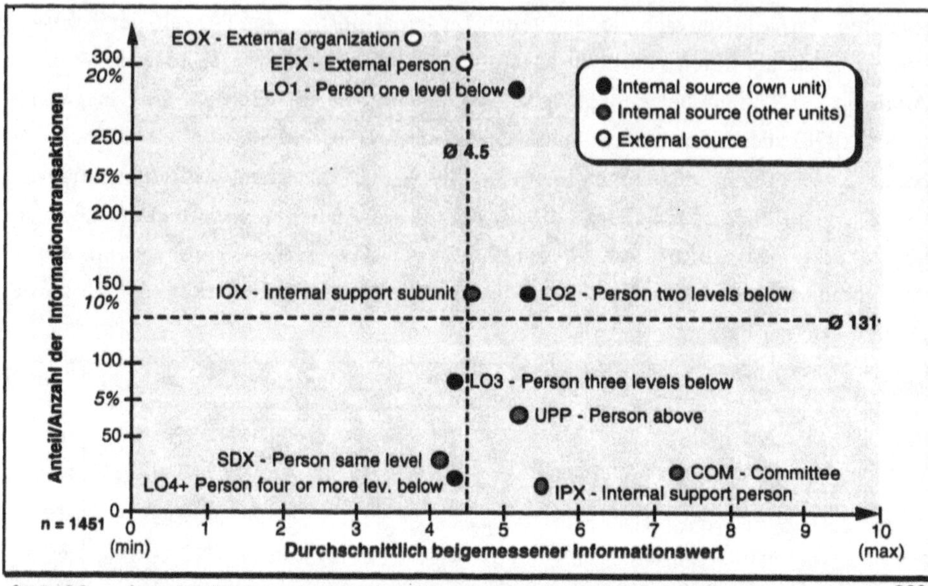

ABB. 23: INFORMATIONSMENGE UND -WERT VERSCHIEDENER INFORMATIONSQUELLEN[328]

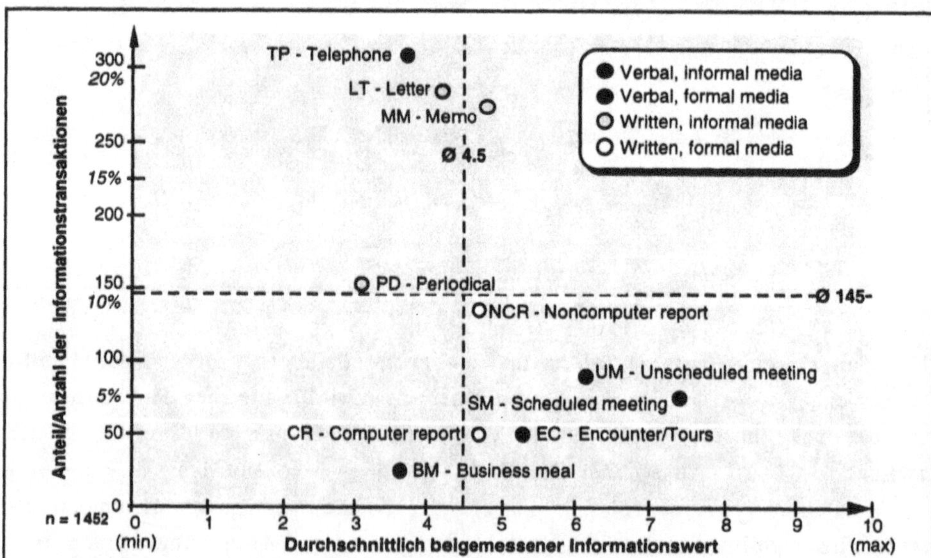

ABB. 24: INFORMATIONSMENGE UND -WERT VERSCHIEDENER INFORMATIONSMEDIEN[329]

höhere Aggregationsniveau externer Kontakte mitbegründet, was neben einer Erhöhung der Menge auch eine gewisse Nivellierung der Werte mit sich bringt bzw. bringen kann.

328 Quelle: Jones/McLeod (1986), S. 234; Darst. d. Verf. Vgl. daneben aber auch McLeod/Jones (1986/1992), S. 58.

329 Quelle: Jones/McLeod (1986), S. 234; Darst. d. Verf. Vgl. daneben aber auch McLeod/Jones

Den jeweils »dreidimensionalen« Zusammenhang von Infomationsmenge, -wert und Quelle sowie Medium veranschaulichen für die jeweiligen Spalten- und Zeilensummen die Abbildungen 23 und 24. Hinsichtlich der **Informationsverwendung** kommen die Autoren zu den folgenden Ergebnissen:[330]

Entscheidungsrolle (Info.-Verwendung)	Inf.-Transaktionen gesamt		Verhältnis extern : intern		Verhältnis verbal : schriftlich	
	Menge	Wert	Menge	Wert	Menge	Wert
Disturbance Handler	614	4.6	29:71	3.8:5.0	38:62	4.7:4.6
Entrepreneur	470	4.8	70:30	4.4:5.7	36:64	5.6:4.3
Ressource Allocator	244	4.7	15:85	2.9:5.0	39:61	5.1:4.4
Negotiator	44	3.8	41:59	3.6:3.9	57:43	3.2:4.6
Σ / Ø	1372	4.7	41:59	4.1:5.1	38:62	5.0:4.5

42,3 % der Informationstransaktionen erfolgten im Rahmen der Rolle eines »**Disturbance Handler**«, 32,3 % dienten für Aufgabenstellungen des »**Entrepreneur**«, 16,8 % waren mit »Ressource Allocator«-Rollen verknüpft und nur 3,0 % wurden der Rolle »Negotiator« zugeordnet. Die Medienpräferenz (verbal vs. schriftlich) ist bei den drei häufigsten Verwendungsarten hinsichtlich der Menge und des Wertes ungefähr gleich und deckt sich mit dem Gesamttrend, indem den weniger häufig verfügbaren, verbalen Medien die höheren Informationswerte zugemessen werden. Signifikante Unterschiede bezogen auf die Entscheidungsrolle sind hier kaum auszumachen. Anders sieht dies bei der Quellenpräferenz aus, wo sich sowohl hinsichtlich der Menge als auch hinsichtlich der Werte recht deutliche Differenzierung zwischen den Rollen zeigen. In der Entrepreneur-Rolle wird der höchste Anteil externer Informationen benötigt und diesen im Vergleich auch der höchste Wert beigemessen. Noch höhere Werteinschätzungen erzielen interessanterweise allerdings auch hier die - vergleichsweise wenigen - Informationen aus internen Quellen. Bei den Rollen des Disturbance Handler und des Ressource Allocator korreliert die Menge der Informationen positiv mit den zugeordneten Werten.[331]

Einen Erklärungsansatz für die beobachteten Unterschiede in der Beurteilung und Präferenz einzelner Quellen und Medien sehen die Autoren im Konzept der »**Information Chain**«.[332] Danach sind einzelne Informationstransaktionen nicht isoliert zu sehen, sondern in einem phasenähnlichen Zusammenhang. So kann beispielsweise ein vielleicht

(1986/1992), S. 60 f.

330 Vgl. Jones/McLeod (1986), S. 238 - 240.

331 Vgl. zur Signifikanz verschiedener Korrelationen detaillierter Jones/McLeod (1986), S. 237 - 243.

332 Vgl. dazu detaillierter McLeod/Jones (1986/1992), S. 63 f. sowie insb. Jones et al. (1993).

zunächst als weniger wichtig eingeschätztes, kurzes Telefonat oder das Lesen eines Artikels über eine technische Neuentwicklung initiierend weitere Informationstransaktionen anstoßen, beispielsweise die Aufbereitung von Material durch Mitarbeiter, einige Besprechungen etc., denen - ist der Prozeß erst einmal in Gang gestetzt - dann bereits höhere Informationswerte zugemessen werden. Je näher man der Entschlußfindung kommt, desto intensiver wird die Informationssammlung und umso höher der Wert, der diesen Informationen beigemessen wird. Daß die »späteren«, intern generierten Informationen generell höhere Wertschätzung erfahren, erscheint im Lichte eines solchen Modells genauso plausibel wie das Mißverhältnis von externer Informationsmenge und ihrem Wert: Für einige wenige Informationen, die geeignet sind entsprechende Prozesse anzustoßen, kann es durchaus lohnend sein, das »Scannen« einer sehr viel höheren Anzahl - vielleich zunächst unwichtig erscheinender - externer Informationen in Kauf zu nehmen.

2.1.4.5 Die Arbeiten von Müller-Böling & Ramme 1990

„Wir glauben, daß man die Frage nach der sinnvollen technischen Arbeitsunterstützung von Managern nur beantworten kann, wenn man die Informations- und Kommunikationstechniken, die Arbeit und die Aufgaben von Führungskräften bezogen auf ihre Ziele und die Führungskräfte selbst mit persönlichen Eigenschaften und Bedürfnissen einbezieht.“[333]

Detlef Müller-Böling und Iris Ramme von der Universität Dortmund widmeten sich Ende der achtziger Jahre sowohl auf theoriegeleiteten[334] als auch empirischen Weg[335] Fragestellungen der Arbeit deutscher Top-Manager sowie der Perspektiven einer Technikunterstützung derselben.[336] Im Rahmen der vorliegenden Arbeit verdienen dabei insbesondere zwei repräsentativ angelegte schriftliche Befragungen von jeweils über 700 Führungskräften der obersten Führungsebene in Deutschland ansässiger Unternehmen besonderes Augenmerk.[337] Im Mittelpunkt der einen Erhebung stand die Analyse der Arbeit oberster Führungskräfte sowohl hinsichtlich Arbeitszeit, Fach- und Führungsaufgaben (Funktionen), Aktivitäten als auch Schwachstellen. Die andere Untersuchung konzentrierte sich auf Fragen zu Kommunikationspräferenzen sowie zur Verhaltens- und Einstellungsakzeptanz hinsichtlich Informations- und Kommunikationstechniken. In beiden Fällen wurden darüberhinaus demographische (Alter, Geschlecht, Ausbil-

333 Müller-Böling/Ramme (1990), S. 4 f.

334 Vgl. insb. Ramme (1990).

335 Vgl. insb. Müller-Böling/Ramme (1990).

336 Vgl. Müller-Böling/Ramme (1990), S. 2-4.

337 Vgl. zu Untersuchungsrahmen und -design Müller-Böling/Ramme (1990), S. 5 sowie S. 239 ff. bzw. Ramme (1990), S. 154 f.

dung), Unternehmens- (Größe nach Beschäftigten, Branche) und Psychomerkmale (Konservativismus, Risikofreudigkeit, Rationalität, Kompromißbereitschaft, Quatitativität des Denkens) der befragten Führungskräfte erhoben. Nachdem zum einen Fragen der Technikakzeptanz und -perspektiven noch weiter unten detaillierter behandelt werden,[338] zum anderen die rein aktivitätsorientierten Ergebnisse der Arbeiten von Müller-Böling & Ramme bereits zuvor Erwähnung fanden,[339] sei an dieser Stelle insbesondere auf die Erkenntnisse der Autoren hinsichtlich des Zusammenhangs von Fachaufgaben, Funktionen und Aktivitäten, bezüglich der Kommunikationspräferenzen sowie der Schwachstellen der Führungsarbeit abgestellt.

Müller-Böling & Ramme unterteilen die Arbeit von Führungskräften unter Berücksichtigung vorangegangener Explorationen in **Führungs- und Fachaufgaben**.[340] Erstere, die sie mit dem Begriff der Funktionen gleichsetzen, enthalten Planung, Organisation, Steuerung/Kontrolle, Mitarbeiterführung und Repräsentation. Letztere, Aufgaben im engeren Sinne, bestehen aus den »klassischen« betrieblichen Verantwortungsbereichen Forschung und Entwicklung, Beschaffung, Produktion, Absatz, Finanzierung, Personal und Allgemeine Verwaltung. Die untersuchten 709 Top-Manager gaben dabei im Durchschnitt an, sich in ihrer Arbeit zu 60 % Führungsaufgaben (insbesondere Steuerung/Kontrolle, Mitarbeiterführung und Planung) und zu 40 % Fachaufgaben zu widmen (insbesondere Absatz, Allgemeine Verwaltung, Finanzierung).[341] Unter Berücksichtigung der Mehrfachnennungen lassen sich die Fachaufgaben von 30 % der untersuchten Top-Manager *eindeutig* im Bereich Allgemeine Verwaltung/Personal/Finanzierung lokalisieren - gefolgt vom Bereich Beschaffung/Absatz (21 %) und Produktion/ Forschung und Entwicklung (7 %). 42 % der untersuchten Manager allerdings sind nicht eindeutig zuzuordnen, haben also Fachaufgaben aus einer Kombination dieser Bereiche. In diesem Zusammenhang kommen die Autoren zu folgendem Befund:

> „Top-Manager sind überwiegend Generalisten ohne spezielle Ausrichtung auf eine Fachaufgabe allein. ... In Dienstleistungsunternehmen sind Top-Manager eher mit den nach innen gerichteten Fachaufgaben Verwaltung, Personal und Finanzierung, im Handel mit den nach außen orientierten Aufgaben Beschaffung und Absatz beschäftigt. Im produzierenden Gewerbe befinden sich die meisten Top-Manager mit Kombinationen aller Fachaufgaben."[342]

Mittels einer Clusteranalyse gewinnen die Autoren aus der Verbindung von Funktionen und Fachaufgaben eine Klassifikation von drei Top-Manager-Typen, die sich im Sinne

---

338 Vgl. Kapitel III und IV.

339 Vgl. unter 2.1.3.5.

340 Vgl. hierzu und zum folgenden Ramme (1990), S. 12 ff. sowie Müller-Böling/Ramme (1990), S. 60 ff.

341 Vgl. Müller-Böling/Ramme (1990), S. 71 - 77 bzw. Ramme (1990), S. 160 - 164.

342 Müller-Böling/Ramme (1990), S. 73.

von **funktionsbezogenen Rollen** interpretieren lassen:[343]

- den **Mannschaftskapitän** (mit 63 % am häufigsten vertreten, gekennzeichnet durch relativ wenig Fachaufgaben, Schwerpunkte in der Führung der Mitarbeiter, der Steuerung/Kontrolle sowie Repräsentation des Unternehmens, in Kleinbetrieben seltener vertreten und gekennzeichnet durch einen überdurchschnittlichen Akademikeranteil),
- den **Fachmanager** (mit insgesamt 18 % relativ selten, gekennzeichnet durch einen hohen Anteil an Fachaufgaben sowie Schwerpunkte bei den Führungsfunktionen Organisation und Planung, dagegen ohne Repräsentationaufgaben, ohne besondere Ausprägung hinsichtlich Unternehmensgröße und Ausbildung),
- den **Fachspezialisten** (mit 19 % ebenfalls selten anzutreffen, gekennzeichnet durch einen großen Anteil an Fachaufgaben bei unterdurchschnittlicher Beschäftigung mit allen Führungsfunktionen, insbesondere der Mitarbeiterführung, bei überwiegend nicht-akademischer Ausbildung häufiger in Kleinbetrieben vorzufinden).

Ganz analog können die Autoren aus einer Clusteranalyse der Aktivitäten eine Klassifikation **aktivitätsbezogener Rollen** ableiten:[344]

- den **Kommunikator** (57 % der untersuchten Manager) mit überdurchschnittlichen Zeitanteilen für Sitzungen, Besprechungen und Telefonate,
- den **Schreibtischarbeiter** (23 %) mit überdurchschnittlichen Zeitanteilen an Postbearbeitung, Schriftstückerstellung und Vorlagenbearbeitung,
- den **Reisediplomaten** (20 %) mit überdurchschnittlichem Engagement in Tätigkeiten wie Arbeitsessen, Empfängen, Tagungen, Kongressen, Gremienarbeit und Vorträgen.

Abbildung 25 nun zeigt die Verteilung der untersuchten Manager hinsichtlich ihrer funktions- und aktivitätsorientierten Typisierung. Deutlich ist zu erkennen, daß zwei der drei funktionsbezogenen Rollen über jeweils zwei Aktivitätstypen gleich verteilt sind. Erstaunlicherweise sind die Kombinationen Fachspezialist-Kommunikator, Mannschaftskapitän-Schreibtischarbeiter und Fachmanager-Reisediplomat nur *etwas* weniger als der jeweilige Durchschnitt ausgeprägt. Die fehlende statistische Signifikanz für einen Zusammenhang zwischen Funktion und Aktivität führt die Autoren deshalb zum Befund, „... daß wir es im Rahmen der Arbeit von Top-Managern mit jeweils unabhängigen Typen zu tun haben, die in jeder Kombination auftreten."[345] Es besteht demnach offenbar **kein Zusammenhang zwischen Funktion und Aktivität**.

343 Vgl. dazu Müller-Böling/Ramme (1990), S. 83 sowie Ramme (1990), S. 173 - 177.

344 Vgl. dazu Müller-Böling/Ramme (1990), S. 85 sowie Ramme (1990), S. 178 - 181.

345 Müller-Böling/Ramme (1990), S. 86.

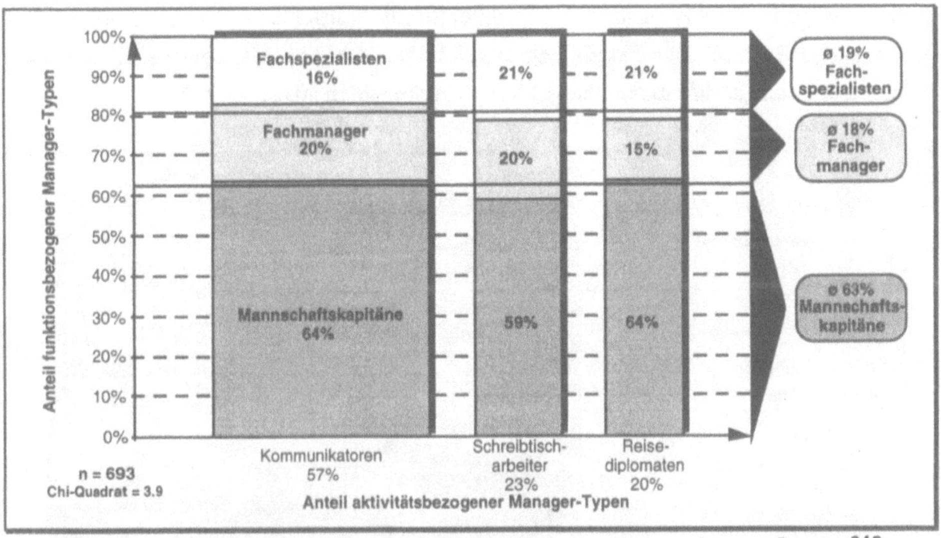

ABB. 25: ZUM ZUSAMMENHANG ZWISCHEN FUNKTIONS- UND AKTIVITÄTSTYP[346]

In den zuvor durchgeführten Interviews einer Explorationen konnten Müller-Böling & Ramme 15 **typische Schwachstellen** ermitteln, über die Führungskräfte klagen.[347] Diese wurden in der schriftlichen Befragung den Top-Managern einzeln vorgelegt mit der Bitte, anhand einer fünfstufigen Skala diesbezüglich (volle oder weitgehende) Zustimmung, Indifferenz oder (volle oder überwiegende) Ablehnung zum Ausdruck zu bringen. Das Antwortverhalten bezüglich der 15 vorgegebenen und im wesentlichen vier Faktoren zuordenbaren Schwachstellen veranschaulicht Abbildung 26. Wie die Abbildung deutlich zeigt, wird der **Schwachstellenschwerpunkt** der Arbeit oberster Führungskräfte in der Dauer und Effizienz von **Sitzungen** gesehen. Aber auch in den Punkten Entscheidungsdruck, Papierflut, störende Telefonate, zuviel Tagesgeschäft und schwere Erreichbarkeit der Kommunikationspartner ist die Zahl der zustimmenden Nennungen (zum Teil deutlich) höher als diejenige der ablehnenden. Die mit der Informationsversorgung verbundene Zuarbeit von Mitarbeitern wird vergleichsweise weniger ungünstig eingeschätzt, wobei hier allerdings auch eine hohe Anzahl indifferenter (bzw. unsicherer) Nennungen zu verzeichnen ist. Während die sitzungsbezogenen Störfaktoren invariant bezüglich der Unternehmensgrößen, des Ausbildungsstandes, des Alters und des Managertyps sind, konstatieren die Autoren eine überdurchschnittliche Zahl von als Störung empfundenen zeitdruckbezogenen Nennungen bei den Schreibtischar-

346 Quelle: Müller-Böling/Ramme (1990), S. 86.

347 Vgl. daneben zu Arbeitssituation bzw. Schwachstellen im Management sowie in der Zusammenarbeit zwischen Manager und Sekretariat Reichwald et al. (1984), S. 93 - 100 sowie S. 136 f., Reichwald/Stauffert (1989), S. 7 ff.

beitern sowie Nicht-Akademikern, eine unterdurchschnittliche bei Reisediplomaten sowie Akademikern.[348] Der Faktor Tagesstreß ist bei den Top-Managern kleiner Unternehmen deutlich stärker als in den größeren Unternehmen ausgeprägt.[349]

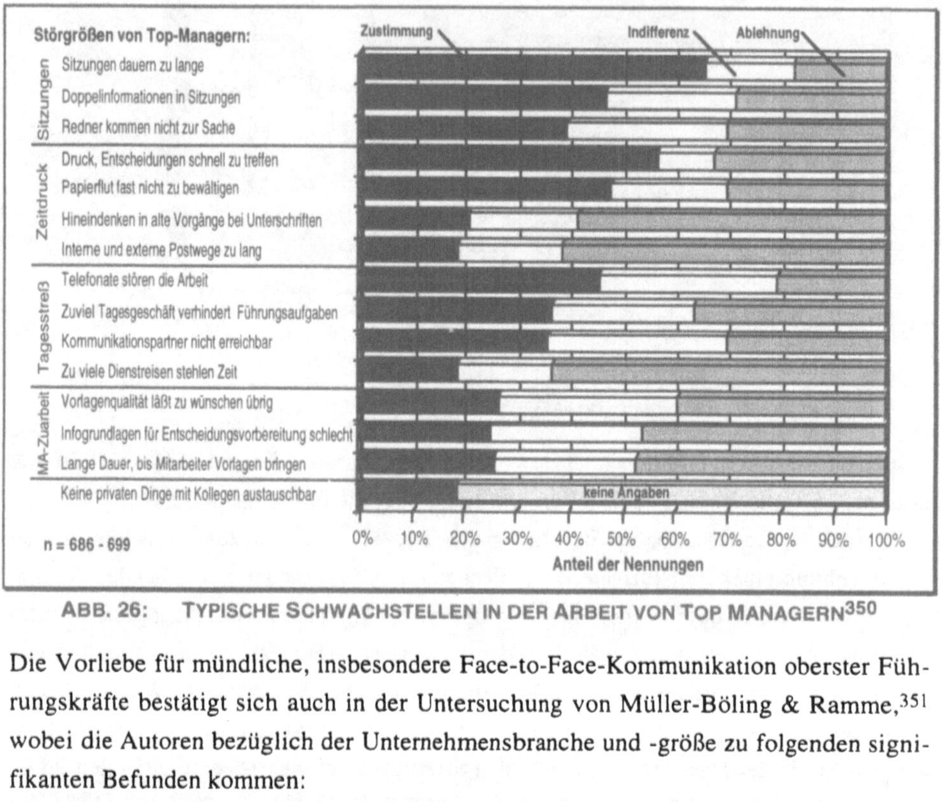

ABB. 26: TYPISCHE SCHWACHSTELLEN IN DER ARBEIT VON TOP MANAGERN[350]

Die Vorliebe für mündliche, insbesondere Face-to-Face-Kommunikation oberster Führungskräfte bestätigt sich auch in der Untersuchung von Müller-Böling & Ramme,[351] wobei die Autoren bezüglich der Unternehmensbranche und -größe zu folgenden signifikanten Befunden kommen:

> „Top-Manager aus dem Dienstleistungsbereich bevorzugen deutlich häufiger mündliche Kommunikationsmedien, während im Handel mündliche Kommunikation weniger gewünscht wird. Top-Manager aus Großunternehmen mit mehr als 1000 Beschäftigten präferieren eher schriftliche Kommunikation als Top-Manager anderer Größenklassen."[352]

Darüberhinaus können auch interessante Ergebnisse hinsichtlich der **Kommunikationspräferenzen** bezogen auf die jeweilige **Situation** festgehalten werden (Abbildung 27).

348 Vgl. Müller-Böling/Ramme (1990), S. 106 ff.

349 Vgl. Müller-Böling/Ramme (1990), S. 101 f.

350 In Anlehnung an und Zusammenfassung von Müller-Böling/Ramme (1990), S. 91 - 109.

351 Vgl. Müller-Böling/Ramme (1990), S. 116 f.

352 Müller-Böling/Ramme (1990), S. 119.

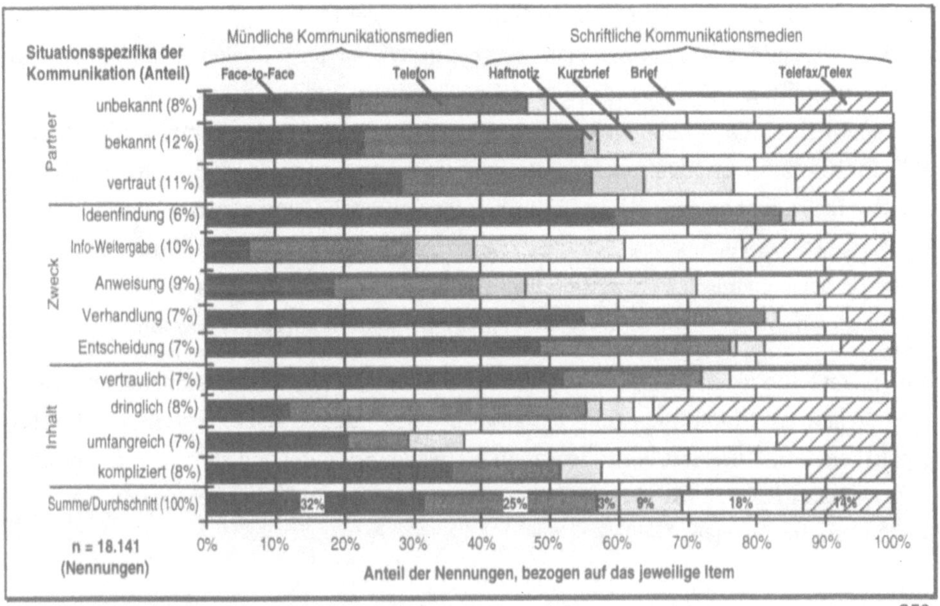

ABB. 27: SITUATIONSBEZOGENE KOMMUNIKATIONSPRÄFERENZEN VON TOP MANAGERN[353]

Die in der Abbildung enthaltenen Umfrageergebnisse lassen dabei in horizontaler sowie vertikaler Lesart folgende **Interpretationen** offensichtlich werden:[354]

- Mit zunehmenden Bekannheits- beziehungsweise Vertrautheitsgrad des Kommunikationspartners verschiebt sich die Kommunikationspräferenz tendenziell leicht von schriftlichen Medien (insbesondere Brief) hin zu mündlichen Medien (insbesondere Face-to-Face).

- Ideenfindung, Verhandlung und Entscheidung erfordern zum ganz überwiegenden Teil (ca. 80 %) mündliche Kommunikationsmedien und da insbesondere den Face-to-Face-Kontakt (50 % bis 60 %). Die Weitergabe von Informationen und Anweisungen dagegen erfolgt zu 60 % bis 70 % auf schriftlichem Wege, wobei Kurzbrief und Haftnotiz hier im Vergleich zu den anderen Situationsspezifika ihre häufigsten Nennungen erfahren (je ca. 20 %).
- Vertrauliche Informationen werden am liebsten im persönlichen Gespräch ausgetauscht (ca. 50 %), dringende Kommunikationsinhalte mittels Telefon oder Telefax/Telex übermittelt (44 % bzw. 35 %) und umfangreiche Inhalte per Brief versendet (45 %). Bei komplizierten Inhalten ist demgegenüber keine so eindeutige Präferenz erkennbar, leicht bevorzugt wird hier der persönliche Kontakt (36 %) vor Brief

353 In Anlehnung an und Zusammenfassung von Müller-Böling/Ramme (1990), S. 124 - 133.

354 Vgl. dazu auch Müller-Böling/Ramme (1990), S. 126 - 133.

(30 %) und Telefon sowie Telefax/Telex (16 % bzw 13 %).

- Der persönliche Kontakt wird somit insbesondere bei vertraulichen Inhalten sowie in Verhandlungen und zur Ideen- wie Entscheidungsfindung genutzt, der Brief vornehmlich bei unbekannten Partnern oder umfangreichen oder komplizierten Inhalten. Kurzbrief und Haftnotiz finden besonders bei bekannten oder vertrauten Kommunikationspartnern und zur Informationsweitergabe sowie Anweisung Verwendung. Telex, Teletex und Telefax dienen schwerpunktmäßig der Informationsweitergabe bei bekannten Partnern und/oder in dringlichen Fällen. Das Telefon kann als vergleichsweise universelles Kommunikationsmedium aufgefaßt werden.

Insgesamt kann jedoch festgehalten werden, daß trotz der sich herausschälenden Präferenzen in allen Situationen (und bei allen Unternehmensklassen) jeweils ein **breites Spektrum von Kommunikationsmitteln** Verwendung findet und somit ein erheblicher **individueller Spielraum** oberster Führungskräfte bei der Wahl des geeigneten Kommunikationsmittels besteht.[355]

2.1.4.6 Sonstige Ansätze und Untersuchungen

Im Hinblick auf die in den zuletzt behandelten Ansätzen bereits angeklungenen Aspekte Kommunikation sowie Organisationssoziologie/-psychologie ließe sich an dieser Stelle noch über eine Fülle von Beiträgen referieren, die unter ähnlichen »Überschriften« ein weites und sehr heterogenes Feld abdecken, das von der mathematisch-nachrichtentechnischen Übertragungstheorie eines Claude Shannon[356] bis hin zu den Ansätzen einer umfassenden Gesellschaftstheorie bei Jürgen Habermas[357] reicht. Nachdem allen diesen Ansätzen jedoch gemein ist, daß sie nicht (explizit) auf die *Arbeit oberster* Führungskräfte abstellen, sei dieser Weg - im Einklang mit den Überlegungen zur Themenabgrenzung in 1.2.4 - hier nicht weiter verfolgt. Gleichwohl ist ganz offensichtlich, daß einzelne dieser Ansätze - wie beispielsweise die bereits erwähnten Beiträge von Watzlawick et al. oder Weick - durchaus (implizite) Hinweise auf die Unterstützung der Arbeit oberster Führungskräfte geben können - und zwar insbesondere hinsichtlich der Erklärungs- und Gestaltungskomponente.[358] Dieses Thema wird deshalb in Punkt

355 Vgl. Müller-Böling /Ramme (1990), S. 133.

356 Vgl. Shannon/Weaver (1949).

357 Vgl. Habermas (1981/1987).

358 So ließe sich beispielsweise auch Habermas' Theorie des kommunikativen Handelns als Leitbild für eine Gestaltung verständigungsorientierter (an Stelle von rein wirtschaftseffizienz-/effektivitätsorientierten) Informations- und Kommunikationssysteme heranziehen.

2.2.2.2 auch noch einmal aufgegriffen werden.

Aus neuerer Zeit verdient abschließend noch die gemeinsame Studie der Accounting-Professoren William J. **Bruns**, Jr. (HBS) und Sharon M. **McKinnon** (Northeastern University) eine besondere Erwähnung.[359] Bruns & McKinnon befragten per Interview 73 Manager der mittleren und höheren Führungsebenen[360] aus zwölf größeren Industrieunternehmen in Kanada und den USA zu ihrem Informationsverhalten. Dabei stehen die Dimensionen Art des Informationsbedarfs, Art und Weise der Bedarfsdeckung sowie die diesbezüglich bestehenden Zusammenhänge im Mittelpunkt der Erhebung. Hinsichtlich der Ergebnisse ihrer Untersuchung schreiben die Autoren:

> „Managers are hungry for information to support their work. They seek information from every source available to them. Informal sources of information - face-to-face meetings, observations, telephone calls, and informal reports - dominate other sources of information for day-to-day needs and remain important for longer term needs. Unit data is the metric in which day-to-day management takes place, and financial information increases in importance and use as management horizon lengthens."[361]

Interessanterweise werden - anders als von den Autoren erwartet - auch sehr viele quantitativ-harte Daten über mündliche Kanäle ausgetauscht. Der Grund dafür liegt in der höheren Geschwindigkeit der mündlichen Informationsbereitstellung sowie in der Möglichkeit, quantitativ-harte Daten mit qualitativ-weichen Erklärungen im Dialog zu verknüpfen. „Written reports really seem to serve to remind managers of what they have already learned from peers and co-workers through meetings and one-to-one conversations."[362] Neben dieser Bestätigungsfunktion schriftlicher, formaler Informationssysteme, dienen (auf Mengen- und Zeitangaben beruhende) »Reports« - sofern sie schnell genung verfügbar sind - auch der laufenden Kontrolle des *operativen* Tagesgeschäfts. Bezüglich ihres eigenen Fachgebiets (betriebliches Rechnungswesen) kommen Bruns & McKinnon dann auch zum folgenden Schluß:

> „Our exposure to mid- and upper-level managers left us with a sense of discomfort and discontinuity about the role of the material we were teaching and the validity of traditional academic wisdom as to its use in everyday managerial decision making."[363]

---

359 Vgl. McKinnon/Bruns (1992) bzw. Bruns/McKinnon (1993).

360 Darunter befinden sich 7 »General Manager«, 21 Manager aus den Bereich »Marketing and Sales«, 25 aus »Production and Manufacturing« sowie 20 aus »Finance/Information«. Vgl. Bruns/McKinnon (1993), S. 92.

361 Bruns/McKinnon (1993), S. 94.

362 Bruns/McKinnon (1993), S. 104.

363 McKinnon/Bruns (1992), S. 1.

2.1.4.7 FAZIT UND WÜRDIGUNG

Die skizzierten mehrdimensionalen Ansätze haben - im Vergleich zu den vorangegangenen Untersuchungen - in verschiedener Hinsicht die Erkenntnisse über die Arbeit oberster Führungskräfte erweitert und zwar insbesondere in explikativer Hinsicht. Einige wesentliche Punkte zusammenfassend sei an die folgenden Aspekte erinnert:

- den Einfluß von Opportunität, Macht, individuellen Anreizen und »Politik« sowie insbesondere auch sozialen Aspekten auf das individuelle Informationsverhalten,
- den - mehr oder minder gegebene - Zusammenhang zwischen Informationsquelle, Informationsmedien/-kanälen, Informationsreichhaltigkeit und Art der Aufgabenstellung (bzw. dem Informationszweck),
- den Wert, der verschiedenen Informationsquellen und -kanälen in der täglichen Arbeit beigemessen wird sowie
- die Schwachstellen in der Arbeit oberster Führungskräfte.

Wie in Kapitel 2.2 noch näher erörtert wird, ist das Thema »Managerial Work« jedoch auch mit den integrativen Ansätzen noch nicht in einer geschlossenen Weise abgerundet, geschweige denn erschöpfend behandelt.

2.1.5 ERGEBNISSE DER FALLSTUDIE »FÜHRUNGSINFORMATION«

Ausgewählte Aspekte der in 2.1.1 bis 2.1.4 erörterten Ansätze und Untersuchungen wurden im Rahmen der vorliegenden Arbeit ergänzend in einer eigenen Fallstudie thematisiert.[364] Im Mittelpunkt der mittels Interviews durchgeführten Untersuchung stand die Zielsetzung, anhand eines Beispiels zusätzliche qualitative Hinweise auf das Informationsverhalten von Führungskräften und dessen Einflußfaktoren, den diesbezüglich vermuteten Unterschieden zwischen Managern aus verschiedenen Ebenen sowie den ableitbaren Schlußfolgerungen hinsichtlich der Perspektiven von Führungsinformationssystemen zu erhalten. Zu diesem Vorhaben konnten sechs Führungskräfte aus verschiedenen Führungsebenen und Fachbereichen eines großen Unternehmens aus dem Nahrungs- und Genußmittelsektor gewonnen werden. Der obigen Zielsetzung folgend, hatten die Interviews fünf inhaltliche Schwerpunkte:[365] (a) Background des Interviewpartners, (b) allgemeine Arbeitscharakteristika, (c) Informationsverhalten und -bedarf, (d) derzeitige Computer-Nutzung, (e) erwartete Effekte des (bevorstehenden) EIS.

---

364 Vgl. hierzu und zum folgenden ausführlicher Anhang F.

365 Vgl. dazu ausführlicher die Abbildungen F-2a - F2e im Anhang F.

Neben teilweise recht interessanten Einzelergebnissen,[366] können als **wesentliche Ergebnisse** der Fallstudie festgehalten werden:

a) Aspekte des persönlichen und organisatorischen **Background** der Befragten (Ausbildungshintergrund, funktionale organisatorische Verankerung, Wettbewerbsumfeld der Branche) beeinflussen offensichtlich nur relativ wenig die untersuchten allgemeinen Arbeitscharakteristika (vgl. dagegen zum Einfluß der Führungsebene Punkt b weiter unten). Die Antworten der befragten Manager deuten jedoch darauf hin, daß die genannten Faktoren (neben der Begriffsinterpretation von Information) die Wahrnehmung des Branchenumfeldes, die Bewertung der Wichtigkeit von Informationen, sowie die Zusammensetzung der nachgefragten Informationen beeinflussen.

b) Die wesentliche Aussagen der Managerial Work Forschung - hinsichtlich des **Arbeitsalltags** von Managern im allgemeinen (hohe Arbeitsbelastung, geringe Alleinarbeitszeiten im eigenen Büro, Dominanz mündlicher Medien, breites Aufgabenspektrum) wie hinsichtlich führungsebenenbezogener Unterschiede (auf höheren Ebenen Zunahme der mündlichen Kommunikation, Abnahme schriftlicher Informationsaufnahme, höhere Reiseanteile) - bestätigten sich auch in den Interviews mit den sechs Managern.

c) Abgesehen von einigen Schlüsselgrößen (Marktanteil) sind die **Informationsbedürfnisse** der befragten Manager durchaus als recht heterogen einzustufen - genau wie die bevorzugten »Strategien« zu ihrer Deckung. Die von den Managern als kritisch eingestuften Informationen sind jedoch fast ausnahmslos externen Ursprungs. In höheren Führungsbenen sind sie tendenziell qualitativerer und zukunftsorientierterer Natur. Diese kritischen Informationsbedarfe werden - soweit möglich - derzeit insbesondere auf drei Wegen gedeckt:
   - über quantitative Absatz- und Marktanteilszahlen in schriftlicher Form, die in der betrachteten Branche in sehr aktueller und exakter Form - auch für die Konkurrenz - vorliegen,
   - über einzelne, in größeren Abständen durchgeführte, mehr qualitative Studien über Konsumenten und Konkurrenten, die ebenfalls schriftlich vorliegen,
   - über eine weniger formalisierte und in wichtigen Fällen mündliche »Berichterstattung« der regionalen Verkaufsmitarbeiter (z. B. über Produkt- und Marketinginitiativen der Wettbewerber).

d) Der Beispielfall bestätigt daneben auch die sehr beschränkte **Rolle des Computers** in der Arbeit von oberen und insbesondere obersten Führungskräften.[367] Nur durch-

366 Vgl. dazu die Übersichtstabellen der Abbildungen F-3a - F-3e im Anhang F.

367 Vgl. zum gesamten Punkt d) auch Kapitel 3.2.5.

schnittlich 3 % der Gesamtarbeitszeit wird am Rechner verbracht. Als wesentliches Hemmnis wird im Einklang mit anderen Untersuchungen genannt, daß die Delegation der PC-Bedienung (an Mitarbeiter oder das Sekreatriat) auf oberen Ebenen sinnvoller sei - und dies auch hinsichtlich des vorhandenen E-Mail-Systems.

e) Die mit dem bevorstehenden Einsatz eines **EIS** verküpften **Anwendererwartungen** können als eher zurückhaltend eingeschätzt werden (im wesentlichen Papiersubstitution) und konzentrieren sich sehr stark auf eine *Effizienz*steigerung bei der Versorgung mit im wesentlichen bereits *vorhandenen* Informationen.

2.2 ZUSAMMENFASSENDE ANALYSE UND SCHLUSSFOLGERUNGEN

„We remain »lost and bewildered«"[368]

Nach den vorangegangenen Erörterung einer Auswahl ganz unterschiedlicher Ansätze zur Arbeit oberster Führungskräfte mag sich beim Leser der Eindruck eingestellt haben, die Ergebnisse dieser Forschungsbemühungen würden das Bild eines unübersichtlichen, mehrdimensionalen Puzzles, von dem bislang nur relativ wenige Teile am richtigen Platz sind, hinterlassen. In der festen Überzeugung, daß jedoch auch schon bei vergleichsweise wenigen richtig plazierten Puzzle-Teilen die Möglichkeit besteht, sich ein Bild vom Gesamten zu machen, sei im folgenden versucht, die Einzelergebnisse - bezogen auf die Zielstellung der vorliegenden Arbeit - zu einem solchen Gesamteindruck zu verdichten. Dazu wird es nötig sein, zunächst kurz auf die unterschiedlichen Forschungsmethoden einzugehen (2.2.1). Dem schließt sich die zusammenfassende inhaltliche Würdigung der Ergebnisse (2.2.2) und ein Zwischenfazit (2.2.3) an.

2.2.1 ANMERKUNGEN ZU DEN VERWENDETEN FORSCHUNGSMETHODEN

Wie schon die vorgestellte Auswahl aus einer Vielzahl von Forschungsansätzen zum Thema Management gezeigt hat, nähert man sich dem Thema auf ganz unterschiedlicher Weise, wobei zunächst der - auf den ersten Blick krasse - **methodische Gegensatz** zwischen den mehr theoretisch-normativ-deduktiven Ansätzen einerseits und den eher empirisch-deskriptiv-induktiven Ansätze andererseits ins Auge fällt (2.2.1.1). Aber auch unter den empirischen Ansätzen sind noch große methodische Unterschiede zu erkennen (2.2.1.2), die es bei einer inhaltlichen Würdigung der Ergebnisse zu berücksichtigen

368 Mintzberg (1991), S. 118 bezogen auf den Fortschritt der Managementforschung in den letzten 40 Jahren.

gilt. Die deutlichen methodischen Differenzen der verschiedenen Forschungsschulen fanden ihren Niederschlag dabei auch in der zum Teil sehr harschen, wechselseitigen Kritik zwischen ihren Vertretern,[369] wie sie beispielhaft auch in folgenden Zitaten zum Ausdruck kommt:[370]

> „The fact is that these four words, which have dominated management vocabulary since the French industrialist Henri Fayol first introduced them in 1916, tell us little about what managers actually do. At best, they indicate some vague objectives managers have when they work."[371]

> „Berechtigt ist jedoch die Kritik an der *Praxis* der empirischen betriebswirtschaftlichen Forschung. Sie hat - vor allem in den USA - leider nur allzuoft leicht *erhebbare* Tests eingesetzt - ohne deren *Erheblichkeit* zu prüfen."[372]

Bei der folgenden Diskussion sei die Frage in den Vordergrund gerückt, inwieweit sich die Methoden der vorgestellten Ansätze dafür eignen, Gestaltungshinweise auf computerbasierte Informationssysteme, ihre Einsatzpotentiale und -barrieren zu geben.

2.2.1.1 THEORETISCH-NORMATIV-DEDUKTIVE VERSUS EMPIRISCH-DESKRIPTIV-INDUKTIVE VORGEHENSWEISE

Im Mittelpunkt der insbesondere seitens der Work-Activity-School formulierten Fundamentalkritik an den funktionsorientierten (und zum Teil auch an den entscheidungsprozeßorientierten) Ansätzen stehen die Argumente, daß

- sich die postulierten Funktionen in der Praxis nicht beobachten lassen,
- die Abgrenzung zwischen diesen teilweise sehr unscharf ist, die Funktionen sich überschneiden,
- der Ansatz zu sehr auf den Idealtypus des zweckrational und systematisch handelnden Individuums abgestellt ist,
- bei Befragung von Managern zu diesen Funktionen eher das normative Wunschbild als die wirkliche Realität zum Vorschein kommt und
- somit die Funktionssicht als letztlich ungeeigneter Bezugsrahmen zur Erforschung der Management-Arbeit angesehen werden muß.

---

369 Müller-Böling/Ramme (1990), S. 60 sprechen in Anlehnung an Snyder/Wheelen (1981) von einem »Dschungelkrieg«.

370 Vgl. zu den nachfolgenden Erörterungen auch die übersichtsartigen Darstellungen bei Mintzberg (1973/1980), S. 7 - 27, Müller-Böling/Ramme (1990), S. 60 - 67, Ramme (1990), S. 12 - 115 sowie insb. Carroll/Gillen (1987) und Schirmer (1992), S. 14 - 114.

371 Mintzberg (1975a), S. 49 bezogen auf die Worte »planning«, »organizing«, »coordinating« und »controlling«.

372 Gemünden (1992), Sp. 1020 (Herv. auch im Original), der sich an dieser Stelle auf die eigenschaftstheoretische Forschung bezieht.

Umgekehrt wird den Vertretern der aktivitätsorientierten Studien vorgeworfen, daß

- der Umfang der abgeleiteten Schlußfolgerungen vielfach im krassen Mißverhältnis zu Umfang und Repräsentativität der Stichprobe steht,
- zwischen den Ergebnissen der Untersuchungen erhebliche Schwankungsbreiten zu verzeichnen sind,
- die beobachteten Tätigkeiten zumeist keinen Rückschluß auf die letztlich wichtigere Zwecksetzung beziehungsweise den Grund der Aktivitäten zulassen,
- individual-kognitive Prozesse (»Nachdenken«) sich als Aktivitäten überhaupt nicht erfassen lassen, da sie zum einen nicht beobachtbar sind, zum anderen sich ständig und ohne Unterbrechungen außerhalb der Arbeitszeit (zum Beispiel auch im Schlaf oder beim Sport) vollziehen können,
- die abgeleiteten explikativen Rollenkonzepte zumeist die gleichen Schwierigkeiten (Abgrenzung, empirische Beobachtbarkeit) aufweisen wie die kritisierten Funktionsansätze,
- (normative) Effizienzfragestellungen ausgeklammert bleiben,
- bislang noch keine geschlossene aktivitätsorientierte Theorie vorgelegt werden konnte und
- mithin die Verläßlichkeit, Relevanz und normative Kraft der Untersuchungen als mangelhaft einzuschätzen ist.

Wenngleich auch dem *Kern* einzelner Kritikpunkte beiderseitig durchaus zuzustimmen ist, so erscheint die jeweilige Schlußfolgerung der Kritiker, nämlich die beinahe vollständige Abqualifizierung des jeweils anderen Ansatzes, als überzogen und unnötig. Zum besseren Verständnis der Arbeit von Führungskräften im allgemeinen[373] wie zur Ableitung von Hinweisen auf die Gestaltung unterstützender Informationssysteme im besonderen bedarf es vielmehr der bislang kaum erfolgten Integration und Verknüpfung von Methoden und Ergebnissen der verschiedenen Forschungsansätze. So unterschiedlich und auf den ersten Blick vielleicht auch widersprüchlich die verschiedenen Ergebnisse wirken mögen, scheint es doch offensichtlich, daß es sich bei diesen um **Abbilder des selben** mehrdimensionalen und komplexen **Phänomens** »Managerial Work« handelt, die im »Lichtkegel« ganz unterschiedlicher »Scheinwerfer«[374] (Forschungsmethoden) und aus unterschiedlichen Perspektiven entstanden sind. Dies sei für (nur) drei Perspektiven anhand der Abbildung 28 veranschaulicht, in der »A« den Aktivitätsaspekt, »F« der Funktionsaspekt und »E« den Entscheidungsprozeßaspekt symbolisiert. Um *fundierte* und *umfassende* Gestaltungshinweise zur Computerunterstützung oberster

373 Vgl. dazu auch die Argumentation bei Carroll/Gillen (1987), S. 38 sowie S. 45 ff. und Schirmer (1992), S. 95 - 114.

374 Vgl. zur Idee des Scheinwerfers auch Kirsch (1990), S. 2 f. bzw. jüngst Kirsch (1993), S. 12 f.

Führungskräfte zu leisten, reicht die jeweils *isolierte* Sicht auf die »Arbeits-Abbilder« Aktivitäten, Funktionen oder Entscheidungsprozesse nicht aus. Gefordert ist vielmehr die *simultane* Berücksichtigung aller (oder zumindest möglichst vieler) Dimensionen sowie deren *Zusammenhänge*, will man die Struktur des Urbildes ganzheitlich erfassen.

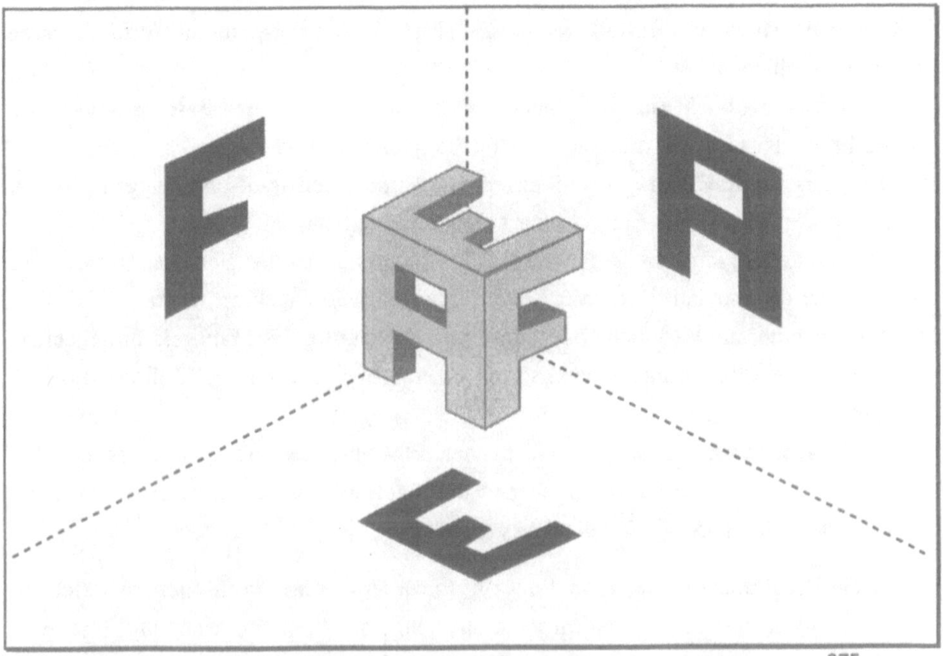

ABB. 28: URBILD, PERSPEKTIVEN UND ABBILDER DER MANAGERARBEIT[375]

2.2.1.2 IMPLIKATIONEN DER VERWENDETEN EMPIRISCHEN METHODEN

Auf einen Kritikpunkt an der empirischen Erforschung des Manager-Verhaltens sei an dieser Stelle noch gesondert eingegangen, nämlich die vermeintliche Widersprüchlichkeit oder Varianz in den Ergebnissen insbesondere der aktivitätsorientierten Erhebungen. Es besteht durchaus Grund zu der Vermutung, daß Schwankungen zum Beispiel in den Anteilen kommunikativer Tätigkeiten weniger auf Länderspezifika, Unterschiede in der Art der Unternehmungen, ihrer Branche, dem Manager-Typus oder ähnliche Faktoren zurückzuführen sind, sondern zu einem wesentlichen Teil aus den angewendeten Methoden sowie der Variablenoperationalisierung resultieren.[376]

375 In Anlehnung an die Titelbild-Idee von Hofstadter (1979/1993).

376 Vgl. dazu auch unter Punkt 2.1.3.5, wo diese Themen bereits angeschnitten wurden. Auf das Problem Variablenoperationalisierung sei im folgenden nicht eigens eingegangen.

Prinizipiell können drei **Arten der empirischen Vorgehensweise** unterschieden werden (Fallstudien, Felduntersuchungen und Laborexperimente), die jede für sich spezifische Vor- und Nachteile hinsichtlich von Kriterien wie Durchführbarkeit, Allgemeingültigkeit, Vergleichbarkeit, Informationsmenge, Detailliertheit etc. mit sich bringen. Bei jedem dieser Ansätzen können unterschiedliche **Methoden der Datensammlung** - einzeln oder als Mix - zum Einsatz kommen.[377] Im Falle der vorgestellten Ansätze waren dies in wesentlichen:[378]

- die **Fremdbeobachtung** des Managers durch einen Forscher (»Beschattung«), wie sie beispielsweise von Carlson und Mintzberg durchgeführt wurde,
- die **Selbstbeobachtung** des Managers (Tagebuch-/Selbstaufschreibungsmethode), die etwa in der Stewart-Untersuchung Verwendung fand,
- die direkte **persönliche Befragung** des Managers durch den Forscher (Interview), die unter anderen bei Witte oder Kotter (ergänzend) durchgeführt wurde,
- die indirekte, unpersönliche oder **anonyme Befragung** des Managers mittels eines (standardisierten) Fragebogens, so insbesondere geschehen bei Müller-Böling & Ramme,
- die **Dokumentenanalyse** (Terminkalender, Ein- und Ausgangspost, Besprechungsprotokolle etc.), die häufig ergänzend durchgeführt wurde und zum Beispiel bei Hauschildt im Vordergrund der Analyse steht.

Auch die Erhebungsmethoden sind mit typischen **Vor- und Nachteilen** behaftet. So steht der möglicherweise hohen Informationsmenge aus Fremdbeobachtung, Interview und Dokumentenanalyse ein sehr hoher Erhebungsaufwand gegenüber, weswegen diese Methoden vorwiegend in (kleinzahligen) Fallstudien zum Einsatz kommen, was sich wiederum negativ auf Merkmale wie die Verläßlichkeit (Reliabilität) und Allgemeingültigkeit (Übertragbarkeit) der Ergebnisse auswirkt. Tagebuchmethode und Fragebogenversand eignen sich wegen des geringeren Erhebungsaufwandes auch für (großzahligere) Felduntersuchungen, unterliegen dabei aber der Gefahr einer möglicherweise geringeren Gültigkeit (Validität) und Objektivität, beispielsweise wenn Fragen falsch interpretiert, (un-) absichtlich »geschönt« beantwortet werden oder die Beantwortung des Fragebogens unerwünschterweise gleich weiterdelegiert wird.

Die Wahl der Erhebungsmethode führt somit beinahe zwangsweise zu gewissen **Verzerrungen der Ergebnisse**, was am Beispiel kurzer und ungeplanter Telefonate oder Besprechungen erläutert sei. Bei einer Fremdbeobachtung ist es sehr leicht über die

---

377 Vgl. hierzu detaillierter die Übersicht bei Ramme (1990), S. 73 - 91.

378 Auf eine Erörterung der Spezifika von Laborexperimenten sei im folgenden verzichtet.

Dauer solcher »Episoden« im Tagesablauf genau und objektiv Buch zu führen.[379] Die Selbstbeobachtung setzt dagegen schon ein gewisses Maß an Selbstdisziplin (jeder kleinste Vorgang ist zu sofort zu vermerken) und Ehrlichkeit des Tagebuchführers (kein strategisches Verhalten, zum Beispiel durch Unterschlagung von vermeintlich uneffizienten langen Telefonaten etc.) voraus. Bei Interview wie auch Fragebogenversand tritt das Erinnerungs- oder Einschätzungsproblem hinzu. Der Leser möge sich an dieser Stelle selbst prüfen und überlegen, ob er in der Lage ist, die gesamte Anzahl und Dauer der von ihm getätigten und erhaltenen Telefonate des letzten Tages oder der letzten Woche abzuschätzen. Gerade die Anzahl und Dauer vermeintlich kurzer Kommunikationsepisoden dürften in diesem Falle systemimmanent unterschätzt werden.[380] Im Lichte dieser Überlegungen kann deshalb auch nicht verwundern, wenn in Fremdbeobachtungsstudien (Carlson, Mintzberg) typischerweise höhere Kommunikationsanteile ermittelt werden als bei der Selbstaufschreibungsmethode (Stewart) und deutlich höhere als bei der Fragebogenerhebung (Müller-Böling & Ramme).

Auch hinsichtlich der Analyse von Entscheidungsprozessen anhand von Besprechungsprotokollen oder anderen Dokumenten (Witte, Hauschildt) sind hinsichtlich der Aussagen zur Anzahl involvierter Personen und dem Informationsverhalten der Entscheidungsträger gewisse Bedenken angebracht. Zum Beispiel besteht die Gefahr, daß nicht an den ausgewählten Sitzungen teilnehmende Personen - die gleichwohl wichtige Informationen geliefert haben können - bei der Analyse des Entscheidungsprozesses vernachlässigt werden, sofern man sich in den ergänzenden Interviews ihrer nicht erinnert.[381] Auch sind - für Entscheidungen möglicherweise sehr relevante - politische oder Machtaspekte aus Geschäftsdokumenten nur in seltenen Fällen ersichtlich.

Varianzen zwischen den verschiedenen Untersuchungen sind darüberhinaus sicherlich auch aus dem gewählten **zeitlichen Untersuchungsfenster** erklärbar. Dies trifft im besonderen Maß auf die zumeist nur ein- bis maximal vierwöchigen Beobachtungsstudien zu. Es ist wohl schwerlich von der Hand zu weisen, daß die Arbeitsinhalte und mithin auch der Tagesablauf des Vorstandes einer Aktiengesellschaft in den Wochen vor der Bilanzzusammenstellung andere Schwerpunkte aufweisen wird als in der Vorweihnachtszeit. Neben solchen »saisonalen« Schwankungen, spielen aber auch arbeitsstilbe-

379 Natürlich bestehen auch hier Einflußmöglichkeiten des untersuchten Managers, der angesichts der bevorstehenden Beobachtungsphase unübliche Änderungen der Tageseinteilung vornehmen kann.

380 Es sei an dieser Stelle und in diesem Zusammenhang die These erlaubt, daß Überraschungseffekte in privaten Einpersonen-Haushalten beim Erhalt der Telefonrechnung nicht auf Unkenntnis über die Gebührenstruktur der Telekom zurückzuführen sind.

381 Es sei hier daran erinnert, daß Witte in ø 4 Jahre (!) andauernden Entscheidungsprozessen (nur) ø 10 aktive Personen zählt, die ø (nur) sechsmal mitwirkend tätig werden. Vgl. dazu auch unter Punkt 2.1.2.3.

zogene Spezifika im Mikrobereich eine Rolle. So besteht gerade bei den einwöchigen Beobachtungen die Gefahr, daß gewisse Aktivitätsposten - wie beispielsweise das Lesen von Berichten und Zeitschriften, die zum Zwecke des Studiums mit nach Hause genommen werden, oder das zum Monatsende anstehende Abarbeiten aufgelaufener Postberge - unter den Tisch fallen.

Angesichts der aufgezeigten »Fallstricke« empirischer Untersuchungen ist als durchaus bemerkenswert festzuhalten, daß die aktivitätsorientierten Fallstudien samt ihrer häufigen Replikationen in ihren (quantitativen) Ergebnissen doch verhältnismäßig nahe beieinanderliegen, so daß ihnen dadurch mittlerweile durchaus eine nicht unbeachtliche Repräsentativität in der Beschreibung des Manageralltags zu bescheinigen ist.

2.2.2 Kritische Würdigung der inhaltlichen Ergebnisse

Nach den methodischen Vorbemerkungen des vorangegangenen Abschnitts seien im folgenden zunächst die wesentlichen Einzelergebnisse der vorgestellten Arbeiten in verdichteter Forn zusammengetragen (2.2.2.1) worauf sich eine Analyse über die Zusammenhänge dieser Einzelergebnisse anschließt (2.2.2.2).

2.2.2.1 Dimensionen der Arbeit oberster Führungskräfte

Wie dem Abschnitt 2.1 zu entnehmen war, nähert man sich der Arbeit oberster Führungskräfte aus verschiedenen Perspektiven, was jeweils andere Dimensionen des Forschungsobjektes zu Tage treten läßt. Anders als in der zu Illustrationszwecken nur dreidimensional gestalteten Abbildung 28 hat man es in der Realität jedoch mit sehr viel mehr Dimensionen zu tun, die - ohne Anspruch auf Vollständigkeit - in Abbildung 29 aufgezählt sind. Die bezüglich jeder Dimension relevanten Erkenntnisse werden in Hypothesenform nachfolgend zusammengefaßt.

Fachaufgabenbereich: Oberste Führungskräfte decken typischerweise einen sehr breiten Aufgabenbereich ab, wobei der Schwerpunkt in Fragen der allgemeinen Verwaltung, der Finanzierung und des Personals zu sehen ist. Nur sehr wenige Top Manager sind reine »Fachspezialisten« oder »Fachmanager«, die sich dann jedoch typischerweise für mehrere Gebiete verantwortlich zeichnen (sogenannte Multispezialisten bzw. Generalisten). Zwei Drittel aller Top Manager sehen dagegen in den Führungsfunktionen den Schwerpunkt ihrer Tätigkeit.

Führungsfunktionen: Unter den Führungsfunktionen nehmen Steuerung/Kontrolle, Mitarbeiterführung und Planung die vordersten Ränge bei obersten Führungskräften ein. Stark mit Planungsfunktionen befaßte Manager sind auf den oberen Hierachieebenen doppelt so häufig vertreten wie auf den unteren. Genau umgekehrt sieht es mit den stark mitarbeiterführungsorientierten Managertypen aus, die auf unteren Hierarchieebenen gut die Hälfte ausmachen, auf oberen dagegen nur ein Viertel.

Dimension	Idealtypische Ausprägungsmöglichkeiten
Fachaufgabenbereich	Beschaffung; Produktion; Absatz; Forschung und Entwicklung; Finanzierung; Personal; Sonstige/allg. Verwaltung
Führungsfunktion	planen; organisieren / koordinieren; steuern / kontrollieren; (Mitarbeiter) führen; repräsentieren; verhandeln
Art der Problem-/Aufgabenstellung	komplex, unstrukturiert, innovativ, außergewöhnlich (Büroarbeitstyp 1); mittlere Komplexität und Strukturiertheit (Büroarbeitstyp 2); "einfach", gut strukturiert, Routine (Büroarbeitstyp 3)
Entscheidungstragweite	unternehmenspolitisch / grundlegend; strategisch; dispositiv / taktisch; administrativ / operativ
Zeitrahmen	langfristig / niedriger Zeitdruck; mittelfristig / mittlerer Zeitdruck; kurzfristig / hoher Zeitdruck
Problemlösungsverfahren	analytisch versus intuitiv; zusammenhängend versus fragmentiert; synoptisch versus inkremental; simultan versus sequentiell; exakt versus heuristisch
Arbeitsstil	individuell autark; individuell assistiert; vertikal verteilt (Delegation); horizontal verteilt (Aufgabenteilung); kooperativ (in der Gruppe)
Problemlösungs-/Arbeitsphasen	Problem-identifikation; Informations-sammlung; Alternativen-suche; Alternativen-bewertung; Alternativenauswahl (Entschluß); Um-/Durchsetzung des Entschlusses; Umsetzungs- bzw. Ergebniskontrolle
Basisaktivität	lesen; schreiben; hören; sprechen; sich fortbewegen; schlafen / ausruhen
Medien-/Kanalnutzung	numerisch-formal (Datenbildschirm, Zahlen); schriftlich-formal (Zeitung, Textbericht); schriftlich-persönlich (Brief, E-Mail, Fax); fernmündlich (Telephon); mündlich-persönlich (Face-to-Face); individual-persönlich (kognitiv)
Arbeits-/Aktivitätsort	zu Hause; unterwegs (Reise/Transfer); andernorts firmenextern; im eigenen Büro; andernorts firmenintern

ABB. 29: DIMENSIONEN DER MANAGERARBEIT IM ÜBERBLICK

Art der Problem-/Aufgabenstellung, Entscheidungstragweite und **Zeitrahmen:** Oberste Führungskräfte sind nur vergleichsweise selten mit völlig innovativen oder konstitutiven »Basisentscheidungen« (Teilmenge der Büroaufgaben vom Typ 1) sowie mit sehr einfachen, gut strukturierten Routineentscheidungen (Büroaufgaben vom Typ 3) befaßt. Der überwiegende Schwerpunkt der Aufgabenstellungen liegt in Büroaufgaben vom Typ 1, die bei generell niedriger Strukuriertheit und/oder hoher Komplexität entweder durch eine besonders hohe Wichtigkeit (unternehmenspolitische oder strategische Entscheidungen mit zumeist nur mittlerem Zeitdruck), ihre Außergewöhnlichkeit (bei eher niedriger Tragweite und Zeitdruck) oder einem besonderen Zeitdruck (bei zumeist dispositiver oder strategischer Natur) gekennzeichnet sind. Daneben gehören auch Aufgaben vom Typ 2 (laufende Bereichsabstimmung) - allerdings in weit geringerem Umfang - zum Entscheidungsspektrum oberster Führungskräfte.

Problemlösungs- und **Arbeitsverfahren** sowie **-phasen:** Stärker als auf allen anderen Führungsebenen finden im obersten Führungskreis intuitive, inkrementale und heuristische Verfahren Anwendung, wobei die wachsende Komplexität und Unstrukturiertheit der Aufgabenstellung hierfür ein, aber wohl nicht der alleinige Treiber ist. Dabei kann nur sehr selten eine zusammenhängende sequentielle Problemlösungsstrategie erkannt werden. Vielmehr ist der Arbeitsstil durch eine hohe Fragmentierung und (quasi-) simultane Problembehandlung gekennzeichnet - gleich einem Zirkus-Jongleur, der mit »Händen und Füßen« versucht eine Vielzahl von ganz unterschiedlichen Tellern auf langen Stäben am Rotieren zu halten, indem er (scheinbar unplanmäßig) einzelnen immer wieder nachhilft. Die Problemlösung oder Entscheidungsfindung vollzieht sich zudem nur selten individuell, sondern zumeist kooperativ in einem Kollektiv (zum Beispiel Vorstand) in dem - ungeachtet der gemeinsamen Verantwortung - eine gewisse Rollenteilung stattfinden kann.[382] Gleichzeitig handeln oberste Führungskräfte größerer Unternehmen normalerweise nicht autark. Vielmehr nutzen sie die vielfältigen Delegationsmöglichkeiten, die insbesondere das Sekretariat[383], der persönliche Assistent oder Stäbe bieten. Typischerweise haben oberste Führungskräfte deshalb einen stärkeren Anteil an Problemidentifikation sowie Alternativenbewertung und -auswahl denn an Informationssammlung, Alternativensuche, Entschlußumsetzung oder Ergebniskontrolle, die leichter delegiert werden können.

Basisaktivitäten, Medien-/Kanalnutzung und **Aktivitätsorte:** Oberste Führungskräfte sind in ausgesprochen umfangreichen Maße (bis zu 80 % ihrer Arbeitszeit) mündlichen Medien zugetan und benutzen nur sehr selten schriftliche Informations- oder Kommunikationskanäle. Oberste Führungskräfte »scannen« - insbesondere in ihrer Entrepreneur-Rolle - eine Vielzahl externer Informationen, denen im *Durchschnitt* allerdings kein besonders hoher Wert beigemessen wird. Auch hier bedienen sie sich vorzugsweise persönlicher Informationsquellen. In der Regel deutlich weniger als die Hälfte ihrer Arbeitszeit verbringen oberste Führungskräfte in ihrem eigenen Büro, wobei ihre Zeit dort durch geplante wie ungeplante Besprechungen und Telefonate arg zerstückelt wird. Beachtenswert bleibt, daß oberste Führungskräfte (anders als andere) dieser Zerstückelung in der Regel nicht wehrlos ausgeliefert sind, sondern sie vielmehr selbst verursachen oder zumindest jedoch billigend in Kauf nehmen.

---

382 Vgl. dazu insb. Stewart (1991).

383 Vgl. zur Rolle des Sekretariats in der kooperativen Aufgabenerfüllung insb. Reichwald et al. (1984).

2.2.2.2 DETERMINANTEN UND ZUSAMMENHÄNGE DER DIMENSIONSAUSPRÄGUNGEN

Wie schon durch die vorangegangene Auflistung der Einzelergebnisse klar geworden sein dürfte, gibt es zwischen den Dimensionen gewisse **Zusammenhänge**. So bedingt beispielsweise ein kooperativer Problemlösungsstil beinahe zwangsweise ausgeprägtes Kommunikationsverhalten und niedrige Alleinarbeitszeiten im eigenen Büro. Komplexe Problemstellungen machen - wie Daft & Lengel zeigten - die Nutzung von Medien mit hoher Informationsreichhaltigkeit erforderlich und/oder - so schon bei Barnard zu finden - die Anwendung intuitiver Lösungsverfahren.

Gleichwohl lassen sich nicht alle Ausprägungen der Dimensionen derart leicht aufeinander beziehen. Vielmehr ist zu konstatieren, daß über die Zusammenhänge zwischen den Ausprägungen der aufgezeigten Dimensionen recht wenig eindeutiges bekannt ist - außer einzelnen teilweise vagen empirischen Hinweisen auf die Unabhängigkeit einzelner Dimensionen.[384] Dies legt es nahe, **exogene Determinanten** zur Erklärung des Arbeitsverhaltens oberster Führungskräfte mit in Betracht zu ziehen (Abbildung 30), wie es ansatzweise auch in den Untersuchungen von Kotter sowie Müller-Böling & Ramme erfolgt ist.

Determinante: / Dimension:	inter-institutionell			intra-institutionell + inter-individual			intra-individual	
	Nationalität / Wirtschaftsyst.	Branche / Sektor	Wettbewerb Umweltdynamik	Untern.-größe u. -organisation	Unternehmenskultur	Sozial-Faktoren (Politik / Macht)	Indiv. kognitive Fähigkeiten	Indiv. Werte u. Präferenzen
Fachaufgabenbereich		●	●	●			●	○
Führungsfunktion	○	●	●	●	○	○	●	●
Art der Problem-/Aufgabenstellung		○	●	○			○	
Entscheidungstragweite			●	○				○
Zeitrahmen		○	●	○		○	●	
Problemlösungsverfahren	○	○	●	●	●	●	●	●
Arbeitsstil	○	○	●	●	●	●	●	●
Problemlösungs-/Arbeitsphasen		○		○	○	○	●	●
Basisaktivität		●	○	●	○	●	●	●
Medien-/Kanalnutzung	○	●	●	●	●	●	●	●
Arbeits-/Aktivitätsort	○	○		●	○	○		●

ABB. 30: EXOGENE DETERMINANTEN DES ARBEITSVERHALTENS VON MANAGERN[385]

Wie die Übersicht über Determinanten und mögliche Einflußkanäle zeigt, geht - mit ei-

384 So z. B. Müller-Böling/Ramme (1990) bezüglich aktivitäts- und funktionsbezogener *Rollen*. Vgl. auch weiter oben unter 2.1.4.5.

385 Schwarz gefüllte Kreise bezeichnen offensichtlich vorhandene bzw. empirisch bestätigte Einflußkanäle, weiß gefüllte Kreise vermutete Einflußkanäle, leere Felder offene Fragen.

ner Ausnahme - von allen aufgelisteten Determinanten ein Einfluß auf die Ausprägungen der verschiedenen Dimensionen der Arbeit oberster Führungskräfte aus. Umgekehrt werden alle Dimensionen in ihrer Ausprägung von mindestens einer, zumeist aber mehreren Determinanten beeinflußt. Den vielfältigsten Einfluß scheinen dabei Determinaten der Wettbewerbsumwelt sowie die intra-individuellen Faktoren zu haben, was zum einen auf Schwankungen der Arbeitscharakteristik oberster Führungskräfte im Zeitverlauf (wandelnde Wettbewerbsumwelt), zum anderen zwischen verschiedenen Individuen (zum Beispiel bei Personalwechsel), schließen läßt. Am vielfältigsten von exogenen Faktoren beeinflußt ist ausgerechnet die Medien-/Kanalnutzung, eines der zentralen Untersuchungsobjekte der aktivitätsorientierten Forschung.

Besondere Betonung verdient - unter besonderem Bezug auf die Arbeiten von Watzlawick et al., Feldman & March sowie O'Reilly - an dieser Stelle allerdings auch nochmal der Einfluß, den **soziale Faktoren** auf das Informations- und Kommunikationsverhalten insbesondere oberster Führungskräfte haben. Kommunikation und Information ist danach eben nicht nur durch eine objektive, semantische, inhaltsbezogene Komponente gekennzeichnet, sondern regelmäßig auch durch einen subjektiven, sozialen oder auch (macht-) politischen, pragmatischen Beziehungsaspekt. Wie das »Network Building« Kotters, die Betonung des kooperativen Verhaltens bei Reichwald et al. sowie teilweise auch die verschiedenen Rollenkonzepte andeuten, spielt diese soziale Komponente auf der Ebene oberster Führungskräfte - einer Ebene deren Aufgabenfelder ein beträchtliches Maß an Unsicherheit, Komplexität und Entscheidungsspielraum bei gleichzeitig hoher Relevanz und Präzedenz aufweisen - womöglich eine viel größere Rolle als der Inhaltsaspekt. Ganz im Sinne des Inkrementalismus und der »bounded rationality« würde Informations- und Entscheidungsverhalten dann nicht auf eine Ergebnisoptimierung sondern eine Verfahrensoptimierung hinauslaufen. Gesucht wird die Lösung, die - unter Erzielung »zufriedenstellender« Ergebnisse - sozial am leichtesten umzusetzen ist und Informationen die Hinweise auf diese sozialen Faktoren geben. Auf der Strecke bleibt die Lösung, die bei befriedigenden Umsetzungschancen das optimale Ergebnis liefert und mithin auch die Suche nach Informationen über solche Ergebnisse.

2.2.3 ZWISCHENFAZIT

Die Diskussion über die Arbeit oberster Führungskräfte, die in Kapitel IV bezogen auf die Gestaltung von Informationssystemen oberster Führungskräfte wieder aufgegriffen wird, sei an dieser Stelle mit **zwei** kritischen **Reflexionen** abgebrochen.

Zum einen gilt es, unter Rückblick auf die bis hierhin geführte Diskussion eine **kritische Beurteilung des Erkenntnisstandes** vorzunehmen. Die Erörterungen das Kapitels II haben gezeigt, daß das Wissen über die Arbeit oberster Führungskräfte vornehmlich deskriptiv geprägt ist und noch deutliche Lücken aufweist, die beim Wissen über die Zusammenhänge deutlicher zu Tage treten, als bei den Erkenntnissen hinsichtlich einzelner Dimensionen. Dies kann kaum verwundern, führt man sich vor Augen, daß sich die verschiedenen Ansätze untereinander allzu häufig sowohl in inhaltlicher als auch methodischer Sicht nur ungenügend - wenn überhaupt - befruchteten. Daß in diesem Zusammenhang vielerseits das Fehlen einer geschlossenen und ganzheitlichen präskriptiven Manager-Theorie bedauert wird, erscheint nur logisch. Nun bedarf es aber einer solchen umfassenden Theorie womöglich gar nicht, sofern es darum geht, wertvolle Hinweise auf Gestaltungschancen und -risiken für computerbasierte Informationssysteme zu gewinnen. Im Hinblick auf *diese* Zielsetzung kann durchaus auch das Stückwerk der isolierten Einzelerkenntnisse sowie die - wenn auch teilweise wenig gesicherten - Hypothesen über deren Zusammenhänge und Einflußfaktoren nutzbar gemacht werden.

Ein **Grunddilemma** freilich bleibt beim gegenwärtigen Forschungsstand offen. Es ist die letztlich **normativ-dichotomische Frage** nach der »**Gültigkeit**« der vorliegenden Ergebnisse. Je nach Beantwortung dieser Frage schließen sich ganz unterschiedliche Konsequenzen an. Schließt man sich der Annahme an, daß das beobachtete Informationsverhalten im Prinzip »richtig« sei, so bleibt einem wenig mehr als der Versuch, Möglichkeiten und Grenzen aufzuzeigen, die Informationstechnik *effizienz*steigernd auf den Status Quo anzuwenden, das beobachtete Informationsverhalten somit möglichst »neutral« zu *unterstützen*. Kommt man dagegen zu dem Schluß, die erkannten Verhaltensmuster seien - möglicherweise im Liche neuer Technologien - überholt und somit nicht mehr *effektiv*, so kann auch die wesentlich schwierigere Frage eines *(r)evolutionären*, alte Verhaltensmuster ablösenden Technikeinsatz angegangen werden.

Beide Fragestellungen werden in Kapitel IV - dann auch unter Einbezug der in Kapitel III gewonnen Erkenntnisse historischer Unterstützungsansätze - wieder aufgegriffen.

KAPITEL III
ANSÄTZE COMPUTERBASIERTER INFORMATIONS-UNTERSTÜTZUNG

„Konzerne per Knopfdruck im Griff“[386]

In praktisch jedem neueren Beitrag zum Thema Führungsinformationssysteme findet sich auch eine Passage - zumeist nur ein Satz - zum »Thema MIS«. Mit Formulierungen wie »die MIS der sechziger Jahre sind aufgrund überzogener Erwartungen und eingeschränkter technischer Möglichkeiten gescheitert« wird das Thema zumeist »abgehakt«, um anschließend zu verkünden, daß die neueren Ansätze sowohl durch eine realistischere Erwartungshaltung als auch verbesserte technische Möglichkeiten gekennzeichnet sind. Die nähere Beschäftigung mit dem »Thema MIS« zeigt jedoch recht bald, daß es - sowohl was die verschiedenen MIS-Ansätze als auch deren Kritik betrifft - einer sehr viel differenzierteren Betrachtungsweise bedarf. So sind doch einige der vermeintlich unrealistischen, frühen MIS-Beiträge so weit entfernt nicht von den neueren Ansätzen der EIS, und auch ein Großteil der wesentlich vielschichtigeren, historischen Kritik verdient es, durchaus auch aus heutiger Sicht ernst genommen zu werden.

Aus diesem Grunde seien im folgenden die wesentlichen Ansätze computerbasierter Informationssysteme etwas näher beleuchtet. Der Schwerpunkt der folgenden Analyse wird dabei zum einen in der Aufarbeitung des MIS-Ansatzes als Ausgangspunkt der historischen Versuche zur Top Management Unterstützung liegen (3.1), zum anderen in der Diskussion der neuerlichen EIS- und ESS-Ansätze (3.3). Dazwischen (3.2) werden in weniger ausführlicher Form die MRS-, DSS-, XPS- und OAS- Ansätze behandelt, die - wie noch zu sehen sein wird - nicht speziell auf die Unterstützung des Top Managements ausgerichtet waren, deren Gedankengut gleichwohl jedoch Einfluß genommen hat auf die neueren Ansätze der Top Management Unterstützung. Unter 3.4 werden die analysierten Ansätze der Computerunterstützung abschließend vergleichend gegenübergestellt.

386 Vogel (1991), S. 116; Untertitelung eines Beitrages über Chefinformationssysteme im MM.

3.1 Die Diskussion um Management Information Systems in den sechziger und frühen siebziger Jahren

In der nun folgenden Aufarbeitung verschiedenartiger MIS-Ansätze (3.1.1) und der ihnen entgegengestellten Kritik (3.1.2) soll es weniger darum gehen, historische Technikkonzepte im Lichte der neuesten Managementerkenntnisse zu evaluieren.[387] Vielmehr gilt es, auch ein Verständnis für den Zeitgeist und das Umfeld zu entwickeln, in deren Kontext sich die früheren Konzepte zur Gestaltung beziehungsweise Unterstützung der Arbeit eines Managers mittels Technik entwickelt haben. Bezugnehmend auf die Erörterungen im Anhang C sei in diesem Zusammenhang daran erinnert, daß der Ursprung der MIS-Diskussion in eine Zeit fällt, in der die Instrumente der Unternehmensführung einen vornehmlich quantitativen, finanzwirtschaftlichen Schwerpunkt haben und die Elektronische Datenverarbeitung noch in ihren Kinderschuhen steckt (Rechner der zweiten Generation, reines Batch-Processing).

3.1.1 Wesentliche konzeptionelle Grundlagen

Der Verlauf der Diskussion um die Management-Informationssysteme ist durch teilweise sehr unterschiedliche theoretische Konzeptionen gekennzeichnet, die jeweils ein zumeist anderes Begriffsverständnis von MIS implizieren. Dickinson unterscheidet - ein recht breites MIS-Verständnis zugrunde legend - drei wesenliche Phasen der MIS-Evolution:[388]

- MIS-Entstehung und Formierung - bis gegen Ende der sechziger Jahre,
- MIS-Aufschwung (»takeoff«) - circa von 1968 bis 1975,
- MIS-Reife - seit 1975.

Da im folgenden die besonders in der Aufschwungphase stark ausufernde Diskussion in Wissenschaft und Praxis nicht in ihrer ganzen Breite und Tiefe dargestellt werden kann,[389] seien im folgenden nach einigen Vorbemerkungen zur Entstehung der MIS-

387 Vgl. dazu 3.1.3 sowie das folgende Kapitel IV.

388 Vgl. zum folgenden Dickinson (1981), S. 6. Die Ende der siebziger Jahre aufkommenden DSS versteht Dickinson (1981), S. 27 f. als eine Art von (reifen) MIS. Aus heutiger Sicht wäre sicherlich eine weitere Phase, eingeleitet durch die EIS-Diskussion, zu ergänzen, deren Beginn man auf die Mitte der 80er Jahre datieren könnte. Die Namensgebung sei an dieser Stelle dem Leser überlassen.

389 Der interessierte Leser vgl. hierzu beispielweise die Sammelbände von Davis/Everest (Hrsg.; 1976) oder Dock et al. (Hrsg.; 1977) sowie Grochla/Szyperski (Hrsg.; 1971), Lindemann/Nagel (Hrsg.; 1972) sowie Kirsch/Klein (1977a) aus dem deutschen Sprachraum. Einen guten Überblick verschafft auch das sowohl auf Deutsch als auch Englisch verfügbare Werk von Sanders (1970/1972) bzw. (1970/1974).

Diskussion (3.1.1.1) und einem Einblick in frühe MIS-Definitionen (3.1.1.2) einige typische und zumeist vielzitierte Ansätze aus den verschiedenen Phasen skizziert. Es sind dies der Total Systems Approach (3.1.1.3), der Ansatz der On-line Real-time Systems (3.1.1.4), das Modell Zanis (3.1.1.5) sowie das Rahmenwerk von Gorry & Scott Morton (3.1.1.6). In Punkt 3.1.1.7 sei abschließend dann noch ein Schlaglicht auf weitere wichtige Beiträge zur MIS-Diskussion geworfen.

3.1.1.1 MIS-URSPRÜNGE UND ENTSTEHUNGSGESCHICHTE

„The best answer until now has been participative management. But information technology promises better answers.“[390]

Die Genese der Computerunterstützung des Managements vollzieht sich unter dem Einfluß verschiedener Strömungen der Nachkriegszeit. Neben der sich anbahnenden *technischen* Revolution der Automatisierung manueller Vorgänge durch elektronische Datenverarbeitungsanlagen[391] verdient dabei insbesondere die Anreicherung des klassischen *betriebswirtschaftlichen* Gedankenguts durch neue Erkenntnissse und Theorien aus Nachbarwissenschaften Erwähnung.[392] Hervorzuheben ist der Einfluß der Mathematik (insb. Operations Research),[393] der Systemtheorie (insb. Kybernetik)[394] sowie der verhaltenswissenschaftlichen Entscheidungsforschung.[395]

Ursprünge eines Konzeptes zur Unterstützung oberster Führungskräfte mit *Informationstechnik* finden sich gegen Ende der 50er Jahre.[396] So beschreiben Leavitt und Whisler 1958[397] eine »neue Technologie«:

> „The new technology does not yet have a single established name. We shall call it *information technology*. It is composed of several related parts. One includes techniques for processing large amounts of information rapidly, and it is epitomized by the high speed computer. A second part centers around the application of statistical and mathematical methods to decision making problems; it is represented by techniques like mathematical programming, and by methodologies like operations research. A third part is in the offing, though its applications have not yet emerged very

390 Leavitt/Whisler (1958), S. 44 f.

391 Vgl. dazu auch Anhang C.

392 Vgl. hierzu z. B. Staehle (1991), S. 35 ff.

393 Vgl. grundlegend Churchman et al. (1957).

394 Vgl. zum Ansatz der Kybernetik z. B. den Überblick bei Baetge (1993) und die dort angegebene Literatur, insb. aber die Arbeiten von Wiener (1948), Ashby (1952/1954) und Beer (1959).

395 Vgl. insb. Simon (1947/1976), Simon (1960/1977), March/Simon (1958) sowie die entsprechenden Erörterung des Kapitels II weiter oben.

396 Vgl. hierzu und zum folgenden die Abhandlung von Dickson (1981).

397 Man beachte, daß zu dieser Zeit erst einige wenige tausend Elektronenrechner, zumeist des Typs UNIVAC I von General Electric, weltweit im kommerziellen Einsatz waren. Vgl. dazu auch Anhang C.

clearly; it consists of the simulation of higher-order thinking through computer programs."[398]

Leavitt und Whisler schildern im folgenden recht detailliert, welche Auswirkungen insbesondere auf das Middle *und* Top Management sie von dieser sogenannten Informationstechnologie erwarten: eine stärkere Strukturierung und Programmierung der Aufgaben des mittleren Managements, eine Rezentralsierung von Innovations- und Planungsfunktionen beim oberen Management, eine Ausdünnung des klassischen mittleren Managements sowie eine klarere Trennungslinie zwischen Top und Middle Management.[399]

Eine wesentliche Funktion der Informationstechnologie, die eine solche »Taylorisierung«[400] der Management-Arbeit ermöglichen soll, sehen die Autoren in den verbesserten *Kontrollmöglichkeiten* des Top Management. Bezugnehmend auf die Informationstechnologie heißt es: „It will allow top level of management intelligently to categorize, digest, and act on a wider range of problems. Moreover, by quantifying more information it will extend top management's control over decision processes of subordinates."[401] Hinzu komme eine verstärkten Hinwendung zu *rationalen Aspekten* der Führung: „...we might expect more impersonal, problem-oriented behavior at the top, with less emphasis on loyalty to the firm, and more on relatively rational concern with solving difficult problems."[402]

Zwar führen Leavitt und Whisler in ihrem Artikel nicht den *Begriff* »Management Information System« ein,[403] jedoch kann ihnen rückblickend zugestanden werden, den ersten, die relevanten Zeitströmungen integrierenden Übersichtsartikel zum *Thema* geleistet zu haben. Im darauf folgenden Jahr 1959 widmeten sich dann zwei - auch in Buchform dokumentierte - Konferenzen, die eine mehr wissenschaftlich orientiert an der University of Chicago, die andere mehr praxisfokussiert und veranstaltet von der System Development Corporation (SDC) in Los Angeles, dem Themenkreis »Management und Computer«.[404]

398 Leavitt/Whisler (1958), S. 41.

399 Vgl. Leavitt/Whisler (1958), S. 41 f.

400 Leavitt und Whisler benutzen diese Analogie mehrmals in ihrem Artikel.

401 Leavitt/Whisler (1958), S. 43.

402 Leavitt/Whisler (1958), S. 47.

403 Dies erfolgt nach Dickson (1981), S. 8 ebenfalls 1958 durch Stoller/Van Horn (1958). Die erste *Buch*veröffentlichung unter dem Titel »Management Information Systems« dürfte in Gallagher (1961) zu sehen sein.

404 Vgl. die Proceedings von Schultz/Whisler (Hrsg.; 1960) sowie Malcolm/Rowe (Hrsg.; 1960).

3.1.1.2 Frühe MIS-Definitionen

„Our fundamental responsibility is to furnish management with that information required to carry out their delegated responsibility in conformance with the total corporate objectives.“[405]

Auf dem genannten SDC-Symposium findet sich unter anderen ein Beitrag des Direktors der Systemplanung der Lockheed Aircraft Corporation, in dem sich eine der wohl frühesten Beschreibungen der Kriterien eines MIS finden läßt. So heißt es in diesem, auch aus heutiger Sicht noch in vielfältiger Weise aktuell wirkenden Beitrag:[406]

„The criteria of a planned management information system that will provide the required intelligence are ... :

- It facilitates planning and control, and provides top management with a comprehensive understanding of those factors, both external and internal, which influence the conduct of the business.
- It provides for performance measurements of functional responsibilities, and at the same time, presents top management with the means for over-all review of company-wide operational results of a consolidated nature.
- It provides all information requirements for dynamic operational control in all areas of the management structure that are profitable or desirable for the organization as a whole.
- It provides for the development of those informational requirements that are essential to the continued development and application of advanced scientific management techniques.
- It is dynamic in nature, capable of change to conform with shifts in the socio-economic and political environment in which the business must survive.“[407]

Wenig später findet sich auch eine illustrative frühe *Definition* von Inhalten und Zielsetzung eines MIS. Interessanterweise stammt sie ebenfalls von einem Teilnehmer des oben angesprochenen Symposiums und gleichzeitig auch einem Mitarbeiter von Lockheed:[408]

„With the data-processing equipment now available, it is at least theoretically possible to build an information system which would inform top management of all internal developments early enough and completely enough for management to apply dynamic control. ...

A total management information system *controlling* the entire business is not in the foreseeable future, but a system which will keep all the firm's managerial personnel completely informed of all

---

405 Ream (1960), S. 93.

406 Es findet sich dort z. B. auch eine dreidimensionale Darstellung des Zusammenhangs zwischen Fach- und Führungsaufgaben sowie Tätigkeiten eines Managers [vgl. Ream (1960), S. 86] und in der abschließenden Diskussion äußert Ream: „After all, in developing management information systems we are trying to furnish information to management to better plan, operate, and control business. If we don´t know all the factors that influence management, I don´t think we can develop a system that will furnish the appropriate information. Therefore, a great deal of research effort can be devoted both to determine what management does and to defining all the factors that influence management in the decision making processes.“ [Malcolm/Rowe (1960), S. 352].

407 Ream (1960), S. 92.

408 Es handelt sich dabei nicht um reinen Zufall. Auch andere (wenn nicht die Mehrzahl) frühe MIS-Veröffentlichungen stammen von Autoren, deren Wurzeln in der Praxis zu sehen sind und dort neben dem EDV-Bereich insb. im militärischen und/oder Luftfahrtsektor, die wohl als die frühesten und aufgeschlossensten Anwender der »neuen Technologie« bezeichnet werden können.

developments is perfectly possible of achievment. ...
The ultimate goal of an effective management information system is to keep all levels of management completely informed on all developments in the business which affect them."[409]

Im Mittelpunkt früher MIS-Ansätze der Praxis steht - ungeachtet der teilweise breiteren MIS-Definitionen - eine nach Form und Inhalt geeignete Verfügbarmachung der großen Menge bereits in Transaktionssystemen gespeicherter Daten für Manager aller Ebenen. Es handelt sich dabei um im wesentlichen aus operativen und internen Quellen verdichtete Informationen, die ohne Computerunterstützung zuvor - zumindest in der nun realisierbaren Menge, Genauigkeit und Schnelligkeit - dem Management nur schwer zugänglichen waren.[410] Dem Stand der Technik zu Beginn der sechziger Jahre entsprechend (Batch-Processing, Computerbedienung durch Fachpersonal, teilweise noch Lochkarteneingabe, vornehmlich Druckausgabe - vgl. Anhang C) führt dies zu voluminösen numerisch-statistischen Berichten in Papierform, die - so stellt sich bald heraus - nur auf begrenztes Interesse der intendierten Benutzer im Management stoßen.

3.1.1.3 Total Systems Approach

„Top management has not always been as well sold on electronic computers as might be hoped for by those in the field."[411]

Die starke Rezeption kybernetischen Gedankenguts sowie die Euphorie hinsichtlich der Potentiale der »neuen Technologie« spiegeln sich am stärksten im sogenannten Total Systems Approach wider,[412] der zumindest zu Beginn der sechziger Jahre einen recht bestimmenden Einfluß in der MIS-Bewegung hatte.[413] Die dahinterstehende Vision sei an drei typischen Textauszügen veranschaulicht:

„Only when the organization is designed ... from a systems engineering orientation will it be able to take full advantage of the new and emerging managerial technologies, such as qantitative methods, the computer, information science, and the behavioral science. The engineering science have illustrated unusual success in the rapid creation and application of new technology and will, there-

409 Gallagher (1961), S. 16 f.; Herv. auch im Original.

410 Vgl. hierzu und zum folgenden z. B. Gallagher (1961), S. 7 - 18 und S. 50 - 52 sowie daneben Simon (1960/1977), S. 126 oder Zani (1970), S. 95.

411 Rosenzweig (1960), S. 150.

412 Vgl. z.B. Neuschel (1960), Mockler (1968/1988), Young (1968/1988).

413 Auch wenn sich viele MIS-Autoren alsbald vom »Total Management Information System« distanzierten, so heißt es immerhin 1971 noch in der Zusammenfassung eines Tagungsbandes:
„Aus vielen Beiträgen geht hervor, daß in der Bundesrepublik Deutschland das Ziel der Schaffung eines »Total-Systems« über die Entwicklung von Teilsystemen angestrebt wird. ...
Jedoch liegt noch ein weiter Weg vor uns, um zu einem umfassenden Einsatz der ADV-Anlagen im Rahmen des »decision-aiding« zu kommen und um schließlich - zumindest in gewissen Teilbreichen - das Ziel des Einsatzes einer ADV-Anlage zum »decision-making« zu erreichen." [Grochla (1971), S. 225].

fore, represent the guiding model of this analysis."[414]

„In discussing the subject of management information systems, let us visualize a room completely equipped with the latest in electronic displays, connected to a gigantic real time computer system and having the entire company's information on line and programmed to give information in the form of charts and graphs as well as reports and isolated items of data. Couple this with closed circuit television connecting key managers and the principle locations in the plant, and this room could truly be called a »command headquarters«. This utopian setup is *now* available to the EDP manager who has sold management on the potential uses of the computer."[415]

„The primary objective in developing a total management system should be the production of detailed up-to-the-minute summaries to project future activity. In essence the functions of a total mangement system are: (1) To predict; (2) To compare the prediction with actual results; and (3) To produce the deviations between the predicted and the actual."[416]

Charakterisiert wird somit ein quasi omnipotentes und omnipräsentes Computersystem,[417] das nicht nur *Informations*aufgaben hat, sondern wenn irgend möglich auch *Kontroll-* und *Steuerungs*funktionen im Gesamtsystem Unternehmung wahrnehmen soll. Im Vordergrund des Ansatzes steht das technisch (vermeintlich) Mögliche, das es gilt, dem Management zu »verkaufen«. Die organisatorischen und personellen Aspekte ordnen sich in den Ansätzen einer aus heutiger Sicht zuweilen naiv anmutenden Technikeuphorie unter. Als zentraler Gestaltungsansatz wird die Methode der Systemanalyse gesehen.[418] Prince unterscheidet drei Wege zur Implementierung eines solchen totalen Systems:[419]

- die stufenweise Integration bestehender Subsysteme zu einem Gesamtsystem,
- eine simultane, auf die gesamte Geschäftsorganisation bezogene Planung,
- die Simulation des Informationsnetzwerkes der Unternehmung durch mathematische Modelle.

Im weiteren Verlauf der MIS-Diskussion wurde die Forderung nach einem *totalen* Informationsystem immer mehr aufgegeben (beziehungsweise als Idealziel in weite Ferne gerückt). Demgegenüber gewann - im Prinzip bis zum heutigen Tage - der Wunsch nach der schrittweisen *Integration* von verschiedenartigen Informationssystemen (oder zumindest ihren Datenbeständen) immer mehr an Gewicht.

---

414 Young (1968/1988), S. 45.

415 Dyer (1965), S. 27, zitiert nach Dickson (1981), S. 11.

416 Martino (1963), S. 31, zitiert nach Brooker (1965/1988), S. 62.

417 Vgl. dazu auch Brooker (1965/1988), S. 59.

418 Vgl. z. B. Prince (1966) oder etwa Kalscheuer/Gsell (1972) für den deutschen Sprachraum.

419 Vgl. dazu Prince (1966), S. 243 - 246 und daneben Grochla (1971), S. 226, der von »Aufwärtsautomatisierungsphilosophie« bzw. »Abwärtsautomatiserungsphilosophie« im Vergleich zwischen europäischer und US-amerikanischer Vorgehensweise spricht.

3.1.1.4 ON-LINE REAL-TIME SYSTEMS

„The technology of the military filters down to commercial usage."[420]

Nach den frühen Erfolgen mit Überwachungssystemen im militärischen Bereich (Beispiel SAGE) rücken mit der Einführung von Rechnern der dritten Generation (IC-Technologie) Mitte der sechziger Jahre und den damit ermöglichten verbesserten Bedienungs- und Verarbeitungsmöglichkeiten sogenannte **O**n-line **R**eal-**t**ime (OLRT) Systems auch in das Blickfeld von betrieblichen MIS-Konzeptionen.[421] Die wesentliche, technologieinduzierte Neuerung schildert Martin:

> „The delays involved in batch processing are often natural delays, and little advantage can be obtained by reducing them. But elemination of the *necessity* for such delays opens new and relatively unexplored possibilities for changing the entire nature of the data processing system - from a passive recorder of history (which of course, is valuable for many decisions) to an active participant in the minute-to-minute operations of the organization. It becomes possible to process data in *real-time* - so that the output may be fed back immediately to control current operations. Thus the computer can interact with people on a dynamic basis, obtaining and providing information, recording the decisions of humans, or even making some of the decisions."[422]

Die Vorteile eines solchen Echtzeitsystems werden von einigen Autoren dabei nicht nur bei operativen Anwendungen zur Steuerung technischer Prozesse (analog einem Thermostaten) oder bei Bahn- oder Flugreservierungssystemen gesehen, sondern auch im Management von Unternehmen, wo die folgenden Funktionen zu realisieren seien:[423]

- fortlaufende, zeitnahe »up-to-date« Kontrolle des laufenden Geschäfts,
- Fokussierung auf Ausnahmetatbestände (Management-by-Exception),
- Möglichkeit der flexiblen, direkten, dialogorientierten Computernutzung durch den Manager (ohne »Mittelsmänner« aus der Systemprogramierung),
- schnelle, interaktive Abfrage und Simulation (»What-if«) in Krisensituationen.

Die Hauptzielsetzung eines OLRT-MIS ist in der weitgehenden Eindämmung ressourcenverschwendender »Oszillationen« (Zielabweichungen) zu sehen, die in ihrer Ausprägung mit der Länge der Zeitverzögerung von Anpassungsmaßnahmen positiv korrelieren.[424] Blumenthal unterscheidet - in Anlehnung an den Bezugsrahmen Anthonys - zwei

---

420 Martin (1967), S. ii . Es handelt sich um die Untertitelung des einleitenden Bildes der Monographie Martins. Zu sehen ist die Photographie eines SAGE-Kontrollraums.

421 Bis zu diesem Zeitpunkt waren - zumindest im kommerziellen Bereich - off-line Systeme mit Batch-Verarbeitung der Stand der Technik [vgl. dazu auch die Ausführungen im Anhang C]. Ein sehr früher, programmatischer Beitrag zur Übetragbarkeit militärischer OLRT-Konzepte in den kommerziellen Bereich findet sich in Malcolm (1960).

422 Martin (1965), S. 381, zitiert nach Dearden (1966), S. 124.

423 Vgl hierzu und zum folgenden z. B. Malcolm (1960), S. 205, Martin (1967), S. 183 - 194, Blumenthal (1969), S.168 ff., Boulden/Buffa (1970) oder Elm (1972), S. 178 - 187.

424 Vgl. Martin (1967), S. 184.

Haupteffekte von OLRT-MIS.[425] Zum einen sieht er die (Möglichkeit zur) Zentralisierung operativer Kontrolle, die - da immer schon notwendigerweise in Echtzeit erfolgend - zuvor lokal, dezentralisiert erfolgen mußte. Zum anderen verändert sich der »modus operandi« auch auf der Ebene des »Management Control«. Dazu heißt es bei Blumenthal:

> „Managers may not often require *up to the second* information, but they often want whatever information it is that they need *quickly*. Before files were computerized it was often possible to get information fast, at least on a localized basis, or even when it had to be assembled from several points through a series of phone calls. After (non-OLRT) computerization, managers at all levels, as a defensive measure, often demanded regular voluminous printouts to be able to satisfy their occasional needs for rapid access to data. ... In fact there can be, and often is, »realtime« inquiry to files that are not even maintained in real-time."[426]

3.1.1.5 Der Gestaltungsansatz von Zani

„A general scheme for relating systems to the jobs they are really supposed to do"[427]

Beim 1970 unter dem bezeichnenden Titel »Blueprint for MIS« erschienenen Artikel von Zani handelt es sich um einen - für die späteren MIS-Ansätze typischen - sogenannten »**top-down approach**«. Anders als bei den bis dahin vorherrschenden Ansätzen („... merely patched together from the bottom up in a crazy quilt of residues from automated clerical procedures ...") stellt Zani den spezifischen Informations*bedarf* des Managers als Entscheidungsträgers in den Fokus seines **kreislaufförmigen Modells**,[428] das die folgenden Gestaltungsvariablen kennt:

a) »general business environment«, »company resources«, »strategy« und »organizational structure«, die sich zum einen wechselseitig beeinflussen, zum anderen aber auch direkt Einfluß nehmen auf die unter b) und c) aufgeführten Variablen, nämlich die
b) »key success variables«, das heißt kritische Faktoren und Aufgaben, die über Erfolg und Mißerfolg des Unternehmens entscheiden sowie die
c) Variablen einer der MIS-Gestaltung vorgelagerten Entscheidungsanalyse (in Anlehnung an Anthony: »strategic planning decisions«, »management control« und »operational control«), die die spezifischen Informationscharakteristika (»specific information requirements«) bestimmen.
d) Die Ableitung von »MIS strategy and plan formulation« sowie der nachfolgenden

---

425 Vgl. Blumenthal (1969), S. 169 f.

426 Blumenthal (1969), S. 170; Herv. auch im Original.

427 Zani (1970), S. 95; Untertitelung des Beitrages in der HBR;

428 Vgl. zum Zitat sowie zum folgenden Zani (1970), S. 96 f.

»MIS implementation« erfolgt dann sowohl unter Berücksichtigung der »key success variables« aus b), der »specific information requirements« aus c), des »environment of information technology«, existierender Informationsressourcen der Unternehmung sowie neuer Quellen.

e) Das nach der MIS-Implementierung in d) entstandene neue Informationssystem und seine Fähigkeiten wirken nun ihrerseits wieder auf die »company resources« aus a) im allgemeinen sowie die »company information resources« im besonderen, womit sich der Kreislauf schließt.

In Zanis Kreislaufmodell verdienen drei der niedergelegten Punkte eine besondere Hervorhebung. Zum einen ist dies das generelle Verdienst der Systematisierung einer Vielzahl unternehmensinterner *und* -externer Faktoren, die bei der Gestaltung eines MIS zu berücksichtigen sind. Zweitens weist Zani explizit darauf hin, daß die wirksame MIS-Unterstützung eines individuellen Managers zwingend eine Analyse der von diesem tagtäglich getroffenen Entscheidungen und der dafür erforderlichen Art von Input-Informationen nötig macht. Schließlich ist auf die Einführung des Konzeptes der top-down abzuleitenden »Schlüssel-Erfolgsvariablen« hinzuweisen - einem Konzept von dem unter anderem Namen im späteren Verlauf der Arbeit noch die Rede sein wird.

3.1.1.6 »The Gorry & Scott Morton Framework«

„The missing ingredient, apart from the basic awareness of the problem, is the skill to elict from management its view of the organization and its environment, and to formalize models of this view."[429]

Auch der später vielzitierte, zweidimensionale Bezugsrahmen von G. Anthony Gorry und Michael S. Scott Morton stützt sich auf die Vorarbeiten von Anthony, die er mit den Ansatz von Simon verknüpft.[430] Daraus ergibt sich die in der nachfolgenden Abbildung 31 dargestellte Matrix (mit darin beispielhaft aufgeführten Managementaktivitäten). Die Spalten der aufgespannten Matrix geben dabei Anthonys idealtypische Funktionen wieder, die Zeilen enthalten eine modifizierte Version von Simons Entscheidungstypen.[431] Um nicht die im technischen Bereich vorbelegten (und dadurch gege-

429 Gorry/Scott Morton (1971/1986), S. 16.

430 Vgl. Gorry/Scott Morton (1971/1986). Eine ganz ähnliche »Rohfassung« dieses Bezugsrahmens findet sich auch schon in der 1967 beendeten und allerdings erst 1971 veröffentlichten Dissertation von Scott Morton [vgl. Scott Morton (1971), S. 7], die im weiteren Verlauf noch von Bedeutung sein wird.

431 Interessant in diesem Zusammenhang ist, daß auch Anthony selbst schon Bezug genommen hat auf die Klassifikation von Simon. Anthony jedoch schätzt alle Aktivitäten, die »Strategic Planning« und »Management Control« zuzuordnen sind als »non-programmed« ein und unterscheidet nur bei

benfalls mißverständlichen) Begriffe benutzen zu müssen, verwenden die Autoren »structured« an Stelle von »programmed« und »unstructured« statt »non-programmed«. In die Mitte des dadurch definierten Kontinuums werden darüberhinaus »semi-structured decisions« eingefügt, die sich von den Extrempunkten dadurch abheben, daß eine oder zwei der drei Phasen des Entscheidungsprozesses (»intelligence«, »design«, »choice«) unstrukturiert und der Rest strukturiert ist.[432]

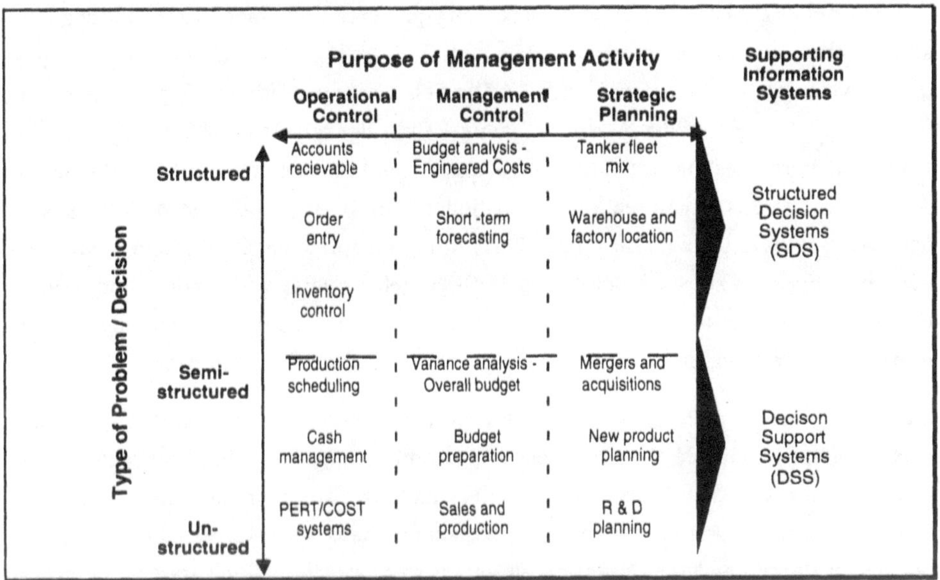

ABB. 31: THE GORRY & SCOTT MORTON FRAMEWORK[433]

Obschon die Grenzen der Klassifizierungen sowohl Anthonys als auch Simons eher fließend aufzufassen sind, lokalisieren Gorry & Scott Morton in ihrem Modell eine vergleichsweise scharfe **Dichotomie**, die durch die gestrichelte waagerechte Linie auf halber Höhe der Matrix gekennzeichnet ist. Aktivitäten oberhalb dieser Linie sind zum überwiegenden Teil gut strukturiert und können von Informationssystemen unterstützt werden, denen die Autoren den Namen »Structured Decision Systems« geben. Dort sind praktisch alle *bislang* konzipierten MIS anzusiedeln. Die Aktivitäten unterhalb der Linie dagegen sind größtenteils unstrukturiert und erfordern für eine Informationssystemun-

solchen, die »Operational Control« zuzuordnen sind, zwischen »programmed« und »non-programmed« [vgl. Anthony (1965), S. 19 f. sowie S. 71 - 76]. Zumindest die obersten Felder der letzten beiden Spalten der Matrix müßten - der Argumentation Anthonys folgend - dann eigentlich leer bleiben.

432 Vgl. Gorry/Scott Morton (1971/1988), S. 12.

433 Quelle: Gorry/Scott Morton (1971/1986), S. 12 f.

terstützung sogenannte »Decision Support Systems«.[434]

Diese Trennungslinie ist jedoch nicht fix. Vielmehr »wandert« sie im Zeitverlauf abwärts oder - anders formuliert - mit zunehmender Erkenntnis über die Beschaffenheit von Entscheidungsproblemen kann eine Diffusion von zuvor unstrukturierten Entscheidungsproblemen in den strukturierten Bereich erfolgen.[435] Im Lichte dieser Betrachtung erscheint es als logisch wenn die Autoren den Schwerpunkt zukünftiger MIS-Ansätze in der Erforschung unstrukturierter Entscheidungsprozesse und einer Modellbildung derselben sehen, zumindest sofern man sich zum Ziel setzt, eine wirksame Unterstützung der Managementtätigkeiten zu leisten.[436] Der Schlüssel zur Verbesserung der Entscheidungsqualität liegt - so die Autoren - weniger in in der quantativen, qualitativen oder zeitlichen Verbesserung des Informationsinputs sondern vielmehr in der verbesserten Ausnutzung bereits existierender Informationen mittels ausgereifterer modellbasierter Methoden.[437] Die Entwicklung oder Erarbeitung entsprechender Modelle stellt dann auch im Vergleich zur herkömmlichen MIS-Vorgehensweise ganz andere und je nach Einsatzfeld (»operational control«, »management control«, »strategic planning«) differenzierte Anforderungen an den Gestaltungs- und Implementierungsprozeß.[438]

Die Arbeit von Gorry & Scott Morton läßt sich hinsichtlich einiger Aspekte (zum Beispiel Sinnhaftigkeit der Dimensionen, Dichotomisierung der Schlußfolgerungen) sicherlich kontrovers diskutieren. Neben einigen anderen (weiter unten noch angeführten) Beiträgen kann der Artikel rückblickend jedoch durchaus als »Morgendämmerung« einer neuen Phase der MIS-Diskssion aufgefaßt werden. Er zeichnet im Prinzip schon eine **Weggabelung** vor, die sich in der MIS-Literatur ab Mitte der siebziger Jahre vollziehen wird.[439] Unter dem auch zuvor schon sehr heterogen ausgelegten Oberbegriff MIS läßt sich dann die DSS-Strömung (auf die später noch genauer eingegangen wird) von einer MIS-Diskussion in einem engeren Sinne abgrenzen (die ebenfalls - unter dem Stichwort Management Reporting Systems - weiter unten noch kurz behandelt werden wird).

434 Es dürfte sich hier um eine der frühesten Definitionen des Begriffs der DSS handeln, auf die im Kapitel 3.2.2 noch näher eingegangen wird.

435 Vgl. Gorry/Scott Morton (1971/1988), S. 14.

436 Vgl. Gorry/Scott Morton (1971/1988), S. 15.

437 Vgl. Gorry/Scott Morton (1971/1988), S. 16 f.

438 Vgl. detaillierter Gorry/Scott Morton (1971/1988), S. 18 - 22.

439 Vgl. zum Stichwort »Weggabelung« auch die anschaulichen Darstellungen zur MIS-Evolution bei Kroeber/Watson (1984/1987), S. 9 - 13.

3.1.1.7 SONSTIGE KONZEPTIONELLE MIS-BEITRÄGE

„Speaking functionally, management information-decision systems is a blend of orgnanization theory, accounting, statistics, mathematical modeling, and econometrics, together with exposure in depth to advanced computer hardware and software systems."[440]

Im Angesicht der kaum zu überschauenden Literaturfülle[441] konnte es sich bei den bis hierhin vorgestellten Ansätzen selbstverständlich nur um einen kleinen, schlaglichtartigen Einblick in die Vielzahl der unter dem »Label MIS« erschienenen Beiträge handeln. Unter den Ansätze, die hier nicht detaillierter behandelt werden konnten seien an dieser Stelle noch einige wichtigere hervorgehoben.

Unter den Planungs- und Gestaltungsansätzen eines MIS verdient sicherlich die weiter oben bereits kurz erwähnte Monographie von **Blumenthal** Erwähnung, die eine breite Rezeption fand.[442] Erwähnenswert ist sicherlich auch das vergleichsweise frühe Lehrbuch von **Dearden & McFarlan**, in welchem sich die Autoren aus Managersicht unter anderem mit den verschiedenen Arten betrieblicher Informationen und der Möglichkeit ihrer Automatisierung kritisch auseinandersetzen.[443] Unter den späteren konzeptionellen Systematisierungsansätzen sei insbesondere auf die Beiträge von Head (1967), Dickson (1968), Aron (1969) und Kriebel (1972) hingewiesen.

Head skizziert bezugnehmend auf die hierarchische Systematisierung Anthonys ein **dreistufiges MIS-Konzept** mit den typischen Transaktionsdatensystemen als Basis, einer darauf aufsetzenden, vornehmlich Kontrollzwecken dienenden Schicht von »Operating Management Information« und einer darauf aufbauenden, planungsorientierten »Policy Management Information« an der Spitze der Pyramide.[444] Als Input dieser drei Ebenen identifiziert Head von unten nach oben »Transactions«, »Information Requests« und »Special Requests«. Der jeweilige Output besteht in »Scheduled Reports«, »Demand Reports« und »Support for Decisions«. Innerhalb dieses Rahmens gilt Heads besonderes Interesse den strukturellen, inhaltlichen und funktionalen Aspekten der zugrundeliegenden Datenbanken beziehungsweise Datenbanksystemen, denen sich - so Head - mit der gerade stattfindenden Einführung von Rechnern der dritten Genera-

---

440 Dickson (1968), S. 18.

441 Dickson (1981) z. B. führt im Literaturverzeichnis seines Übersichts*artikels* zu *wesentlichen* Stationen der MIS-Entwicklung bis Ende der siebziger Jahre bereits über 200 Quellen auf.

442 Vgl. Blumenthal (1969) sowie Kirsch/Klein (1977a), S. 161 - 188, die den Ansatz Blumenthals ausführlich erörtern.

443 Vgl. Dearden/McFarlan (1966).

444 Vgl. dazu und zum folgenden Head (1967), S. 23.

tion ganz neue Möglichkeiten eröffnen.[445] Head weist - unter der Betitelung »Threshold Problem« - ausdrücklich darauf hin, daß das einem MIS zugrundeliegende Datenbanksystem so flexibel sein muß, daß es die hinsichtlich allgemeiner aber auch fachspezifischer Detailliertheit ganz unterschiedlichen individuellen Anforderungen verschiedener Informationsnachfrager ohne Systemumstellung verarbeiten kann.[446]

Dickson, den Term »Management Information-Decision Systems« benutzend, legt eine Klassifikation von **fünf** teilweise weiter unterteilten **Ebenen** vor, indem er zwischen »Clerical Systems« (»Level 1«), »Information Systemes - manual vs. mechanized« (2), »Decision Systems - independent vs. integrated« (3), »Interactive Systems - man-machine vs. man-man« (4) und »Programmed Systems« (5) unterscheidet.[447] Im Mittelpunkt seines Interesses stehen dabei die Ebenen zwei bis vier (»this is where the action is«) als Kernbereich künftiger MIS-Bemühungen.[448] Wesentliche **Probleme** und offene Forschungsfragen lokalisiert Dickson unter anderem in der geeigneten Bestimmung des Management-Informationsbedarfs und in der Handhabung dysfunktionalen Verhaltens involvierter Mitarbeiter.[449]

Aron entwickelt im historischen Rückblick eine **dreistufige Hierarchie** von Informationssystemen (»simple data processing systems« - »integrated information retrieval systems« - »management information systems«) mit dem MIS als »Kulminationspunkt« der *entscheidungs*relevanten Informationshandhabung.[450] Auch er betont die Schwierigkeit der vorausschauenden Informationsbedarfsbestimmung bei Managementaufgaben und sieht dafür in einer **iterativen** und **partizipativen Zusammenarbeit** von Managern und Systemspezialisten bei der Systemgestaltung einen möglichen Lösungsweg.[451]

Eine besonders anschauliche Systematisierung findet sich in dem stark zukunftsgewandten Artikel von **Kriebel**.[452] Dieser orientiert sich an den »Aktivitätsstufen« des Entscheidungsprozesses, die er mit »observation«, »inference«, »evaluation« und »choice« bezeichnet. Anhand der stufenweisen Übertragung einzelner dieser Phasen vom Mensch auf die Maschine unterscheidet der Autor sodann »four levels of the relative maturity

445 Vgl. detaillierter Head (1967), S. 25 f.

446 Vgl. Head (1967), S. 24 f.

447 Vgl. Dickson (1968), S. 19.

448 Vgl. Dickson (1968), S. 25.

449 Vgl. Dickson (1968), S. 23.

450 Vgl. Aron (1969/1976), S. 4 f.

451 Vgl. Aron (1969/1976), S. 5 f.

452 Vgl. Kriebel (1972/1977); eine ganz ähnliche Darstellung findet sich auch bereits in einem Research Paper von Mason (1969/1981).

(or sophistication)«, die von einem Informationsystem erreicht werden können:[453]

1) nur »observation« systemgestützt, der Rest manuell, so beispielsweise bei reinen Datenbanken,
2) »observation« und »inference« systemgestützt, »evaluation« und »choice« manuell, etwa Datenbanken mit »Exception-Reporting« und »What-if« Abfragemöglichkeiten,
3) »oberservation«, »inference« und »evaluation« beim System, dem Mensch verbleibt nur noch »choice«, so zum Beispiel bei einigen automatisierten Anwendungen linearer Programmierung,
4) automatisierte, programmierte Entscheidungssysteme, in denen dem Menschen nur noch verbleibt, die delegierte Entscheidungsgewalt später wieder zurückzunehmen.

Je höher die Entwicklungsstufe, desto weniger spielen input- und technikorientierte Faktoren wie das Datenbankdesign eine Rolle und umso wichtiger wird die outputorientierte **Frage des verwendeten Benutzermodells**. Dazu heißt es bei Kriebel:

> „The most mature computer automated information structures in MIS today are still confined to lower management levels. The lackluster results vis-à-vis expectations realized in MIS to date can be attributed in part to the fact that the implicit model of the user has remained naive."[454]

Ohne an dieser Stelle weiter in die Details gehen zu können, sollte an diesen und den ausführlicher vorgestellten Ansätzen klar geworden sein, daß sich mit dem Begriff MIS teilweise **sehr unterschiedliche Konzepte** verbinden, die insbesondere in der Anfangsphase der Diskussion stark technik- und informationsangebotsgetrieben waren und dem Gedankengut der Systemanalyse nahestehen. Mit Beginn der siebziger Jahre wenden sich die Konzepte dann immer mehr auch der Informationsnachfrageseite mit dem Management als intendierten Benutzern zu. Die Zahl berücksichtigter Variablen oder Einflußfaktoren nimmt in den Modellen der späteren Beiträge tendenziell zu. Gleichwohl fällt es - auch aus heutiger Sicht - schwer in der MIS-Diskussion einen echten »Mainstream« auszumachen.[455] Diesbezüglich vermerkt auch Dearden, von dem nachfolgend noch häufiger die Rede sein wird, kritisch:

> „It is difficult even to describe the MIS in a satisfactory way, because this conceptual entity is embedded in a mish-mash of fuzzy thinking and incomprehensible jargon. It is nearly impossible to obtain any agreement on how MIS problems are to be analyzed, what shape their solutions might take, or how these solutions are to be implemented."[456]

---

453 Vgl. hierzu und zum folgenden Kriebel (1972/1977), S. 451 f.

454 Kriebel (1972/1977), S. 453.

455 Vgl. ähnlich auch die Einschätzung von Kirsch/Klein (1977a), S. 36 und daneben Keen (1980), der dies auch für die gesamte Forschungsdisziplin der Betriebsinformatik (MIS im weitesten Sinne) konzediert und auf S. 9 vom „falling into the framework-of-the-month trap" spricht.

456 Dearden (1972), S. 90 f.

3.1.2 HISTORISCHE KRITIK AN DEN MIS-KONZEPTIONEN

„I sometimes fear MIS is like Oscar Wilde in middle age - a young man with a great future behind him."[457]

Ähnlich wie bei den MIS-Konzepten selbst, können auch unter den MIS-kritischen Beiträgen verschiedene Phasen oder »Evolutionsstufen« unterschieden werden. Im folgenden sei eine Zweiteilung gewählt. Dabei seien die kritischen Aspekte der früheren, die MIS-Konzepte teilweise recht polemisch und in scharfer Form ablehnenden Artikel in 3.1.2.1 zusammengefaßt. In 3.1.2.2 sei dann auf einige wichtige, spätere Veröffentlichungen eingegangen, die sich dem Thema mehr konstruktiv-kritisch nähern.

3.1.2.1 ASPEKTE DER FRÜHEN MIS-KRITIK

„One of the most common mistakes in management information systems has been that of providing one level of management with information designed for use by another level."[458]

„In failing to evaluate their MIS, managers delegate much of the control of the organization to the system's designers and operators, who may have many virtues, but managerial competence is seldom among them."[459]

Die unter 3.1.1 beispielhaft skizzierten MIS-Ansätze wurden schon sehr früh kritisiert und zum Teil sehr heftig in Frage gestellt.[460] So bezeichnet beispielsweise Dearden den Total Systems Approach als „sheer nonsense"[461] und vertritt an anderer Stelle die Meinung „... that, of all the ridiculous things that have been foisted on the long-suffering executive in the name of science and progress, the real-time management is the silliest."[462] Die jenseits solch pointierter Diktion sich herausschälenden Kernpunkte der Kritik lassen sich im wesentlichen **drei Bereichen** zuordnen:

- Gültigkeit der zugrundegelegten Annahmen über die Manager-Arbeit,
- Relevanz der beabsichtigten Informationsinhalte eines MIS,
- Problematik der vorgeschlagenen Implementierungsansätze.

457 Rhind (1968), S . 38.

458 Dearden (1964), S. 134.

459 Ackoff (1967), S. B-152.

460 Vgl. Dearden (1964) Brooker (1965), Dearden (1966), Ackoff (1967), Rhind (1968), Argyris (1970), Argyris (1971), Tolliver (1971), Dearden (1972). Schon die illustrativen Titel einiger dieser Zeitschriftenaufsätze - wie z.B. »Myths of Automated Management Systems« »MIS Is a Mirage« oder »Management Misinformation Systems« - geben Aufschluß über die Schärfe, mit der die MIS-Diskussion in dieser Zeit geführt wurde.

461 Dearden (1964), S. 128.

462 Dearden (1966), S. 123.

Der Kritik an den zugrundegelegten **Annahmen über die Manager-Arbeit** widmen sich insbesondere die Beiträge des Harvard-Professors John Dearden.[463] Dearden gibt schon sehr früh zu bedenken, daß die guten Ergebnisse der EDV im Bereich operativer Transaktionssysteme nicht auf höhere Management-Ebenen übertragbar seien, da dort ganz andere Aufgabenstellungen vorzufinden sind.[464] Einsatzgebiete der EDV, die mit den typischen Vorteilen und Stärken der Computertechnik korrelieren (hohe Genauigkeit, hohe Bereitstellungsgeschwindigkeit, große Informationsverarbeitungsmengen, hohe Verarbeitungsrepetitivität, großer Variablenumfang bei Berechnungen), sind - in Anlehnung an Anthonys Terminologie - vornehmlich im Bereich von »Operational Control« identifizierbar, praktisch gar nicht dagegen bei Aufgabenstellungen aus »Management Control« oder »Strategic Planning«.[465] Dies gelte insbesondere auch für die sogenannten OLRT-Systeme, deren Einsatz im wesentlichen nur in logistisch-operativen Aufgabenstellungen Sinn mache.[466] Der Engpaß und die Schwachstelle der Informationsversorgung höherer Führungsebenen sei weder in der Geschwindigkeit noch in der Menge der verfügbaren Informationen zu sehen, sondern vielmehr in der Verwendung veralteter Budgetierungstechniken und Kostenrechnungsmethoden.[467] Hinzu komme, daß gerade obere Führungskräfte mehr auf das vertrauen, was sie hören als was sie lesen.[468]

Mit den beabsichtigten **Informationsinhalten** eines MIS setzten sich mehrere Autoren kritisch auseinander.[469] So weist insbesondere Ackoff darauf hin, daß das Hauptproblem der Informationsversorgung oberster Führungskräfte nicht so sehr im »lack of relevant information« sondern eher in einer »over abundance of irrelevant information« zu sehen ist.[470] Dies hat Folgen für die MIS-Ansätze: „Unless the information overload to which managers are subjected is reduced, any additional information made available by an MIS cannot be expected to be used effectively.“[471] Für die typischen Aufgabenstellungen von Führungskräften seien im übrigen weniger historisch-quantitative Daten interessant als vielmehr die - in den MIS-Konzeptionen weitgehend vernachlässigten - zu-

463 Vgl. Dearden (1964), Dearden (1966), Dearden (1972) und zuletzt Dearden (1983) sowie daneben die Entgegnungen beziehungsweise Stellungnahmen bei Head (1966), Rappaport (1968), Emery/Sprague (1972), Hanold (1972) und D. Davis (1984).

464 Vgl. Dearden (1964), S. 131 f.

465 Vgl. Dearden (1964), S. 130 f., Rhind (1968), S. 42, Dearden (1972), S. 96.

466 Vgl. Dearden (1966), S. 128.

467 Vgl. Dearden (1964), S. 135 sowie Dearden (1966), S. 130.

468 Vgl. Rhind (1968), S. 39.

469 Vgl. insb. Ackoff (1967), Tolliver (1971), Dearden (1972).

470 Vgl. Ackoff (1967), S. B-147 [zitierte Stellen im Original hervorgehoben] und ähnlich auch Tolliver (1971/1988), S. 76.

471 Ackoff (1967), S. B-150.

kunftsorientierten sowie qualitativen Informationen.[472] Diese - selbst wenn sie sich in einem Informationssystem abbilden ließen - lassen sich von den Führungskräften jedoch nicht im voraus bestimmen oder planen.[473]

Besondere Kritik wurde auch den in verschiedenen Ansätzen vorgeschlagenen **Implementierungsansätzen** zuteil.[474] Im Vordergrund der Beiträge stehen hierbei insbesondere die vernachlässigten Human- und Führungsprobleme einer solchen Implementierung.[475] Der (Total) Systems Approach wird von verschiedenen Autoren - zum einen hinsichtlich seiner zu euphorisch-ambitioniert ausgelegten, allumfassenden Zielsetzung, zum anderen als zu mechanistische und undifferenzierte Grundlage abgelehnt.[476] Eng damit zusammenhängend wird gefordert, daß der Gestaltungs- und Implementierungsprozeß eines MIS nicht in der Hand von - zumeist rein EDV-orientierten und Management-unerfahrenen - Experten der Systemanalyse liegen dürfe sondern viel stärker bei den Führungskräften selbst verankert sein müsse.[477] Ein besonderes Augenmerk ist bei der Implementierung entsprechender Systeme auf die Bewältigung der auftretenden sozialen Konflikte sowie auf die Überwindung individueller Nutzungsbarrieren zu legen, denen die Systemspezialisten allein zumeist nicht gewachsen sind.[478] Als Quellen solcher Konflikte oder Barrieren nennt Argyris:[479]

- der verringerte Freiraum insbesondere im mittleren Management, der mit der MIS-induzierten Einführung einer höheren Transparenz einhergeht, und demotivierende Auswirkungen haben kann;
- die befürchtete Zentralisierung von Entscheidungsgewalt, die insbesondere mit den OLRT-Systemen verbunden wird, und insbesondere bei lokalen Entscheidungsträgern ein Gefühl der Überflüssigkeit entstehen lassen kann,
- die Verschiebung der Führungslegitimation von Machtaspekten hin zu Kompetenzaspekten, was insbesondere bei autoritär-charismatischen Führungspersönlichkeiten Probleme aufwerfen kann,

---

472 Vgl. Rhind (1968), S. 44 f., Nichols (1969/1977), S. 75 f., Tolliver (1971/1988), S. 76, Dearden (1972), S. 91.

473 Vgl. Ackoff (1967), S. B-149 sowie Tolliver (1971/1988), S. 77.

474 Vgl. insb. Brooker (1965), Argyris (1970), Argyris (1971), Dearden (1972), Kirsch (1974).

475 Vgl. zu den mehr konzeptionell-technischen Implementierungsfragestellungen z. B. Head (1970/1977), insb. S. 95 - 97.

476 Vgl. Brooker (1965/1988), S. 63, Rhind (1968), S. 40, Dearden (1972), S. 92.

477 Vgl. Ackoff (1967), S. B-152, Tolliver (1971/1988), S. 77 sowie Dearden (1972), S. 91.

478 Vgl. hierzu und zum folgenden Dearden (1966), S. 129 und insb. Argyris (1970/1976), S. 248 - 250, Argyris (1971), S. B-277 - B-282 sowie Kirsch (1974), S. 177, S. 179 und S. 182 f. Eine detaillierte und etwas weniger kritische Erörterung hierzu findet sich auch schon bei Dickson/Simmons (1970).

479 Vgl. Argyris (1970/1976) sowie Argyris (1971) und zu einzelnen dieser Punkte auch die Erörterung unter 4.1.2.

- die Hinwendung von einer durch (vermeintlich produktive) Inter- und Intra-Abteilungskonkurrenzen geprägten (Führungs-) Organisation zu einer kooperativen Gesamtheit, was erhebliche Veränderungen der persönlichen Enstellung aller betroffenen Individuen nötig macht,
- die - gerade im Top Management - befürchtete Umstellung von intuitiver Vorgehensweise auf ein viel stärker modellorientiertes, konzeptionell-intellektuelles, rationales Denken.

Als Resultat solcher und anderer Ängste und Befürchtungen ist bei der MIS-Implementierung und -Nutzung **dysfunktionales Verhalten** zu verzeichnen, das Dickson & Simmons in »Aggression«, »Projection« und »Avoidance« unterteilen.[480] Erstere Verhaltenmuster, das heißt aggressiv ablehnendes und Schuld zuweisendes Verhalten seien dabei insbesondere im Bereich des operativen Personals und Managements zu erwarten, letzteres, ein ignorierendes Übergehen, im operativen und Top Management.

Deutliche Grenzen beziehungsweiwse Hindernisse für einen Einsatz formaler Informationssysteme - wie es die MIS darstellen - sieht auch Mintzberg, wobei er seine zehn Argumente in drei Blöcke aufteilt (Inadäquatheiten formaler Informationen [1-4], Funktionspobleme in Organisationen [5-7], Grenzen des menschlichen Bewußtseins [8-10]), denen wir in ähnlicher Form im nachfolgenden Punkt 3.1.2.2 wiederbegegnen werden. Die zehn Kritikpunkte Mintzbergs und seine pointierte Schlußfolgerung sind:

„1. Formale Informationen sind oft zu begrenzt. ....
2. Die formale Information ist aufgrund der Aggregierung der Daten für den Manager oft zu allgemein. ...
3. Viele Informationen kommen oft zu spät. ...
4. Einige formale Informationen sind unzuverlässig. ...
5. Rigide, dysfunktionale Ziele können die Verwendung inadäquater Informationen begünstigen. ...
6. Politische Prozesse können eine Verzerrung der Informationen verursachen. ...
7. Das Wesen der Managertätigkeit führt zu einer Bevorzugung mündlicher Informationskanäle auf Kosten dokumentierter Quellen. ...
8. Die kognitiven Grenzen limitieren die Informationsmenge, die Menschen in einem komplexen Entscheidungsprozeß berücksichtigen könnnen. ...
9. Das Gehirn filtert aufgrund seiner Erfahrungsmuster systematisch die Informationen. ....
10. Psychische Beschränkungen und Bedrohungen behindern darüber hinaus die Informationsoffenheit des Bewußtseins. ....“[481]

„Um zusammenzufassen: von der verfügbaren Information nehmen die formalen Systeme nur einen Teil auf. Davon gelangt wiederum nur ein Teil zum Manager, und davon nimmt das Bewußtsein auch wiederum nur einen Teil auf, und davon ist überhaupt nur ein Teil relevant und zutreffend. Angesichts dieser vielen Hindernisse ist es ein Wunder, daß den Organisationen überhaupt etwas gelingt!“[482]

480 Vgl. Dickson/Simmons (1970), S. 62 f.

481 Mintzberg (1975b/1991), S. 85 - 87; im Original hervorgehoben.

482 Mintzberg (1975b/1991), S. 87.

3.1.2.2 GRUNDLAGENTHEORETISCHE BESTANDSAUFNAHMEN UND WEITERENTWICKLUNGSKONZEPTE

„Wir wollen nach alternativen theoretischen Kontexten für die MIS-Forschung suchen und sie mit jenen Kontexten konfrontieren, die nach unserer Meinung der bisherigen MIS-Forschung zugrunde liegen."[483]

War die überwiegende Zahl der zuvor behandelten Artikel sowohl durch einen Habitus prinzipieller MIS-Ablehnung als auch eine Konzentration auf jeweils nur einige wenige Kritikpunkte gekennzeichnet, seien im folgenden einige wichtige, teilweise aufeinander aufbauende, Beiträge vorgestellt, die sich dem Thema MIS in einer gleichfalls kritischen jedoch sehr viel umfassenderen und konstruktiveren Weise genähert haben. Der Blick sei dabei auf die Arbeiten von Churchmann (1971), Mason & Mitroff (1973) sowie Kirsch & Klein (1977) gelenkt.

Mason & Mitroff legen 1973 mit ihrer Definition eines Informationssystems eine Systematisierung von - bislang zumeist vernachlässigten oder nur sehr einseitig berücksichtigten - Schlüsselvariablen eines MIS vor:

> „An information system consists of, at least, a PERSON of a certain PSYCHOLOGICAL TYPE who faces a PROBLEM within some ORGANIZATIONAL CONTEXT for which he needs EVIDENCE to arrive at a solution, where the evidenece is made available through some MODE OF PRESENTATION.[484]

Diese Schlüsselvariablen sind mit den von den Autoren vorgeschlagenen idealtypischen Ausprägungen in Abbildung 32 übersichtsartig dargestellt.

Psychological Type	Class of Problems	Organizational Context or Organizational Class of Problem	Method of Evidence Generation and Guarantor of Evidence - Inquiring System (IS)	Modes of Presentation
(a) Thinking-Sensation (b) Thinking-Intuition (c) Feeling-Sensation (d) Feeling-Intution	(a) Structured Decisions (1) under certainty (2) under risk (3) under uncertainty (b) Unstructural-"Wicked" Decison Problems	(a) Strategic Planning (b) Management Control (c) Operational Control	(a) Lockean IS (Data Based) (b) Leibnitzian IS (Model Based) (c) Kantian IS (Multiple Models) (d) Hegelian IS (Deadly Enemy - Conflictiong Models) e) Singerian IS (Learning Systems)	(a) Personalistic (1) Drama/Role Plays (2) Art/Graphics (3) One-to-One Contact Group Interaction (b) Impersonalistic (1) Company Reports (2) Abstract Models / Computerized Information Systems

ABB. 32: TAXONOMIE VON MIS-SCHLÜSSELVARIABLEN NACH MASON & MITROFF[485]

---

483 Kirsch/Klein (1977b), S. 76.

484 Mason/Mitroff (1971), S 475; Herv. auch im Original.

485 Quelle: Mason/Mitroff (1971), S. 476; Darst. d. Verf.

Wie der Abbildung zu entnehmen ist, entspricht die Taxonomie der Variablen »Class of Problem« und »Organizational Context« ziemlich genau den Dimensionsausprägungen bei Scott-Morton, weswegen bei diesen auf eine nähere Erörterung an dieser Stelle verzichtet sei - abgesehen von der Schlußfolgerung der Autoren, daß sich die MIS-Forschung bislang fast ausschließlich auf den Gebieten strukturierter Probleme des »Operational Control« bewegte. Auf die Variablen »Method of Evidence Generation«, »Psychological Type« und »Modes of Presentation« sei - in dieser Reihenfolge - danach etwas genauer eingegangen. Die Bezeichung und Taxonomie der vierten Variablen aus obiger Abbidung geht zurück auf C. West **Churchman**, der in seiner 1971 erschienenen Monographie[486] eine allgemeine Klassifikation von Erkenntnissystemen (»Inquiring Systems«) entwickelt - „... based on a conversation with five historical figures - Leibnitz, Locke, Kant, Hegel, and Singer, along with their allies and enemies.“[487] Das damit gemeinte Vorgehen (und wo es hinführen wird) erläutert der Autor in der Einleitung:

> „In a way, we can regard the history of epistemology (theory of knowledge) not as a desription of how men learn and justify their learning, but as a description of how learning can be designed and how the design can be justified. ... We are less interested in what Leibniz, say, was trying to accomplish than in what his attempts mean to the designer. Therefore when we speak of a Leibnizian inquiring system, we do not mean that this system is an exact account of how Leibniz conceived the theory of knowledge; rather, it is a reconstruction of Leibnizian ideas in the language of the design of an inquiring system.
> In the case of each writer, we shall follow enough of what he has to say to be able to construct a design of an inquirer, and we shall see what he or others have had to say about how satisfactory or unsatisfactory such a design really is. ...
> It will not hurt to say where this historical journey will lead. ... There will be the suggestion that science's mode of representing nature is very restricted, so that it cannot even talk about some of its most pressing problems and specifically its relationship to other social systems. ... Finally, and perhaps most important, science has no adequate way of studying the elusive, since it allways aims for precision, and hence in some real sense science is alienated from nature.“[488]

Wodurch nun sind die fünf - gleichsam einen Entwicklungspfad darstellenden - Erkenntnissysteme gekennzeichnet?[489] **Leibnizsche Erkenntnissysteme** verfügen über angeborene Ideen, die Fähigkeit zur Erzeugung von Symbolfolgen aus isolierbaren Elementen, die Fähigkeit zur Klassifikation dieser Elemente sowie zu ihrer Verknüpfung mittels vorgegebener Relationen in Netze, die Möglichkeit diese Netze zu bewerten sowie eine Methode die darauf aufbauend ein optimales Netz bildet beziehungsweise zu einem solchen konvergiert und dies auch erkennt.[490] Nach Mason & Mitroff ist dies

486 Titel: »The Design of Inquiring Systems«; deutsche Übersetzung 1973 unter dem Titel »Die Konstruktion von Erkenntnissystemen«.

487 Churchman (1971), S. viii.

488 Churchman (1971), S. 17 f.

489 Vgl. zum folgenden - neben Churchman (1971), S. 19 - 205 selbst - insb. auch die entsprechenden Erörterungen bei Mason/Mitroff (1973), S. 480 - 483 sowie Kirsch/Klein (1977b), S. 173 - 207.

490 Vgl. Churchman (1971), S. 34 f. sowie Kirsch/Klein (1977b), S. 177.

»the archytype of formal, symbolic systems«, wie er beispielsweise in »single best«-Modellen des Operations Research wiederzufinden ist.[491] **Lockesche Erkenntnissysteme** werden von letzteren Autoren dagegen als „archetype of experimental, *consensual* systems"[492] (Beispiele: Datenbanken, Statistiken) charakterisiert. Ein wesentliches Unterscheidungsmerkmal zu den zuvor genannten Erkenntnissystemen besteht im Fehlen der angeborenen Ideen, das heißt im Vorhandensein von »Input« im Sinne von empirischem Datenmaterial (»hard facts«), auf dem induktiv aufgebaut wird.[493] Die Verläßlichkeit der »hard facts« wird über einen hierüber zu erzielenden Konsens der Beobachter gewährleistet, was Kommunikation erforderlich macht.[494] An diesem Punkt setzen **Kantsche Erkenntnissysteme**, „the archytype of multi-model, synthetic systems"[495] an. Ausgehend davon, das ein erzielter Konsens über »Rohdaten« von einem irgendwie gearteten »a-priori« (Vorverständnis/Wissenschaftsmodell) abhängig ist, zieht das Kantsche Erkenntnissysteme mindestens zwei alternative »a-prioris« (Modelle als Leibnizsche Komponenten) in Betracht, aus deren Sicht zwei alternative Lockesche Faktennetze aufzubauen sind.[496] Aus der aufgebauten »Multi-Modell-Sicht« wird dann die bessere Problemrepräsentation ausgewählt, ein Verfahren, wie es Churchman in einigen Anwedungen der Künstlichen Intelligenz realisert sieht.[497] Das **Hegelsche Erkenntnissystem** nun zeichnet sich - im Gegensatz zum Kantschen - durch im Sinne von Antithesen dialektisch konstruierte Modelle (Weltanschauungen) aus, wobei diese konfligierenden Leibnizschen Systeme auf *dieselbe* Lockesche Datenbasis angewendet werden.[498] Dies führt zu einer auf identischen Daten beruhenden Gewinnung sich widersprechenden Informationen. „Damit wird die Kritik zum Motor des Erkenntnisfortschritts. Der Erkenntnisfortschritt beruht nicht auf der Begründung des Wahren, sondern auf der Widerlegung durch Kritik und der Elimination des Falschen."[499] **Singersche Erkenntnissysteme** schließlich sind durch einen Feed-back-gesteuerten, unendlich fortwährenden Lern- und Adaptionsprozeß gekennzeichnet,[500] der zu immer feineren und reichhaltigeren Modellen eines »Measurements« führt:[501] „The sweeping-in process

491 Vgl. Mason/Mitroff (1973), S. 481 sowie die Beispiele bei Churchman (1971), S. 38 f.

492 Mason/Mitroff (1973), S. 480; Herv. auch im Original.

493 Churchman (1971), S. 122 f.

494 Vgl. Churchman (1971), S. 123 f., Mason/Mitroff (1973), S. 181, Kirsch/Klein (1977b), S. 183.

495 Mason/Mitroff (1973), S. 481; Herv. auch im Original.

496 Vgl. Mason/Mitroff (1973), S. 481, Kirsch/Klein (1977b), S. 188, Churchman (1971), S. 129 ff.

497 Vgl. Churchman (1971), S. 259

498 Vgl. Mason/Mitroff (1973), S. 482, Kirsch/Klein (1977b), S. 193 f., Churchman (1971), S. 170 - 176.

499 Kirsch/Klein (1977b), S. 195.

500 Vgl. Mason/Mitroff (1973), S. 482.

501 Vgl. detaillierter zum Thema »Measurement« die Sammelbände von Churchman/Ratoosh (Hrsg.;

consists of bringing concepts and variables ... into the model to overcome inconsistencies of the readings."[502]

»Lockean Inquiring Systems« und »Leibnizian Inquiring Systems« eignen sich - so Mason & Mitroff - im wesentlichen für gut strukturierte Problemstellungen, »Kantian Inquiring Systems« für „»moderate« ill-structured" Probleme und »Hegelian Inquiring Systems" für „»wickedly« ill-structured" Probleme - »Singerian Inquiring Systems" dagegen sind durch ihre Selbstanpassungsfähigkeit letztlich für alle Problemstellungen geeignet.[503] Hinsichtlich des Standes der MIS-Ansätze kommen die Autoren zu folgendem Schluß:

> „... the design of most, if not nearly all, MIS to date has been undertaken from the standpoints of Leibnitzian and Lockean inquiry. The neglect of Kantian, Hegelian, and Singerian basas has been almost total."[504]

In der Taxonomie **psychologischer Typen** lehnen sich Mason & Mitroff an die Typologie von Jung sowie deren Operationalisierung von Myers-Briggs an.[505] Darin werden jeweils zwei alternative Arten der Perzeption (»Sensation« versus »Intuition«) sowie der Evaluation (»Thinking« versus »Feeling«) unterscheiden, von denen bei den meisten Individuen jeweils eine dominant gegenüber der anderen ist. Mason & Mitroff betonen dabei, daß alle vier der aus Kombination von Wahrnehmungs- und Urteilstyp resultierenden psychologischen Idealtypen im Managament von Unternehmen vorzufinden sind und gerade durch ihre gegenseitige Ergänzung erfolgreiche Unternehmensführung ermöglichen - eine generelle »Überlegenheit« eines Typs mithin nicht gegeben sei.[506] Jeder dieser Typen hat jedoch ein grundverschiedenes Konzept von Information.[507] So wird ein sensorischer Wahrnehmungstyp eher »raw data« und »hard facts« bevorzugen im Gegensatz zum intuitiven Typen, der mehr »imaginative stories« den Vorzug gibt. Ebenso wird der »nachdenkende« Urteilstyp eher eine Vorliebe für symbolische, modellhafte Informationen beziehungsweise Informationsverarbeitungsprozesse entwikkeln, wohingegen der »fühlende« Urteilstyp Informationen mehr in Formen von »art«, »poetry« oder »human drama« erblickt. Das heißt aber:

1967) und Mason/Swanson (Hrsg.; 1981) sowie Mason/Swanson (1979/1981).

502 Churchman (1971), S. 197.

503 Vgl. Mason/Mitroff (1973), S. 481 f.

504 Mason/Mitroff (1973), S. 483.

505 Vgl. Jung (1923) sowie Myers-Briggs (1962).

506 Vgl. Mason/Mitroff (1973), S. 477 f.

507 Vgl. dazu und zum folgenden Mason/Mitroff (1973), S. 478.

„What is information for one type will definitely not be information for another. Thus, as designers of MIS, our job is not to get (or force) all types to conform to one, but to give each type the kind of information he is psychologically attuned to and will use most effectively."[508]

Genau wie bei den anderen Variablen, konstatieren die Autoren auch in diesem Falle, daß sich die MIS-Forschung ganz überwiegend nur einem psychologischen Typ gewidmet hat (»Thinking-Sensation«) - unter fast vollständiger Vernachlässigung der anderen.[509]

Zur gleichen Schlußfolgerung kommen Mason & Mitroff auch hinsichtlich der **Art der Informationspräsentation**, die in den MIS-Konzeptionen praktisch ausschließlich in den unpersönlichen Formen der Computer-Ausdrucks oder der Bildschirmanzeige gesehen wird.[510] Nach Meinung der Autoren sind hier auch ganz andere, persönlichere Arten der Informationspräsentation und -übermittlung denkbar (aktionsorientierte, graphisch-künstlerische oder kommunikationsorientierte Ausdrucksformen), die insbesondere bei den psychologischen Typen »Feeling« und/oder »Intuition« eine deutlich erhöhte Informationsrezeption erwarten lassen würden.

Von den theoretisch möglichen 240 Variablenkombinationen im Forschungsfeld MIS, die bereits bei Weglassung der Unterpunkte aus Abbildung 34 denkbar sind, finden zusammenfassend betrachtet innerhalb der aktuellen MIS-Forschung (und Praxis) mit ganz wenigen Ausnahmen nur zwei (!) Kombinationen Berücksichtigung (Daten- *oder* Modell-basierte Evidenzgeneratoren mit unpersönlichen Ausgabemedien für Entscheidungsträger des »Thinking-Sensation« Typs in strukturierten Entscheidungen des »Operational Control«).[511] Selbst wenn man davon ausgeht, daß nicht alle möglichen Variablenkombinationen tatsächlich auch einen sinnvollen Ausschnitt des gesamten MIS-Forschungsgebietes widerspiegeln, drängt sich im Lichte des Programms von Mason & Mitroff der Eindruck auf, daß sich das Forschungsfeld MIS 1973 als eine im wesentlichen weiße Landkarte mit ganz wenigen (zwei), durchaus intensiven, Farbtupfern zeigt.

An den Ansatz von Mason & Mitroff knüpfen **Kirsch & Klein** im zweiten Band ihrer Arbeit aus dem Jahre 1977 an,[512] wobei sie einige wesentliche Erweiterungen und Modifikationen vornehmen. Das erweiterte Spektrum ihres Forschungsprogramms kleiden sie in die folgende paradigmatische Frage:

---

508 Mason/Mitroff (1973), S. 478; im Original hervorgehoben-

509 Vgl. Mason/Mitroff (1973), S. 478 f.

510 Vgl. Mason/Mitroff (1973), S. 484.

511 Vgl. Mason/Mitroff (1973), S. 476 in Verbindung mit S. 485.

512 Vgl. Kirsch/Klein (1977b).

„Wer entwickelt wie in wessen Auftrag mit wessen Mitwirkung und Unterstützung auf der Grundlage welcher Philosophien welches Informationssystem mit welchen Merkmalen für welche Informationsbedürfnisse in welchen Entscheidungsprozessen von welchen Personen welchen psychologischen Typs in welcher Organisation mit welchen funktionalen und dysfunktionalen Wirkungen."[513]

Dabei werden insbesondere drei Themenfelder beziehungsweise Betrachtungsebenen identifiziert (das dem Informationsverhalten zugrunde gelegte Menschenbild, die organisationstheoretischen sowie die philosophischen Grundlagen), in denen die MIS-Forschung nach Meinung der Autoren einer kritischen Neuausrichtung bedarf. Da auf die (erkenntnis-) philosophischen Grundlagen bereits weiter oben eingegangen wurde, sei im folgenden der Schwerpunkt auf die ersteren beiden Betrachtungsebenen von Kirsch & Klein gelegt.

Die eingeschlagenen MIS-Forschungswege lassen - auch nach Auffasung von Kirsch & Klein - eine deutliche Einseitigkeit erkennen. So wird hinsichtlich des **Informationsverhaltens** des MIS-**Benutzers** in der MIS-Forschung fast ausschließlich auf das dualistische Menschenbild der verhaltenswissenschaftlichen Entscheidungstheorie, wie sie sich auch im Informationsverarbeitungsansatz widerspiegelt, abgestellt.[514] Dem stellen die Autoren in Analogie zu Popper ein »Drei-Welten-Modell« gegenüber, in welchem Welt I aus den (objektiven) physischen Erscheinungen, Welt II aus den psychischen Phänomenen und Prozessen (Gefühle, Erlebnisse etc.) und Welt III aus den symbolischen Phänomenen und Prozessen (insbesondere auch den kognitiven Informationsverarbeitungsprozessen) besteht.[515] Subjektives Wissen ist in diesem Modell - untrennbar - sowohl in Welt III als auch in Welt II verankert. Informationen manifestieren sich in Symbolstrukturen, die nicht nur auf Phänomene der Welt I oder III verweisen, sondern auch auf psychische Dispositionen der Welt II, innerhalb derer man eine faktische, eine wertende und eine präskriptive Dimension unterscheiden kann.[516] Diesbezüglich kommen die Autoren letztlich zu folgenden Schlüssen:

„(1) Fakten und Werte sind beim Menschen normalerweise rettungslos vermischt. ...
(2) Nicht nur Werte weisen eine präskriptive Dimension auf. Der Mensch ist vielfach auch auf faktische Hypothesen »festgelegt«, was zu einer »Verteidigung« und zu einem oft selektiven, manipulativen, rechtfertigenden Informationsverhalten führen kann.
(3) .... Werte (bzw. dahinterstehende psychische Dispositionen) beeinflussen also die faktischen Prognosen des Individuums."[517]

---

513 Kirsch/Klein (1977b), S. 64.

514 Vgl Kirsch/Klein (1977b), S. 78 - 84.

515 Vgl. Kirsch/Klein (1977b), S. 85.

516 Vgl. detaillierter Kirsch/Klein (1977b), S. 86 - 88. Als Beispiel für die faktische Dimension einer Symbolstruktur/Information möge hier deren »Gewißheit« dienen, ein Beispiel für die wertende Dimension wäre ein »angenehm sein« einer Information, die präskriptive Dimension entspräche einem zum Ausdruck kommenden »Willen«.

517 Kirsch/Klein (1977b), S. 88.

Ansätze zur Erklärung solchen Verhaltens lassen sich in psychologischen Typologiesierungen wie bei Jung,[518] dem Hemisphärenansatz[519] oder in motivationstheoretischen Beiträgen[520] erkennen.[521] Einen zentrale Ansatzpunkt zur Rekonstruktion der zugrunde liegenden Psycho-Logik und zur Gestaltung von MIS sehen Kirsch & Klein ferner in der konzeptionellen Verbindung von Informationsverhalten und **Kontext**. Schon die Problemwahrnehmung eines Aufgabenträgers ist gekennzeichnet durch seinen subjektiven individuellen Kontext.[522] Bezogen auf diesen Kontext sind bei der Problemhandhabung dann drei Arten des Informationsverhaltens unterscheidbar:[523]

- *assimilierendes* Informationsverhalten, das heißt es werden nur in den Kontext passende Informationen gesucht,
- *akkommodierendes* Informationsverhalten, mit anderen Worten: der Kontext wird an neue Informationen angepaßt,
- *revolutionäres* Informationsverhalten, in dem der bestehende Kontext überwunden und durch einen neuen ersetzt wird.

Ein entscheidender Punkt für die MIS-Gestaltung ist demnach in der Berücksichtigung der Existenz entsprechender individueller Kontexte zu sehen, denn:

> „Läßt man diese Sichtweise ... unberücksichtigt, so entwickelt man ein System, das .... »Informationen« produziert, die entweder für den potentiellen Benutzer aufgrund seines abweichenden Kontextes irrelevant sind, oder aber dessen Kontext ständig in Frage stellen, ohne daß dem Benutzer gleichzeitig geholfen wird, zu einem neuen Kontext zu gelangen."[524]

Auch bezüglich der **organisationstheoretischen Grundlagen** zeigt sich die MIS-Forschung einseitig eingeengt, nämlich auf das klassische bürokratische Organisationsmodell, das einer mechanistischen Leitidee folgt und auch als ein »Zielmodell« bezeichnet werden kann.[525] Dem stellen die Autoren ein organisches, interessenpluralistisches Systemmodell gegenüber, in dessen Mittelpunkt die Frage nach dem Überleben des sozialen Systems steht. Damit rücken (konfliktträchtige) politische Prozesse und Faktoren wie Machtausübung, Konsensbildung und Aufklärung in den Vordergrund[526] - allesamt Einflußgrößen die im klassischen Bürokratiemodell kaum zu erfassen sind, jedoch ein organisatorisches Führungssystem kennzeichen. „Entscheidungsprozesse sind lediglich

518 Vgl. dazu den weiter oben erörterten Beitrag von Mason & Mitroff.

519 Vgl. dazu die Erörterung der Beiträge Mintzbergs unter 2.1.3.3 weiter oben.

520 Vgl. dazu die Erörterung von Ackoff weiter oben.

521 Vgl. auch Kirsch/Klein (1977b); S. 91 - 101.

522 Vgl. Kirsch/Klein (1977b), S. 114. Kontext sei hier verstanden als Orientierungs- oder Erfahrungshintergrund. Vgl. vertiefend zum Kontextbegriff aus neuerer Zeit Kirsch (1992), insb. S. 66 ff.

523 Vgl. Kirsch/Klein (1977b), S. 115.

524 Kirsch/Klein (1977b), S. 116.

525 Vgl. Kirsch/Klein (1977b), S. 118 - 123.

526 Vgl. Kirsch/Klein (1977b), S. 128 - 133.

Episoden im organisatorischen Führungssystem, in dem noch mehr »passiert«."[527] Die Integration eines MIS in ein solches, sozial differenziertes System stellt ganz offensichtlich - gleich einem chirurgischen Eingriff zur Implantation eines künstlichen Organs - sehr viel höhere Anforderungen, als es im Lichte mechanistischer Bürokratietheorien je zu vermuten wäre.[528] Möglicherweise positiven Effekten bezüglich der formalen Aspekte des Führungssystems (Konsens über Fakten, Entscheidungstransparenz etc.) stehen gravierende Bedenken hinsichtlich der informalen Aspekte gegenüber (stärkerer Dissens über Werte, verminderte Innovationsfähigkeit und Flexibilität durch übermäßige Strukturierung und Formalisierung von Entscheidungsprozessen).[529] Dies führt die Autoren zu der generellen Hypothese, daß ein MIS „... normalerweise funktionale Wirkungen bezüglich der assimilierenden und akkomodierenden Aufklärung, dysfunktionale Wirkungen jedoch hinsichtlich der revolutionären Aufklärung ..."[530] besitzt. Auch hinsichtlich vorhandener Informationspathologien in Organisationen[531] können von einem MIS sowohl funktionale, Pathologien auflösende, als auch dysfunktionale, Pathologien konservierende oder verstärkende, Wirkungen ausgehen.[532]

3.1.3 Die MIS-Idee aus heutiger Sicht

„To promise what you cannot deliver may win one election, but it does not win favor, especially from practical managers."[533]

Die Konzepte von Management-Informationssystemen aus den sechziger und siebziger Jahren können *im Lichte der Praxiserfahrungen* allgemein als **gescheitert** angesehen werden.[534] Dafür lassen sich insbesondere die folgenden Indizien anführen:[535]

- Der Computereinsatz ist generell im Management weit hinter den Erwartungen zurückgeblieben, die überdies im Laufe der Jahre ständig »nach unten« beziehungsweise »in die Zukunft« hin korrigiert werden mußten; insbesondere im Top Management ist - entgegen der frühen Euphorie - bis weit in die achtziger Jahre hinein

527 Kirsch/Klein (1977b), S. 134.

528 Vgl. Kirsch/Klein (1977b), S. 139 f.

529 Vgl. Kirsch/Klein (1977b), S. 143 - 151.

530 Kirsch/Klein (1977b), S. 152.

531 Vgl. dazu detaillierter Wilensky (1967).

532 Vgl. Kirsch/Klein (1977b), S. 152 - 165.

533 Rhind (1968), S. 46.

534 Vgl. z. B. Picot/Reichwald (1991), S. 289 oder Picot/Maier (1992), Sp. 930 f.

535 Vgl. zum folgenden insb. Diebold (1964), Brady (1967), Sollenberger (1969/1977), Hunt/Newell (1971/1976), Dearden (1972), Macharzina (1974), Lucas (1975), S. 10 - 13, Simon (1960/1977), S. 126 - 132, Dearden (1983), Hill (1987).

keine nennenswerte Computernutzung zu verzeichen.[536]

- Für eine längere Zeitspanne produktiv im Einsatz befindliche Management-Informationsysteme im Sinne vollintegrierter, »totaler« Informationssysteme für alle Führungsebenen des Managements einer Unternehmung sind nicht bekannt geworden. Das Scheitern von Implementierungsbemühungen in der Praxis wird dabei vornehmlich auf nicht überwindbare technische Hürden zurückgeführt.
- »MIS-artige« Systeme, die (erfolgreich) implementiert wurden, fokussieren sich fast ausnahmslos auf gut strukturierte, operative und Routine-Problemstellungen des »Lower Management« und konnten den teilweise euphorischen Erwartungshaltungen höherer Managementebenen nicht gerecht werden. Dies führte auch zu entsprechenden Anpassungen in späteren, sehr viel bescheideneren MIS-Definitionen.[537]
- Der Vertrauensverlust, der sich hinsichtlich der Systemgestaltung im allgemeinen wie der frühen Führungsinformationssysteme im besonderen bis Mitte der siebziger Jahre vollzieht, dokumentiert sich zum einen in einer zurückhaltenderen Vergabe finanzieller Mittel, zum anderen aber auch in der Abwendung von den nunmehr negativ belegten Begrifflichkeiten. So heißt es bereits 1969 in einem alles in allem noch recht zukunftsoptimistischen Beitrag:

> „What has happened to the popularity of the *management information system* and the *total systems* concepts? The terms are either dead or dying, but the underlying concepts are very much alive and moving toward fruition in many companies."[538]

In welcher Weise insbesondere die späteren, deutlich realistischeren MIS-Konzepte tatsächlich überlebt haben, sei im folgenden Kapitel 3.2 thematisiert.

3.2 Weiterentwicklungsansätze in den siebziger und achtziger Jahren

Nachdem bis in die siebziger Jahre hinein im wesentlichen nur zwei Arten von Computeranwendungen im Unternehmen diskutiert wurden (EDP bzw. TPS sowie MIS)[539] weitete sich das Spektrum der Diskussion gegen Ende der siebziger Jahre aus. Damit verbunden ist eine **Variation des Begriffsverständnisses von MIS**, wobei in Wissenschaft und Praxis prinzipiell drei Ansätze unterschieden werden können:[540]

536 Vgl. dazu auch die nachfolgden Erörterungen in 3.2.5.1.

537 Vgl. dazu speziell Stern (1971), S. 137.

538 Sollenberger (1969/1977), S. 447.

539 Vgl. McLeod (1979/1993), S. 425.

540 Vgl. zum folgenden insb. McLeod (1979/1993), S. 425 f. und daneben Stahlknecht (1990) sowie Picot/Maier (1992). Eine ähnliche Einschätzung aus Sicht eines Vertreters der DSS-Bewegung fin-

- **Substitution** oder Ablösung des MIS-Begriffs (und der dahinterstehenden, offenbar gescheiterten Systemansätze) und Hinwendung zu anscheinend/scheinbar neuen Ansätzen, wie beispielsweise DSS, XPS und jüngst EIS - dies eine Sichtweise die insbesondere seitens der Softwareanbieter vertreten wird,
- **Ausweitung** des MIS-Begriffs als Oberbegriff (»umbrella term«) für eine wachsende Vielfalt von Systemen zur Managementunterstützung, was letztlich einer Gleichsetzung mit dem Begriff des »computerbasierten Informationssystems« (CBIS) entspricht.
- **Einengung** des MIS-Begriffs auf im wesentlichen operative, partielle und/oder funktionale Berichts- und Kontrollsysteme, wofür sich in neueren angelsächsischen Lehrbüchern auch der unmißverständlichere Begriff »Management Reporting Systems« (MRS) durchzusetzen scheint.[541]

Um den verschiedenen Sichtweisen einigermaßen gerecht zu werden, seien im folgenden zunächst die sogenannten MRS als MIS im engsten Sinne behandelt (3.2.1) worauf sich eine kurze Diskussion der Ansätze der DSS (3.2.2), XPS (3.2.3) und OAS (3.2.4) anschließt, die unter ein Begriffsverständnis eines MIS im weiten Sinne fallen würden. Im Vordergrund der bewußt kurz gehaltenen Erörterungen kann und soll dabei nicht eine ausführliche Diskussion dieser Ansätze im allgemeinen stehen. Vielmehr soll herausgestellt werden, inwieweit sie einerseits als Weiterentwicklung des ursprünglichen MIS-Gedankenguts aufgefaßt werden könnnen und andererseits Beiträge geleistet haben hinsichtlich der Unterstützung des Top Managements. 3.2.5 schließt das Kapitel mit einem Überblick über den Stand der Computerunterstützung ab.

3.2.1 Management Reporting Systems

Management Reporting Systems (MRS) werden im deutschen Sprachraum auch als (computergestützte) operationale beziehungsweise funktionale Berichts- und Kontrollsysteme bezeichnet.[542] Sie können im wesentlichen als die direkten »Abkömmlinge« oder »Nachfolger« des MIS-Gedankenguts aufgefaßt werden, sofern man jedenfalls auf die weniger ambitionierten, »bottom-up« MIS-Ansätze abstellt und nicht den »Total

det sich auch be Sprague (1980/1988), S. 304.

541 Vgl. Senn (1978/1990), S. 13 - 16 sowie Zwass (1992), S. 88 f.

542 Vgl. zum Begriff des Berichtssystems allgemein Blohm (1980) sowie umfassender Birk (1991), insb. S. 5 - 19. Zur Einordnung von Berichts- und Kontrollsystemen in eine Gesamtarchitektur von Informationssystemen vgl. insb. Mertens/Griese (1972/1991), S. 1 - 9, Kirsch (1977a), S. 68 u. 96 bzw. Kirsch (1977b), S. 23 - 26 sowie Picot/Maier (1992), Sp. 931 - 934.

Systems Approach« als Kern der MIS-Bewegung identifiziert. Ursprünge und Entwicklungsgeschichte der MRS sind deshalb in großen Teilen identisch mit der zuvor dargestellten MIS-Diskussion der sechziger und frühen siebziger Jahre. Im folgenden sei deshalb der Schwerpunkt der Betrachtung auf die typischen Kennzeichen von MRS (3.2.1.1) und ihre Ausprägung in der Unternehmenspraxis (3.2.1.2) gelegt.

3.2.1.1 Typische Kennzeichen von Management Reporting Systems

Management Reporting Systems verfügen im allgemeinen über die folgenden idealtypischen **Charakteristika**:[543]

- Entwicklung der meist großrechnerbasierten und relativ starren Systeme durch spezialisierte EDV-Abteilung und nicht im Wege des »end user computing«,
- aufgesetzt wird typischerweise auf den Daten, die im Rahmen der TPS-Verarbeitung bereits vorhandenen sind,
- je nach Ausbaustufe teilweise geringe Interaktivität beziehungsweise Dialogorientierung, dafür häufig noch Batch-Betrieb, Standardausgabemedium überwiegend Papier (tabellarische Listen, einfache Grafiken),
- Fokussierung auf gut strukturierte, vorhersehbare Informationsbedarfe sowie unternehmensinterne Informationen,
- starke Orientierung an vergangenheits- und gegenwartsbezogenen Daten und ihrer Aggregation, geringe Modellorientierung, kaum (komplexere) analytische Fähigkeiten,
- Unterstützung eines meist großen Personenkreises (Schwerpunkt Middle/Lower Management) mit bekanntem und ähnlichem Problemhintergrund (beispielsweise funktionalem Einsatzgebiet) und damit Informationsbedarf.

Diesem - in gewisser Hinsicht homogenen - Adressatenkreis werden dann in der Regel nachfolgenden **Funktionalitäten** zur Verfügung gestellt:[544]

- Ausgabe periodischer *Standardberichte* (»scheduled reports«) im zuvor festgelegten Format, zum Beispiel die tägliche, wöchentliche oder monatliche Verkaufsstatistik in einem Handelsunternehmen,
- *Ausnahmeberichte* (»exception reports«), die (automatisiert) erstellt werden, wenn einzelne, vorher festzulegende Grenzwerte überschritten werden, und dann zumeist

---

543 Vgl. zum folgenden z. B. Zwass (1992), S. 88 f., McLeod (1979/1993), S. 22 - 26 und S. 427 - 430 sowie Senn(1978/1990), S. 15 f.

544 Vgl. zum folgenden z. B. Senn (1978/1990), S. 508 f., Tom (1991), S. 34 f., Zwass (1992), S. 89 - 91, Mertens/Griese (1972/1991), S. 1 - 4.

auch nur damit zusammenhängende Informationen enthalten,

- *Bedarfsberichte* (»ad hoc reports«), die im vom Endnutzer frei bestimmbaren Bedarfssituationen erstellt werden und dann jeweils genau die gewünschten Informationen enthalten,
- *Abfrage*- oder *Auskunftsmöglichkeiten*, die im Prinzip als stärker dialogorientierte Bedarfsberichte mit höherem Aktualitätsbezug aufgefaßt werden können.

Als zusätzliche Funktionalität der MRS kann daneben noch die Informationszulieferung für übergeordnete DSS-, XPS- oder EIS-Systeme angesehen werden. Jene können ihre Input-Informationen jedoch auch direkt aus den TPS sowie aus ganz anderen Quellen gewinnen.

Die Auflistung dieser *idealtypischen* Charakteristika und Funktionen - die selbstverständlich nicht immer alle gegeben sein müssen, um von einem MRS zu sprechen - zeigen ganz deutlich die erheblichen Einschränkungen in Bezug auf die früheren MIS-Ansätze, insbesondere hinsichtlich des Adressatenkreises (kein Top Management), der anvisierten Problemstellungen (nur wiederkehrende, gut strukturierte Informationsbedarfe) und der Funktionalität (reine Daten-/Informationsbereitstellung, keine Analyse- oder Entscheidungsmodelle).

3.2.1.2 Ausprägungen in der Unternehmenspraxis

Nicht zuletzt die mit den erwähnten Einschränkungen verbundene leichtere technische Realisierbarkeit führte dazu, daß MIS in der Unternehmenspraxis eine **weite Verbreitung** gefunden haben und zwar insbesondere in der Form sogenannter partieller, funktionaler Subsysteme.[545] Deren prominenteste Inkarnationen firmieren in der Praxis unter Bezeichnungen wie Personalinformationssystem, Finanzinformationssystem, Vertriebsinformationssystem und Produktionsinformationssystem. Ihnen ist gemein, daß sie auf die spezifischen (wiederkehrenden) Informationsbedarfe der entsprechenden Funktionsbereiche - die je nach Organisationsform mit organisatorischen Einheiten zusammenfallen können - zugeschnitten sind. Dies bedeutet jedoch nicht, daß die mittels solcher Systeme bereitgestellten Daten ihren Ursprung ausschließlich in TPS der entsprechenden Funktionsbereiche haben müssen. Durchaus denkbar und in der Praxis auch realisiert ist der gemeinsame Zugriff unterschiedlicher funktionaler MRS auf dieselben Elemente einer Datenbasis, deren Ursprung möglicherweise in einem ganz anderen Verantwortungsbereich liegt.

545 Vgl. dazu z. B. Davis/Olson (1974/1985), S. 13 f., Picot/Maier (1992), Sp. 931 f., Stahlknecht (1990), S. 266.

Bezogen auf **Marketinginformationssysteme** (MKIS) kommt McLeod in einer 1980 unter den Fortune 500 erstmals durchgeführten und 1990 replizierten Fragebogenerhebung unter anderem zu folgenden Ergebnissen:[546]

MKIS-Verbreitung und Nutzung unter den Antworten:	1980	1990
• Anteil der Marketing Manager mit einem MKIS:	51 %	93 %
• Anteil der Marketing Manager mit täglicher Systemnutzung:	44 %	70 %

Nutzungsarten/Funktionen bei installierten MKIS:	1980	1990
• Datenbankabfragen	75 %	92 %
• Berichtserstellung	61 %	77 %
• Entscheidungssimulation bzw. mathematische Modellierung	51 %	30 %

Deutlich zu erkennen ist neben dem hohen Verbreitungsgrad die Dominanz der Abfrage- und Auskunftsfunktion. Interessanterweise nahm - zumindest die als solche identifizierte - Entscheidungssimulation mittels mathematischer Modelle ab, obgleich die Antwortpartner angaben, daß 52 % der Systemnutzung 1990 hauptsächlich der Führungsfunktion Planung diente gegenüber 37 % 1980.

Derselbe Autor ermittelt bezogen auf **Human Ressource Information Systems** (HRIS) in einer in den Jahre 1990 und 1991 durchgeführten Studie unter 1861 Mitgliedsfirmen (Rücklauf 513 = 27,6 %) der »Association of Human Ressource Systems Professionals« mit unterschiedlicher Größe, Branchenzugehörigkeit und Nationalität folgende »Basic Forms of HRIS-Output«: »periodic reports« (bei 95 % der Antworten), »database queries« (84 %), »Mathematical models« (35 %), »expert systems« (9 %).[547] Die Nutzer der entsprechenden Outputs sind dabei zu zwei Dritteln innerhalb der Personalabteilung (HR) zu lokalisieren. Basierend auf einer fünfstufigen diskreten Skala (1 = »not at all«, 2 = »occasionally«, 3 = »monthly«, 4 = »weekly«, 5 = »daily«) errechnet McLeod die folgende Durchschnittsnutzung einzelner Nutzergruppen: »executives«: 2,8; »nonHR managers«: 3,1; »HR director«: 3,8; »other HR managers«: 4,3.

Im Lichte dieser und anderer empirischer Studien läßt sich zusammenfassend festhalten, daß funktionale MRS in der Praxis eine weite Verbreitung gefunden haben, dort überwiegend eine Daten-/Informationsbereitstellungsfunktionen für Planungs- und Kontrollzwecke innerhalb des »Operational Control« haben, die hauptsächlich im Wege periodischer Reports oder individueller Abfragen erfüllt werden.

546 Vgl. zum folgenden McLeod (1979/1993), S. 625 - 635.

547 Vgl. hierzu und zum folgenden McLeod (1979/1993), S. 725 - 727.

3.2.2 Decision Support Systems

„All in all, the message for DSS is clear: technology is not the bottleneck anymore.“[548]

„The bottleneck is now the D.“[549]

Decision Support Systems (DSS) - zu Deutsch Entscheidungsunterstützungssysteme (EUS) - können in Abgrenzung zu den zuvor beschriebenen MRS auch als unmittelbare Nachfolger eines Teils der ambitionierteren MIS-Ansätze aufgefaßt werden - allerdings mit etwas verändertem Fokus. Nach einem kurzen Überblick über ihre Ursprünge und Enwicklungsgeschichte (3.2.2.1) sei der Blick im folgenden analog zu den Erörterungen unter 3.2.1 auf ihre wesentlichen Kennzeichen (3.2.2.2) sowie ihre Bedeutung in der Unternehmenspraxis eingegangen (3.2.2.3).[550]

3.2.2.1 Ursprünge und Entwicklungsgeschichte

Die Wurzeln eines spezifischen DSS-Gedankenguts lassen sich prinzipiell bis in die Zeit der ersten MIS-Ansätze - in das Jahr 1958 - zurückverfolgen, in dem unter dem Titel »Industrial Dynamics« eine Arbeit des MIT-Professors Jay W. Forrester erscheint, in der schon recht detailliert auf die Möglichkeiten der Verknüpfung von Simulationstechniken, Unternehmensmodellen und EDV zur Unterstützung von Managern hingewiesen wird.[551] Neben einigen - im MIS-Zusammenhang teilweise bereits erörterten - Artikeln aus den Jahren 1968 bis 1971,[552] kann der eigentlich Startpunkt der DSS-Diskussion in der 1967 fertiggestellten und 1971 unter dem Titel »Management Decision Systems« veröffentlichten Dissertation von Michael S. Scott Morton gesehen werden.[553] Anhand eines auf den Entscheidungsprozeß fokussierten Feldexperiments, das sich auf die neueste seinerzeit verfügbaren Computertechnik (interaktives Graphik-

548 Keen (1986), S. 222.

549 Keen (1986), S. 228.

550 Vgl. neben dem folgenden zur Übersicht insb. auch die Beiträge von Bonczek et al. 1981), Ginzberg/Stohr (1982), Elam et al. (1986), Stabell (1986), Mußhoff (1992) sowie insgesamt die Sammelbände von Ginzberg et al. (Hrsg.; 1981) und McLean/Sol (Hrsg.; 1986). Vgl. für den deutschen Sprachraum v. a. jüngst Werner (1992).

551 Vgl. Forrester (1958) sowie ausführlicher Forrester (1961), das auch von vielen MIS-Ansätzen rezipiert wurde.

552 Vgl. insb. Dickson (1968), Jones (1970), Montgomery/Urban (1971/1976), Gorry/Scott Morton (1971/1988).

553 Vgl. Scott Morton (1971). Die erste Begriffsverwendung von DSS dürfte im darauf stark aufbauenden, bereits weiter oben diskutierten Beitrag von Gorry/Scott Morton (1971/1986) zu sehen sein

Terminal, On-line Datenzugriff, Daten- und Methodenbank) stützte,[554] kommt der Autor zum Ergebnis, daß sich die Entscheidungsprozesse - zumindest im Empfinden der beteiligten, nicht technikvorbelasteten Manager - sowohl hinsichtlich der Effizienz (benötigte Durchlauf- und Analysezeiten) als auch der Effektivität (leichtere Problemerkennung, größere Anzahl durchgespielter Lösungsalternativen, höhere Entschlußqualität) zum Teil deutlich verbessert hatten.[555]

»Richtig in Schwung« kommt die DSS-Diskussion allerdings erst gegen Ende der siebziger Jahre,[556] zeitgleich also mit der Einführung der ersten PC's,[557] die erstmals eine autonome Bereitstellung von Rechenkapazität (und Software-Tools) am Arbeitsplatz ermöglichen. Neben Scott Morton ist die DSS-Diskussion im weiteren Verlauf insbesondere mit den Namen von S. L. Alter, Eric D. Carlson, Peter G. W. Keen und Ralph H. Sprague Jr. als den vielleicht exponiertesten Vertretern verbunden.[558] Ähnlich jedoch wie schon bei den MIS, kann sich auch innerhalb der DSS-Ansätze keine einheitliche Begriffsverwendung durchsetzen.[559] Stabell beispielsweise unterscheidet vier »Schulen« (»Decision Analysis« - »Decision Calculus« - »Decision Research« - »Implementation Process«), die sich dem DSS-Thema in ganz unterschiedlicher Weise nähern.[560]

Spätestens ab Mitte der achtziger Jahre wird die DSS-Bewegung zunehmend vom Gedankengut der Künstlichen Intelligenz sowie der Bürokommunikation beeinflußt, was sich zum einen in der Hinwendung zu Expertensystemen (siehe unter 3.2.3), zum anderen in Konzepten eines »Group Decision Support Systems« (GDSS) niederschlägt,[561] die zusammen mit anderen kommunikationsorientierten Ansätzen auch unter der Bezeichnung Groupware und neuerdings »Computer Supported Cooperative Work« zusammengefaßt werden.[562]

---

554 Bezugnehmend auf die Erörterungen im Anhang C beachte man, daß diese Technologien gegen Ende der sechziger Jahre teilweise noch in ihren Kinderschuhen steckten!

555 Vgl. zusammenfassend Scott Morton (1971), S. 11 - 17.

556 Vgl. Elam et al. (1986), S. 7 f., die im Jahre 1977 einen ersten Höhepunkt in der Anzahl von DSS-Zeitschriftenveröffentlichung identifizieren, gefolgt von einem zweiten 1980 und einem starken Anstieg der Veröffentlichungszahl ab 1984.

557 Vgl. dazu auch die Erörterung im Anhang C sowie speziell zum Zusammenhang zwischen DSS und Personal Computing Keen/Scott Morton (1978), S. 3 f., Keen/Hackathorn (1979/1986) und Hackathorn/Keen (1981/1988).

558 Vgl. insb. Keen (1976), Alter (1977), Keen/Scott Morton (1978), Carlson (1979), Alter (1980), Keen (1980/1986), Sprague (1980/1988), Sprague/Carlson (1982), Keen (1986), Sprague (1986).

559 Vgl. für eine Übersicht über verschiedene Definitionen Ginzberg/Stohr (1982), S 9 - 12, die mit fortschreitender Zeit disjunkte Einengungen des DSS-Begriffs konstatieren.

560 Vgl. Stabell (1986).

561 Vgl. zum GDSS-Ansatz insb. DeSanctis/Gallupe (1985/1988) sowie DeSanctis/Gallupe (1987).

562 Vgl. allgemein zu den zur Mitte der achtziger Jahre wahrgenommenen DSS-Weiterentwicklungs-

3.2.2.2 Wesentliche Kennzeichen von Decision Support Systems

Scott Morton und Keen, die als Vertreter der beiden letztgenannten Schulen Stabells aufgefaßt werden können, nennen die folgenden **Definitionsmerkmale** eines DSS:[563]

- Der Computer dient zur *Unterstützung*, nicht zum Ersatz des menschlichen Urteilsvermögens.
- Der Haupteffekt der Unterstützung liegt im Bereich *semi-strukturierter* Aufgabenstellungen, das heißt Situationen, in denen *Teile* der Analyse ein hinreichendes Systematisierungspotential haben,
- das Problemlösungsverfahren ist *interaktiv* und vollzieht sich mittels eines *Mensch-Maschine-Dialogs*.
- Die Entwicklung des Systems erfolgt in einem iterativen und *adaptiven Prozeß* von sich abwechselnder Gestaltung und Nutzung durch den »End-user« selbst (oder zumindest unter dessen starken Partizipation),.
- Zielsetzung ist die Verbesserung der *Effektivität* von Entscheidungsprozessen und weniger die Effizienzsteigerung.

Carlson und Sprague gehen dagegen eher von eine erweiterten Begriffsverständnis aus, wenn sie „improving the performance of knowledge workers in organizations"[564] als Ziel nennen und folgende **Charakteristika** für DSS nennen:

„• They tend to be aimed at the less well structured, underspecified problems that upper level managers typically face
• They attempt to combine the use of models or analytical techniques with traditional data access and retrieval functions.
• They specifically focus on features that make them easy to use by noncomputer people in an interactive mode.
• They emphasize flexibility and adaptability to accomodate changes in the environment and decision-making approach of the user."[565]

Typische **Funktionen** eines DSS sind neben dem reiner Datenzugriff und den statistischen Funktionen insbesondere in der (quantitativen) Optimierung und Simulation und dort insbesondere in zukunftsorientierten Trendberechnungen oder Sensitivitätsanalysen (»What-if« oder »How-to-achieve« Fragestellungen) sowie in der graphischen, benutzerfreundlichen Ausgabe zu sehen.[566] Darin spiegeln sich dann auch die drei prinzipiel-

---

tendenzen Treacy (1985/1986), Sprague (1986), Keen (1986).

563 Vgl. zum folgenden Keen (1976), S. 2 sowie Keen/Scott Morton (1978), S. 1 f., Keen (1980/1986), S. 31.

564 Sprague/Carlson (1982), S. 6

565 Sprague/Carlson (1982), S. 6; ähnlich auch schon in Carlson (1980/1988), S. 305.

566 Vgl. z. B. Zwass (1992), S. 93 sowie S. 530 - 536 und McLeod (1979/1993), S. 471 - 477.

len, mit einander verbundenen **Komponenten** eines DSS wider, nämlich[567]

- die *Daten*komponente (»Data Management Subystem«),
- die *Modell*komponente (»Model Management Subystem«) sowie
- die *Dialog*komponente (»Dialog Management Subsystem« bzw. »Interface«).

3.2.2.3 AUSPRÄGUNGEN UND BEDEUTUNG IN DER UNTERNEHMENSPRAXIS

Prinzipell lassen sich - allerdings nicht ganz trennscharf - drei Technologieebenen oder **Arten von DSS** in der Praxis unterscheiden (institutionelle, spezifische DSS-*Applikationen*; DSS-*Generatoren* sowie DSS-*Tools*, insb. 4GL-Sprachen), die sich jeweils durch unterschiedliche Schwerpunktsetzung auf einzelne der oben beschriebenen Komponenten, auf die benutzte Hardware-Architektur, die Funktionalitäten sowie hinsichtlich der erzielbaren Flexibilität unterscheiden.[568]

Wenngleich DSS im (teilweise mit anvisierten) Top Management nicht zum Einsatz gekommen sind, so haben sie doch im operativen sowie Middle Management und insbesondere in zentralen Stabsabteilungen eine - zumindest in jüngerer Zeit - deutlich **zunehmende Verbreitung** gefunden, insbesondere dann, wenn man DSS-artig ausgelegte Tabellenkalkulationsanwendung in die Betrachtung mit einbezieht. So kommt Benz 1990 in einer Felduntersuchung in Hessen hinsichtlich des *Einsatzes statistischer Verfahren* auf einen Durchdringungsgrad von 79 % in Unternehmen mit mehr als 1000 Mitarbeitern und zu 51 % in Unternehmen zwischen 201 bis 1000 Mitarbeitern, wobei die Einsatzschwerpunkte in der Unternehmensplanung (53 %), der Qualitätssicherung (49 %) sowie der Absatzmarktforschung (44 %) liegen.[569] Bezogen auf die Marketingfunktion ermitteln Higby & Farah in einer repräsentativ angelegten, schriftlichen Befragung unter amerikanischen Unternehmen - bei allerdings niedriger Rücklaufquote - einen *DSS-Einsatz* von 32 % (unter Ausschluß von Tabellenkalkulationssoftware) gegenüber 6 % Expertensystemen und 91 % Marketinginformationssystemen, wobei sich das DSS-Einsatzspektrum insbesondere auf »Sales Forecasting« (67 % der DSS-Nutzer)

567 Vgl. zum folgenden z. B. Senn (1978/1990), S. 544 - 547, Zwass (1992), S 533 - 538 oder Werner (1992), S. 46 - 52und ähnlich bereits Montgomery/Urban (1971/1976), S. 9, wo noch zwischen einer mehr auf den Anwendungszweck zugeschnittenen Modellbank und einer eher allgemein statistikorientierten Methodenbank unterschieden wird. Für neuere GDSS-Konzepte wäre hier noch eine Kommunikationskomponente hinzuzufügen.

568 Vgl. dazu detaillierter Senn (1978/1990), S. 542 f., Zwass (1992), S. 542 f., oder Werner (1992), S. 44 f., die sich im wesentlichen an die Systematisierung von Sprague (1980/1988), S. 311 anlehnen. Besonders die Abgrenzung zwischen Generatoren und Tools ist dabei häufig jedoch nicht eindeutig.

569 Vgl. Benz (1991), S. 29 f.; ein Ausweis der darin enthaltenen sicherlich niedrigeren Zahl von DSS-Systemen findet nicht statt.

und »Budgeting« (52 %) konzentriert.[570] Auch allgemein läßt sich festhalten daß der DSS-Einsatz begrenzt ist auf einige bestimmte, überwiegend semistrukturierte Fragestellungen, wie sie außer im Marketing insbesondere im Investitions- und Finanzbereich (Budget-, Risiko- oder Portfolioanalyse und -planung) anzutreffen sind.[571]

Ob Decision Support Systems allerdings dort, wo sie im Einsatz sind, die angestrebte **Verbesserung von Entscheidungsprozessen** gebracht haben, erscheint im Lichte der empirischen Befunde zumindest äußerst **fraglich**. So bewegen sich in der erwähnten amerikanischen Studie die die Werte für die Zufriedenheit in den zehn meist genannten Einsatzgebieten (inklusive »Sales Forecasting« und »Budgeting«) über alle untersuchten Informationssysteme nur zwischen 2,7 und 3,2 (auf einer Skala von 1 = »strong satisfaction« bis 6 = »strong dissatisfaction«.). C. K. Carlson befragt 1988 75 Manager aus dem öffentlichen Sektor zu den wichtigsten Erfordernissen einer Computerunterstützung, wobei zwanzig vorgegebene DV-Unterstützungsaufgaben auf einer Skala von 0 bis 8 hinsichtlich ihrer Wichtigkeit eingestuft werden sollen. Dabei landen die fünf typischen DSS-Funktionalitäten in einem Ranking abnehmender Wichtigkeit auf den Plätzen 11, 13 und 17 bis 19.[572] Benbasat kommt bei einer synoptischen Auswertung empirischer DSS-Studien zum uneinheitlichen Ergebnis, daß sowohl über positive, neutrale als auch negative Performance-Effekte berichtet wird.[573] Anhand zweier, selbst durchgeführter Laborexperimente mit Studenten kommt Benbasat zur Schlußfolgerung, daß sich die Verfügbarkeit eines DSS nicht in einer größeren Informationsnutzung, mehr »durchgespielten« Lösungsalternativen oder qualitativ besseren Entscheidungen niederschlägt, sondern im wesentlichen zu einer Aufwandsminimierung bei der Entscheidungssuche führt.[574]

Unter zusätzlicher Berücksichtigung der - ähnlich den MIS-Konzepten - vorliegenden Fundamentalkritik am DSS-Ansatz[575] erscheint es deshalb sinnvoll, deren Fortschritt nicht so sehr in dem Nutzen der installierten Systeme zu suchen als vielmehr in ihrem Beitrag zu einer stärkeren **Berücksichtigung der Nutzerseite** bei der Systemgestaltung und insbesondere auch bei der Implementierung sowie zur Öffnung des stark normativen MIS-Gedankenguts gegenüber den verhaltensrealistischeren, deskriptiven Erkenntnissen über Entscheidungsprozesse.

570 Vgl. Higby/Farah (1991), S. 32 f.

571 Vgl. zu Möglichkeiten und Grenzen der Anwendung in der strategischen Unternehmensplanung die Dissertation von Dannenberg (1990).

572 Vgl. Carlson (1988), S. 139.

573 Vgl. Benbasat/Nault (1990), S. 218.

574 Vgl. Todd/Benbasat (1992), S. 384 - 390.

575 Vgl. dazu insb. Winograd/Flores (1986/1989), S. 248 - 257.

3.2.3 EXPERT SYSTEMS

„The Promise of a Smart Machine"[576]

Expertensysteme (XPS), neuerdings auch als »Wissensbasierte Systeme« bezeichnet, stellen ein Teilgebiet aus der »Künstlichen Intelligenz« (KI) dar,[577] einem Forschungsgebiet der Informatik. Erklärtes Ziel der KI ist es, Maschinen ein Verhalten »beizubringen«, daß man - würde man es bei einem Menschen beobachten - als »intelligent« bezeichnen kann.[578] Expertensysteme können dann allgemein aufgefaßt werden als Computerprogramme, die in der Lage sind, die Problemlösungsfähigkeiten von Fachexperten in einem bestimmten Fachgebiet zu simulieren, wobei insbesondere auch Heuristiken und ähnliche inexakte beziehungsweise qualitative Lösungsverfahren Berücksichtigung finden sollen.[579] Nach einigen kurzen Überlegungen zur Entwicklungsgeschichte der KI wie der XPS (3.2.3.1) seien im folgenden die wesentlichen Merkmale von Expertensystemen (3.2.3.2) sowie ihre Bedeutung in der Praxis (3.2.3.3) dargestellt.

3.2.3.1 ENTWICKLUNGSGESCHICHTE

Der Geschichte der KI ist (beinahe) so alt wie der Computer selbst. Der Name und das Forschungsfeld »Artificial Intelligence« haben ihren Ausgangspunkt in einer von John McCarthy gleichnamig benannten Konferenz am Dartmouth College im Jahre 1956, wobei zu ihren »Gründungsvätern« neben McCarthy insbesondere Marvin Minsky, Allen Newell, Claude Shannon und Herbert Simon gezählt werden können.[580] Zunächst richteten sich die Forschungsbemühungen auf die Entwicklung allgemeiner Problemlösungsverfahren (»**General Problem Solver**«[581]).

Ende der sechziger Jahre ist eine Neuorientierung der KI-Forschung (und die Geburtsstunde des Expertensystemansatzes) zu erkennen, indem zunehmend die **Wissensverarbeitung** (an Stelle der Problemlösungsfähigkeit) in den Vordergrund des Interesses gerückt wird. Die frühe XPS-Entwicklungen sind dabei eng verbunden mit Edward Fei-

576 Titel eines XPS-Beitrages von Newquist (1986/1988), S. 358.

577 Andere Forschungsobjekte der KI sind daneben insbesondere die Bild- bzw. Mustererkennung, die Sprachverarbeitung, die Robotik und neuerdings wieder verstärkt die Erforschung sogenannter »Neuronaler Netze«.

578 Vgl. Borkowski/Geis (1990a), S. 252, Zwass (1992), S. 567 oder McLeod (1993), S. 529.

579 Vgl. hierzu sowie zum folgenden - auch für einen allgemeinen Überblick - Mertens (1989a), Borkwoski/Geis (1990b), Schmitz (1992), Schmidt (1993).

580 Vgl. z. B. Zwass (1992), S. 569 oder McLeod (1979/1993), S. 529.

581 Vgl. insb. Simon/Newell (1958), Newell/Simon (1972).

genbaum von der Stanford Univerity, der die ersten Expertensysteme (DENDRAL und MYCIN, Diagnosesystem im biologisch-chemisch-medizinischen Bereich) Ende der sechziger Jahre und in den siebziger Jahren konzipiert und implementiert.[582] Den eigentlichen Aufschwung erlebt die XPS-Diskussion dann zusammen mit der Kommerzialisierung entsprechender Produkte in den achtziger Jahren. Als besonders erfolgreiches Beispiel einer XPS-Anwendung wird dabei immer wieder auf das VAX-Konfigurationssystem XCON der Digital Equipment Corporation verwiesen, das zu Beginn der achtziger Jahre implementiert wurde.[583]

Seit Mitte der achtziger Jahre sind zunehmende Bemühungen erkennbar, Expertensysteme allgemein in die erweiterte MIS-Bewegung (»Management Support Systems« - MSS) zu integrieren und insbesondere mit Entscheidungsunterstützungssystemen zu kombinieren (als sogenannte »Expert Support Systems« - XSS).[584] In jüngster Zeit widmet sich die KI-Forschung (wieder) stark dem Thema »**Neuronale Netze**«, von dem deutliche Impulse auf die Fortentwicklung auch in den anderen KI-Bereichen, insbesondere der Bild- und Spracherkennung erwartet werden.[585]

3.2.3.2 Merkmale und Architektur von Expertensystemen

Expertensysteme lassen sich anhand der folgenden typischen **Merkmale** charakterisieren:[586]

- die Zielsetzung, »knappes« und schwer verfügbares *Experten*wissen (inklusive seiner heuristischen Bestandteile, wie beispielsweise »Faust- oder Daumenregeln«) einer *breiteren* Nutzerschaft zugänglich zu machen,
- die Konzentration auf eine relativ schmale, sehr spezifische *Wissensdomäne*,
- einen Schwerpunkt der Anwendung auf *wiederkehrende*, zumeist sehr komplexe aber zumindest minimal strukturierbare Problemstellungen,
- größtenteils *symbolische* (an Stelle von numerischer) Verarbeitung.
- Ergebnis ist nicht (nur) die Unterstützung eines ansonsten autonomen Entscheidungsträgers, sondern (zumeist) die automatisierte Problemlösungs- oder Entscheidungs*findung*.

582 Vgl. auch Feigenbaum et al. (1988).

583 Vgl. ausführlicher Zwass (1992), S. 657 - 665.

584 Vgl. Luconi et al. (1986), Turban/Watkins (1986/1988), Henderson (1987), Turban (1988/1990), El-Najdawi/Stylianou (1993).

585 Vgl. dazu ausführlicher und sehr anschaulich etwa Brunak/Lautrup (1993) sowie die dort angegebene (kommentierte) Literatur.

586 Vgl. dazu etwa Luconi et al. (1986), S. 4.

Prinzipiell lassen sich fünf **Komponenten** einer Expertensystem-Architektur unterscheiden:[587]

- eine *Wissensbasis*, die neben Fakten insbesondere auch Regeln enthält,
- eine *Wissenserwerbs*komponente, die im Dialog mit dem oder den Experten die Wissensentwicklung unterstützt,
- eine *Inferenz-* oder Problemlösungskompenente zur Ableitung problemadäquaten neuen Wissen oder Lösungen aus der vorhandenen Wissensbasis,
- eine *Dialog-* oder Interviewkomponente als Schnittstelle zum Benutzer sowie
- eine *Erklärungs*komponente, die dafür Sorge trägt, daß der Anwender das Problemlösungsverfahren nachvollziehen kann.

3.2.3.3 PRAXISBEDEUTUNG

Unbenommen ihres breiten Einsatz*potentials*, kann man hinsichtlich des erfolgreichen Einsatzes in der betriebswirtschaftlichen Praxis geteilter Meinung sein.[588] Davon zu sprechen, daß sich XPS auf breiter Front durchgesetzt hätten,[589] erscheint im Lichte empirischer Erfahrungen[590] wie fundamentaler theoretischer Bedenken[591] kaum haltbar. Vielmehr scheint sich in der XPS- wie in der KI-Bewegung eher eine gewisse **Ernüchterung** über die - zumindest in naher Zukunft - erzielbaren Erfolge breitzumachen.[592] Existierende erfolgreiche XPS arbeiten fast ausnahmslos in sehr spezifischen Fragestellungen, die zwar teilweise über eine sehr hohe Komplexität verfügen aber zumindest semistrukturiert, wenn nicht sogar gutstrukturiert sind.[593]

Im Angesicht dessen kann es nicht verwundern, daß wissensbasierte Systeme auf der Ebene oberster Führungskräfte derzeit keine Rolle spielen. Auch wenn jüngst - beispielsweise unter dem Label »Expertisesysteme« - der Einsatz von Expertensystemen

---

587 Vgl. dazu etwa Kleinhans (1989), S. 55 f., Borkowski /Geis (1990b), S. 174 f., Schmitz (1992), Sp. 614 - 619, Zwass (1992), S. 577, McLeod (1979/1993), S. 532.

588 Mertens et al. (1993) eruiert (nur) 267 *aktive* Expertensystemanwendungen im deutschsprachigen Raum.

589 So etwa Borkowski/Geis (1990c), S. 176.

590 Vgl. neben der weiter oben (3.2.2.3) bereits vorgestellten Studie von Higby/Farah (1991) insb. die recht kritischen, jüngeren Beiträge von George/Tyran (1993) sowie Hensel (1993) und allgemeiner zu IT-Investitionsschwerpunkten in der deutschen Industrie Reindl (1991) sowie zur Wichtigkeit von Aufgaben des Information Management Krcmar 1991. Expertensysteme werden in den beiden letztgenannten Erhebungen jeweils auf die letzten Plätze gesetzt.

591 Vgl. grundlegend Dreyfus/Dreyfus (1986) sowie neuerlich Franck (1992a) bzw. Franck (1991).

592 Vgl. ähnlich auch Kleinhans (1989), S. 190, oder McLeod (1979/1993), S. 560.

593 Vgl. auch Radermacher (1988), S. 294 ff.

im oberen Führungsbereich konzeptionell diskutiert wird,[594] sei gesunde **Skepsis** angebracht, ob XPS dort zukünftig eine wachsende Bedeutung zukommen wird.[595] Gleichwohl sind von den XPS-Ansätzen in der Abkehr von einer rein quantitativ-numerischen Verarbeitung und Hinwendung zu Heuristiken und qualitativen Aspekten sowie in der »Erklärungskomponente« wesentliche und **richtungsweisende Impulse** auch für einen »Executive Support« gesetzt worden.

3.2.4 OFFICE AUTOMATION SYSTEMS

Systeme der Office Automation werden im deutschen Sprachraum zumeist unter dem Stichwort Bürokommunikation (und seltener Büroautomation) zusammengefaßt.[596] In diesem sehr breit angelegten Feld läßt sich mittlerweile eine Menge von in verschiedener Hinsicht sehr heterogenen Ansätzen und Techniken identifizieren, von denen die wichtigsten zusammen mit ihrer historischen Entwicklung unter 3.2.4.1. dargestellt sind, worauf in 3.2.4.2 auf die Praxisrelevanz der Office Automation Systems (OAS) im Management eingegangen wird.[597]

3.2.4.1 GESCHICHTLICHE ENTWICKLUNG UND AUSPRÄGUNGSFORMEN

Der weiten Begriffsabgrenzung folgend, können die ersten technischen Systeme zur Unterstützung der Büroarbeit im 19. Jahrhundert ausgemacht werden, und zwar in der erfolgreichen Einführung der Schreibmaschine um 1870. Weitere wichtige frühe Stationen sind in der Erfindung des Telefons in den zwanziger Jahren dieses Jahrhunderts und dann insbesondere in den fünfziger Jahren in dem Aufkommen der Photokopier- sowie der EDV-Technik zu sehen. Neben den bereits weiter oben dargestellten Entwicklungen im Rahmen der (erweiterten) MIS-Forschung, sind im weiteren Verlauf (in den siebziger und achtziger Jahren) insbesondere die folgenden **OAS-Entwicklungen** bedeutsam:[598]

- Systeme des *Document Management*, worunter insbesondere die Textverarbeitungssysteme (»Word Processing«), aber auch die (schon sehr viel ältere) Mikrofilmtech-

594 Vgl. z. B. Mertens (1989b), Mertens (1991) oder Mertens/Back-Hock (1992).

595 Vgl. auch Kleinhans (1989), S. 113 - 118.

596 Vgl. zu den Begrifflichkeiten und zum allgemeinen Überblick Frese/Werder (1992).

597 Vgl. zum folgenden auch Hirschheim (1985a), S. 16 - 19 bzw. Hirschheim (1985b), S. 7 - 10.

598 Vgl. zum folgenden auch Zwass (1992), S. 612.

nologie, Technologien der digitalen Bildverarbeitung, des »Document Retrieval« und neuerliche Hypertext-Ansätze fallen,

- Systeme des *Message Handling*, unter denen Telefax die größte Verbreitung hat, gefolgt von »Electronic Mail« und neuerdings »Voice Mail«,[599]
- *Konferenzsysteme*, in den Ausprägungsformen Audiokonferenz, Videokonferenz, Computer-Telekonferenz sowie Group Decision Support Systems (GDSS),
- *Groupware*-Systeme, wie insbesondere Computer Conferencing, elektronische Gruppenterminkalender oder Systeme des »Information Sharing« oder Projektmanagement.

Letztere beiden - ohnehin nicht ganz trennscharfen - OAS-Anwendungsfelder werden neuerdings auch unter der Bezeichnung »Computer Supported Cooperative Work« (CSCW), »Computer Aided Team« (CAT) oder »Work Group Support« zusammengefaßt.[600] Die darunter fallenden einzelnen Ansätze der Gruppenunterstützung werden zumeist nach den Dimensionen Ort und Zeit jeweils dichotomisch systematisiert.[601] Bezogen auf den Gesamtbereich der OAS ist ferner noch die Unterscheidung nach Daten-, Text-, Bild- oder Ton-bezogener Unterstützung üblich.[602]

Das prinzipielle Anliegen der OAS besteht in der Unterstützung der individuellen Aufgabenerfüllung sowie insbesondere der Zusammenarbeit (und damit Kommunikation) aller Bürotätigen (Führungskräfte, Fachkräfte, Sekretariats- und Assistenzkräfte). Inwieweit die ursprünglich stark auf den Sekretariatsbereich fokussierte Bürokommunikation tatsächlich auch das Management erfaßt hat, sei im nachfolgenden Punkt skizziert.

3.2.4.2 Praxisrelevanz im Management

Mitchell Fleischer und Jonathan A. Morell vom Industrial Technology Institute, Ann Arbor, führen Mitte der achtziger Jahre verschiedene Feldstudien zur Nutzung von OAS im Management durch.[603] Unter 168 nicht repräsentativ ausgewählten Managern (davon

599 Vgl. zu den Einsatzpotentialen von E-Mail insbesondere auch Picot (1987a).

600 Vgl. zu diesem, je nach Autor teilweise unterschiedlich abgegrenzten Themengebiet, ausführlicher etwa Kraemer/King (1988), Finholt/Sproull (1990), Gappmaier/Heinrich (1992), Krcmar (1992), Krcmar/Lewe (1992), Petrovic (1992) sowie die dort jeweils angegebene Literatur.

601 Unterstützung am selben Ort zur selben Zeit (Beispiel: »Electronic Meeting Room«), am selben Ort zu verschiedener Zeit (elektronischer Gruppenterminkalender), an unterscheidlichen Orten zur selben Zeit (Videokonferenz), zu unterschiedlichen Zeit an verschiedenen Orten (»Electronic Conferencing«).

602 Vgl. auch Hirschheim (1985a), S. 13 bzw. Hirschheim (1985b), S. 6.

603 Vgl. insb. Fleischer/Morell (1988) sowie Morell/Fleischer (1988).

circa 25 % obere Führungskräfte) aus 15 der 33 größten Unternehmen in Pennsylvania ermitteln die Autoren bezogen auf elf verschiedene Bürokommunikationstechniken **Nutzungsumfang und -frequenz** (Abbildung 33).

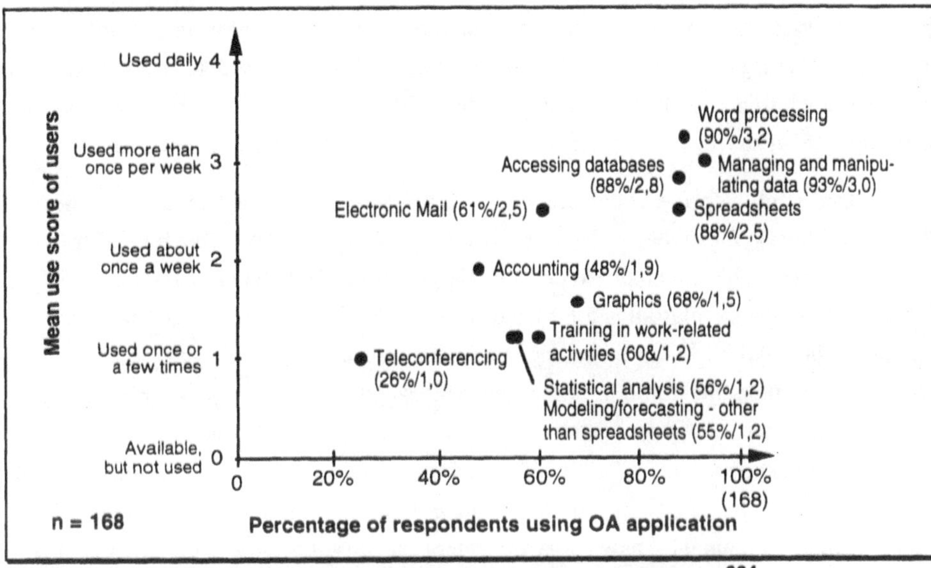

ABB. 33: OAS-NUTZUNGSUMFANG UND -FREQUENZ[604]

Abgesehen von der etwas eigentümlich skalierten Achse der Nutzungsfreqenz (und den sich daraus ergebenden Interpretationsschwierigkeiten) läßt sich festhalten, daß der **Schwerpunkt** der OAS-Anwendungen eindeutig in den mehr **administrativen Aufgabenstellungen** liegt (Textverarbeitung, Datenzugriff etc.). Kommunikationsanwendungen (E-Mail, Teleconferencing) sowie hochentwickelte Analyse-Tools spielen dagegen eine mehr untergeordnete Rolle. E-Mail wird zwar insgesamt nur von relativ wenigen Befragten genutzt, bei diesen dann jedoch sehr häufig.[605] Diesem überdurchschnittlichen Verhältnis von Nutzungsfrequenz zu Nutzungsumfang von E-Mail stehen unter anderem »Graphics« mit einem unterdurchschnittlichen Verhältnis gegenüber (vergleichsweise niedrige Nutzung bei hoher Nutzerzahl).

Die Fähigkeiten, die E-Mail-, Teleconferencing- oder »Graphics«-Anwendungen bereitstellen, werden allerdings als ziemlich unwichtig eingestuft (zwischen 3,1 und 4,5 auf einer Skala von 1 = sehr hilfreich bis 5 = überhaupt nicht hilfreich) im Hinblick ihres **Einflusses auf die Entschlußfindung** in Entscheidungsprozessen, und zwar unabhän-

604 Quelle: Fleischer/Morell (1988), S. 32; Darst. d. Verf.

605 Vgl. Fleischer/Morell (1988), S. 37.

gig vom Strukturiertheitsgrad der Problemstellung.[606] Überhaupt wird *allen* OAS-Anwendung (Ausnahme Texterstellung 2,4) kaum Untertsützungspotential hinsichtlich unstrukturierter Problemstellungen zugeordnet. Die höchsten Werte hinsichtlich der OAS-Unterstützung (zwischen 2,0 und 2,4) erzielen die Texterstellung und -veränderung, Informationssammlung, Datenanalyse und Routinekalkulation in gut oder semistrukturierte Aufgabenstellungen. Damit harmonierend wird der größte Effekt von OAS in der schnelleren Erstellung von Berichten und Präsentationen gesehen, bei anderen Management-Aktivitäten dagegen sind kaum größere Einflüsse zu verzeichnen.

Signifikant sind auch die Unterschiede der **OAS-Auswirkungen** bezogen auf die betrachtete **Managementebene**. So nutzen »Senior Managers« OAS - bei hoher Streuung - eher seltener (9,3 Stunden pro Woche im Vergleich zu »First-line Supervisors« 13,5 h; »Middle Managers« allerdings 8,6 h) und sehen in der OAS auch eine geringere Unterstützung ihrer Arbeit.[607] In einer anderen, etwas repräsentativer angelegten Untersuchung[608] ermitteln die Autoren führungsebenenbezogene OAS-Hauptanwendungsgebiete und -konsequenzen.[609] So wird die Textverarbeitung auf den Ebenen First-line Supervisor und Worker/Staff als relativ häufigste Nutzung angegeben (40 % beziehungsweise 39 %, aber auch 33 % der Executives nannten Textverarbeitung als das Hauptanwendungsgebiet!), Financial Analysis ist unter den Executives relativ am häufigsten anzutreffen (33 % von diesen gaben an, hier die OAS-Hauptnutzung zu sehen.), Monitoring Organizational Activity ist mit 41 % der Hauptnutzungsnennungen im Middle Management dort relativ am häufigsten vertreten (und relativ am seltensten mit 22 % der Nennungen unter den Executives), Information Transfer hat den größten Nutzungsanteil von jeweils 19 % im Middle und Senior Management (keine Nennung als Hauptnutzungsgebiet unter den Executives!).

606 Vgl. dazu und zum folgenden Fleischer/Morell (1988), S. 33 f.

607 Vgl. Fleischer/Morell (1988), S. 34.

608 Vgl. Morell/Fleischer (1988), S. 206; Stichprobengröße diesmal 276 Individuen, darunter 74 % Manager (12 % Executives, 17 % Senior Managers, 24 % Middle Managers, 22 % First-line Supervisors«). 51 % berichten über »personal hands on use« von OAS. Folgende Verfügbarkeitsgrade (»Availability«) einzelner OAS-Anwendungen werden ermittelt Word Processing 88 %, Spreadsheets and Simulations 76 %, Company Data Base Access 68 %, Graphics 68 %, Statistical Packages 50 %, Outside Data Base Access 45 %, Electronic Mail 42 %, Video Conferencing 21 %, Appointment Scheduling 20 %.

609 Vgl. dazu und zum folgenden Morell/Fleischer (1988), S. 207.

3.2.5 Zum Stand der Computerunterstützung oberster Führungskräfte Ende der achtziger Jahre

Die vorausgegangenen Erörterungen haben gezeigt, daß eine Vielzahl von Anläufen unternommen wurde, obere Führungskräfte auch in unstrukturierten Problemstellungen mit Informations- und Kommunikationstechnik zu unterstützen. Diese Anläufe haben in der Praxis zu teilweise wirksamer Unterstützung in ganz überwiegend gut strukturierten Aufgabenstellungen des unteren und maximal mittleren Managements geführt, das **Top Management** jedoch **nicht erreicht**. Das Aufkommen neuer oder weiterentwickelter, die Zielgruppe Top Management einschließender Ansätze scheint dabei in engem Zusammenhang zu stehen mit jeweils entscheidenden Fortentwicklungen auf technischer Seite (dritte Rechnergeneration sowie Minirechner um 1965, Datenbanken und Online-Dialogsysteme um 1970, vierte Rechnergeneration und Mikrorechner 1977/78, graphische Benutzeroberflächen 1982 - um nur die wichtigsten zu nennen).[610] Betriebswirtschaftlich-verhaltenswissenschaftlich orientierte Erkenntnisse über die Arbeit oberster Führungskräfte haben die Systemkonzepte zumeist nur wenig und dann sehr spät beeinflußt.[611] Gleichwohl wird das Scheitern vergangener Ansätze insbesondere - aber nicht nur - von Softwareanbieterseite tendenziell viel eher historischen Unzulänglichkeiten der Technik denn möglicherweise falschen Annahmen über den Benutzer zugeschrieben.[612]

In einer im Jahre 1989 durchgeführten Befragung von elf ausgewiesenen IT-Experten aus Forschung und Praxis[613] zu den Einflußperspektiven von mehr als 30 verschiedenen »Schlüsselinformationstechnologien« auf die Organisation von Unternehmen im letzten Jahrzehnt des zwanzigsten Jahrhunderts werden demgemäß auch »Stand-alone Expert systems/Artificial Intelligence« und »Generalized Decision Support Systems« in die Gruppe der »Limited Impact Technologies« eingeordnet, die vorletzte von fünf nach Wichtigkeit sortierten Gruppen; die Autoren sprechen von einer »**crisis of faith**«.[614] In die wichtigste Gruppe, die Gruppe der »Human Interface Technologies« werden dagegen - interessanterweise hinter den teilweise KI-basierten Techniken »speech recogni-

610 Vgl. zur Technikentwicklung ausführlicher im Anhang C.

611 Ab ca. 1970 stützen sich praktisch alle Ansätze auf die Arbeiten von Anthony (1965) und Simon (1945) sowie den daraus abgeleiteten »Gorry & Scott Morton Framework«. Frühe aktivitätsorientierte Erkenntnisse werden so gut wie gar nicht rezipiert.

612 Immer wieder auch lassen sich in den Artikeln euphorische Sätze finden, wie „... with the technology now available, it will be possible ...".

613 Befragt wurden Paul Berger, Richard Dooley, James Emery, Tom Gerrity, Mike Hammer, Earl Joseph, Peter Keen, James Martin, Warren McFarlan, Howard Morgan und John F. Rockart.

614 Vgl. Straub/Wetherbe (1989), S. 1337.

tion«, »voice input-output interfaces« und »natural language interfaces« als Schlüsselfaktoren - unter anderen Executive Information Systems als besonders wichtig eingestuft.[615] Vor der ausgiebigen Würdigung der EIS im nachfolgenden Kapitel 3.3 sei jedoch nachfolgend noch ein kurzer Überblick über den Stand der Computerunterstützung unter deutschen Top Managern gegeben (3.2.5.1) sowie auf die Ursachen hierfür eingegangen (3.2.5.2).[616]

3.2.5.1 COMPUTERAKZEPTANZ UND -NUTZUNG IM TOP MANAGEMENT

„Der mit 43 % am häufigsten vorkommende Typ ist der scheinheilig Resistente. Er beurteilt die Auswirkungen der Informationstechnik zwar überaus positiv, ist zu einer persönlichen Nutzung aber nicht bereit."[617]

Dies ist einer der Befunde zu denen Müller-Böling und Ramme in ihrer 1988 durchgeführten, repräsentativ angelegten, schriftlichen Befragung von 2.892 deutschen Top Manager (Führungskräfte der ersten Ebene; Rücklauf 782 = 27 %) aller Wirtschaftsbereiche und Unternehmensgrößen hinsichtlich der Akzeptanz von Informations- und Kommunikationstechik kommen.[618] Zwar zeichnen sich die befragten obersten Führungskräfte durch eine - auch im Vergleich zu anderen Bevölkerungsgruppen - hohe **Einstellungsakzeptanz** aus (65 % habe eine »euphorische«, weitere 30 % eine aufgeschlossene Einstellung zur Informations- und Kommunikationstechnik).[619] Insgesamt aber nutzten nur 29 % persönlich (»hands on«) PC oder Terminal (bei einer betrieblichen Nutzung von 91 %).[620] Unter den Informations- und Kommunikationstechniken haben danach Telex/Teletex/Telefax die größte Verbreitung (91 %) bei allerdings noch niedrigerer persönlicher Nutzung (9 %). Electronic-Mail wird nur in 14 % der Fälle betrieblich ge-

615 Vgl. Straub/Wetherbe (1989), S. 1334.

616 Vgl. illustrierend zu den folgenden Erörterungen auch die Ergebnisse der Fallstudie Führungsinformation in Anhang F bzw. unter 2.1.5.

617 Müller-Böling/Ramme (1990), S. 163 f.

618 Vgl. zum Untersuchungsdesign Müller-Böling/Ramme (1990), S: 239 - 259.

619 Vgl. Müller-Böling/Ramme (1990), S. 154; als Vergleichsgruppen dienten Forschungsmanager, Architekten und Studenten, letztere übrigens mit den zurückhaltensten Akzeptanzeinschätzungen.

620 Vgl. hierzu und zum folgenden Müller-Böling/Ramme (1990), S. 159 - 162 sowie daneben Donath (1985), S. 64 der über eine Telefonbefragung von 100 Top und 200 Middle Manager aus amerikanischen Unternehmen der »Fortune 500« berichtet. Danach gaben aus der Gruppe der Top Manager jeweils weniger als 10 % an, täglicher Nutzer von E-Mail oder Online-Datenbaken zu sein. Eine zumindest wöchentliche Nutzung ist bei ca. 20 %, überhaupt irgendeine Computenutzung bei 35 % zu verzeichnen. Die entsprechenden Werte für das Middle Management liegen ungefähr doppelt so hoch. Als am häufigsten benutzte Informationsquellen nennen die Top Manager Mitarbeiter aus der Firma (93 % täglich/99 % wöchentlich), die konventionelle Post (82 %/90 %), Fachzeitschriften (73 %/97 %) und Memos aus der Firma (71 %/91 %). Letztere beiden Informationsquellen haben im Middle Management eine geringere Bedeutung.

nutzt und dann nur zu 4 % persönlich von den Top Managern, wobei hier jedoch starke Schwankungen je nach Unternehmensgröße zu konstatieren sind.[621] So ist E-Mail in 33 % der Unternehmen mit mehr als 1000 Mitarbeitern im Einsatz und nur in 7 % der Unternehmen mit weniger als 100 Beschäftigten. Anders als die Einstellungsakzeptanz ist die **Verhaltensakzeptanz** im Falle der persönlichen Nutzung eines PC's/ Terminals darüber hinaus maßgeblich geprägt vom Alter des Befragten. Nur 11 % der Manager, die älter als 60 Jahre waren, nutzten den Computer persönlich gegenüber immerhin 55 % der Führungskräfte bis zu einem Alter von 40 Jahren. Über die Betonung dieser Kausalzusammenhänge hinaus verdienen die folgenden - von den Autoren nicht weiter kommentierten - Ergebnisse eine Hervorhebung:

- Fast jeder zehnte Manager aus Unternehmen in Deutschland verfügt im Jahr 1988 über keinerlei direkte oder indirekte Computerunterstützung und selbst in Unternehmen über 1000 Mitarbeitern liegt der »computerlose« Anteil noch bei 3 %.[622]
- Auch bei den jüngeren Top Managern (bis 40 Jahre) gibt immerhin fast noch jeder zweite an, persönlich keinen Computer zu nutzen. Die auf gesellschaftliche Faktoren bezogene Einstellungsakzeptanz dieser Gruppe ist nicht höher als die (bereits hoch ausgeprägte) der 51 bis 60-jährigen. Die auf betriebliche Faktoren bezogene Einstellungsakzeptanz ist bei den jüngeren Managern sogar niedriger.[623]

3.2.5.2 Analyse möglicher Nutzungsbarrieren

Mögliche Erklärungen für die schwach ausgeprägte Verhaltensakzeptanz liefert die Frage nach den Nutzungshemmnissen, die Müller-Böling & Ramme in ihrer Untersuchung ebenfalls stellten (Abbildung 34). Wie die Abbildung zeigt, überwiegt bei drei der vierzehn standardisiert abgefragten Einzelkriterien die Anzahl der Zustimmungen deutlich die Zahl der Ablehnungen:[624]

1) Fehlende Schreibmaschinenkenntnisse (72 % Zustimmung zu 12 % Ablehnung),
2) Zu geringe EDV-Kenntnisse (65 % zu 10 %) sowie
3) Wirtschaftlichkeit der Delegation von EDV-Tätigkeiten (58 % zu 23 %).

---

621 Auch der Nutzungsgrad der anderen Techniken korreliert mit der Unternehmensgröße, jedoch in deutlich geringerem Ausmaß.

622 Es sei allerdings darauf hingewiesen, daß die Fragestellung (»entfällt« vs. »delegiert« vs. »persönlich«) zu diesem Punkt im Fragebogen von Müller-Böling & Ramme im Hinblick auf die Auswertung (»betriebliche Nutzung« vs. »persönliche Nutzung«) als etwas unglücklich erscheint. Vgl. Müller-Böling/Ramme (1990), S. 249 i. V. m. Text und Abbildung auf S. 158 f.

623 Vgl. dazu Müller-Böling/Ramme (1990), S. 155 - 158.

624 Vgl. dazu auch Müller-Böling/Ramme (1990), S. 166 - 170, die strukturierte Vorgabe der Items birgt natürlich das prinzipielle Risiko, daß nicht alle relevanten Einflußfaktoren erfaßt werden.

Insgesamt gesehen finden Nutzungsbarrieren in Form sogenannter »**Systemrestriktionen**« die größte Zustimmung, die geringste Rolle spielen die »Physisbedürfnisse«. Entsprechende Korrelationstests liefern das Ergebnis, daß sowohl die Verhaltens- als auch die Einstellungsakzeptanz am stärksten von den aufgabenbezogenen Bedürfnissen abhängen.[625] An zweiter Stelle findet man bezogen auf die Einstellungsakzeptanz die Physisbedürfnisse, bezogen auf die Verhaltensakzeptanz die Verhaltensrestriktionen. Physisbedürfnisse, Aufgabenbedürfnisse und Verhaltensrestriktionen korrelieren in ihrer Ausprägung stark positiv mit dem Alter des Top Managers.[626] Die aufgabenbezogenen Bedürfnisse werden jedoch am stärksten von der Ausbildungsrichtung des Managers beeinflußt: ökonomisch ausgebildete Manager sehen in aufgabenbezogenen Bedürfnissen deutlich seltener Nutzungsbarrieren als technisch ausgebildete Führungskräfte. Die Aufgabenbedürfnisse können insgesamt als stärkster Einflußfaktor angesehen werden, erklären sie doch zusätzlich 10 % der Varianz bezogen auf die Einstellungsakzeptanz und sogar 11,2 % bezogen auf die Verhaltensakzeptanz. Die Einstellungsakzeptanz wird am meisten von den Verhaltensrestriktionen beeinflußt (2,1 % zusätzlich erklärte Varianz), die Verhaltensakzeptanz vom Alter (5,0 % zusätzlich erklärte Varianz).

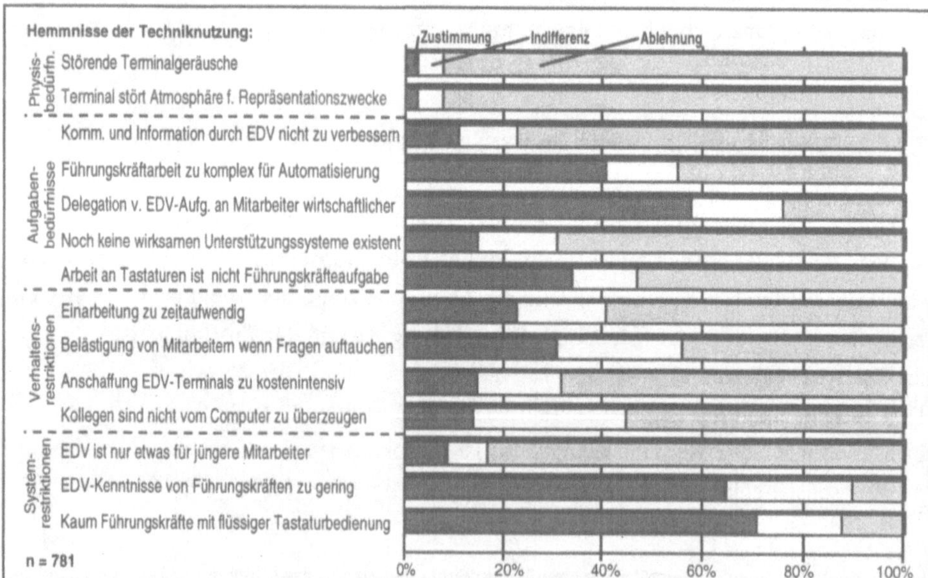

ABB. 34: BARRIEREN DER TECHNIKNUTZUNG UNTER OBERSTEN FÜHRUNGSKRÄFTEN[627]

625 Vgl. hierzu und zum folgenden Müller-Böling/Ramme (1990), S. 172 - 190.

626 Ähnliche Ergebnisse bezüglich des Zusammenhangs zwischen Lebensalter und EDV-Beschäftigung eruiert auch Streicher (1985), S. 71 in einer Befragung von 3.300 deutschen Vorständen und Geschäftsführern 1983.

627 Quelle: Müller-Böling/Ramme (1990), S. 166 - 170; Darst. d. Verf.

Mit diesen sicherlich nur überblicksartigen Erkenntnissen im Hinterkopf seien nun die im Hinblick auf ihren Einfluß in den neunziger Jahren als so wichtig eingestuften neueren Konzepte von Führungsinformationssystemen betrachtet.

3.3 EIS UND ESS - FÜHRUNGSINFORMATIONSSYSTEMKONZEPTE SEIT MITTE DER ACHTZIGER JAHRE

„... signaling the beginning of the assault on the last bastion of computer resistance - the executive suite."[628]

»Executive Information Systems« (EIS) beziehungsweise »Executive Support Systems« werden im deutschen Sprachraum (häufig und nicht ganz glücklich) als »Führungsinformationssysteme« (FIS), seltener auch als »Chefinformationssysteme« (CIS) oder »Vorstandsinformationssysteme« (VIS) bezeichnet. Da alle drei Übersetzungen als Synonyme zum Originalbegriff letztlich nicht überzeugen können,[629] sei im folgenden an den Originalbegriffen und ihren Akronymen festgehalten. Nach einer Betrachtung der hinter den Begriffen stehenden Konzepte (3.3.1) liegt der Schwerpunkt dann in der Analyse ihrer Praxisbedeutung (3.3.2), bevor in 3.3.3 eine kritische Würdigung erfolgt, in der unter anderem auch der Frage nachgegangen werden soll, ob und inwiefern es sich bei den EIS-/ESS-Ansätzen tatsächlich um eine neue Art der Management-Unterstützung handelt.

3.3.1 ENTWICKLUNGSGESCHICHTE UND KONZEPTIONELLE GRUNDLAGEN

Entwicklungsgeschichte und konzeptionelle Grundlagen der EIS und ESS sind eng verbunden mit dem MIT-Professor John F. Rockart - und zwar in verschiedener Hinsicht. Zum einen beschäftigt sich Rockart in den siebziger Jahren intensiv mit dem zentralen Problem der Informationsbedarfsbestimmung oberster Führungsprobleme, was sich in seiner Top-down-Methode der »Critical Success Factors« (CSF) niederschlägt.[630] Darü-

628 Watson et al. (Hrsg.; 1992), Vorwort S. iii.

629 Der Grund hierfür ist insbesondere in der mangelhaften Übersetzbarkeit des angelsächsischen Begriffs »Executive« zu sehen, der sicherlich mehr beinhaltet als »Chefs« oder »Vorstände«, andererseits aber auch nicht alle »Führungskräfte« bzw. mit Führung befaßten Personen umfaßt. Vgl. dazu auch die definitorischen Überlegungen weiter oben unter 1.2.1.

630 Vgl. dazu Rockart (1979) bzw. Rockart (1978) und vertiefend Bullen/Rockart (1981/1986), Boynton/Zmud (1984), Forster/Rockart (1989) sowie für den deutschen Sprachraum insb. Picot/ Franck (1988). Wesentliche Ansätze eines CSF-Gedankenguts finden sich allerdings auch schon bei Drukker (1966/1993) und insbesondere Zani (1970).

ber hinaus prägt er zusammen mit Treacy 1982 den EIS-Begriff[631] und legt schließlich 1988 zusammen mit De Long eine erste umfassende Bestandsaufnahme des mittlerweile »ESS« getauften Forschungs- und Praxisfeldes in Buchform vor.[632]

Im folgenden sei nun zunächst auf die Ursprünge (3.3.1.1) und konzeptionelle Entwicklungslinien (3.3.1.2) der EIS- und ESS-Ansätze näher eingegangen. Hernach werden wesentliche Kennzeichen derartiger Systeme (3.3.1.3) sowie Besonderheiten ihrer Implementierung (3.3.1.4) behandelt.

3.3.1.1 KONZEPTIONELLE WURZELN UND FRÜHE PRAXISPROJEKTE

Paller & Laska identifizieren in dem 1969 im Vorfeld der Mondlandungsaktivitäten in Zusammenarbeit mit der Firma Boeing installierten Projektinformationssystem der NASA den frühesten Ansatz eines Führungsinformationssystems, welches den Namen »Executive Information Systems« verdient gehabt hätte.[633] In diesem System wurde zum ersten Mal die konsequente Verknüpfung gerade erst ihren Durchbruch erlebender Technologien (»intelligente« Graphik-Terminals, interaktive Bedienung, on-line Verarbeitung - vgl. auch Anhang C) zur Bereitstellung von täglich aktualisierter Managementinformation realisiert. Die erste EIS-artige Installation im *privat*wirtschaftlichen Bereich erfolgte dann erst deutlich später. Sie dürfte im 1979 in Betrieb genommenen »Management Information and Decision Support System« (MIDS) der Firma Lockheed gesehen werden.[634]

Ein wesentlicher Impuls für die weitere EIS-Verbreitung in der Praxis (und die Etablierung des Terms »EIS«) ist sodann in der Markteinführung erster entsprechender Standardsoftwarepakete Mitte der achtziger Jahre zu sehen - einer Zeit also in der auch der Personal Computer seinen Durchbruch feiert. Eine breite Rezeption - auch in der Öffentlichkeit - findet das EIS-/ESS-Gedankengut im angelsächsischen Sprachraum dann in den Jahren 1988 und 1989, in denen die Diskussion, unter anderem durch Veröffentlichungen in The Wall Street Journal, Business Week und Fortune, einen ersten Höhe-

631 Vgl. Rockart/Treacy (1982/1986) und daneben Rockart/Treacy (1980). Die Autoren sprechen allerdings streng genommen von »Executive Information Support Systems«. »Executive Information System« ist allerdings auch schon zuvor der Produktname eines ganz ähnlichen Anwendungsprogramms der Boing Computer Services [Vgl. Sprague/Carlson (1982), S. 11 sowie Keen (1980/1986), S. 43].

632 Vgl. Rockart/De Long (1988) sowie daneben auch De Long/Rockart (1984/1986), De Long/Rockart (1986), Rockart/De Long (1986).

633 Vgl. hierzu und zum folgenden Paller/Laska (1990), S. 23 - 27.

634 Vgl. dazu ausführlicher Houdeshel/Watson (1987/1992).

punkt erlebt.[635] In Deutschland kann dies für die Jahre 1990 und 1991 konstatiert werden.[636]

Die konzeptionelle Ursprünge der EIS- und ESS-Konzepte sind - wie schon die frühen Praxisprojekte vermuten lassen - zu einem Großteil mit denen der zuvor behandelten Ansätze der MIS, MRS und DSS identisch. Wie noch zu sehen sein wird, findet - zumindest in den ESS-Ansätzen - aber auch eine Integration von Konzepten der Office Automation Eingang. In der folgenden Abbildung 35 sind die *wesentlichen* »Wurzeln« aller bislang diskutierten Ansätze samt der *wichtigsten* Evolutionslinien veranschaulicht.

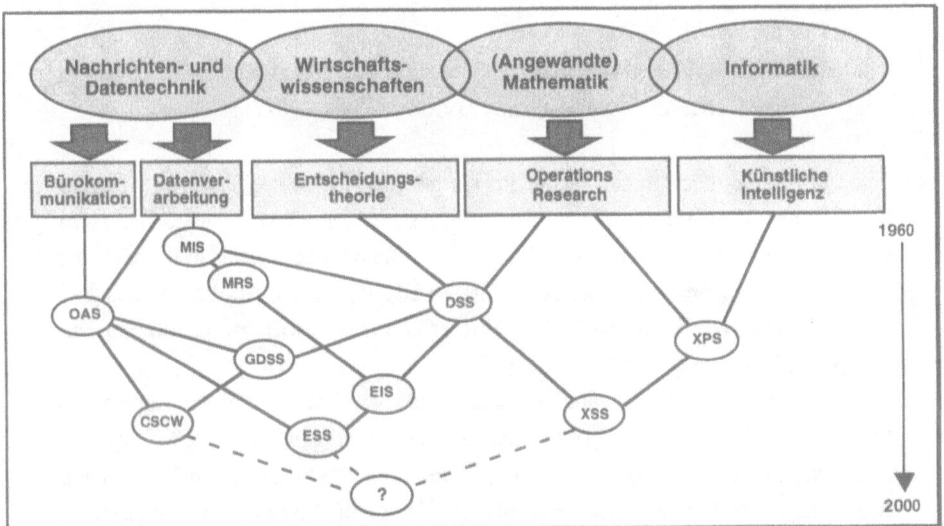

ABB. 35: WESENTLICHE SYSTEMWURZELN UND HAUPTENTWICKLUNGSLINIEN[637]

Der Aufschwung der EIS ab Mitte der Achtziger dürfte jedoch nicht nur in technischen Faktoren (PC-Hardware und Standard-EIS-Software sowie insbesondere die Einführung

635 Vgl. Bulkeley (1988), Gelfond (1988), Main (1989). Ein kurzer Blick in typische MIS-Lehrbücher zeigt die zurückhaltende Rezeption des Themas bis Ende der achtziger Jahre auch in der Theorie: So werden EIS bzw. ESS in Anderson (1986), Scott (1986), Thierauf (1984/1987), Awad (1988) überhaupt nicht erwähnt und in Davis/Olson (1974/1985), S. 44, Kroeber/Watson (1984/1987), S. 565 - 570 und Tom (1991), S. 36 - 38 nur kurz angesprochen. Breiteren Raum nehmen sie dann in Senn (1978/1990), Turban (1988/1990), Zwass (1992) sowie McLeod (1979/1993) ein.

636 Vgl. insb. Back-Hock (1990a), Krallmann (1990), O. V. (1990), Rieger (1990a), Rieger (1990b), Rieger (1990c), Schmidhäusler (1990a), Schmidhäusler (1990b), Bullinger et al. (1991), Kemper (1991), Miksch (1991), Reinermann (1991), Bullinger et al. (1992) sowie die mehr populärwissenschaftlichen Beiträge von Schneider (1991), Seyfried (1991), Vogel (1991) und Müller (1992). Einen Überblick über die EIS-Diskussion in Deutschland geben ferner die Sammelbände von Hichert/Moritz (Hrsg.; 1992) sowie Behme/Schimmelpfeng (Hrsg.; 1993).

637 In Anlehnung an und Abwandlung von Jarke (1986), S. 155 sowie Kroeber/Watson (1984/1987), S. 12 f.

graphischer Benutzeroberflächen mit Mausbedienung) begründet liegen sondern auch im Wandel der organisatorischen Rahmenbedingungen (Wunsch nach Transparenz in immer differenzierter und komplexer werdenden Unternehmen mit Autonomien schaffenden Holding- und Profit-Center-Organisationen, zunehmende Bedeutung von Informationsvorsprüngen und Realisierung der bedeutenden Rolle eines Informationsmanagements auch auf oberster Führungsebene).[638] Ergänzend hinzu tritt die wachsende Unzufriedenheit oberster Führungskräfte mit dem papierbehafteten Berichtswesen:

> „The EIS field emerged partially as a rebellion against overweight, obscure, and outmoded reports, and partially as a means of allowing executives to get the data they needed directly from information systems without requiring either third party assistance or extensive training."[639]

3.3.1.2 Zur Evolution von Begriffen und Konzepten: Executive Information Systems versus Executive Support Systems

Aufbauend auf Beobachtungen in der Praxis prägen Rockart & Treacy zu Beginn der achtziger Jahre den Begriff des „executive information support (or »EIS«) system",[640] dessen Akronym wenig später als »Executive Information System« Verbreitung findet.[641] Als **Gemeinsamkeiten** der beobachteten EIS stellen die Autoren heraus:[642]

- das Ziel, *obersten* Führungskräften eine *effektivere* Informationsnutzung im *Planungs*- und *Kontroll*prozeß zu ermöglichen,
- einen sogenannten *Datenkubus*, das heißt eine mehrdimensional strukturierte Datenbank, die vergangenheits,- gegenwarts- und zukunftsbezogene Daten (Dimension 1) bezogen auf verschiedene Geschäftseinheiten oder Produktgruppen (2) über wesentliche finanz- und nichtfinanzwirtschaftliche Größen (3) bereit hält, auch externe und »weiche« Informationen beinhalten kann und so eine *mehrdimensionale Sicht* auf das Unternehmen ermöglicht,
- die Möglichkeit einer bedarfsorientierten, schnellen und überblicksartigen Information über den Stand von Kernvariablen des Geschäfts (»*Status Access*«) sowie die Möglichkeit der individuellen Datenmanipulation zu Analysezwecken (»*Personalized Analysis*«),
- die *organisatorische Unterstützung* durch eine auf den EIS-Betrieb spezialisierte Mannschaft.

---

638 Vgl. dazu auch die detaillierteren Ausführungen im Anhang C und daneben die Argumentation bei Rockart/Treacy (1982/1986), S. 136 f.

639 Paller/Laska (1990), S. 35.

640 Rockart/Treacy (1982/1986), S. 137

641 Vgl. an Stelle vieler etwa Davis/Olsen (1974/1985), S. 44, oder Kroeber/ Watson (1984/1987), S. 565.

642 Vgl. zum folgenden Rockart/Treacy (1982/1986), S. 137 - 140.

Den im wesentlichen noch auf eine eingeschränkte Benutzergruppe ausgerichteten Hauptvorteil von EIS definieren die Autoren wie folgt: „Most significant is the assistance EIS systems offer *analytical oriented* top executives in their search for a deeper understanding of their companies and industries.“[643]

Wenig später erweiterte die MIT-Forschungsgruppe um Rockart das etwas eingeengte Begriffsverständnis mit dem neuen Begriff »Executive Support Systems« (ESS), der zusammen mit dem Oberbegriff »Management Support Systems« (MSS) 1983 von Scott Morton eingeführt worden sein dürfte.[644] Unter diesem Oberbegriff, den er mit „the use of information technologies to support management“[645] sehr breit definiert, sind folgende Systeme angesiedelt:[646]

- *Data Support Systems*, worunter im wesentlichen die weiter oben skizzierten MRS fallen würden,
- *Decision Support Systems* (DSS) - wie oben diskutiert,
- *Executive Support Systems* (ESS), die als breit angelegte Unterstützungsysteme für die Informationsbedürfnisse einer Gruppe von Managern definiert werden und im wesentlichen »data retrieval oriented« sind.

Die Definition des ESS wird in der Folge hinsichtlich des Funktionsumfangs immer weiter ausgedehnt und bezüglich der Benutzergruppe eingeschränkt. So definieren schließlich Rockart & De Long ESS als

> „the use of a computer-based system, most often through direct access to a terminal or personnel computer, for any business function. The users are either the CEO or a member of the senior management team reporting directly to him or her. Executive support systems can be implemented at the corporate or divisional level.“[647]

Zu den bereits oben genannten Funktionen eines EIS (»Status Access«, »Query and Analysis«) kommt als wesentliches neues Element die Kommunikationsunterstützung (insbesondere »Electronic Mail« und »Computer Conferencing«) hinzu und auch die Zielsetzung des Systens erfährt eine Erweiterung, wobei **drei Ansätze** zu unterschieden sind:

> „1. The support of particular office functions in an attempt to improve the executive's effectiveness and efficiency.
> 2. Improved support of the organization's planning and control processes. ...

643 Rockart/Treacy (1982/1986), S. 146; Herv. d. Verf. Die Autoren vertreten allerdings die Ansicht, daß viele Top-Manager im Grunde analytisch denken.

644 Vgl. Scott Morton (1983/1984) und daneben zur Unterscheidung MSS-ESS auch die Beiträge von Probst/Valicek (1986) sowie Krallmann/Rieger (1987) und umfassend Turban (1988/1990).

645 Scott Morton (1983/1984), S. 14; im Original teilweise hervorgehoben.

646 Vgl. zum folgenden Scott Morton (1983/1984), S. 15 - 18.

647 Rockart/De Long (1988), S. 16.

3. The clarification or enhancement of the individual manager's mental model of the firm's business environment."[648]

Letztere Zielsetzung wird bei einem erfolgreichen ESS - so die Autoren - immer mehr im Vordergrund stehen, hierin sei der »ultimate payoff« zu sehen.[649] Bezugnehmend auf die Arbeiten von Mintzberg, Kotter und Isenberg[650] wird darauf verwiesen, wie wichtig Funktionen der internen Kommunikation sowie des Zugriffs auf externe Informationen sind.[651]

Der ESS-Begriff hat sich in Theorie und Praxis bis heute (noch) nicht durchsetzen können. Vornehmlich findet der EIS-Begriff (insbesondere auch bei den Softwarepaketen) Verwendung, der teilweise jedoch derartige definitorische Erweiterungen erfuhr, daß eine trennscharfe Unterscheidung beider Ansätze kaum noch möglich erscheint[652] und zuweilen bereits eine inhaltliche Gleichsetzung erfolgt.[653] Dem soll hier jedoch nicht gefolgt werden. In Anlehnung an eine Vielzahl ähnlicher Definitionen[654] sei unter **EIS** ein auf die Informationsbedürfnisse oberster Führungskräfte zugeschnittenes, computerbasiertes Informationssystem verstanden, das einen leichten, schnellen und direkten Zugang zu entscheidungsrelevanten externen wie internen Informationen ermöglicht und diese Informationen in präsentations- und nutzerorientierter Form darstellt. Bei einem **ESS** handelt es sich um ein funktionsangereichertes EIS, das neben den verschiedenen Informationsmöglichkeiten über erweiterte Kommunikations-, Analyse- und Arbeitsorganisationsinstrumente verfügt.

3.3.1.3 Typische EIS-/ESS-Architekturen sowie -Funktionen

Genau wie ihre Vorläufer DSS, verfügen auch die EIS über eine Datenkomponente, eine Modellkomponente (zuweilen als »EIS-Applikation« bezeichet) sowie eine Dialogkomponente (häufig auch Präsentationskomponente genannt) als Kernkomponenten.[655] **EIS-**

648 Rockart/De Long (1988), S. 29.

649 Vgl. Rockart/De Long (1988), S. 257 sowie S. 38 u. S. 130.

650 Vgl. Isenberg (1984).

651 Vgl. Rockart/De Long (1988), S. 256, S. 68 - 80 sowie S. 135 ff.

652 Vgl. z. B. Paller/Laska (1990), S. 2 die EIS als „*information delivery and communications systems* for senior managers" bezeichnen, oder auch Bird, (1991) S. 24.

653 Vgl. z. B. Senn (1978/1990), S. 562 oder McLeod (1979/1993), S. 586.

654 Vgl. zum folgenden u. a. Rainer (1989), S. 6 f., Turban (1988/1990), S. 366, Thierauf (1991), S. 8 - 11, Watson et al. (1991), S. 13, Millet/Mawhinney (1992), S. 85, Rainer et al. (1992), S. 334, Koll/Niemeier (1993), S. 18.

655 Vgl. hierzu und zum folgenden beispielsweise Back-Hock (1990b), S. 194 - 197, Rieger (1990b), S. 186 - 191, Bullinger/Koll (1992), S. 63 - 67 sowie das »FIS-Referenzmodell« des IAO bei

Architekturen lassen sich im wesentliche anhand der Verteilung dieser Komponenten auf Großrechner bezeihungsweise PC charakterisieren. Neben der früher sehr gebräuchlichen, reinen Großrechneranwendung (alle Komponenten befinden sich auf dem Host) sowie der zuweilen vorfindbaren, reinen PC-Insellösung (alle Komponenten befinden sich auf einem PC - wie z. B. bei makroprogrammierten Spreadsheet-Applikationen) bedient sich die Mehrheit der Systeme einer **verteilten Lösung**. Die für das System nötigen Daten befinden sich in einer eigenen EIS-Datenbasis - entweder auf dem Großrechner-Host oder einem Netzwerk-Server. Diese Datenbasis wird aus den operativen Datenbeständen (und ggf. externen Datenbanken) im Wege des batchorientierten Downloads in vorgegebenen Rhythmen aktualisiert. Die Benutzerschnittstelle sowie die Präsentationskomponente befinden sich lokal auf einem PC. Je nach Anwendungsarchitektur können sich auch Teile der Datenbasis (ggf. zusätzlich) auf den lokalen PC´s befinden.[656] Wesentliches Unterscheidungsmerkmal verteilter Anwendungen nun ist, welche Module sich innerhalb der eigentliche EIS-Applikation auf eine Großrechnerverarbeitung beziehungsweise PC-Verarbeitung stützen.[657]

Ein weiteres, wichtiges Merkmal von EIS-Systemem ist in der Datenorganisation beziehungsweise Art des realsierten **Datenzugriffs** zu sehen. Hier wird prinzipiell zwischen datei-/dokumentorientierten und datenbankorientierten Systemen unterschieden. Im ersteren Fall kann den Nutzer auf im Prinzip »fertige Bilder« einer regelmäßig aktualisierten Dokumentenbibliothek zugreifen.[658] Im letzteren Fall besteht die Möglichkeit, flexible Online-Abfragen adhoc auf der EIS-Datenbasis durchzuführen.

EIS und ESS werden - wie weiter oben bereits angeklungen - zumeist anhand ihrer Funktionalität charakterisiert. Zu den idealtypischen **EIS-Funktionen** zählen:[659]

- Integration *interner* und *externer* sowie *quantitativer* und *qualitativer* Daten aus verschiedensten Quellen,
- Schnellübersicht (»Briefing Book«) mittels mehrdimensionaler hierarchischer *Datenaggregation* und der Möglichkeit der flexiblen, schrittweisen und selektiven *Detaillierung* (»Drill-Down«),

Koll/Niemeier (1993), S. 113 [auch unter 3.3.2.1 weiter unten]. Als zusätzliche Komponenten werden zuweilen noch eine Datenbeschaffungs-/Kommunikationskomponente, die Benutzeroberfläche sowie die Entwicklungskomponente hinzugenommen.

656 So zum Beispiel Teile der Dokumentbibliothek im Falle eines »Commander-EIS« von Comshare.

657 Vgl. dazu auch den anschaulichen Beitrag von Riger (1990b) mit den dort angegebnen Produktbeispielen.

658 Dies wird zuweilen auch als »Briefing Book« Konzept bezeichnet. Vgl. zu einer tendenziell anderen Verwendung dieses Begriffs aber auch die Erörterung der Funktionen weiter unten.

659 Vgl. Rainer (1989), S. 7, Bird (1991), S. 23 - 27, Burkan (1991), S. 86 f., Zwass (1992), S. 94.

- *Ausnahmeberichtswesen* (»Exception Reporting«), zumeist mittels farbiger Hervorhebung (»Color Coding«) kritischer, vordefinierte Schwellenwerte über- oder unterschreitender Variablen,
- Möglichkeit der *Ad-hoc-Abfrage* aktueller Variablenzustände im Online-Betrieb (»Status Access«),
- einfache, leicht handhabbare *statistische Tools* (Trendanalyse, Prognose),
- *individuelle Bildschirmgestaltung* (»Personal Views«) mit Kombination von Graphik, Tabelle und Text,
- Möglichkeit der *Weiterverarbeitung* der Bildschirminhalte, beispielsweise im Sinne einer automatisierten Präsentationsgraphikerstellung oder Einbindung in ein Textobjekt,
- *kurze Einarbeitungszeiten* - auch bei nur sporadischer Nutzung - unter anderem durch Verwendung von graphischen Benutzeroberflächen und selbsterklärenden Bildschirmmasken,
- einfache, *tastaturarme Bedienung* mittels Maus oder »Touch-Screen«.

Die EIS-Funktionen werden - um von einer **ESS-Funktionalität** sprechen zu können - angereichert durch typische OAS- und DSS-Funktionen, wie sie idealtypischerweise zu sehen sind in:[660]

- der Unterstützung interner wie externer *elektronischer Kommunikation*, insbesondere mittels E-Mail,
- erweiterten *Analysefunktionen*, beispielsweise zur Simulation oder für Sensitivitätsanalysen (»What-if«, »How-to-achieve«),
- *arbeitsorganisatorischen Hilfsfunktionen* (zuweilen auch als »Personal Information Management« bezeichnet), wie zum Beispiel elektronischem Terminkalender, Telefonverzeichnis oder Taschenrechner.

Aus Abbildung 36 sind - auch im Rückblick auf die zuvor erörterten Systemansätze - die *wesentlichen* Elemente der besprochenen **Funktionsspektren** sowie insbesondere die Breite des ESS-Ansatzes ersichtlich.

660 Vgl. z. B. Rainer (1989), S. 7, Thierauf (1991), S. 10 f., Watson et al. (1991), S. 14.

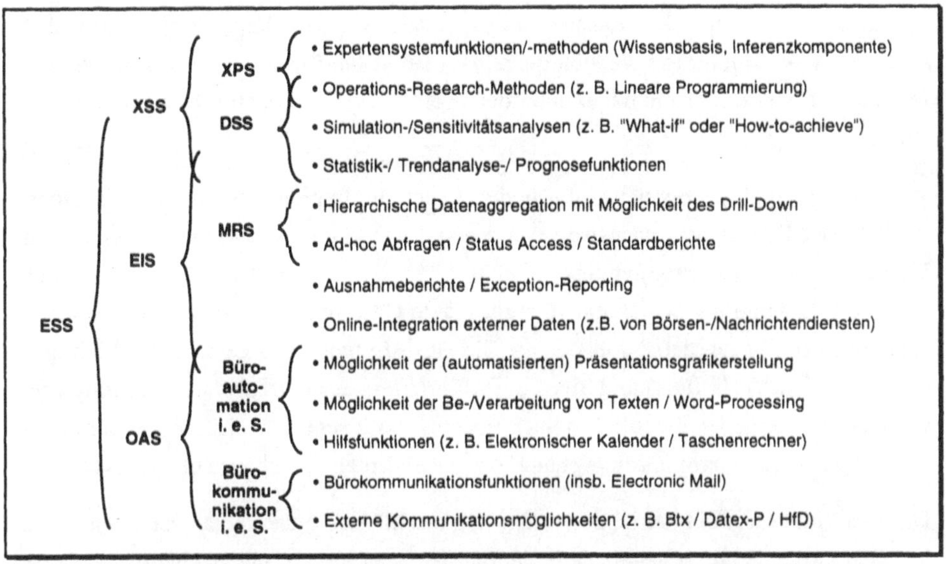

ABB. 36: FUNKTIONSSPEKTREN COMPUTERBASIERTER INFORMATIONSSYSTEME IM ÜBERBLICK

3.3.1.4 BESONDERHEITEN DER IMPLEMENTIERUNG

„One of the major barriers to the spread of ESS has been a lack of understanding about the implementation of these systems.“[661]

Die EIS- und ESS-Konzepte weisen jedoch nicht nur in Bezug auf das angestrebte Funktionsspektrum Unterschiede zu den davor behandelten Ansätzen auf. Auch hinsichtlich der Implementierungsstrategie sind einige Besonderheiten erwähnenswert, wobei insgesamt dem Thema Implementierung besondere Aufmerksamkeit geschenkt wird. Rainer eruiert per Literturstudium 17 Faktoren für eine erfolgreiche ESS-Implementierung, denen er in selbst durchgeführten Fallstudien weitere 16 hinzufügt.[662] Unter diesen 35 **Erfolgsfaktoren** ermittelt er in insgesamt 42 Interviews mit Vertretern der Gruppen »Executive Users«, »EIS-Providers« und »Vendors/Consultants« ein Ranking mit den folgenden zehn meistgenannten Faktoren in der Reihenfolge abnehmender Bedeutung:[663] (1) »Executive sponsor«, (2) »Define information requirements«, (3) »Top management support«, (4) »Manage data«, (5) »Cost considerations«, (6) Manage system

661 Rockart/De Long (1988), S. 151.

662 Vgl. hierzu und zum folgenden Rainer (1989), S. 233 - 285 sowie daneben grundlegend auch Rockart/De Long (1988), S. 151 - 239.

663 Vgl. Rainer (1989), S. 235.

spread and evolution«, (7) »Manage user expectations«, (8) »Manage organizational resistance«, (9) »Deliver first version quickly«, (10) »Link EIS and business objectives«. Interessanterweise herrscht dabei unter den drei Interviewgruppen sehr große Übereinstimmung.[664]

Während es durchaus Bereiche gibt, in denen sich die Implementierungsempfehlungen für EIS oder ESS nicht nennenswert von denen der DSS unterscheiden (zum Beipiel die Vorgehensweise des »Prototyping« in Punkt 9),[665] so können insbesondere in den Punkten 1 und 3, 7 und 8 sowie 2 und 10 signifikante Unterscheide ausgemacht werden.[666] Zum einen (und zuvorderst) soll sich die EIS-/ESS-Entwicklung ganz maßgeblich unter dem (stützenden) Einfluß mindestens eines Vertreters aus dem obersten Führungskreis vollziehen, was neben inhaltlichen auch (macht-) politische Gründe hat. „In our experience, ESS without strong, active champions have virtually no chance of success."[667]

Darüber hinaus kommt betriebswirtschaftlich orientierten Nutzerbelangen sowie sozialen Faktoren eine hervorgehobene Bedeutung zu, was seinen Niederschlag auch in den Vorschlägen zur Gestaltung des Projektteams (»IS Staff«) findet. Neben dem »right mix of skills« (in formaler wie sozialer Hinsicht!), kommt es auch darauf an, daß das Projektteam fähig ist, sich in die Lage eines Top-Managers zu versetzen, sozusagen dessen Kontext zu teilen (»understanding of the executive environment«).[668]

Schließlich wird ein besonderes Augenmerk auf die Ermittlung des - mit den Geschäftszielen zu verbindenden - Informationsbedarfs gelegt. Zur Bestimmung desselben wird zumeist auf die weiter oben bereits erwähnte Methode der kritischen Erfolgsfaktoren verwiesen,[669] die letztlich als ein Top-down-Ansatz zur Objektivierung des subjektiven Informationsbedarfes oberster Führungskräfte aufgefaßt werden kann.[670]

---

664 Vgl. Rainer (1989), S. 278 - 281

665 Vgl. detaillierter zum Prototyping bereits Henderson/Ingrm (1982), Naumann/Jenkins (1982) sowie Guimaraes/Saraph (1991) aus neuerer Zeit.

666 Vgl. zum folgenden De Long/Rockart (1986) bzw. Rockart/De Long (1988), S. 157 - 239 sowie ähnlich zum Thema Implementierung auch Levinson (1984/1986), Barrow (1990) und umfassend Rainer (1989).

667 Rockart/De Long (1988), S. 160. Vgl. danaben auch die Ergebnisse der durchgeführten Expertengespräche in Anhang F. Auch dort wurde der Executive Sponsor als wichtigster Erfolgsfaktor angegeben.

668 Vgl. Rockart/De Long (1988), S. 176 - 182.

669 Vgl. z. B. Rockart/De Long (1988), S. 201 f. oder Thierauf (1991), S. 159.

670 Vgl. neben den weiter oben bereits erwähnten Quellen zur CSF-Methode (Fußnote Nr. 613) für eine kritische Auseinandersetzung mit verschiedenen Möglichkeiten der Informationsbedarfsermittlung insbesondere Volonino/Watson (1991), Wetherbe (1991), Watson/Frolick (1991/1992), Watson/Frolick (1992), Watson/Frolick (1993). Vgl. zu subjektiven und objektiven Informationsbedarf allgemein auch Anhang B.

3.3.2 EXECUTIVE INFORMATION & EXECUTIVE SUPPORT SYSTEMS IN DER PRAXIS

„.... it still takes real faith *in the potential of ESS for an executive to lead his or her management team into this difficult applications area.*[671]

Nach den vorangegangenen Erörterungen zu den *konzeptionellen* Grundlagen der EIS- und ESS-Ansätze sei im folgenden der Blick auf die *Praxis* geworfen - und zwar aus verschiedenen »Blickwinkeln«. Zunächst erfolgt ein kurzer Überblick über die wesentlichen Charakteristika der am Markt unter dem Label »EIS« angebotenen Softwareprodukte (3.3.2.1). Nach einigen Ausführungen zum EIS-Verbreitungsgrad (3.3.2.2) wird den Chrakteristika der installierten (und geplanten) Systeme unter 3.3.2.3 eine erhöhte Aufmerksamkeit geschenkt werden. Diesen Weg von einer Makro- zu einer Mikrobetrachtung beschließt die Analyse von Nutzergruppen und Nutzungsverhalten in 3.3.2.4.

3.3.2.1 MERKMALE ANGEBOTENER SOFTWAREPRODUKTE

Koll & Niemeier vom IAO unterscheiden in ihrer Marktstudie sieben Komponenten eines »FIS-Referenzmodells«:[672]

1) die *Benutzeroberfläche*, worunter im wesentlichen die Bediener-Schnittstelle verstanden wird,
2) die *Präsentationskomponente*, insbesondere die graphischen Darstellungsmöglichkeiten,
3) die *Methoden- und Modellbank*, womit die Analysemöglichkeiten der Software angesprochen werden,
4) die *Datenbasis*, wozu vor allem Fragen der Datenhaltungsarchitektur zählen,
5) die *Entwicklungsumgebung* und die darin bereitgestellten Werkzeuge,
6) die *Kommunikationskomponente*, die im Prinzip das gesamte Feld der Datenübertragung abdeckt sowie
7) die *Hard- und Systemsoftwarekomponente*, womit die unterstützten Architekturen gemeint sind.

In Anbetracht der Schwerpunktsetzung der vorliegenden Arbeit sei im folgenden auf die »endbenutzernahen« Punkte 1 bis 3 sowie 6 etwas näher eingegangen, die man grob auch unter dem Stichwort der **Softwarefunktionalität** zusammenfassen könnte.[673] In

671 Rockart/De Long (1988), S. 254.; Herv. auch im Original.

672 Vgl. dazu Koll/Niemeier (1993), S. 113.

673 Vgl. für die mehr technischen Komponenten 4, 5 und 7 z. B. Koll/Niemeier (1993), S. 112 - 122.

der angegebenen Studie wurden FIS-artige Produkte (im weiteren Sinne)[674] von über 40 Anbietern im Rahmen einer gröberen »Marktstudie« untersucht. Daraus wurden 32 einer detaillierteren Analyse unterzogen, worunter die Autoren wiederum 15 Produkte als EIS bezeichneten.[675] Bezüglich der Verbreitung ausgewählter Funktionen in diesen drei Gruppen ergab sich das folgende Bild:[676]

Funktionalität:	**Verbreitung der Funktion unter:**		
(Auswahl)	**> 40 FIS**	**32 EIS/DSS**	**15 EIS**
• Maussteuerung	90 %	81 %	100 %
• Fenstertechnik	85 %	97 %	93 %
• Pull-Down-Menüs	78 %	91 %	93 %
• MS-Windows-Unterstützung	32 %	66 %	87 %
• Balkendiagramme	77 %	81 %	93 %
• 3-D-Graphiken	35 %	50 %	67 %
• Drill-Down-Funktion	58 %	69 %	87 %
• Exception-Reporting	48 %	78 %	93 %
• Statistische Methoden	61 %	72 %	93 %
• Prognose	48 %	56 %	47 %
• Sensitivitätsanalysen	k. A.	72 %	73 %
• OR-Methoden	k. A.	25 %	27 %
• Wissensbasierte Funktionen	10 %	k. A.	k. A.
• Datex-P-/HfD-Anbindung	k. A.	56 %	60 %
• E-Mail-Schnittstelle	k. A.	28 %	33 %
• Terminkalender	39 %	k. A.	k. A.

Wie die tabellarische Auflistung zeigt, verfügen die typischen EIS-Systeme über ein besonders breites Funktionsspektrum, das in einigen Fällen durchaus die Bezeichnung ESS rechtfertigen würde. Besondere Schwerpunkte sind im Bereich der Benutzerfreundlichkeit wie der graphischen Darstellungsmöglichkeiten zu sehen. Schwach ausgeprägt sind typische OR-Funktionen, einige DSS-Funktionalitäten (Prognose) und interessanterweise auch die E-Mail-Schnittstellen.[677]

Hinsichtlich wesentlicher **EIS/ESS-Funktionen** - wie sie auch in Abbildung 36 veranschaulicht sind - lieferte die eigene, im Rahmen der vorliegenden Arbeit im Dezember

674 Darunter z. B. auch Apple Hypercard sowie MS Excel. Vgl. Koll/Niemeier (1993), S. 257.

675 Vgl. Koll/Niemeier (1993), S. 127. 14 dieser EIS haben zudem DSS-Eigenschaften genau wie die anderen 17 Produkte auch.

676 Vgl. Koll/Niemeier (1993), S. 110 sowie S. 127 - 167.

677 Allerdings weisen die Autoren auf mögliche Unvollständigkeiten ihrer Untersuchung hin.

1993 durchgeführte Umfrage unter 40 namhaften EIS-Softwareanbietern bei einer Beteiligungsquote von 50 % (20 Firmen mit 21 Produkten) die aus Abbildung 37 ersichtlichen Ergebnisse.[678]

Wie der Abbildung zu entnehmen ist, werden die Angaben der Untersuchung von Koll & Niemeier insgesamt bestätigt. Die EIS-**Kernfunktionen** liegen - gemessen an den angebotenen Softwarefunktionen - eindeutig in den Bereichen der Datenbereitstellung, -analyse und graphischen Aufbereitung. OR- und insbesondere XPS-Methoden werden kaum in die Pakete integriert. Anders als bei Koll & Niemeier erreichen die kommunikationsorientierten Funktionen (inklusive Schnittstellen) einen Verbreitungsgrad von um die 70 %, was - zusammen mit den nun ebenfalls deutlich verbreiteteren Analyse- und Simulationsfunktionen - den Schluß nahelegt, daß ein großer Teil der EIS-Produkte bereits ESS-Funktionalität bietet - oder sich zumindest auf dem Weg dorthin befindet.

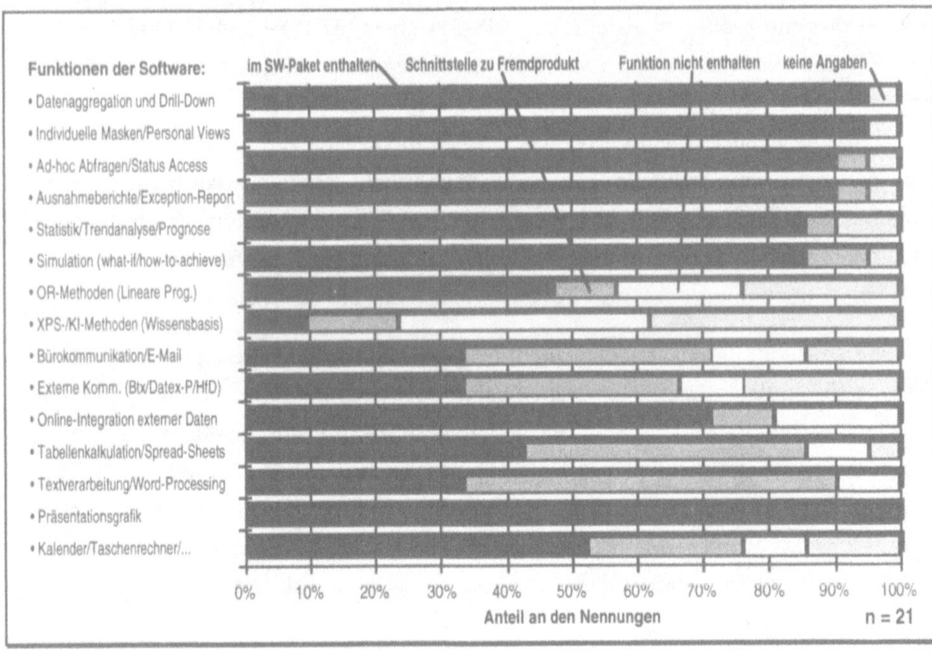

ABB. 37: ANGEBOTENE FUNKTIONEN VON EIS-SOFTWAREPRODUKTEN

678 Vgl. dazu auch Anhang D.

3.3.2.2 VERBREITUNGSGRAD VON FÜHRUNGSINFORMATIONSSYSTEMEN

„By the end of the millenium, virtually all senior-level executives will be using EIS which will directly impact high-level executive decision-making ... and thereby the overall performance of the organization“.[679]

Trotz der zum Teil eher zurückhaltenden Einschätzungen selbst einiger »EIS-Väter«[680] wurde dem **EIS-Markt** Ende der achtziger Jahre ein stürmisches Wachstum prognostiziert. So rechnete die IDC mit einem Anstieg des jährlichen Weltmarktvolumens von 56 Mio. Dollar in 1989 auf 230 Mio. Dollar 1995, was einer durchschnittlichen jährlichen Steigerungsrate von 25 % entspräche.[681] Eine Studie von Business Intelligence aus dem Jahr 1989 geht für den *europäischen* Raum zwischen 1989 und 1992 sogar von einer jährlichen Steigerungsrate von über 60 % auf ein Marktvolumen von knapp 80 Mio. Pfund 1992 aus, wobei fast zwei Drittel des europäischen Marktes auf Großbritannien entfallen.[682] Kienbaum und Business Intelligence gehen in Europa von schätzungsweise 160 Firmen mit *produktiv installierten* EIS-Systemen bis 1989 und 320 bis Ende 1990 aus.[683] Eine Hochrechnung der von Softwareanbieterseite im Rahmen der durchgeführten, eigenen Umfrage gemachten Angaben zur Kundenzahl läßt für Ende 1993 auf um die 9.000 Anwenderfirmen weltweit und 1.500 in Deutschland schließen.[684] Diese hohen Zahlen erklären sich zum einen aus dem zugrunde gelegten, recht breiten EIS-Verständnis, zum anderen wohl auch daraus, daß von Softwareanbieterseite entsprechende Anfragen generell eher großzügig beantwortet werden (und insofern eher Kundenkontakte als Firmen mit produktiven Systemen widerspiegeln dürften).

Indizien auf eine in den letzten Jahren besonders stürmische Beschäftigung mit dem Thema EIS in deutschen Unternehmen liefert aber auch die Ende 1993 selbst durchgeführte **Umfrage** unter den 383 größten Unternehmen in Deutschland, in der immerhin 36 % der sich beteiligenden 144 Unternehmen angaben, über ein produktives EIS zu verfügen und weitere 38 % einen entsprechenden Einsatz planen.[685] Die Entwicklung dieser Installationen sowie die Verschiebung von zunächst überwiegend eigenerstellten Systemen hin zu Softwareproukten vom Markt zeigt auch Abbildung 38.

---

679 Paul Berger, President, SIM & Paul Berger Associates; indirekt zitiert in Straub/Wetherbe (1989), S. 1335.

680 Vgl. hier relativ zurückhaltend z. B. Rockart/De Long (1988), S. 256 u. 259.

681 Vgl. Schneider (1991), S. 122 f. sowie Bernsmeister et al. (1991a), S. 5.

682 Vgl. Bernsmeister et al. (1991a), S. 6.

683 Vgl. Bernsmeister et al. (1991a), S. 7.

684 Vgl. dazu auch Anhang D.

685 Vgl. dazu auch Anhang E, Abb. E-4 u. E-9 sowie die Anmerkungen zur Repräsentativität der Umfrage.

Wie deutlich zu sehen ist setzt nach einer ersten, stark von Eigenentwicklungen geprägten »Installationswelle« ab Mitte der achtziger Jahre mit dem Jahr 1992 eine stürmische Zunahme der Neuinstallationen ein. Kumuliert betrachtet, hat die Anzahl der EIS-Installationen unter den betrachteten Unternehmen zwischen 1985 und 1993 um jährlich durchschnittlich 27 % zugenommen. Werden die geplanten 30 Inbetriebnahmen 1994 realisiert, so entspricht dies einer Zunahme der kumulierten Anzahl von Installationen um 57 %. Nachdem die gesamte Planungsdauer für ein EIS im Schnitt ungefähr ein Jahr beträgt,[686] kann davon ausgegangen werden, daß sich die Anzahl der geplanten Systeme in 1995 und 1996 noch erhöht.

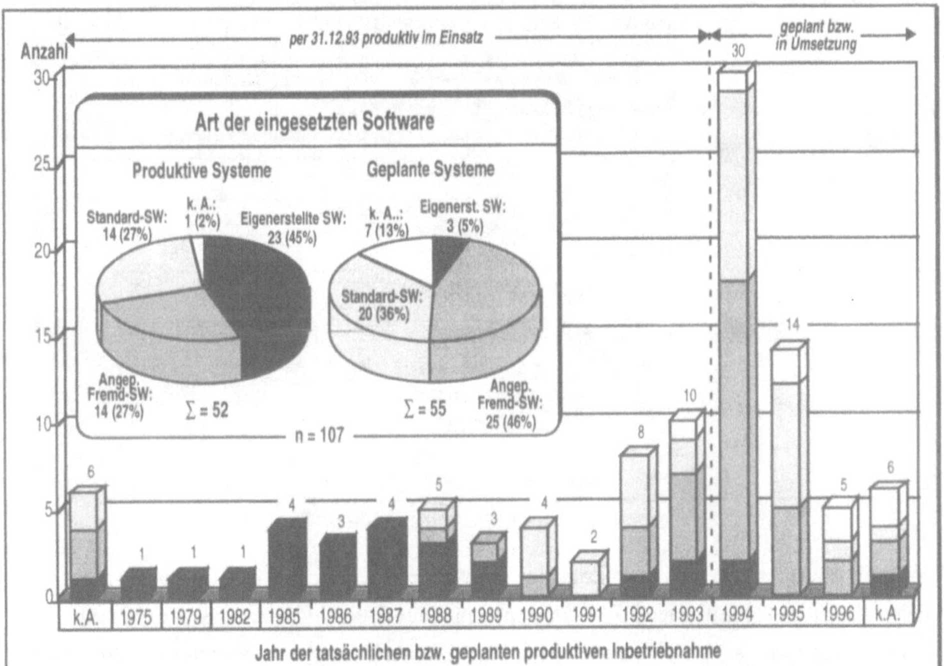

ABB. 38: ENTWICKLUNG DER EIS-SOFTWAREINSTALLATIONEN UNTER DEN GRÖSSTEN UNTERNEHMEN IN DEUTSCHLAND

Insgesamt läßt sich wohl festhalten, daß Ende 1993 EIS oder EIS-artige Systeme - zumindest in größeren Unternehmen - recht weit verbreitet sind, wobei sich eine Vielzahl jedoch noch im Planungs oder Prototypenstadium befindet.[687] Welche Funktionalität diese Systeme dort bieten und von wem sie genutzt werden, darauf sei im folgenden noch etwas näher eingegangen.

686 Vgl. dazu detaillierter Abb. E-13 im Anhang E.

687 Zu einem ähnlichen Befund kommen auch Seibt et al. (1994) in einer ähnlich angelegten Untersuchung.

3.3.2.3 Charakteristika der installierten und geplanten Systeme

Im Rahmen der durchgeführten Kurzumfrage konnte unter den 107 Unternehmen, die angaben, ein EIS im Einsatz oder in der Planung zu haben, bezogen auf das weiter oben bereits eingeführte Funktionsspektrum[688] die nachfolgend abgebildte Verbreitung von EIS-Funktionalitäten ermittelt werden (Abbildung 39).[689]

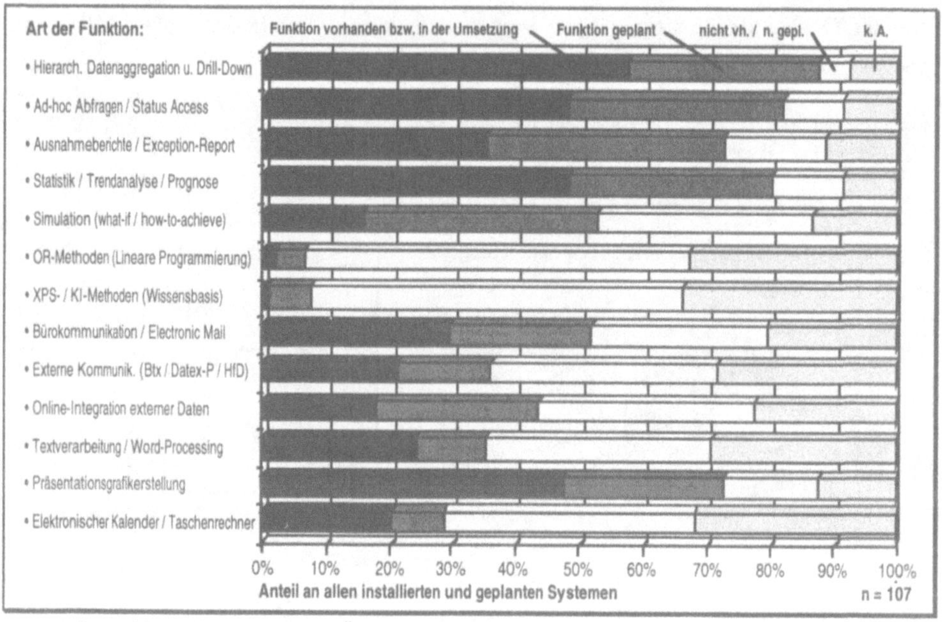

ABB. 39: FUNKTIONALITÄTSSPEKTRUM INSTALLIERTER UND GEPLANTER EIS

Wie deutlich zu erkennen ist, liegt der Schwerpunkt der EIS-Praxisimplementierungen (Nennungshäufigkeit über 70 %) in den typischen Berichtsfunktionen, Funktionen der Statistik/Trendanalyse/Prognose sowie der Präsentationsgraphikerstellung,[690] wobei durchaus beachtlich ist, daß immerhin noch zwischen 5 % und 15 % der Unternemen sich ein EIS ohne einzelne dieser Funktionen vorstellen können. Nur in jedem zweiten Unternehmen sind Simulationsmethoden sowie E-Mail im Rahmen des EIS verbreitet beziehungsweise beabsichtigt. Die anderen typischen Funktionalitäten der Office Automation sind in jedem dritten Unternehmen vorzufinden. Methoden des Operations Re-

688 Vgl. die Abbildungen 36 und 37 weiter oben.

689 Analoge Darstellungen getrennt nach produktiv installierten und geplanten Systemen finden sich im Anhang E [Vgl. Abb. E-15 sowie E-16]. Wesentliche Unterschiede zwischen den Funktionsspektren installierter und geplanter EIS sind nicht zu erkennen.

690 Vgl. dazu beispielhaft auch die Funktionsspektren der im Rahmen von Expertengesprächen vorgestellten EIS im Anhang F (Abbildung F-7).

search sowie der Künstlichen Intelligenz (Expertensysteme) spielen praktisch keine Rolle.[691]

Im Vergleich mit den Funktionsspektren der am Markt angeboten Softwareprodukte (Abbildung 37) ist zu erkennen, daß hinsichtlich der Funktionen wie Simulation, Lineare Programmierung sowie im gesamten Office Automation Bereich (und dort insbesondere bezüglich der Online-Integration externer Daten), die am Markt erhältlichen Softwareprodukte deutlich mehr bieten als von den Unternehmen eingesetzt wird beziehungsweise werden soll. Das *angebotene* Funktionsspektrum ist mithin als breiter einzustufen als das tatsächlich *implementierte.* Da die entsprechenden Funktionen in vielen Fällen noch nicht einmal geplant sind, dürften die Gründe dafür weniger in unüberwindbaren technischen Hürden zu sehen sein, als vielmehr im konzeptionellen Bereich. Es drängt sich die Schlußfolgerung auf, daß das von vielen Softwareanbietern propagierte *ESS*-Konzept in der Unternehmenspraxis auf ein deutlich stärker *EIS*- (oder berichts-) orientiertes Nachfrageverhalten trifft; mit anderen Worten die auch in der Theorie ambitionierteren Systemansätze in der Praxis nur unvollständig rezipiert werden. In die gleiche Richtung äußerte sich jüngst der geschäftsführende Gesellschafter eines namhaften EIS-Anbieters:

> „Die Kreativität der meisten Interessenten reicht nicht aus, um die neuen EIS-Technologien bestmöglich zu nutzen. Mit der Eins-zu-eins-Abbildung des vorhandenen Berichtswesens kann es doch nicht getan sein."[692]

3.3.2.4 Nutzergruppen und Nutzungsverhalten

Nach den Erörterungen zur Funktionalität sei nun der Blick auf die Nutzer dieser Funktionalitäten gelenkt. Abbildung 40 zeigt zunächst den **Nutzungs*umfang*** unter den befragten Unternehmen. Zu erkennen ist, daß in immerhin 73 % der Unternehmen EIS (auch) in der obersten Führungsetage benutzt wird. In diesen Fällen nutzen das System durchschnittlich sechs Mitglieder dieser Ebene. Die Hauptnutzung jedoch vollzieht sich auf der zweiten Ebene sowie in Stabs- oder Zentralabteilungen, insbesondere des Controllings.[693] Die hohe Durchschnittszahl von weiteren/sonstigen Nutzern in relativ weni-

691 Bei einer Untersuchung von 50 EIS-Installationen im nordamerikanischen Raum ermittelt die Forschungsgruppe um Watson 1988 die folgenden Verbreitungsgrade: Current Status Access 88 %, Exception Report 70 %, E-Mail 65 %, Drill Down 56 %, External Data Access 56 % [Vgl. Watson et al. (1991), S. 26 sowie Rainer et al. (1992), S. 339]. Damit ist im wesentlichen eine ähnliche Funktionsverbreitung charakterisiert, abgesehen von der etwas höheren Verbreitung von E-Mail und externer Datenintegration.

692 Hichert (1994).

693 Zu einem ähnlichen Ergebnis kommen auch Koll/Niemeier (1993), S. 46 f., in ihrer Untersuchung

gen Unternehmen (27), die dies angaben, ist mitverursacht durch einige eher MRS-ähnliche Informationssysteme, die schwerpunktmäßig dem Vertriebsbereich zuzuordnen waren und dort sehr hohe Nutzerzahlen aufwiesen.

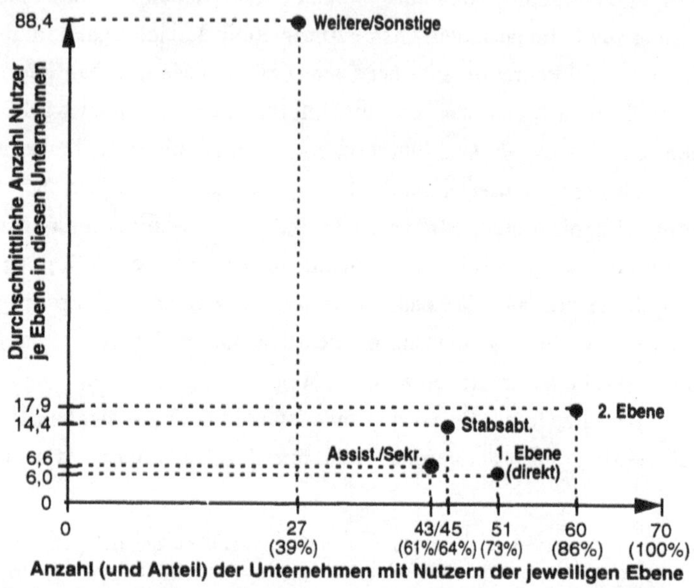

ABB. 40: NUTZUNGSUMFANG INSTALLIERTER UND GEPLANTER EIS[694]

Aussagekräftiger noch als die Frage nach der Anzahl der Nutzer eines EIS ist die Frage nach der **Häufigkeit** der Systemnutzung bezogen auf die jeweilige Nutzergruppe. Bei den 70 Unternehmen, die hierzu Angaben machten ist jedoch zu berücksichtigen, daß die Frage in der überwiegenden Zahl der Fälle nicht durch die Nutzer selbst beantwortet wurde und es sich somit um mehr oder minder subjektive Einschätzungen[695] handelt - zumeist seitens des jeweiligen EIS-Verantwortlichen aus dem Unternehmensontrolling oder der Organisation/Datenverarbeitung.[696] Wie Abbildung 41 und der nachfolgenden

von 41 realisierten FIS.

694 Die Abbildung gibt den Nutzungsumfang in den 70 Unternehmen wieder, die auf die entsprechende Frage im Fragebogen antworteten. Unter diesen verfügen 44 über produktiv installierte, 26 über geplante (und vornehmlich in der Umsetzungs-/Prototypingphase befindliche) Systeme. Eine Beschränkung auf die 44 produktiv installierten Systeme liefert im wesentlichen eine inhaltsgleiche Graphik, in der nur bezogen auf die weiteren/sonstigen Nutzer deutliche Unterschiede zu erkennen wären (noch höhere durchschnittliche Nutzerzahl).

695 In einigen Unternehmen fanden jedoch auch Messungen des Nutzungsverhaltens statt. Vgl. hierzu die Beispielunternehmen aus den Expertengesprächen im Anhang F.

696 Vgl. zu dieser Problematik auch die Ausführungen zur Reliabilität und Validität in Anhang E.

Tabelle der Mittelwerte[697] zu entnehmen ist, erscheint danach die EIS-Nutzung unter den obersten Führungskräften seltener ausgeprägt als in den anderen Ebenen.[698]

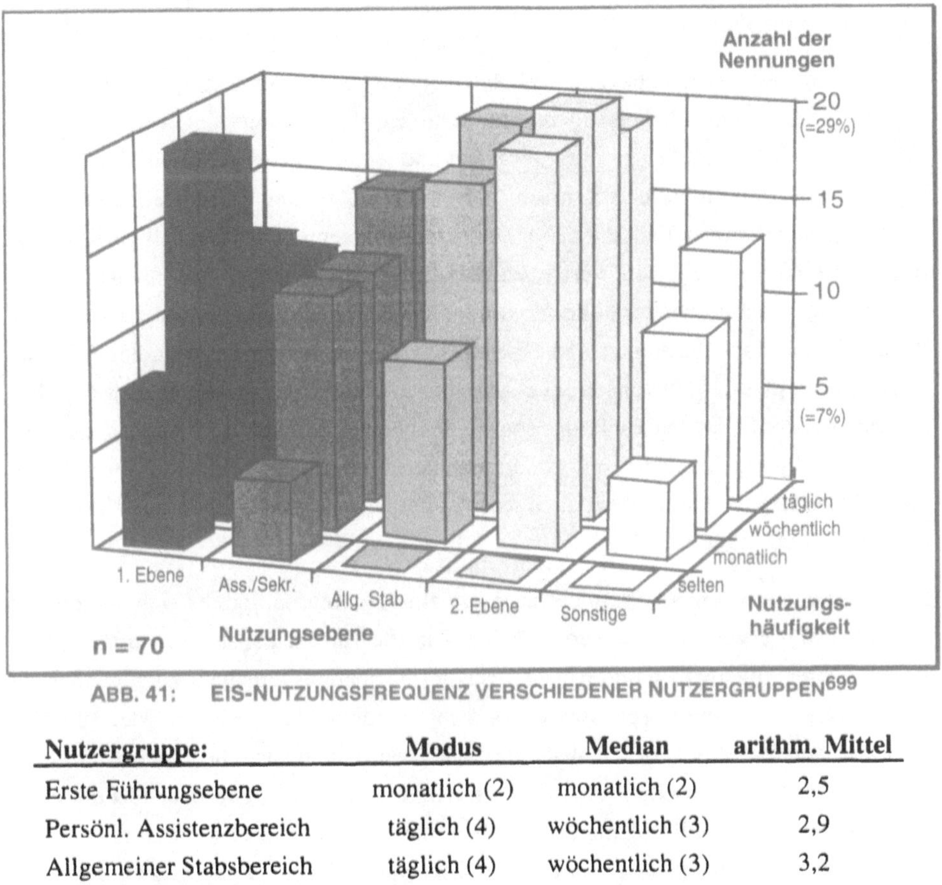

ABB. 41: EIS-NUTZUNGSFREQUENZ VERSCHIEDENER NUTZERGRUPPEN[699]

Nutzergruppe:	Modus	Median	arithm. Mittel
Erste Führungsebene	monatlich (2)	monatlich (2)	2,5
Persönl. Assistenzbereich	täglich (4)	wöchentlich (3)	2,9
Allgemeiner Stabsbereich	täglich (4)	wöchentlich (3)	3,2
Zweite Führungsebene	wöchentlich (2)	wöchentlich (3)	3,0
Sonstige/weitere Ebenen	täglich (4)	wöchentlich (3)	3,3

697 Die Zahlen in Klammern spiegeln eine metrische Interpretation der Skala des Fragebogens wider mit 1 = selten, 2 = monatlich, 3 = wöchentlich, 4 = täglich, die eine arithmetische Mittelwertbildung erlauben würde. Bei ordinaler Interpretation wäre der Median, bei nominaler der Modus als geeignetes Mittelwertsmaß heranzuziehen.

698 Auch hier kommen Koll/Niemeier (1993), S. 46 f. zu ähnlichen Ergebnissen.

699 Anders als beim Nutzungsumfang sind in der Nutzungsfrequenz deutliche Unterschiede zwischen installierten und geplanten bzw. im Prototyping befindlichen Systemen zu konstatieren [Vgl. Abb. E-19 und E-20 im Anhang E]. So wird bei den installierten Systemen unter den verschiedenen Nutzergruppen ein sehr angeglichenes Nutzungsverhalten angegeben, indem für jede der Gruppen eine wöchentliche Nutzung angegeben wird. Die in der Umsetzung befindlichen Systeme weisen demgegenüber im Bereich der 1. Ebene eine deutlich niedrigere Nutzung, im Assistenzbereich eine deutlich höhere Nutzung auf. In Assistenz-, Stabs- und sonstigen Bereichen zeigt sich überdies eine U-förmige Verteilung (entweder tägliche oder monatliche Nutzung als Maxima).

Nicht nur hinsichtlich des Nutzungsumfangs sondern auch hinsichtlich der -frequenz ist der Einsatzschwerpunkt von EIS mithin in den Stabsbereichen sowie in der zweiten Führungsebene zu sehen, wo vielerorts das EIS durchaus schon als tägliches Unterstützungswerkzeug Verwendung findet.

Obschon andere Autoren bezüglich der Nutzungsfrequenzen von Executive Information Systems zu nicht unähnlichen Ergebnissen kommen,[700] sei darauf hingewiesen, daß die Ergebnisse mit Vorsicht zu interpretieren sind und mehr Indizien geben, als daß sie eine abgesicherte Schlußfolgerung zulassen. Neben den im Anhang E näher erläuterten Bedenken hinsichtlich der Validität dieser empirischen Erkenntnisse (bei nicht direkter Befragung der Nutzer) sei darauf verwiesen, daß fundiertere Aussagen über die Rolle eines EIS im Tagesablauf oberster Führungskräfte nur über persönliche Interviews und noch besser Verhaltensbeobachtungen zu erzielen sind. Neben der Anzahl installierter EIS in dieser Ebene und der Nutzungsfrequenz verdienen dann insbesondere Fragen der Nutzungsdauer, der benutzten Funktionen sowie dem beigemessenen Informationswert eine nähere Würdigung. Die ganz wenigen öffentlichen Äußerungen oberster Führungskräfte zum Thema EIS deuten diesbezüglich jedoch eher auf ein **eingeschränktes Unterstützungspotential** durch EIS.[701]

In diesem Zusammenhang verdient auch erwähnt zu werden, daß es sich als äußerst problematisch erwiesen hat, oberste Führungskräfte für ein Fallstudienvorhaben hinsichtlich ihres allgemeinen und EIS-bezogenen Informationsverhaltens zu gewinnen.[702] Hinter Auskünften wie beispielsweise »zu dicht gedrängte Terminpläne« oder »im Moment drängendere Probleme« schien dabei in einigen Fällen auch die allgemein in EIS-Projekten zu beobachtende Problematik an den Tag zu treten, daß oberste Führungskräfte in vielen Fällen Probleme damit haben, ihren Informationsbedarf zu artikulieren oder bei der Ermittlung desselben unterstützend mitzuwirken.[703] Ob es sich dabei um

---

700 Vgl. etwa Vogel/Wagner (1993), S. 31 oder Koll/Niemeier (1993), S. 46 sowie auch schon den sehr frühen Beitrag von De Long/Rockart (1984/1986).

701 Vgl. z. B. Pohle (1990). Vgl. daeben auch die EIS-Erwartung der Interviewpartner aus der Fallstudie im Anhang F, insb. Abb. F-3e, die Ergebnisse der Studie von Mårtensson/Mähring (1992), S. 128 - 131 sowie die Erfahrungen der drei Expertengesprächspartner (Anhang F, insb. Abb. F-8) mit Nutzung und Akzeptanz von EIS unter obersten Führungskräften.

702 Vgl. dazu ausführlicher Anhang F.

703 Vgl. dazu vor allem Koll/Niemeier (1993), S. 47 - 74, insb. S. 66 u. 73, die zum Ergebnis kommen, daß insgesamt die Ermittlung des Informationsbedarf als größtes Problem der EIS-Einführung in der Praxis genannt wird und - ungeachtete der Empfehlungen seitens Theorie und Unternehmensberatern - nur in 25 % der untersuchten Fälle eine Informationsbedarfsanalyse vorgenommen wurde (und davon nur in einem Drittel der Fälle die KEF-Methode Verwendung fand), dafür aber unter den 47 % der Fälle ohne explizite Informaionsbedarfsanalyse mehrheitlich einfach das bestehende Berichtswesen »elektrifiziert« wurde. Dementsprechend stellen die untersuchten 41 Systeme überwiegend Daten des Rechnungswesens (Umsatz, Kosten, Bilanz/GuV, Auftragseingang etc.) bereit. Informationen über Lieferanten sind nur in weniger als 10 % der Fälle vorhanden (in weite-

ein »Nicht-Können« oder »Nicht-Wollen« der obersten Führungskräfte handelt, sei an dieser Stelle offengelassen. Die Frage wird jedoch im Schlußteil noch einmal aufgegriffen.

3.3.3 KRITISCHE WÜRDIGUNG

„EIS als modisches Accessoire oder als unverzichtba-rer Steuerknüppel im Cockpit der obersten Etage?“[704]

Die abschließende Würdigung der EIS-/ESS-Ansätze erfordert im Lichte der vorangegangenen Erkenntnisse eine differenzierte Betrachtungsweise. Unter dem Oberbegriff EIS (oder ESS) bedarf es der Unterscheidung von theoretischen Konzepten (3.3.3.1), Ansätzen und Produkten der Softwareanbieter (3.3.3.2) sowie den Realisationen in der Unternehmenspraxis (3.3.3.3).

3.3.3.1 THEORETISCHE KONZEPTE

Die Analyse der theoretischen Konzepte hat gezeigt, daß in Bezug auf frühere Ansätze der Computerunterstützung oberster Führungskräfte erhebliche **Fortschritte** zu verzeichnen sind, und zwar insbesondere in:

- der umfangreicheren (aber noch nicht umfassenden) Einbeziehung von verhaltensorientierten Erkenntnissen über die Arbeit und das Informationsverhalten oberster Führungskräfte, wie sie beispielsweise durch die Würdigung der Arbeiten Mintzbergs oder Kotters in den Arbeiten von Rockart erfolgte,
- der ausgiebigeren Auseinandersetzung mit den Problemen der Implementierung entsprechender Systeme (inklusive der Handhabung der zu erwartenden sozialen und politischen Konflikte), was seinen Niederschlag gefunden hat in Konzepten wie der CSF-Methode, dem Executive Sponsoring sowie dem Rapid Prototyping.

---

ren 10 % geplant), Informationen üher Kunden in ca. 12 % (geplant weitere 40 %) und Informationen über Wettbewerber in knapp 20 % der Fälle(geplant weitere 25 %).
Auch in einer amerikanischen Untersuchung [Vgl. Watson/Frolick (1993)] zeigt sich, daß das strukturierte Top-down-Verfahren zur Informationsbedarfsermittlung bei der EIS-Entwicklung nur vergleichsweise selten eingesetzt werden. So fand die CSF-Methode in nur 36,7 % von 98 untersuchten Unternehmen Anwendung, die »Strategic Business Objectives Method« in nur 26,5 % und überhaupt wurde nur in 62,2 % der Fälle überhaupt Interviews mit Executives geführt.
Ein etwas günstigeres Bild liefert eine 1991/92 durchgeführte Befragung von 45 EIS-Anwendern im deutschen Raum, die in immerhin 66 % der Fälle eine Bestimmung der KEF und in 62 % eine Informationsbedarfsanalyse ermittelte [Vgl. Vogel/Wagner (1993)].

704 Hichert (1994).

- der konsequenten Ausrichtung der Benutzerschnittstelle auf die Belange des Top-Managements, wie es in der Forderung nach leicht erlernbarer Mausbedienung und graphischen Benutzeroberfläche gesehen werden kann,
- der Integration von Kommunikatiosunterstützung (zumindest bei den ESS-Konzepten) und damit auch der Beginn einer Loslösung von einer *reinen* Individualunterstützung,
- der geforderten Ausweitung der Informationsinhalte über die rein quantitativen, internen, historischen Daten hinaus,
- insgesamt - zumindest in *leisen* Ansätzen - der Zielsetzung, auch zuvor vernachlässigte Ausprägungen der Schlüsselvariablen (im Sinne von Mason & Mitroff oder Kirsch & Klein) zu berücksichtigen (insbesondere hinsichtlich eher intuitive Informationsaufnehmer sowie mehr »personalistischer« Grafikausgabe).

Gleichwohl sind hinsichtlich der vorgeschlagenen Konzepte noch gewisse **Bedenken** angebracht. Dabei sind insbesondere die folgenden relevant:

- So wünschenswert die Integration der aktivitätsorientierten Manager-Forschung ist, stellt sie doch nur einen Teilbereich einer »Manager-Wissenschaft« dar. Die Fokussierung auf aktivitätsorientierte, deskriptive Forschungserkenntnisse birgt die Gefahr, andere Aspekte (insbesondere individual-psychologischer und organisationssoziologischer Natur) »unterzubelichten«.
- Die auf den aktivitätsorientierten Forschungsergebnissen beruhenden Gestaltungsvorschläge bleiben zum Teil etwas nebulös. Dies trifft vor allem auf die Unterstützung des Kotterschen »Agenda Setting« durch EIS im Wege eines »enhancements of mental models« zu, wie es von Rockart vorgeschlagen wird.
- Die vorgeschlagenen Implementierungsstrategien sind in mindestens zweierlei Hinsicht nicht unproblematisch. Zum einen kann die »Personifizierung« der Implementierung mittels der hervorgehobene Rolle eines »Executive Sponsor« beim Ausscheiden dieser Person aus der Unternehmung erhebliche Probleme bis hin zum Projektstillstand aufwerfen, was in der Praxis auch tatsächlich schon beobachtet wurde. Zum anderen ist die - insgesamt sicherlich wünschenswerte - Top-down-Ermittlung des Informationsbedarfs im Wege der CSF oder anderer Methoden nicht unproblematisch. Die in einem EIS abgebildeten CSF können sich, da von vielfältigen Determinanten abhängend,[705] ständig ändern, was eine fortdauernde, das Top-Management ständig involvierende, aufwendige Pflege erforderlich macht.[706]

---

705 So können die CSF beispielsweise zwischen verschiedenen Individuen der selben Unternehmung variieren und sich mit einer veränderten Wettbewerbsumwelt, der allgemeinen Konjunkturentwicklung, neuen strategischen Zielsetzungen oder Organisationsstrukturen ändern.

706 Vgl. Oppelt (1992), S. 114.

- Die generellen Gefahren, die mit der Formalisierung eines zuvor unformalisierten Informationssystems einhergehen, werden nach wie vor kaum thematisiert. So kann bezweifelt werden, ob das Ziel einer nicht nur im Querschnitt sondern auch im Längsschnitt flexiblen Informationsbereitstellung in jedem Fall erreicht wird oder nicht ein Berichts- und Informationswesen »zementiert« wird, das möglicherweise zur Implementierungszeit noch »State of the Art«, wenig später aber bereits »Out of Date« ist. Auf die Problematik traditioneller Kostenrechnungssysteme - wie sie im Rahmen der Diskussion von »Komplexitätskosten« jüngst wieder aufgegriffen wurde - sei an dieser Stelle gar nicht näher eingegangen.

Betrachtet man den Weg hin zu einer effektiven und effizienten Unterstützung oberster Führungskräfte als einen durch ein nebliges Moor führenden, schmalen und nur schwer sichtbaren Pfad, bei dem jederzeit die Gefahr besteht, daß ein Abkommen von diesem Pfad zum Feststecken (oder sogar Versinken) führt - eine im Lichte der vielen Fehlschläge sicher nicht unangebrachte Analogie - so kann zumindest den ESS-*Konzepten* - trotz aller Bedenken - bescheinigt werden, einen **Schritt in die richtige**, »befestigte« **Richtung** getan zu haben. Das »rettende« feste Ufer jedoch scheint noch nicht erreicht.

3.3.3.2 Ansätze und Produkte der Softwareanbieter

Der Blick auf die am Markt angebotenen Softwareprodukte zeigt, daß unter Ausnutzung der Ende der achtziger Jahre aufkommenden - und aus Anwendersicht durchaus revolutionären - Technikentwicklungen, wie sie insbesondere im Personal Computer und der graphischen Benutzeroberfläche mit Mausbedienung zu sehen sind, Anwendungsprogramme (oder Generatoren) geschaffen wurden, die in vielen Fällen als **geeignete Inkarnation** der konzeptionellen Überlegungen aufgefaßt werden können und häufig schon eher das Prädikat ESS an Stelle ihrer Bezeichnung EIS verdienen. Die positiven wie kritischen Überlegungen zu den theoretischen Konzepten im vorangegangenen Punkt besitzen deshalb im wesentlichen auch für eine Beurteilung der Softwareprodukte Gültigkeit.

Darüber hinaus verdienen noch zwei **kritische Anmerkungen** eine Hervorhebung. Zum einen ist festzustellen, daß die Softwareanbieter - aus nicht unverständlichen Gründen - ihre EIS immer mehr als »*Enterprise* Information Systems« denn als *Executive* Information Systems präsentieren, mithin die verhältnismäßig kleine Zielgruppe der Executives zur viel größeren des Managements ausweiten und damit zusammenhängend den Berichts- und Controlling-Funktionen ihrer Software ein höheres Gewicht beimessen als den typischen ESS-Funktionalitäten. Mit dieser Aus- oder möglicherweise **Überdehnung der Ansätze** wird unweigerlich eine Problematik auf die Tagesordnung gebracht, die schon im Rahmen des Total Systems Approach behandelt wurde, nämlich die im wesentlichen wohl zu verneinende Frage, ob die Informationsbedarfe und -nutzungsgewohnheiten verschiedener Managementebenen »unter einen Hut« zu bringen sind. »Top Management« ist - so haben die Erörterungen des Kapitels II gezeigt- eben nicht einfach nur »Lower Management at a higher level«.

Zum anderen wird - ebenfalls aus verständlichem Grunde - die **Implementierungsproblematik verharmlost**. Eine mit Schlagworten wie »Rapid Prototyping« nicht selten versprochene Dauer der Planungs- und Implementierungsphase von unter einem halben Jahr ist - so zeigte die eigene Umfrage ebenso wie die Expertengespräche - die Ausnahme[707] und kann möglicherweise nur durch die Vernachlässigung eines übergreifenden und ganzheitlichen betriebswirtschaftlichen Konzeptes erzielt werden. Das Resultat ist dann mehr eine »Elektrifizierung des Papierberichtswesens« als ein wirksamer, ganzheitlicher Top Management Support.

Als Fazit läßt sich weiterhin festhalten, daß die Hindernisse für den Erfolg eines Führungsinformationssystems wohl nicht mehr so sehr in technikinduzierten Problemen der *Anwendungs*software oder deren mangelhafter Funktionalität zu sehen sind. Das **Thema Technik** ist damit gleichwohl noch nicht erledigt. Vielmehr ist bei einer veralteten, heterogenen und inkonsistenten Organisation der Basisdaten, wie sie in vielen Unternehmen (leider) noch allzu häufig vorzufinden ist, ein erhebliches - allerdings nicht unbedingt EIS-spezifisches - Problemfeld einer erfolgreichen Implementierung zu sehen.

3.3.3.3 Realisationen in der Unternehmenspraxis

Die nähere Beschäftigung mit den installierten EIS in der Praxis schließlich hinterläßt einen **zwiespältiges Eindruck**. Zwar ist zu konzidieren, daß sich EIS als offenbar wirkungsvolle Controllinginstrumente in der Praxis durchzusetzen scheinen, dort einige Unzulänglichkeiten des traditionellen, papierbehafteten Berichtswesens überwinden und und insofern eine indirekte Unterstützung oberster Führungskräfte leisten.[708] Andererseits bleiben - zumindest bei den Anwendungen in deutschen Unternehmen - wesentliche Potentiale im Bereich des Top Management ungenutzt:

---

707 Vgl. auch Abb. E-13 in Anhang E.

708 Vgl. zum Thema EIS und Controlling beispielsweise Reichmann (1990), Back-Hock/Kirn (1991), Becker (1991), Fengler/Simon (1993), Piechota (1993) sowie Reichmann et al. (1993).

- Aus einem in der Praxis eher eingeengten Controllingverständnis heraus findet eine Konzentration auf interne und quantitative Daten statt und kaum die Unterstützung eines strategischen, marktorientierten Controlling.
- Die *direkte* Unterstützung für das Top Management bleibt hinter den ursprünglichen Zielen eines ESS wie den technischen Möglichkeiten zurück, indem Systeme installiert werden, die vielfach eher als komfortable MRS zu titulieren sind (und teilweise auch so genannt werden). Von den Möglichkeiten zur Integration externer und qualitativer Daten sowie der Kommunikationsunterstützung des Top Managements wird nur sehr zurückhaltend Gebrauch gemacht.

Zusammen mit Beobachtungen, die auf eine im Vergleich zu den konzeptionellen Empfehlungen immer noch unzureichende Beteiligung oberster Führungskräfte bei der Planung, Implementierung und Fortentwicklung der EIS hinweisen, liegt deshalb die Schlußfolgerung nahe, daß auch die EIS-/ESS-Konzepte *in der Praxis* noch nicht zu einer nennenswerten Verbesserung des Informationsstandes im Top Management beigetragen haben. Von einer *breit* angelegten *direkten* Unterstützung *oberster* Führungskräfte durch EIS oder ESS kann in der Praxis - ungeachtet der EIS-Erfolge auf anderen Ebenen und damit in der indirekten Unterstützung - noch nicht gesprochen werden.[709]

Inwieweit es sich beim skizzierten Status Quo möglicherweise bereits um eine »optimale« computerbasierte Informationsunterstützung oberster Führungskräfte handelt, wird im Kapitel IV wieder aufgegriffen werden. Zuvor seien jedoch im folgenden Abschnitt 3.4 die in Kapitel III diskutierten Ansätze abschließend vergleichend zusammengefaßt.

3.4 Vergleichende Gegenüberstellung der untersuchten Systemansätze

EIS — alter Wein in neuen Schläuchen?[710]

Abbildung 42 zeigt in der Zusammenschau anhand ausgewählter Charakteristika die in Kapitel III behandelten Ansätze zur computerbasierten Informationsunterstützung oberster Führungskräfte. Zu beachten ist hierbei, daß jeweils idealtypische Ausprägungen der Charakteristika ausgewählt wurden, in der Regel die Systemansätze wesentlich unschärfer sind und zum Teil fließend ineinander übergehen.

709 Vgl. kritisch zum Status Quo daneben auch Millet/Mawhinney (1992) sowie Mårtensson/Mähring (1992).

710 In Anlehnung an eine landläufige Redewendung; Quelle unbekannt.

Charakteristika: / Systemansatz:	MIS / MRS	DSS	XPS	OAS	EIS / ESS
Entstehung	frühe 60er	Mitte 70er	frühe 80er	späte 70er	Mitte 80er
Hauptzielgruppe	gesamtes Management	Top und Middle Management	Stäbe, Top und Middle Management	alle Büroangestellten	Top Management
Hauptnutzergruppe	Lower und Middle Management	Stäbe und Middle Management	Fachspezialisten Lower-/Middle-Mgmt.	Sekretariat, Sachbearbeiter, Lower Mgmt.	Stäbe, Middle und Top Management
Datenquellen	intern	intern und extern	überwiegend intern	intern und extern	intern und extern
Datenbeschaffenheit	quantitativ/"hart" detailliert	quantitativ/"hart" sehr detailliert	quantitativ u. qualitativ sehr detailliert	überwiegend qualitativ ("weich")	überwiegend quantitativ ("hart"), wenig detailliert
Zeithorizont	Vergangenheit	Zukunft	Gegenwart	Vergangenheit, Gegenwart, Zukunft	Vergangenheit, Gegenwart, Zukunft
Problemstruktur	gut strukturiert, regelmäßig wiederkehrend	semistrukturiert, ad-hoc, selten wiederk., spezif.	semistruktur., komplex, häufig wiederk., spezif.	semi- oder unstrukturiert, abwechselnd, unspezif.	abwechselnd und unspezifisch, ad-hoc
Verarbeitungsmodus	Batch, On-line Real-Time, numerisch	Interaktiv, Dialog, numerisch-graphisch	Interaktiv, Dialog, symbolisch	Interaktiv, Dialog, numerisch, Graphik, Text	Interaktiv, Dialog, numerisch-graphisch, Text
Verarbeitungsfunktionen	Datenaggregation und Statistik	Modellierung, Analyse, Simulation	Inferenzschlüsse	Dokument- und Nachrichtenhandhabung	Informationsaggregation, Status-Übersicht
Output	Info. für Kontrolle und Routineentscheidunen	Analyseergebnis für Planungszwecke	Problemlösung, Entschluß, "Rat", Erklärung	Bearbeitetes Dokument bzw. Nachricht	Informationsaggregation, Status, Ausnahmen
Einsatzfeld (Phase)	(interne) Kontrolle und z. T. Problemerkennung	Alternativensuche und -bewertung	Alternativenbewertung und -auswahl (Entschluß)	Entschluß und Durchführung	Kontrolle, Problemerkennung und z. T. Entschluß
Typ des Erkenntnissystems	Lockean Inquiring Sys. (datenbasiert)	Leibnitzian Inq. System (modellbasiert)	Leibnitzian Inq. System (modellbasiert)	Leise Ansätze v. Kantian & Hegelian Inq. Sys.	Lockean-Leibnitzian Inquiring System
Zielsetzung/Stoßrichtung	Effizienz	Effektivität	Effektivität	Effizienz	Zeit, "Performance"

ABB. 42: ANSÄTZE COMPUTERBASIERTER INFORMATIONSSYSTEME IM ÜBERBLICK[711]

Neben den aus der Abbildung ersichtlichen Unterschieden, soll zum Abschluß auch nochmals auf wesentliche **Gemeinsamkeiten** der Ansätze hingewiesen werden:

- Allen Ansätzen blieb der breite Erfolg auf Top Management Ebene versagt. Gleichwohl profitieren oberste Führungskräfte sehr wohl indirekt von Systemen, die im mittleren Management und im Stabsbereich Verwendung finden.
- Kein Ansatz hat sich bislang explizit einer Nutzbarmachung von Informationen verschrieben, die externen Ursprungs und gleichzeitig stark zukunftsorientierter und qualitativer Natur (»Soft Facts«) sind.
- Keinem der Konzepte ist es gelungen, völlig unstrukturierte Problemstellungen, mit ex-ante nicht eingrenzbarem Informationsbedarf, wie sie typischerweise Fragen der strategischen Planung aufwerfen, nennenswert zu unterstützen.

711 Quellen: Kroeber/Watson (1984/1987), S. 5 - 11, Thierauf (1984/1987), S. 56, Awad (1988), S. 40 f., Laudon/Laudon (1988), S. 34, Senn (1978/1990), S: 13, Turban (1988/1990), S. 18, Tom (1991), S. 33 u. 38, Millet/Mawhinney (1992), S. 84, Zwass (1992), S. 84 u. S. 107.

- Alle Ansätze unterstellen als Regelfall einen Nutzer des psychologischen Typs »Thinking-Sensation«, dem unpersönliche Formen der Informationspräsentation angeboten werden. Intuitive Perzeption und »fühlende« Evaluation werden nach wie vor vernachlässigt, ganauso wie »persönlichere« Informationsübermittlung.[712]
- Alle Ansätze sind letztlich faktenorientiert und einem Zielmodell verpflichtet, wie es im Wunsch nach Effektivität, Effizienz oder »Performance« zum Ausdruck kommt. Fragen nach der Überlebens- oder Fortschrittsfähigkeit des sozialen Systems Unternehmung oder eines »Wertkonsenses« werden nicht aufgegriffen.[713]

Abschließend ist somit festzuhalten, daß ein großer Teil der in den siebziger Jahren auf die **MIS**-Ansätze bezogenen **Kritik** auch hinsichtlich der neueren EIS-/ESS-Konzepte noch **Gültigkeit** hat. Das Einleitungssprichwort aufnehmend, könnte man auch davon sprechen, daß es sich bei den neuerlichen Ansätzen zur Computerunterstützung oberster Führungskräfte nicht um denselben *alten* Wein in neuen Schläuchen handelt. Vielmehr verbirgt sich hinter dem neuen »Label« ein in der Herstellung deutlich verfeinerter, nach den neuesten Erkenntnissen gekelterter Wein mit verbessertem Geschmack. Daß er trotzdem nicht zum Hausgetränk der obersten Führungsetage avanciert ist, muß wohl dem nach wie vor wenig sonnigen Anbaugebiet und/oder der ebenfalls gleich gebliebenen Rebsorte zugeschrieben werden - wenn nicht gar dem Umstand, daß Wein sich möglicherweise nur bedingt (oder vielleicht gar nicht) zur Befriedigung grundlegender Bedürfnisse oberster Führungskräfte eignet.

Den Möglichkeiten einer Nutzbarmachung verbesserter Ingredienzien sowie den grundsätzlichen Perspektiven von Wein als Hausgetränk oberster Führungskräfte sei das folgende Kapitel IV gewidmet.

---

712 Vgl. dazu die Erörterung des Beitrages von Mason & Mitroff unter 3.1.2.2.

713 Vgl. dazu die Erörterung des Beitrages von Kirsch & Klein unter 3.1.2.2.

KAPITEL IV
PERSPEKTIVEN DER COMPUTERUNTERSTÜTZUNG OBERSTER FÜHRUNGSKRÄFTE

„Much of the work done by senior managers will receive no - or at best marginal - support from an ESS."[714]

Welche Schlußfolgerungen nun sind zu ziehen aus der Analyse der Arbeit oberster Führungskräfte (Kapitel II) wie den Erfahrungen mit den diversen Unterstützungsansätzen (Kapitel III)? Nachdem das Lesen der vorangegangenen Abschnitte beim Leser wohl nicht unerhebliche Bedenken hinsichtlich der Perspektiven einer Computerunterstützung oberster Führungskräfte aufgeworfen haben dürfte, seien zur Beantwortung dieser Frage zunächst die Grenzen aufgezeigt (4.1). Dem schließt sich eine Erörterung der Möglichkeiten in 4.2 an.

4.1 GRENZEN DES COMPUTEREINSATZES

Zur Betrachtung der Grenzen eines Computereinsatzes unter obersten Führungskräften sei eine zweigeteilte Vorgehensweise gewählt. 4.1.1 greift den Faden aus Kapitel II (Erkenntnisse über die Managerarbeit) unter Einbeziehung der Erfahrungen aus Kapitel III wieder auf. 4.1.2 widmet sich - einem Exkurs ähnelnd - dann einer in 3.3.2.4 bereits angeschnittenen Frage, der nach den individuellen Interessen oberster Führungskräfte.

4.1.1 BESCHRÄNKUNGEN IM LICHTE DER MANAGER-ARBEIT SOWIE DER ERFAHRUNGEN MIT VORANGEGANGENEN ANSÄTZEN

Die Erörterungen der Kapitel II und III weisen auf nicht unerhebliche Einschränkungen für eine Computerunterstützung oberster Führungskräfte hin. Besondere Hervorhebung verdienen darunter die folgenden:

- Oberste Führungskräfte verbringen mehr als die Hälfte ihrer Zeit nicht im eigenen Büro und haben, auch wenn sie in ihrem Büro sind, dort nur relativ wenige und kurze ungestörte **Arbeitsintervalle**. Daß Top Manager in ihrem dicht gedrängten Terminplan Zeit finden, ausgiebige Analysen am Computer - selbst bei noch so einfa-

714 Rockart/De Long (1988), S. 255.

cher Bedienung - vorzunehmen, erscheint genauso unwahrscheinlich wie die Inkaufnahme umständlicher, langwieriger Zugangsprozeduren oder Systemantwortzeiten.

- Nachdem bis zu 80 % des Arbeitstages einer obersten Führungskraft kommunikationsorientierten Tätigkeiten gewidmet sind, haben EIS *ohne* Kommunikationskomponente von vorneherein einen relativ schmalen **Ansatzhebel** von nur etwa 20 %.
- Solange EIS überwiegend in **Berichts- und Kontrollfunktionen** und damit in überwiegend gut strukutrierbaren Aufgabengebieten unterstützen, muß man sich die Frage stellen, ob diese Art der Systemnutzung aus wirtschaftlichen Überlegungen heraus nicht besser an die Controllingabteilung delegiert werden sollte (wie dies in der Praxis ja auch teilweise der Fall ist). Denn wenn erst einmal Schwellenwerte eines »Exception Reporting« definiert sind, ist das regelmäßige reine Beobachten einer »Ja-Nein-zum Teil-Überschreitung«, wie sie die »Ampeltechnik« bietet, eine leicht delegierbare Aufgabenstellung - ebenso wie das sich anschließende »Drill Down« zur Ursachenanalyse.
- Die weit verbreitete Vorliebe für **intuitive**, inkrementale, heuristische und »fühlende« **Verfahren** bei Problemidentifikation, Alternativenbewertung und -auswahl beziehungsweise allgemein bei Informationsaufnahme und -verarbeitung, läßt für Tools, die exakten, synoptischen Modellen verpflichtet sind, nur sehr eingeschränkte Nutzenpotentiale.
- Unter obersten Führungskräften herrscht eine ausgeprägte Zuneigung zu **Face-to-Face-Kontakten** (in der Regel weit über 50 % der Arbeitszeit). Nachdem anzunehmen ist, daß sich dies nicht nur aus objektiven Gründen (Aufgabenkomplexität, erzielbare Informationsreichhaltigkeit) erklärt, sondern auch - und möglicherwiese vor allem - durch subjektive Belange (soziale Beziehungen, »Politik«, Macht) verursacht ist, stellen sich besondere Anforderungen an eine Computerunterstützung in diesem Bereich. Auf anderen Führungsebenen typischerweise als vorteilhaft erachtete Charakteristika neuer Kommunikationsmedien können in diesem Liche durchaus als störend empfunden werden. Asynchrone Übertragungsmöglichkeit und Dokumentationsfähigkeit der Nachrichten - wie es beispielsweise bei E-Mail oder Voice-Mail gegeben ist - können bei sensiblen Themen oder dem Wunsch der persönlichen Beeinflussung des Gesprächspartners durchaus kontraproduktiv sein.[715] Auch der Einsatz einiger gruppenunterstützender Technologien ist in dieser Hinsicht skeptisch zu beurteilen. Eine in Sachfragen durchaus wünschenswerte Objektivierung einer Diskussion (Beispiel »Decision Room«) kann aus machtpolitischen Erwägungen der Teilnehmer durchaus ablehnend beurteilt werden.

715 Der Leser möge sich an dieser Stelle selbst überlegen, ob er beispielsweise im privaten Bereich schon einmal sensible Themen auf den Anrufbeantworter eines Bekannten hinterlassen hat, oder auf dem eigenen entsprechende vorgefunden hat.

- Die Gestaltung *eines* computerbasierten Informationssystems für oberste Führungskräfte einer Unternehmung wird zudem erschwert durch ein sehr **heterogenes Arbeitsverhalten** dieser Gruppe. Dieses ist begründet durch die sich ständig wandelnden Aufgabenstellungen, deutliche Unterschiede in den persönlich-individuellen Arbeitsstilen sowie eine häufig vorfindbare Rollenteilung im Top Management. Die sich daraus ergebenden besonderen Anforderungen an Systemflexibilität und ständiger Systemanpassung/-fortentwicklung bergen die permanente Gefahr, daß mögliche Nutzeneffekte durch die entstehenden Kosten überkompensiert werden.

4.1.2 Beschränkungen aus individual-psychologischer Sicht

„Lodged in the body and dependent upon presence and active display, the implicit heart of the executive's special genius appears to evade rationalization“[716]

Nachdem den vielfältigen Anstrengungen zur Unterstützung oberster Führungskräfte mittels computerbasierten Informationssystemen in keinem Falle ein durchschlagender Erfolg beschieden war, liegt es nahe, sich die Frage zu stellen, ob prinzipiell die **Anreizstruktur** für eine intensive Nutzung solcher Systeme gegeben ist.[717]

Aus objektiver und unternehmensbezogener Sicht erscheint es zunächst als relativ unzweifelhaft, daß es im Lichte zunehmender Umweltkomplexität, erhöhten Marktwettbewerbs, größeren Zeitdrucks und wachsender Flut von Daten einer »Rationalisierung der Führung« im allgemeinen und einer Verbesserung der Informationsversorgung oberster Führungskräfte im besonderen bedarf. Das Gebilde »Unternehmung« besteht jedoch (unter anderem) aus einer Vielzahl Individuen, die neben der gemeinsamen Unternehmenszielsetzung auch ihre eigenen, **individuellen Ziele** verfolgen (zum Beispiel Einkommen, Arbeitszufriedenheit, Karriere, Macht, Sicherheit), die nicht notwendigerweise in Einklang mit den Unternehmenszielen stehen müssen. Was für alle Individuen der Unternehmung im allgemeinen gilt, trifft im speziellen auch auf die Unternehmensfüh-

---

716 Zuboff (1988), S. 109.

717 Die folgenden Überlegungen ließen sich auch im Lichte der Neuen Politischen Ökonomie führen. So kann im Verhältnis von Unternehmenseigentümern/Anteilseignern (bzw. dem Aufsichtsrat als deren Vertreter) zu Geschäftsführung/Vorstand eine typische »Principal Agent« Beziehung gesehen werden, in der konfligierende Interesse beider Gruppen sowie vorhandene Informationsasymmetrien in Verbindung mit unzureichenden Steuerungsmechanismen zu suboptimalen Ergebnissen aus Sicht des gesamten Unternehmens bzw. der Unternehmenseigentümer führen können. In der Property Rights Theorie wird dieses Phänomen mit »Verdünnung von Verfügungsrechten« beschrieben, einer Situation in der die fehlende Bündelung von Verfügungsrechten (Rechte zur Nutzung, Veränderung, Gewinnaneignung und Veräußerung eines Gutes) zu Transaktionskosten verursachenden externen Effekte führt. Vgl. detaillierter zur Anwendbarkeit der Theorien der Neuen Politischen Öknomie auf Führungsfragen sowie die Gestaltung von Informations- und Kommunikationssystemen Picot (1987b) bzw. Picot (1989b).

rung, die obersten Führungskräfte zu. Auch jenen können individuelle Ziele unterstellt werden, die sich möglicherweise in Konflikt mit den Zielen der Unternehmung als Ganzes befinden. Organisatorische oder technische Änderungen, gerade wenn sie unmittelbar die Arbeit oberster Führungskräfte betreffen, sind dann nicht nur hinsichtlich ihres Einflusses auf den Unternehmenserfolg insgesamt zu beurteilen, sondern auch hinsichtlich ihrer Auswirkungen auf die individuellen Ziele oberster Führungskräfte.[718]

Mit der Einführung computerbasierter Informationssysteme nun sind verschiedenartige Auswirkungen auf die Arbeit oberster Führungskräfte verbunden. Die Zielsetzung einer effektiveren und effizienteren Aufgabenerfüllung durch den Computereinsatz führt zunächst zu einem erhöhten Maß an **Transparenz** des Informations- und Entscheidungsverhaltens oberster Führungskräfte. Schon im Vorfeld bedarf es der Artikulation und damit Offenbarung relevanter Informationsbedarfe, was sich im Systembetrieb - über ein Logbuch abgerufener Bildschirmmasken etc. - fortsetzen kann. Mit der Transparenz einher geht die **Objektivierung** und damit Vergleichbarmachung des zuvor stark subjektiv geprägten Informationsbedarfes, indem sich die ehedem freie Informationssuche nunmehr zu einem größeren Teil innerhalb der festgesteckten Grenzen des vom System bereitgestellten Informationsangebots vollzieht. Damit wird schließlich auch eine **Meßbarkeit** oder Bewertbarkeit des Informations- und Entscheidungsverhaltens hergestellt, da nun zum Beispiel viel klarer erkannt werden kann, wer wann welche Information aufgenommen (oder eben vernachlässigt) hat.

In diesem Zusammenhang scheint die grundsätzliche Frage berechtigt, ob einer Personengruppe, die in der Öffentlichkeit (und in ihrem Selbstverständnis?) ihre Tätigkeit nur allzu häufig als eine Kunst betrachtet, die Kunst der Unternehmensführung nämlich, und sich damit letztlich jedem Bewertungsmaßstab entziehen kann (denn Kunst ist ja bekanntlich Geschmackssache), wirklich daran gelegen sein kann, diese Kunst transparent, vergleichbar und meßbar zu machen. Oder ist es nicht vielmehr im Sinne des individuellen Strebens nach Arbeitszufriedenheit, Sicherheit, Einkommen, Einfluß und Macht verständlich, einer solchen Rationalisierung entgegenzutreten, wo immer sich die Möglichkeit bietet?

Zweierlei mag an dieser Stelle eingewendet werden. Zum einen ist dies das Argument, gerade das Einkommen *oberster* Führungskräfte sei in besonderem Maße mit dem Wohl der Unternehmung verknüpft, da über höhere Tantiemenanteile im Gehalt sowie dem

---

718 Im deutschen Sprachraum haben sich die Forschungsgruppen um Weltz und Ortmann ausführlich Aspekten wie Macht und Konflikthandhabung im Zusammenhang mit der Einführung von Informations- und Kommunikationstechniken gewidmet. Vgl. im Zusammenhang mit den nachfolgenden Erörterungen insb. Weltz/Bollinger (1990) sowie Lullies et al. (1990), S. 44 f. u. S. 129 - 138.

Druck des öffentlichen Ansehens eine besonders enge **Kopplung** zwischen **Unternehmenserfolg** und **persönlichem Erfolg** herrsche und so ein Auseinanderdriften von persönlichen und Unternehmensinteressen verhindert würde. Zu berücksichtigen ist hier jedoch, daß die Entscheidungen des obersten Führungskreises in der Regel gerade langfristiger Natur sind, ihre Auswirkungen mithin häufig erst nach mehreren Jahren erkennbar werden und damit in eine Zeit fallen, in denen die verantwortlichen Personen das Unternehmen möglicherweise schon längst verlassen haben und auch ganz allgemein die Zurechnung schwerfällt.[719] Auch ein mehrjähriger Rückblick auf die Unternehmen ehemaliger »Manager des Jahres« oder »exzellenter Unternehmensführer« legt zuweilen die Vermutung nahe, daß die Kopplung zwischen vermeintlichem Managementerfolg und tatsächlichem Unternehmenserfolg eine so enge nicht ist.

Zum anderen ist dem Einwand nachzugehen, ob nicht auch oberste Führungskräfte durch die sie **kontrollierenden Instanzen** (insbesondere Aufsichts-/Beirat, Haupt-/Gesellschafterversammlung) gezwungen sind, einer Rationalisierung der Führung zuzustimmen (genau wie das auf den niederen Ebenen von Unternehmen durch den Einsatz des Computers vielerorts bereits geschehen ist). Auch hier sind jedoch Bedenken hinsichtlich der Stichhaltigkeit des Einwandes angebracht. Abgesehen von der jüngst aus aktuellen Anlässen in der Öffentlichkeit stark diskutierten Frage, ob Aufsichtsräte aufgrund der aus Mandatshäufung resultierenden Arbeitsüberlastung überhaupt *in der Lage* sind, hier - wie in andere Bereichen - einen bestimmenden Einfluß auszuüben, ist darüberhinaus diskutabel, ob sie hierfür überhaupt *willens* sind oder als oberste Führungskraft ihres eigenen Unternehmens nicht selbst fürchten, an den eigenen Maßstäben gemessen zu werden und »im Gegenzug« ein entsprechendes System »verordnet« zu bekomen.[720] Obschon ein EIS oder ESS auf den ersten Blick ein ideales Instrumentarium für einen Aufsichtsrat darzustellen scheint, ist von EIS-/ESS-Implementierung in Aufsichtsratskreisen bislang noch praktisch nichts berichtet worden.

Schon die bis hierhin geführten Diskussion zeigt, daß ein aus objektiver Sicht zunächst als äußerst wünschenswert erscheinendes Unterstützungsinstrument, aus subjektiver Sicht der »unterstützten« Individuen eine ganz andere Würdigung erfahren kann, insbesondere wenn die Gefahr besteht, daß individuelle Freiräume eingeengt werden. Zu Schlußfolgerungen, die in eine ähnliche Richtung deuten, kommt - in einem etwas anderen Kontext und mit einem anderen Fokus - auch Zuboff, indem sie folgendes zu den

---

719 Wer kann schon beurteilen, welche Gewinne einem Unternehmen entgangen sind, weil vielleicht 10 Jahre zuvor ein Forschungs- und Entwicklungsprogramm für ein neuartiges Produkt auf Eis gelegt wurde.

720 Vgl. zur Verflechtung von Aufsichtsrats- und Vorstandssitzen sowie den sich hieraus ergebenden Konsequenzen beispielsweise Oppelt (1990), S. 54 f. und die dort angegebene Literatur.

Perspektiven einer Rationalisierung von »Executive Work« schreibt:

> „To put it bluntly, workers lost what was best in their jobs, the body as skill in the service of *acting-on*, while executives lost what was worst in their jobs, retaining full enjoyment of the skilled body as an instrument of *acting-with*.
> To say that executive work can be rationalized is thus misleading. It may be that the future holds an increasingly diminished core of top management activity, but the work of the executives has been, by definition, work that is not subject to rationalization. Once managerial activity became subject to that procedure, it was no longer considered executive work. In fact, the more executive activity was projected downward and materialized in more rationalized processes, the more the executive was freed to indulge in the essence of his or her craft - the artful expression of knowledge in action. Executive power has been, among other things, a means by which to preserve the ultimate ineffability of this inner core of implicit knowledge - a power that most skilled workers did not enjoy."[721]

4.2 MÖGLICHKEITEN DER UNTERSTÜTZUNG

Trotz der zuvor beschriebenen - nicht unerheblichen - Hürden verbleiben gleichwohl Möglichkeiten der Unterstützung. Die in 2.2.3 kurz angerissene Problematik der »normativen Dichotomie« wieder aufgreifend, lassen sich dabei **zwei Grundstrategien** eines Technikeinsatzes unterscheiden (Abbildung 43).

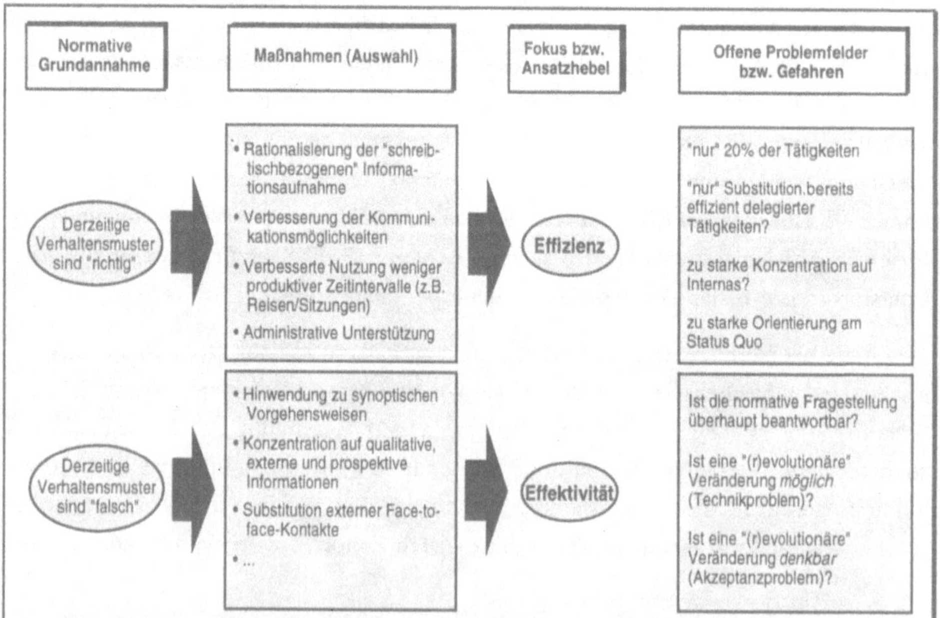

ABB. 43: GRUNDSTRATEGIEN EINES TECHNIKGESTÜTZTEN »EXECUTIVE SUPPORT«

721 Zuboff (1988), S. 107 f; Herv. auch im Original.

Zum einen können die beobachteten Verhaltensmuster als »richtig« anerkannt werden, was zu einem rein unterstützenden Technikeinsatz mit Ziel der **Effizienzsteigerung** im Rahmen der aufgespannten Restriktionen führt (4.2.1). Zum anderen kann die »Richtigkeit« der beobachteten Verhaltensweisen in Frage gestellt werden, was zu einem (r)evolutionären, verändernden Technikeinsatz mit dem Ziel der **Effektivitätssteigerung** führt (4.2.2).

4.2.1 EFFIZIENZSTEIGERNDER TECHNIKEINSATZ

Do things right![722]

Die Möglichkeiten des *bloß* unterstützenden Einsatzes computerbasierter Informationssysteme für oberste Führungskräfte sind im Lichte der zuvor erörterten Barrieren relativ beschränkt. Unter dieser Zielsetzung erscheinen gleichwohl folgende Gestaltungsempfehlungen anwendbar, die letztlich alle darauf hinauslaufen, knappe Zeit oberster Führungskräfte einzusparen und einer produktiveren Verwendung (zum Beispiel für Face-to-Face-Kontakte) zuzuführen:

- **Perfektionierung der schreibtischbezogenen Aufnahme *interner* Informationen**: Auch wenn sie nur einen kleinen Teil der Informationsaufnahmetätigkeiten oberster Führungskräfte darstellt, so sind hier gleichwohl bei einigen Praxisimplementierungen noch Verbesserungen denkbar. Insbesondere ein Ausbau des Exception Reporting, graphikorientierte Trendanalysen und einfach bedienbare Simulationswerkzeuge, die allesamt in der Praxis noch längst nicht so verbreitet sind, wären hier zu nennen. Allerdings ist damit auch die Gefahr verknüpft, daß oberste Führungskräfte bereits wirksam an den Assistenzbereich delegierte Tätigkeiten - wenn auch nun technisch unterstützt - wieder auf sich ziehen, zu einem »Spielen« mit dem System verführt werden oder sich im Studium nunmehr leicht abbildbarer Details verzetteln.
- **Perfektionierung der schreibtischbezogenen Aufnahme *externer* Informationen**: Besonderes Potential ist - so zeigte unter anderem die Untersuchung von Jones & Mcleod - hier in der verbesserten, elektronisch unterstützten »Scanning« von Informationen aus externen Quellen, wie sie papierbehaftet im Wege von Fachzeitschriften und Tageszeitungen auch heute schon über den Schreibtisch oberster Führungskräfte wandern, zu sehen. Hierauf wird im Rahmen des nachfolgenden Punktes zum effektivitätsorientierten Technikeinsatz noch umfassender und detaillierter eingegangen werden.

722 In freier Anlehnung an Drucker (1966/1993), S. 2.

- **»Mobilisierung« der Computerunterstützung**: Nachdem oberste Führungskräfte nur relativ wenig Zeit am eigenen Schreibtisch verbringen, erscheint es sinnvoll, vermeintlich weniger produktive Zeitanteile,[723] wie sie insbesondere auf Reisen oder anläßlich von Konferenzen entstehen (Zeiten in Hotels, im Dienstwagen, in Lounges, im Flugzeug oder der Bahn), durch den Einsatz tragbarer Laptops einer Computerunterstützung zuzuführen. Insbesondere der bevorstehende Durchbruch von Datenfunknetzen und damit einhergehend die Möglichkeit auch fernab vom eigenen Büro Zugang zu stationären Server-Diensten (wie Mailverwaltung, Datenbanken etc.) herzustellen, deuten hier auf interessante zukünftige Optionen. Auch eine telefonsteckdosenunabhängige Nutzung zu Hause oder auf Konferenzen, wo im wesentlichen eine passive Anwesenheit gefragt ist, wird hierduch möglich. Eine zumindest in naher Zukunft nicht zu vernachlässigende Einschränkung ist hier allerdings in den noch langsamen und für eine Datenübertragung teilweise nicht stabilen Netzen zu sehen, was sehr schnell zu Frustrationen seitens ansonsten technikverwöhnter Benutzer führen kann.
- **Kommunikationsunterstützung**: Naheliegend ist es, die Systemunterstützung oberster Führungskräfte auf den großen Block der kommunikativen Tätigkeiten auszudehnen, und zwar *hauptsächlich dann wenn der Inhaltsaspekt der Kommunikation im Vordergrund steht* und nicht der Beziehungsaspekt. Insbesondere Situationen der *simultanen* Verteilung verhältnismäßig wenig »politischer« Information an *mehrere* wohlvertraute Mitarbeiter, zu denen entweder *zeitlich* oder *örtlich* nur schwer Kontakt herzustellen ist, stellen einen typischen Fall dar, in dem auch für oberste Führungskräfte ein effizienzsteigerndes Anwendungspotential kommunikationsunterstützender Werkzeuge (wie E-Mail, Voice-Mail, Video-Conferencing etc.) gegeben ist. Sowie allerdings soziale oder politische Aspekte der Kommunikation in den Vordergrund treten und/oder besonders heikle Themen angesprochen werden, ist das Anwendungspotential entsprechender Tools deutlich zurückhaltender einzuschätzen. Ein weiteres, nicht einfach zu lösendes Problemfeld eines Einsatzes von Mailsystemen ist auch in Art und Umfang der Einbindung des Sekretariats zu sehen.[724]
- **Administrative Unterstützung**: Als letzter Punkt sei die Computerunterstützung der persönlichen Arbeitsorganisation angesprochen. Gerade für kommunikationsorientierte oberste Führungskräfte dürften in Tools wie elekronischem Terminkalender oder Telefonverzeichnis gewisse effizienzsteigernde Potentiale zu sehen sein, wobei

723 Ob die nachfolgend besprochenen Zeitanteile tatsächlich so unproduktiv sind, ist durchaus diskutabel, stellen sie doch Tagesabschnitte dar, in denen man sich ungestört »seine Gedanken machen« kann. »Zündende Ideen« müssen schließlich nicht notwendigerweise am eigenen Schreibtisch entstehen, sondern können sich durchaus auch auf Reisen oder bei Freizeittätigkeiten einstellen.

724 Vgl. hierzu auch das Praxisbeispiel in Weltz et al. (1989), S. 129 - 131.

zumindest im ersteren Falle die Transparenz in einigen Fällen auch unerwünschte Nebenwirkungen haben kann. Auch in diesem Falle gilt es, den Rollenverschiebungen in der Aufgabenteilung mit dem Sekretariatsbereich Rechnung zu tragen.

4.2.2 Effektivitätssteigernder Techniekeinsatz

Do the right things![725]

Der Blick auf die strategische Unternehmensplanung in der Praxis zeigt - sofern sie denn überhaupt existiert - allzu häufig eine Vorliebe für inkrementale Vorgehensweisen. Wenngleich es sich hierbei um ein Verhalten oberster Führungskräfte handelt, das sich kaum rein zufällig sondern insbesondere wohl aufgrund seiner Überlegenheit hinsichtlich der Verfahrensoptimierung durchgesetzt hat, läßt sich kritisch fragen, ob es im Zeichen zunehmender Komplexität und Dynamik noch zeitgemäß ist, oder ob nicht einer **synoptischen Vorgehensweise** aus Gründen der Ergebnisoptimierung größere Aufmerksamkeit geschenkt werden müßte. Schließt man sich letzterer Überlegung - normativ - an, dann stellt sich unweigerlich die Frage, ob damit nicht auch eine Änderung des Informationsverhaltens verbunden sein müßte. Stark zukunftsorientierten Informationen würde dann eine (nochmals) gesteigerte Bedeutung zukommen, den Ist-Status abbildenden eine geringere (Abbildung 44).

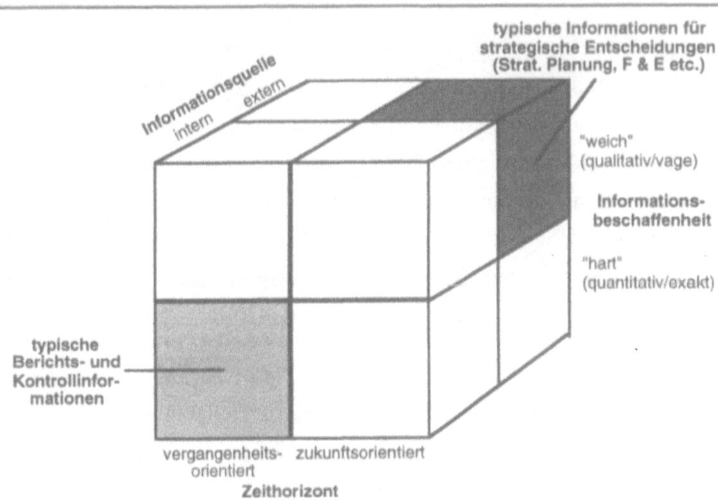

ABB. 44: ARTEN VON MANAGER-INFORMATION[726]

725 In freier Anlehnung an Drucker (1966/1993), S. 2.

726 Vgl. zu ähnlichen Systematisierungen von Information z. B. bereits Dearden/McFarlan (1966).

In dem Maße nun, wie es tatsächlich gelingt, »weiche«, qualitative und stark zukunftsorientierte Informationen aus externen Quellen mittels eines computerbasierten Informationssystems obersten Führungskräften im allgemeinen und einer mehr synoptischen Planung im besonderen zugänglich zu machen, erscheint auch eine **Substitution** der hohen Zahl **persönlicher Kontakte** denkbar - und zwar aus zweierlei Grund:

- Ein Teil der *externen* Face-to-Face Kontakte, der ausschließlich der Gewinnung von Umweltinformation gedient hat, kann mittels der Systemunterstützung möglicherweise ersetzt werden. Dies erscheint sogar recht wahrscheinlich, steht doch schon derzeit die Anzahl externer Kontakte in keinem Verhältnis zum durchschnittlichen Informationswert.[727]
- Diejenigen *internen* Face-to-Face Kontake, die stark der Verfahrensoptimierung eines »Muddling Through« verschrieben waren, werden im Lichte eines mehr synoptischen Verfahrens zunehmend unwichtiger. Inwieweit sich das *hier* gegebene Substitutionspotential realisieren läßt, ist allerdings etwas zurückhaltender einzuschätzen. Schließlich erfolgt der Aufbau eines Geflechtes sozialer Beziehungen nicht nur zur Optimierung eines wie auch immer gearteten Planungsprozesses sondern auch zur Implementierung getroffener Entschlüsse.

Daß generell der hohe für Face-to-Face Kontakte aufgewendete Zeitanteil von obersten Führungskräften selbst als nicht optimal eingestuft wird, darauf deutet auch die aus Abbildung 26 ersichtliche Unzufriedenheit über Dauer und Informationswert von Sitzungen hin, wie sie in der Untersuchung von Müller-Böling & Ramme geäußert wurde.

Welche Informationen kämen nun für ein derart verändertes inhaltliches Verständnis eines computerbasierten Informationssystems in Frage? Neben den weiter oben bereits erwähnten Zugriffsmöglichkeiten auf Printmedien in elektronischer Form, sind hier online verfügbare Börsen- und Nachrichtendienste sowie die in Zahl und Inhalten immer umfangreicher werdenden externen Datenbanken zu nennen, die schon heute Zugang zu politischen, technologischen und insbesondere Markt-, Wettbewerber- und Brancheninformationen in quantitativ-numerischer wie qualitativ-textueller Art bieten, deren Möglichkeiten aber im allgemeinen nur zu einem geringen Teil ausgeschöpft werden.[728]

Einer direkten Nutzung dieser Datenbestände durch oberste Führungskräfte steht neben den teilweise hohen Kosten und inkompatiblen Schnittstellen zum EIS derzeit insbesondere auch die unfreundliche Bedienung entgegen, die für nicht Datenbankexperten den Zugang zur gewünschten Information deutlich erschwert. Hinzu kommt das Problem, daß immer weniger überschaubar wird, was in welcher Datenbanken enthalten ist.

727 Vgl. Jones/McLeod (1986) bzw. McLeod/Jones (1986/1992) sowie die Ausführungen in 2.1.4.4.

728 Vgl. zum Thema der Integration externer Daten in EIS umfassend Harvey et al. (1992).

Gleichwohl wäre die *persönliche* Interaktion zwischen obersten Führungskräften und externen Informationen dieser Art äußerst wünschenswert, da gerade im Bereich zukunftsorientierter strategischer Informationen nur eingeschränktes Delegationspotential an Assistenzkräfte besteht. Dies liegt darin begründet, daß zum einen dieser Informationsbedarf ex ante kaum eingrenzbar und damit auch nur schwer an Mitarbeiter kommunizierbar ist, zum anderen aber die Würdigung, Einordnung und Bewertung derartig »gescannter« Informationen einen Gesamtüberblick und ein Gesamtverständnis des Unternehmens und seiner Branche voraussetzt, wie es typischerweise nur dort vorhanden ist, wo »alle Fäden zusammenlaufen«.[729]

In diesem Bereich eine einheitliche, benutzerfreundliche Schnittstelle zu einem Portfolio von Datenbanken bereitzustellen, wäre als eine sicherlich nicht einfache, gleichwohl aber fruchtbare Aufgabe zukünftiger EIS und ESS zu sehen - Abkürzungen, die dann möglicherweise eher für Begriffe wie Executive *Intelligence* System oder Executive *Scanning* System stehen könnten. Die so skizzierten Systeme dürften auch auf erheblich geringere Barrieren im Bereich der intraindividuellen Anreize stoßen. Schließlich läge in einem entsprechend aufbereiteten »Menü umweltreflektierender Informationen« ein Zusatznutzen für alle Beteiligten, ohne daß befürchtet werden müßte, die eigene Arbeit würde hierdurch in ihrer künstlerischen Freiheit eingeengt, rationalisiert und meßbar gemacht. Es könnte dann durchaus von einer neuen Qualität computerbasierter Informationsunterstützung oberster Fühtrungskräfte gesprochen werden - einem Wein sozusagen aus einer sonnigeren Südlage mit derart veränderten Ingredienzien (Trauben), daß sein Geschmack andere Getränke vielleicht vergessen macht.

4.3 FAZIT

Der Blick auf Möglichkeiten und Grenzen der Fortentwicklung bestehender EIS- und ESS-Konzeptionen hat gezeigt, daß im Bereich der *effizienzorientierten* Technikanwendung die größten Potentiale - trotz aller Restriktionen - noch in einer verstärkten Kommunikationsunterstützung zu sehen sind. Ob damit aber ceteris paribus der Computerunterstützung oberster Führungskräfte der Durchbruch »auf breiter Front« gelingt, kann durchaus bezweifelt werden. In vielen Bereichen des effizienzunterstützenden Technikeinsatzes stellt sich zudem die Frage, ob die persönliche Bedienung des Rechners

729 Branchen- und Wettbewerber-Know-how bieten in der Regel natürlich auch externe Unternehmensberater. Abgesehen davon jedoch, daß sie nur in seltenen Fällen auf einer ad-hoc-Basis verfügbar sind, ist einschränkend zu vermerken, daß es ihnen im Vergleich zum Top Manager dann häufig an vertieften, politische Aspekte mit abdeckenden, Einblicken *in* das Unternehmen fehlt.

durch den Top Manager überhaupt sinnvoll ist, oder nicht besser eine Delegation der Bedienung an das Sekretariat und/oder Assistenzkräfte erfolgen sollte.

Wesentlich stärkere Impulse sind vermutlich von einer konsequenteren Nutzbarmachung externer Informationen im Rahmen eines *effektivitätsorientierten* Ansatzes zu erwarteten. Dies würde umso mehr gelten, wenn mit der Loslösung von der Binnenperspektive auch eine Hinwendung zu ganzheitlicheren synoptischen Problemlösungsverfahren verbunden wäre. Unter solchen Vorzeichen erscheint die persönliche Interaktion des Top Managers mit dem Rechner - mangels hinreichender Delegierbarkeit - dann sowohl als sinnvoll wie als notwendig. Der mit einem derartigen Ansatz vorgezeichnete Entwicklungspfad einer computerbasierten Informationsunterstützung oberster Führungskräfte ist in Abbildung 45 abschließend vereinfacht dargestellt.

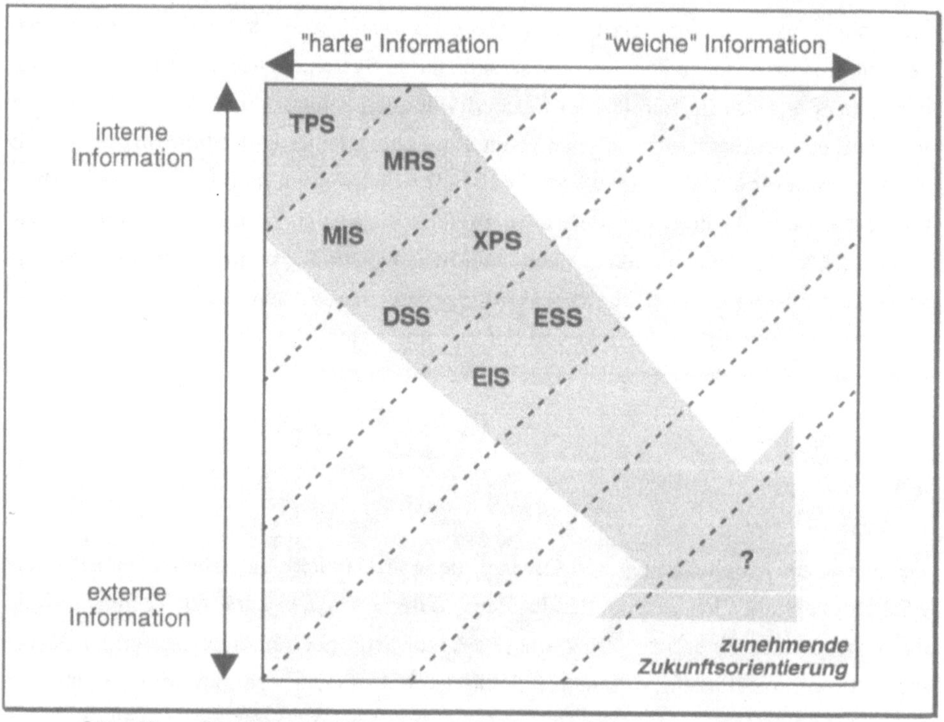

ABB. 45: EVOLUTIONSPFAD COMPUTERBASIERTER INFORMATIONSSYSTEME

KAPITEL V
ZUSAMMENFASSUNG UND AUSBLICK

„Computer use by senior managers is, at best, controversial.“[730]

Die wesentlichen Ergebnisse der vorangegangenen Untersuchung seien im folgenden in Thesenform festgehalten:

1) Wachsende interne wie externe Komplexität und zunehmende Umweltdynamik lassen Probleme der Informationsversorgung oberster Führungskräfte immer stärker in das Blickfeld rücken, wobei neben einem effizienten, unternehmensinternen, vertikalen Informationsfluß die Bereitstellung externer Informationen immer wichtiger wird.
2) Die Arbeit oberster Führungskräfte ist maßgeblich gekennzeichnet durch wechselnde, zumeist unstrukturierte und komplexe Aufgabenstellungen, die im allgemeinen stark zukunfts- und/oder strategieorientiert sind und zu einem hohen Maß »weiche« Informationen aus externen Quellen sowie persönliche Kontakte im Entscheidungsprozeß erforderlich machen. Die verfügbare Zeit oberster Führungskräfte für Desktop-orientierte Informationsaufnahme ist gering. Der Informationsaustausch erfolgt vornehmlich in Face-to-Face-Kontakten, in denen soziale Beziehungsapekte womöglich die entscheidende Rolle spielen.
3) »Historische« Systemansätze (MIS/MRS, DSS, XPS) eignen sich wegen ihrer Fokussierung auf zumeist gut oder semistrukturierte, wiederkehrende Aufgabenstellung in einem vergleichsweise schmalen Fachgebiet sowie den fehlenden Kommunikationsmöglichkeiten nicht als direkte Unterstützungsinstrumente für das obere Management. Ihre Schwerpunkte sind im dispositiven Bereich des mittleren Managements oder in Stabsbereichen zu sehen, wo sie durchaus effizient eingesetzt werden können und möglicherweise indirekt die Arbeit oberster Führungskräfte unterstützen.
4) Obschon von Theorieseite weiter konzipiert, konzentrieren sich die derzeitigen Praxisansätze im Bereich EIS/ESS stark auf interne kennzahlenorientierte Informationen und vernachlässigen in vielen Fällen externe, »weiche« Informationen sowie geeignete Kommunikationstools. In diesem Zusammenhang verwundert nicht, daß sich der Schwerpunkt der - möglicherweise durchaus effizienten - EIS-Nutzung mehr in Stäben oder Zentralabteilungen des Controlling sowie im Assistenzbereich lokalisieren läßt als auf der ersten Führungsebene.

---

730 Rockart/De Long (1988), S. 1.

5) Das Top Management profitiert deswegen derzeit noch nicht in einem umfassenden Sinn von diesen Systemen, wobei die Akzeptanzbarrieren vornehmlich in inhaltlichen Aspekten (Art der Informationen) sowie machtpolitischen Faktoren und weniger in Schwächen der Bedienung, der Performance oder des Implementierungskonzeptes zu sehen sind.
6) Die Perspektiven eines Einsatzes von EIS und ESS auf Top Management Ebene werden im entscheidenden Maß davon abhängen, ob es gelingt, zum einen benutzerfreundliche Schnittstellen zu externen, »weichen« Informationsquellen zu etablieren sowie zum anderen Kommunikationstools zu integrieren, die auch dem Beziehungsaspekt der Kommunikation Rechnung tragen. Die sich insbesondere in letzterer Hinsicht abzeichnenden und in vielerlei Hinsicht vielversprechenden technologischen Fortentwicklungen im Bereich der Office Automation wie der Groupware sind bezogen auf die typischen Belange des *Top* Managements eher nüchterner zu beurteilen.
7) Sowohl in der Bereitstellung externer, »weicher« und qualitativer Informationen als auch »beziehungsorientierter« Kommunikationswerkzeuge sind darüber hinaus auch Ansätze zu sehen, die geeignet sind, andere Nutzertypen als nur »Thinking-Sensation« orientierte Führungskräfte anzusprechen und darüberhinaus andere Gefahren (z. B. Kontextvernachlässigung, unflexible Formalisierung, Konflikte mit der Nutzeranreizstruktur) zu umschiffen.
8) Hierfür - wie für jede andere sinnvolle EIS-Weiterentwicklung auch - bedarf es in Zukunft jedoch eines noch stärkeren Engagements oberster Führungskräfte selbst - hinsichtlich der Mitwirkung in den jeweiligen Praxis-Projektteams wie auch der »Offenbarung« typischer Informationsverhaltensmuster gegenüber der Forschung. Auch wenn man seine Tätigkeit als Kunst versteht, sollte nichts dagegegen sprechen, wesentliche Gestaltungstechniken dieser Kunst einer »Kunsttheorie« (und damit einer breiteren Masse) zugänglich zu machen. Wer diesen Dialog nicht sucht, darf sich anschließend auch nicht über den Elfenbeinturm der Wissenschaft beklagen.

Der Weg hin zu einer wirksamen computerbasierten Informationsunterstützung oberster Führungskräfte ist - so sollte die Untersuchung gezeigt haben - lang und voller Hindernisse. Die modernen Errungenschaften der Technik in den letzten 35 Jahren haben auf diesem Weg ein gutes Stück weitergeholfen - ohne daß das Ziel jedoch erreicht worden wäre. Neue Möglichkeiten *für das Top Management* wurden durch diesen »Fort-Schritt« nur recht eingeschränkt realisiert. Es erscheint deshalb durchaus an der Zeit, innezuhalten und sich grundsätzlich Gedanken um Wege wie Ziele zu machen. Eine - vielleicht etwas beschwerliche aber dennoch gangbare -»Weg-Ziel-Kombination« wurde auf den vorangegangenen Seiten angedeutet. In Zeiten zunehmender Umweltkomplexität und -dynamik erscheinen weitere Anstrengungen auf dem Wege zum skizzierte Ziel einer grundlegend verbesserten Versorgung mit strategisch wichtigen, externen und qualitativen Informationen jedoch durchaus lohnend.

ANHANG

ANHANG-ÜBERSICHT

ABBILDUNGSVERZEICHNIS - ANHANG

* Der Fragebogen für Banken bzw. Versicherungen enthielt an Stelle der Umsatzgrößenskala eine entsprechend angepaßte Bilanzsumen- bzw. Prämieneinnahmenskala.

ANHANG A
EXKURS ZUM INFORMATIONSBEGRIFF

In der deutschen Betriebswirtschaftslehre wird Information üblicherweise als »zweckorientiertes Wissen« definiert.[1] Dieses Begriffsverständnis geht zurück auf Wittmann (1959), der in der Einleitung seiner Arbeit recht unvermittelt schreibt:

> „Das unserem Handeln zugrundeliegende Wissen sei künftig als »Information« (Im substantivischen, nicht verbalen Sinn gebraucht [Fußnote im Original; Anm. d. Verf.]) bezeichnet. *Information ist zweckorientiertes Wissen*, also solches Wissen, das zur Erreichung eines Zweckes, nämlich einer möglichst vollkommenen Disposition eingesetzt wird."[2]

Der Definition Wittmanns ist von verschiedener Seite Kritik widerfahren,[3] die hier nicht im einzelnen referiert werden kann. Ergänzend sei an dieser Stelle nur noch vermerkt, daß das Begriffsverständnis Wittmanns auch insofern etwas unglücklich ist, als es sich weder mit der Verwendung in der deutschen Umgangssprache noch mit der Verwendung in der angelsächsischen Fachliteratur deckt.

So wird im **allgemeinen Sprachgebrauch** »informieren« als Synonym für »ausrichten«, »benachrichtigen«, »unterrichten«, »in Kenntnis setzen« oder »belehren« gebraucht.[4] Die Substantivierung des Verbs, die »Information«, kann (entsprechend den Wörtern »Nachricht«, »Unterrichtung«, »Kenntnis« oder »Belehrung«) dann entweder den *Prozeß* des Informierens oder aber den *Inhalt* des Informierens zum Ausdruck bringen. Die prozedurale Variante wird somit in Wittmanns Vorschlag vernachlässigt, die inhaltliche auf den *Handlungs*zweck eingeengt.

Überhaupt ist die Verwendung des ebenfalls unscharfen Begriffs »Wissen« zur Beschreibung von Information überdenkenswert. Der **Wissensbegriff** erfährt im Sprachgebrauch sowohl eine objektive Auslegung (»wahre« *Erkenntnis*) als auch eine subjektive (»gewisse« *Überzeugung*). Erkenntnis und Überzeugung können nun jeweils aber sowohl Ergebnisse eines Prozesses des *Informierens* wie des *Erfahrens* oder des *Nach-*

---

1 Vgl. z. B. Wöhe (1960/1993), S. 205, Picot/Reichwald (1991), S. 252, Berthel (1992), Sp. 872, Gabler (Hrsg.; 1993), Bd. 4, Sp. 1609.

2 Wittmann (1959), S. 14; vgl. ähnlich auch Wittmann (1980), Sp. 894. Eine fast identische Definitionen findet sich interessanterweise auch bei Mason/Mitroff (1971), die ihrerseits auf frühe Arbeiten von Ackoff und Churchman verweisen [vgl. Churchman/Ackoff (1947) sowie Ackoff (1958)].

3 Vgl. Kirsch (1971), S. 78 ff., Wild (1971), S. 318, Abel (1977), S. 34 f., Schneider (1987), S. 200 ff., Krcmar (1991b), S. 5 ff., Minnig (1991), S. 51 ff., Rüttler (1991), S. 29.

4 Vgl. allgemeine Lexika wie z. B. Bibliographisches Institut (Hrsg.; 1980), Bd. 12, S. 583 u. 581 oder Brockhaus (Hrsg.; 1989), Bd. 19, S. 499 u. 496 f. Man beachte, daß auch in der Umgangssprache eine Information offenbar etwas »richtet« also eine Zielsetzung bzw. einen Zweck hat.

denkens sein. Faßt man nun Wissen auf als die Gesamtheit der Kenntnisse (»Kennen« sowie »Können«)[5] in einem Gebiet (z. B. einer Problemstellung), die im Wege des *Informierens* gewonnen wurden, so ist Wittmanns Definition tautologisch. Legt man ein breiteres oder anderes Wissensverständnis zugrunde, so wird sie unhaltbar, weil dann sozusagen »Äpfel mit Birnen« definiert werden. (Beispiel: Information = zweckorientierte Erfahrungsüberzeugung).[6]

Angelsächsische Autoren definieren Information in der Regel nicht über den Wissensbegriff sondern als **Daten**, die für den Empfänger eine Bedeutung haben:

> „Information is data that has been processed into a form that is meaningful to the recipient and is of real or perceived value in current or prospective actions or decisions."[7]

Der Zweck (hier: »Bedeutung« oder »Wert«) als konstitutives Element ist auch in dieser Definition erkennbar, jedoch rückt der *Empfänger* in den Mittelpunkt des Begriffsverständnisses. Daten werden als »raw material« zur Gewinnung von Informationen aufgefaßt, welche durch die Verknüpfung dieser Daten mit einer Bedeutung entstehen (Semantik). Faßt man dann Daten als eine geordnete Verknüpfung von Zeichen auf (Syntaktik), so erhält man im wesentlichen das **Modell der Semiotik**,[8] das durch die Ebene der Wirkung der Informationen (Pragmatik) auf eine Handlung oder Entscheidung ergänzt wird. Trotz des Vorteils der hierarchisch klareren Definition muß festgehalten werden, daß auch die angelsächsische Begriffserklärung nicht voll befriedigen kann, da Information auch hier statisch, sozusagen als eine Bestandsgröße, verstanden wird und der prozedurale Aspekt übergangen wird. Ferner beschränkt sich die Definitionen auf den Aspekt das Kennens (»know that«) und übergeht das Können (»know how«).

Schon die bis hierhin geführte Diskussion, die an dieser Stelle nicht vertieft werden kann,[9] hat gezeigt, daß es offenbar ganz unterschiedliche Auslegungen des Begriffs In-

---

5 Vgl. zu dieser Aufteilung des Wissensbegriffs Dreyfus/Dreyfus (1986), S. 16 ff. sowie Kleinhans (1989), S. 9 ff.

6 Auch in Zusammenhang mit zusammengesetzten Hauptwörtern wie z. B. »Informationssystem« (siehe folgenden Abschnitt) ist Wittmanns Definition irreführend: Ein Informationssystem wäre dann ein zweckorientiertes Wissenssystem.

7 Davis/Olson (1985), S. 200; vgl. ähnlich Anthony et al. (1965/1988), S. 135, Blumenthal (1969), S 30, Ahituv/Neumann (1982), S. 5, Anderson (1986), S. 71, Drucker (1989), S. 209, Senn (1990), S. 62 f.

8 Vgl. ausführlicher zum Modell der Semiotik etwa Wild (1971), S. 317 ff., Picot/Reichwald (1991), S. 241, Wessling (1991), S. 13 ff.

9 Vgl. vertiefend zum Begriffsverständnis von Daten - Information - Wissen Capurro (1987) sowie die neueren Erörterungen in den Dissertationen von Kleinhans (1989), 6 - 17, Rüttler (1991), S. 27 - 33 und insbesondere Wessling (1991), S. 11 - 29, samt der dort angegebenen Literatur. Interessante frühere Beiträge finden sich bei Hayek (1937/1976), Hayek (1946/1976), Wild (1971), Böhme (1974), Weizsäcker (1974)

formation gibt,[10] ohne daß sich ein einheitliches Begriffsverständnis dieses doch so grundlegenden Begriffes etabliert hätte. Die Gründe dafür mögen zum einen in der schwierigen Erfaßbarkeit des Begriffs selbst liegen. Es ist allerdings auch zu vermuten, daß die Übernahme und definitorische Verwendung von bereits andersartig (als wirtschaftswissenschaftlich oder umgangssprachlich) belegten Begriffen aus anderen Wissenschaftsbereichen oder auch anderen Sprachkreisen dafür mitverantwortlich ist.

Die damit einhergehenden Mehrdeutigenkeiten seien auch am folgenden Beispiel, mit dem der **Kommunikationsbegriff** eingeführt wird, erläutert. Zur Veranschaulichung diene die Abbildung A-1, die einen Kommunikationsprozeß zeigt.

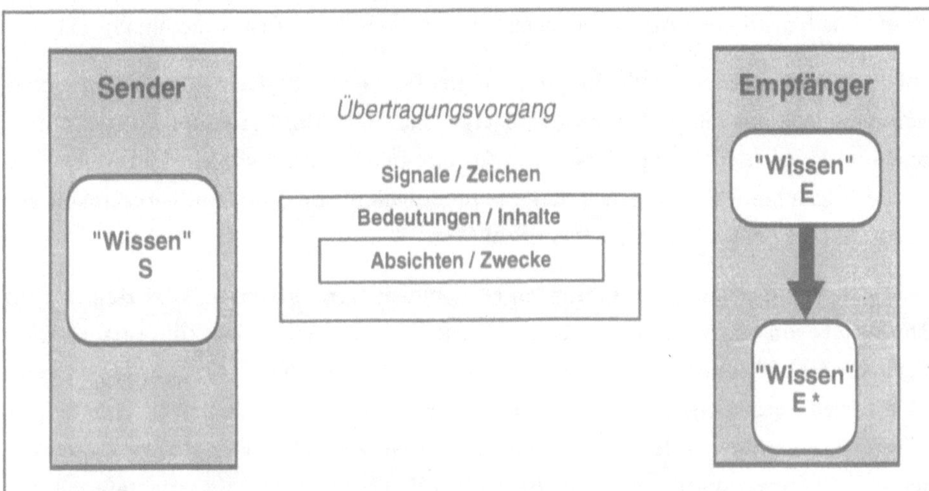

ABB. A-1: KOMMUNIKATIONSPROZESS UND WISSEN[11]

Der **Kommunikationsprozeß** insgesamt ist gekennzeichnet durch einen *Sender*, einen *Empfänger* und einen *Übertragungsvorgang*, der sich über einen beliebigen *Übertragungskanal* vollzieht. Sender und Empfänger verfügen vor Aufnahme der Kommunikation über einen Kenntnisstand (»Wissen«) S beziehungsweise E. Die Übertragung (»Sendung«, »Message«) selbst wird in der Regel - in Anlehnung an das Modell der Semiotik - aus mehreren Schichten bestehen. Die Basisschicht besteht aus der physikalischen Übertragung von Zeichen (Signalen) mit einer gewissen Ordnung (Syntax), wie zum Beispiel »MAX TEL 43 21«. Mit diesen Zeichen wird aber auch eine inhaltliche Bedeutung transportiert (Semantik), im Beispielsfall, daß es sich um die Telefonnum-

10 Eine Übersicht über die verschiedensten Definitionsansätze findet sich bei Krcmar (1991b), S. 4 - 8. Vgl. zum Begriffsverständnis darüberhinaus Abel (1977), S. 32 - 38, Klein (1982), S. 517 f., Minnig (1991), S. 47 - 57, Ott (1992), S. 477 ff.

11 In Anlehnung an: Kleinhans (1989), S. 13 sowie Reichwald (1993), S. 451.

mer 43 21 von Max handelt.[12] Darüberhinaus besteht eine *Verständigungs*absicht (Pragmatik), wie beispielsweise sich die Telefonnummer zu merken oder sie zu wählen. Sofern keine Kommunikationsstörungen auftreten, führt die Verständigungsabsicht beim Empfänger zu einer *Wissenveränderung*, die als Wirkung des Kommunikationsprozesses aufgefaßt werden kann: das Wissen E wird in das Wissen E* transformiert.[13]

Im skizzierten Kommunikationsprozeß läßt sich der Begriff »Information« nun gleich mehrmals zuordnen, so für den Kommunikationsvorgang insgesamt (»Sender hat Empfänger informiert«), den Zweck der Übertragung, den Inhalt der Übertragung oder die Wirkung der Übertragung. Ganz offensichtlich hat dann **Kommunikation** etwas mit *Informationsübertragung* oder *Informationsaustausch* gemein.[14] Allein der nunmehr auch in seinem dynamischen Aspekt betrachtete Informationsbegriff ist weiterhin ungeklärt.

Im folgenden seien deshalb die so untauglichen Begriffe »Daten«, »Information«, »Kommunikation« und »Wissen« - vorübergehend - über Bord geworfen und auf einem anderen Wege versucht, ein Verständnis für ihre Inhalte zu entwickeln. Dazu diene die in der folgenden Abbildung A-2 dargestellte Tabelle, bei der die Aufmerksamkeit zunächst auf die beiden linken Spalten gelenkt sei.

Wie den vorangegangen Erörterungen entnommen werden konnte, sind Begriffe im Dunstkreis von »Information« unterschiedlich stark durch ein Objekt (Information *über* ...) und/oder ein Subjekt (Information *an/für* ...) gekennzeichnet. Die Tabelle nun zeigt **10 Ebenen äquivalenter sprachlicher Beschreibungen**[15]»auf dem Weg vom Objekt (Ebene 1) zum Subjekt (Ebene 10)«. In jeder Ebene (Zeile) befinden sich eine Auswahl an sprachlichen Umschreibungen (Begriffen),[16] die als ebenbürtig aufgefaßt werden können hinsichtlich der ihren immanenten Objekt-/Subjektorientierung.[17] Ein vertikales »Aufsteigen« in der Tabelle bewirkt das Eintreten in eine Begriffswelt mit *eindeutig* stärkerem Objekt- und niedrigerem Subjektbezug, ein »Absteigen« hat die umgekehrte

12 Voraussetzung für den Erfolg der inhaltliche Übermittlung ist natürlich eine Kompatibilität der Kontexte von Sender und Empfänger. Ist dies nicht der Fall, ordnet der Empfänger im Beispiel dem Inhalt eine falsche Bedeutung wie »Maximaler Telefonpreis = DM 43,21« zu.

13 Es kann sich dabei sowohl um eine Erweiterung als auch Verminderung von Wissen handeln.

14 Vgl. für - eine an dieser Stelle nicht mögliche - vertiefende Diskussion von Kommunikation etwa Gebert (1992), Reichwald (1993) oder Wahren (1987) sowie grundlegend Watzlawick et al. (1967/1990) sowie Habermas (1981/1987).

15 Es ist an dieser Stelle wichtig darauf hinzuweisen, daß die Begriffe in ihrem allgemeinen »umgangssprachlichen« Sinn gebraucht werden und nicht als Fachtermini, wie das bei »Tatbestand«, »Botschaft« oder etwa »Lehre« durchaus auch denkbar wäre.

16 Die Auswahl jeder Ebene/Zeile ließe sich vermutlich beinahe beliebig erweitern, beispielsweise hinsichtlich optischer, akustischer oder geruchsmäßiger Wahrnehmungen.

17 Begriffe einer Zeile können zwar, müssen aber nicht Synonyme sein.

Folge. Bei horizontalen Bewegung innerhalb einer Zeile bleibt das Verhältnis von Objekt- zu Subjektbezug *ungefähr* gleich; es ist keine eindeutige Aussage über die Veränderung möglich.[18]

Ebene	Name	Äquivalente Objekte der Ebenen	Def. (D)	Def. (E)
1		Die Welt = alles Existente	Welt	World
2		Die Wirklichkeit = die Welt, wie sie erscheint	Realität	Reality
3		Tatsache Tatbestand Sachverhalt Sehbares/Sicht	Faktum Datum 1	Fact
4	Syntaktik	Zeichen Bezeichner (Merk-)Mal (Sinn-)Bild	Signal Symbol Datum 2	Signal Symbol
5	Sigmatik	Aussage Unterlage Angabe Beschreibung Abbildung	Datum 3 Nachricht 1	Data
6	Semantik	Botschaft Mitteilung Meldung Darlegung Vorführung	Datum 4 Nachricht 2 Information 1	Message
7	Pragmatik	Benachrichtigung Unterrichtung Belehrung Lehre	Nachricht 3 Information 2 Wissen 1	Information
8		Kenntnis Erkenntnis Bildung Erfahrung	Information 3 Wissen 2 Erkenntnis	Knowledge Cognition
9		Der Verstand = Summe aller Erkenntnisse = alles Gelernte, Erfahrene und Gedachte (d.h. der Logik / dem Denkvermögen Entsprungene)	Wissen 3 Verstand Geist	Cognition Wisdom Intellect
10		Der Mensch = Summe aus Verstand, Geist, Urteilsvermögen, Willen, Gefühl, ...	Mensch	Man

ABB. A-2: SPRACHEBENEN AUF DEM WEG VON OBJEKT ZU SUBJEKT

Das »Fortschreiten« von Ebene 3 bis 8 sei an einem Beispiel verdeutlich. Es sei zunächst folgender Ausschnitt der Wirklichkeit, folgende **Tatsache** (ein Objekt) betrachtet: Der Fernsprechteilnehmer Müller hat einen Fernsprechanschluß mit der Teilnehmernummer 4321. Diese Tatsache existiert unabhängig von einer Aufschreibung, wie sie soeben erfolgt ist. Mit Hilfe eines **Zeichen**vorrats (A, B, C, ..., 1, 2, 3, ...) und einer Zeichenordnung (Syntaktik) kann man nun Worte bilden, die etwas bezeichnen (Sigmatik), für sich genommen also einen *formalen* Sinn ergeben, aber noch keine inhaltliche Bedeutung haben, zum Beispiel die Worte »MÜLLER«, »NUMMER«, »43 21«, die jeweils auf einem Zettel geschrieben seien. Es handelt sich jeweils um ein **Datum**, das an sich existiert, aber noch keine (eindeutige) inhaltliche Bedeutung haben.

18 Auf den Ebenen 4 bis 7 läßt sich auch das Modell der Semiotik wiederentdecken, mit der allerdings wichtigen Aufteilung der Semantik in zwei Ebenen (5 und 6). Eine ähnlich erweitertes semiotischen Modell findet sich auch schon bei Wild (1971), S. 320 und bei Wessling (1991), S. 13 ff., der als Ebene zwischen Syntaktik und Semantik die Sigmatik (die Lehre der *formalen* Bezeichnung von Symbolen) einordnet.

Erst durch die Verknüpfung dieser Daten entsteht eine Botschaft, wie z. B. »MÜLLER hat die NUMMER 43 21«. Inwieweit diese **Botschaft** inhaltlich verständlich ist, hängt nun ganz enscheidend vom Benutzer dieser Botschaft ab. Damit spielt zum ersten Mal das Subjekt und dessen Kontext eine ganz wesentliche Rolle. So kann es Nummer beispielsweise als Konto- oder Telefonnummer, Müller als Berufsbezeichnung oder Nachname auffassen. Ist das Subjekt an der Kontonummer von Herrn Müller interessiert, so ist die Botschaft wertlos (Sie enthält ja die Telefonnummer - wie wir wissen.) und bewirkt nichts (außer vielleicht Verärgerung). Ist das Subjekt tatsächlich an der Telefonnummer interessiert (zum Beispiel, weil es Herrn Müller anrufen will) so handelt es sich um eine Nachricht, d. h. eine Botschaft mit Wirkung. Diese **Unterrichtung** hat, indem sie die **Kenntnis** des Subjekts **verändert** ganz offensichtlich einen *Informationswert* für die geplante Aktion des Subjekts (das Anrufen). Es ist dabei unerheblich, ob das Subjekt zuvor die Nummer bereits kannte (1), eine andere Nummer mit Herrn Müller assoziiert hat (2), oder gar nichts wußte (3). Im ersten Fall besteht der Informationswert der Nachricht aus einer Bestätigung vorhandener Kenntnis (»ja, Herr Müller hat *wirklich* die Nummer 43 21«), die damit sicherer wird. Im zweiten Fall, der zunächst Kenntnis vernichtet (»welche Nummer hat Herr Müller denn nun?«) ist es der Neuigkeitscharakter, der Überraschungseffekt der Nachricht, der ihren Wert ausmacht. Und im dritten Fall schließlich handelt es sich um eine echte Kenntniserweiterung.[19]

Es sei nun der Blick auf die beiden rechten Spalten der Abbildung A-2 geworfen. Versucht man jetzt den soeben illustrieten Ebenen die zuvor beiseite geschobenen Begriffe zuzuordnen, so gelingt dies für die englische Sprache (möglicherweise in Ermangelung einer dem Deutschen gleichkommenden Wortvielfalt) recht eindeutig, während eine Zuordnungen anhand der vorhandenen Definitionsvielfalt bei den deutschen Begriffen »Datum« (als Singular von »Daten«), »Nachricht«, »Information« und »Wissen« mit einer Verteilung derselben auf drei bis vier Ebenen endet.

Dies legt im Hinblick auf eine möglichst eindeutige Begriffsverwendung nahe, entweder völlig auf die entsprechend mehrdeutigen Begriffe »Datum«, »Nachricht«, »Information« und »Wissen« zu verzichten, oder aber, wenn man sie schon benutzen will, sie zumindest nicht mit wechselseitigem Bezug zu definieren. Der zweiten Vorgehensweise sei im folgenden der Vorzug gegeben.

In Anlehnung an Wessling sowie Rüttler, die einen ähnlichen Weg beschreiten und un-

19 Vgl. hierzu das Konzept der Erstmaligkeit und Bestätigung bei Weizsäcker (1974) aber auch Popper (1972/1974), S. 81 ff., insb. S. 85.

ter Berücksichtigung der oben geführten Diskussion, sei definiert:[20]

Daten sind aus Symbolen[21] bestehende Abbilder[22] von Sachverhalten der Wirklichkeit.

Eine Botschaft ist eine Menge von Daten, die für ein Individuum eine inhaltliche Bedeutung hat.[23]

Information [1] ist der *Prozeß* der Veränderung der verhaltenswirksamen Erkenntnisse[24] eines Individuums mittels einer Botschaft.

Eine Nachricht (oder Information [2]) ist die auf einer Botschaft beruhende Veränderung der verhaltenswirksamen Erkenntnisse eines Individuums.

Wissen ist der Gamtbestand an verhaltenswirksamen Erkenntnissen eines Individuums.

Wissen wird hier definiert als Erkenntnisstand, der sich auf ein in einer Verhaltenssituation befindliches Subjekt bezieht[25] und entweder über einen Prozeß der Information (d. h. durch Nachrichten bzw. Informationen [2]) oder einen Prozeß der Logik (»Nachdenken«) erzielt worden sein kann. Auf reinem Nachdenken (Logik) und/oder Intuition beruhende verhaltenswirksame Erkenntnisveränderung wird demgemäß nicht als Information [2] aufgefaßt, ebensowenig wie eine Botschaft aus der Umwelt, die zwar erkenntnisverändernd ist aber keinen Einfluß auf das Verhalten des Individuums in einem wie auch immer gegebenen Kontext hat. Information [1] dient als Sammelbegriff für Ausdrücke wie »Unterrichtung«, »Benachrichtigung« oder »Belehrung« in ihrem prozeduralen Sinn. Nachricht wird im strukturellen Sinn als Pendant zu Information [1] und synonym zu Information [2] gebraucht und beschreibt das verhaltenswirksame Erkenntnisveränderungspotential einer Botschaft.

20 Vgl. hierzu und zum folgenden Wessling (1991), S. 26 bzw. S. 140 und Rüttler (1991), S. 31 sowie mit leicht divergierendem Begriffsverständnis Bierdümpel (1987), S. 14, Fickenscher et al. (1991), S. 2, Zwass (1992), S. 14.

21 Symbol hier verstanden als Oberbegriff von Zeichen, Sinnbild, Merkmal etc..

22 Abbild hier breit aufgefaßt als Oberbegriff zu Aussage, Unterlage, Beschreibung, Angabe etc..

23 Botschaft hier breit aufgefaßt als Oberbegriff aller Sinneswahrnehmungen, denen eine formale und inhaltliche Bedeutung zukommt. Neben *Bedeutung enthaltenden* Aussagen, Angaben, Unterlagen sind hier auch *Bedeutung enthaltende* Abbildungen, Gerüche etc. zu nennen.

24 Erkenntnisse hier und im folgenden aufgefaßt als Oberbegriff von Kennen und Können. Verhaltenswirksamkeit bedeutet Wirkung der Erkenntnisse auf das Verhalten in einer Verhaltenssituation. Vgl. darüberhinaus grundlegend zum Erkenntnisbegriff Popper (1972/1974).

25 Wessling (1991), S. 29 nennt dies »effektives Wissen« und unterscheidet weiter in »latentes Wissen« (subjektorientierter Bestand an Botschaften, die er als Nachrichten tituliert) und »objektives Wissen« (Bestand an Daten).

Wesentliche Vorteile des hier aufgespannten Begriffsystems gegenüber den zuvor diskutierten anderen Ansätzen sind neben der Annäherung an das allgemeine deutsche Sprachverständis und einer Kompatibiltät zum angelsächsischen Begriffsgut[26] in der Integrationsfähigkeit anderer Überlegungen, wie derjenigen von Weizsäcker oder der semiotischen.

Trennen allerdings muß man sich nicht nur vom Wittmannschen Informationsverständnis. Abschied nehmen sollte man darüberhinaus auch vom Nachrichtenverständnis der Nachrichtentechnik (oder doch zumindest von der falschen Übersetzung von »Message«). Eine *Nachricht* ist eben nicht nur eine inhaltliche bedeutsame Mitteilung sondern - im ureigenen Sinn - etwas, *nach* dem man sich *richtet*!

26 Man übersetze Message mit Botschaft und Information mit Nachricht!

ANHANG B

EXKURS ZUM INFORMATIONSSTAND UND SEINEN DETERMINANTEN

Unter Berücksichtigung der im Anhang A eingeführten Begriffe sei im folgenden ein Blick auf eine typische Informationsbedarfssituation geworfen, der sich ein Individuum in einer nicht völlig strukturierten Aufgaben- beziehungsweise Problemstellung gegenübersieht und zu dessen Lösung es Kenntnisse über das gegebenenfalls bereits vorhandenen Wissen hinaus benötigt. Zu Vereinfachung nehmen wir im Modell an, daß die Vorkenntnisse des Individuums zu vernachlässigen sind. Der Informationsbegriff wird im folgenden in seinem zweiten Sinne, als inhaltliche Größe und Synonym zu Nachricht verwendet. In Anlehnung an gängige Wirtschaftslexika sei im folgenden unter **Bedürfnis** das „individuelle Gefühl (Empfinden) eines Mangels mit dem Streben nach Beseitigung“[27] verstanden, unter **Bedarf** das „Ergebnis objektivierbarer Bedürfnisse“[28] und unter **Nachfrage** „die zum Kauf gewünschte Menge bzw. gekaufte Menge eines Gutes“[29].

Hinsichtlich des Individuums und seiner Problemstellung gilt es zunächst zu unterscheiden zwischen einem **objektiven Informationsbedarf** und einem **subjektiven Informationsbedürfnis.** Ersterer ergibt sich aus der Art der Aufgabenstellung und ist insofern unabhängig von der Person des Aufgabenträgers. Es sind die Nachrichten/Informationen, die objektiv zur Aufgabenerfüllung benötigt werden. Das subjektive Informationsbedürfnis kennzeichnet dagegen diejenigen Nachrichten/Informationen, die der Aufgabenträger persönlich zur Aufgabenbewältigung für notwendig erachtet. Im seltenen Idealfall decken sich objektiver Informationsbedarf und subjektives Informationsbedürfnis, in der Regel überschneiden sie sich nur.

In Bezug auf den »Markt für Daten« kann man zwischen dem **Angebot an Daten**, das heißt allen in der Entscheidungssituation verfügbaren Daten (von dem nur ein Teil für den Aufgabenträger bei seiner Aufgabenbewältigung »informativ« sein wird), und der **Datennachfrage** des Aufgabenträgers, das heißt den Daten, die der Aufgabenträger

---

27 Dichtl/Issing (Hrsg.; 1993), Bd. 1, S. 206. Vgl. ähnlich auch Gabler (Hrsg.; 1993), Bd. 1, S. 370, wo vom „Wunsch, der aus dem Empfinden eines Mangels herrührt“ gesprochen wird.

28 Gabler (Hrsg.; 1993), Bd. 1, S. 366. Vgl. daneben Dichtl/Issing (Hrsg.; 1993), Bd. 1, S. 203, die vom Bedarf als„„die durch die direkte oder indirekte Konfrontation mit dem Güterangebot konkretisierten Bedürfnisse der Elemente eines Absatzmarktes“ sprechen.

29 Dichtl/Issing (Hrsg.; 1993), Bd. 2, S. 1505. Vgl. daneben Gabler (Hrsg.; 1993), Bd. 5, S. 2344, wo Nachfrage als „Streben der Wirtschaftssubjekte, Güter i. w. S. zu erwerben“ definiert wird.

tatsächlich anfordert. Auch Datenangebot und -nachfrage werden in der Regel nicht deckungsgleich sein, sondern sich überschneiden. Da hier der allgemeinste Fall betrachtet werden soll, gehen wir davon aus, das sowohl Datenangebot als auch Datennachfrage Schnittmengen mit sowohl dem objektiven Informationsbedarf als auch dem subjektiven Informationsbedürfnis haben und erhalten folgendes Bild zur Veranschaulichung (Abbildung B-1).

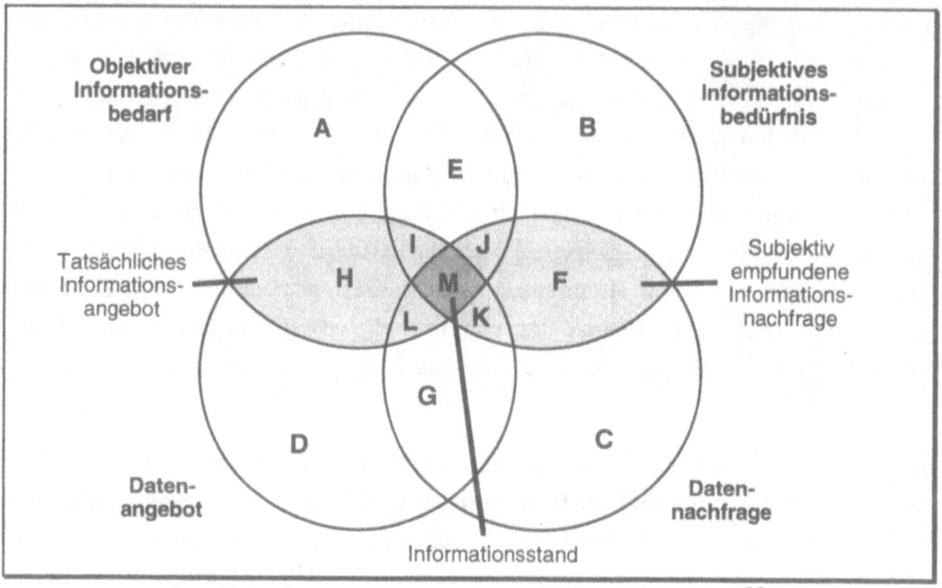

ABB. B-1: INFORMATIONSMANGEL IM DATENÜBERFLUSS[30]

Neben den zuvor bereits eingeführten Mengen sind in der Graphik nun eine Reihe von Schnittmengen erkennbar, die durch die wechselseitigen Überschneidungen der Kreise entstehen und die es kurz zu erläutern gilt.[31] Dabei erhält man durch die zunächst paarweisen Überdeckungen:

a) den (subjektiv) **empfundenen** und zugleich **tatsächlichen Informationsbedarf** (EIJM) als Schnittmenge von objektiven Informationsbedarf und subjektiven Informationsbedürfnis,
b) die subjektiv als solche **empfundene Informationsnachfrage** (FJKM) als Schnitt-

30 In Anlehnung an: Schmidt (1969), S. 29, Berthel (1975), S. 30, Koreimann (1976), S. 67 f., Kirsch/Klein (1977a), S. 47, Szyperski (1980), Sp. 906, Picot/Franck (1988), S. 609, Berthel (1992), Sp. 875. Die Größe der Kreise ist für die schematische Darstellung ohne Bedeutung.

31 Vgl. zum gesamten Komplex auch die unterschiedlichen Auslegungen sowie Interpretation ähnlicher Graphiken bei Koreimann (1976), S. 66 ff., Kirsch/Klein (1977a), S. 47 f., Picot/Franck (1988), S. 609 sowie Berthel (1992), Sp. 875.

menge von subjektiven Informationsbedürfnis und Datennachfrage,[32]

c) die **tatsächliche Datenversorgung** (GKLM) als Schnittmenge von Datennachfrage und Datenangebot,

d) das **tatsächliche Informationsangebot** (HILM) als Schnittmenge von Datenangebot und objektiven Informationsbedarf,

e) die **tatsächliche Informationsnachfrage** (JLM) als Schnittmenge von objektiven Informationsbedarf und Datennachfrage.

f) das (subjektiv) **empfundene Informationsangebot** (IKM) als Schnittmenge von subjektiven Informationsbedürfnis und Datenangebot,

Bei jeweils dreifacher Überdeckung erhält man darüberhinaus:

g) das (subjektiv) **empfundende tatsächliche Informationsangebot** (IM) als Schnittmenge von subjektiven Informationsbedürfnis und tatsächlichem Nachrichtenangebot (d),

h) die (subjektiv) **empfundene tatsächliche Informationsnachfrage** (JM) als Schnittmenge von objektiven Informationsbedarf und (subjektiv) empfundener Informationsnachfrage (b),

i) die (subjektiv) **empfundene Informationsversorgung** (KM) als Schnittmenge von Datenangebot und (subjektiv) empfundener Informationsnachfrage (b),

j) die **tatsächliche Informationsversorgung** (LM) als Schnittmenge von Datennachfrage und tatsächlichen Informationsangebot (d).

Bei der Fläche mit vierfacher Kreisüberdeckung (M) schließlich handelt es sich um die subjektiv empfundene und tatsächlich vorhandene Informationsversorgung, die kurz als **Informationsstand** bezeichnet werden soll.

Das der Teilmenge C zugrundeliegende Verhalten, das heißt *Daten* nachzufragen, die weder einem subjektiven *Informations*bedürfnis entspringen noch objektiven *Informations*bedarf widerspiegeln und überdies noch nicht einmal angeboten werden, kann in der Regel als unrational oder irrtümlich charakterisiert werden.[33] Dagegen ist es sehr viel leichter denkbar, *angebotene Daten* nachzufragen, die weder dem subjektiven *Informations*bedürfnis noch dem objektiven *Informations*bedarf entspringen (Teilmenge G). Beispiele derartiger Paketnachfragen sind ein Jahresabschlußbericht, aus dem ei-

32 Genau wie die empfundene Informationsnachfrage eine Teilmenge des subjektiven Informationsbedürfnisses darstellt, könnte die Datennachfrage auch als eine Teilmenge eines »subjektiven Datenbedürfnisses« aufgefaßt werden, welches dann auch das subjektive Informationsbedürfnis mit einschließen würde.

33 Eine (spieltheoretisch) rationale Erklärung hierfür lieferen March/Sevón (1984/1990), S. 487 f., indem sie eine Situation schildern, in der eine Führungskraft zur Ablenkung bewußt irrelevate Daten anfordert, die für die in mutmaßlicher Manipulationsabsicht agierenden Datenlieferer vermeintliche Informationen darstellen.

gentlich nur die Gewinnzahl interessiert oder regelmäßig gelieferte Standardberichte, die eigentlich längst nicht mehr von Interesse sind.

Die Teilmengen B, E, F, I und J kennzeichnen dann *subjektiv* empfundenen **Informationsmangel** (d. h. für notwendig *erachtete* Informationen, die nicht angeboten werden), die Teilmengen A, E, I, J und H *objektiv* vorhandene **Informationsunterversorgung** (d. h. notwendige Informationen, die nicht nachgefragt werden). Gleichzeitig ist aus *objektiver* Sicht in den Teilmengen D, G und K **tatsächlicher Datenüberfluß** (d. h. *angebotene* Daten, die nicht benötigt werden bzw. relevant sind und somit auch keine Informationen darstellen), in G und K zusätzlich eine **tatsächliche Datenüberversorgung** (d. h. *gelieferte* Daten, die keine Informationen sind) zu verzeichnen. Aus *subjektiver* Sicht kann man in den Teilmengen D, G, H und L einen **empfundenen Datenüberfluß** (d. h. *angebotene* Daten, die nicht für notwendig erachtet werden), in G und L eine **empfundene Datenüberversorgung** (d. h. *gelieferte* Daten, die nicht für notwendig erachtet werden) lokalisieren.

Die Zielsetzung eines jeden Informationssystems läßt sich anhand der Abbildung nun sehr anschaulich über die **Verbesserung des Informationsstandes** definieren, was mittels der Realisierung größerer Kongruenz der vier Kreise zu bewerkstelligen ist.[34] Dazu sind prinzipiell **zwei Grundstrategien** unterscheidbar. Zum einen ist die Erreichung dieses Ziels mittels einer Vergrößerung der Kreise (bei ansonsten gleicher Positionierung) denkbar, zum anderen über die Verschiebung der (ansonsten größenidentischen) Kreise. Erstere Vorgehensweise kann gleichzeitig - beispielsweise bei Vergrößerung der Menge angebotener Daten - auch zu einer Zunahme der überflüssigen oder überschüssigen Datenmengen führen. Dies ist eine Gefahr, die beim reinen »Ineinanderschieben« der Kreise/Mengen (der letzteren Vorgehensweise) nicht besteht, weswegen diese Strategie in gewisser Hinsicht als »überlegen« eingestuft werden kann.

34 Vgl. Picot/Franck (1988), S. 609, Reinermann (1991), S. 375, Groffmann (1992), S. 16 ff.

ANHANG C

EXKURS ZUM THEMENUMFELD: ENTWICKLUNGEN IN TECHNOLOGIE UND UNTERNEHMENSFÜHRUNGSPRAXIS

Die Diskussion um die Computerunterstützung oberster Führungskräfte hat eine nun schon circa fünfunddreißigjährige Tradition. Ungefähr das gleiche Alter weist die (modernere) Managementforschung auf. Diese beiden Strömungen, denen die Arbeit in ihren Hauptkapiteln II und III folgt, haben sich natürlich nicht völlig losgelöst und isoliert »ereignet« sondern vielmehr in einem sich wandelnden Umfeld entwickelt. Aus diesem Grunde sollen im folgenden in aller Kürze wesentliche Etappen der Umfeldentwicklung skizziert werden. Bezüglich der »Informationsanbieterseite« (Software-Ansätze) wird dabei insbesondere die technologische Entwicklung der letzten 40 Jahre zu beleuchten sein. Hinsichtlich der »Informationsnachfrageseite« (Top Manager) verdienen die sich abwechselnden »Moden« strategischer wie organisatorischer Paradigmen, die ihren Niederschlag auch im jeweiligen Verständnis des »Information Management« fanden, Erwähnung.

WESENTLICHE STATIONEN TECHNOLOGISCHER INNOVATIONEN

Unter der Überschrift Technikentwicklung soll nachfolgend zum einen an wesentliche Meilensteine von Innovationen in den Bereichen Informationstechnik/Hardware sowie Software/Benutzerschnittstelle erinnert werden sowie zum anderen die daraus folgenden ökonomischen Implikationen aufgezeigt werden.

FORTSCHRITT DER INFORMATIONSTECHNIK UND HARDWARE

In der historischen Entwicklung des Computers werden bis zum heutigen Zeitpunkt vier Rechnergenerationen unterschieden, die sich im wesentlichen anhand der verwendeten Basistechnologien abgrenzen lassen:[35]

1) ab 1946: Rechner mir **Röhrentechnologie** (z. B. UNIVAC I und II, IBM 700),
2) ab 1956: Rechner mit **Transistortechnolgie** (z. B. CDC 3600, IBM 7000),
3) ab 1964: Rechner mit ersten **integrierten Schaltkreisen**, d. h. IC's in SSI und LSI-

---

[35] Vgl. z. B. Zwass (1992), S. 200.

Technologie (z. B. IBM /360 und /370, DEC PDP-8 und PDP-11),

4) seit 1978: Rechner mit **hochintegrierten Schaltkreisen**, d. h. IC's in VLSI-Technologie (z. B. IBM /390, DEC VAX 6000 sowie alle PC's).

Im Verlauf dieser Entwicklung ermöglichte die zunehmende Miniaturisierung und immer höhere Bauteileintegration enorme Leistungssteigerungen der Computer (sowohl hinsichtlich Speicher- als auch Rechenvermögen) auf immer kleinerem Raum. Stellt man beispielsweise die Röhrentechnologie von 1958 der CMOS-Technologie von 1992 gegenüber, so hat sich das Speichervermögen einer Einheit um den Faktor 5 mal 10^8 erhöht, die Zugriffszeit um den Faktor 3 mal 10^9 verbessert (d. h. verkürzt), was einem jährlichen Fortschritt von durchschnittlich 80 % beziehungsweise 90 % entspricht.[36] Diese »dramatische« Entwicklung ist in der folgenden Abbildung C-1 für das Beispiel der integrierten Schaltkreise veranschaulicht, wobei zu beachten ist, daß die Ordinate logarithmischen Maßstabes ist!

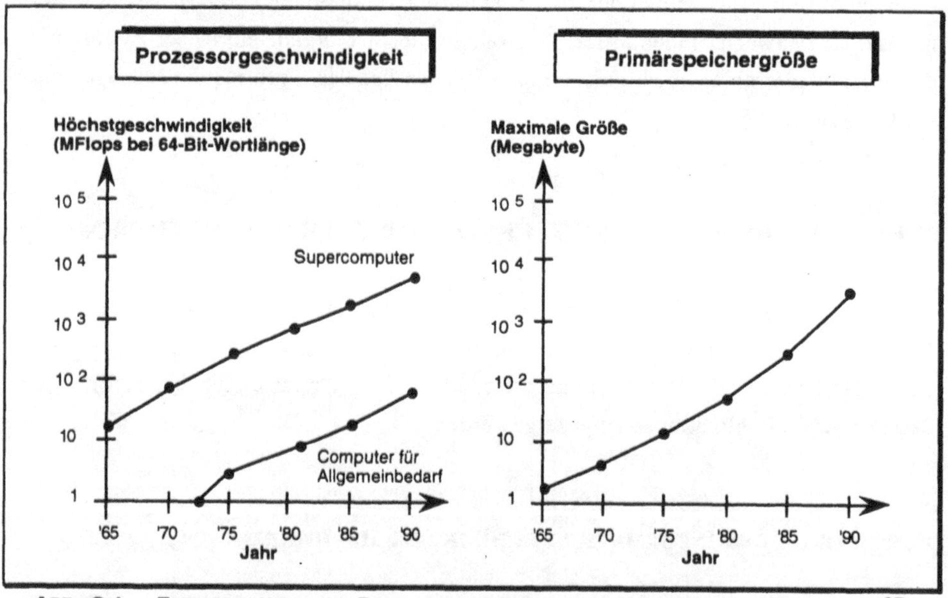

ABB. C-1: ENTWICKLUNG VON RECHEN- UND SPEICHERLEISTUNG VON COMPUTERN[37]

Der rasante Leistungszuwachs wird dabei begleitet von einem deutlichen Preisverfall (bezogen auf identische Leistung). So verbesserte sich das Preis-/Leistungsverhältnis

36 Vgl. Cash et al. (1992), S. 109. Man beachte (auch im Vergleich zur folgenden Graphik), daß die Technologiesprünge zwischen den Generationen 1, 2 und 3 sehr viel stärker ins Gewicht fallen als der mehr evolutionäre Übergang zwischen Generation 3 und 4.

37 Quelle: Arthur D. Little (Hrsg.; 1992), S. 115 sowie S. 118.

von IBM-Großrechenanlagen (ausgedrückt in $ je MIPS) von 1965 bis 1986 ungefähr um den Faktor 33 oder anders ausgedrückt: die gleiche Rechenleistung kostete 1986 nur 3 % des Preises von 1965.[38] Diese Entwicklung für zwei unterschiedliche Rechnerklassen in der folgenden Abbildung C-2 veranschaulicht.

Neben dem deutlichen Preisverfall verschiedener Rechenklassen zeigt die Abbildung sehr deutlich, welcher Sprung im Preis-/Leistungsverhältnis mit der Einführung der Personal Computer Ende der siebziger Jahre verbunden war und darüberhinaus, daß sich dieser Preis-/Leistungsvorteil seitdem ständig vergrößert hat (von ca. 1:4 im Jahre 1980 auf 1:50 im Jahre 1990!). Dafür dürfte wohl maßgeblich der äußerst scharfe Wettbewerb im PC-Markt verantwortlich sein.

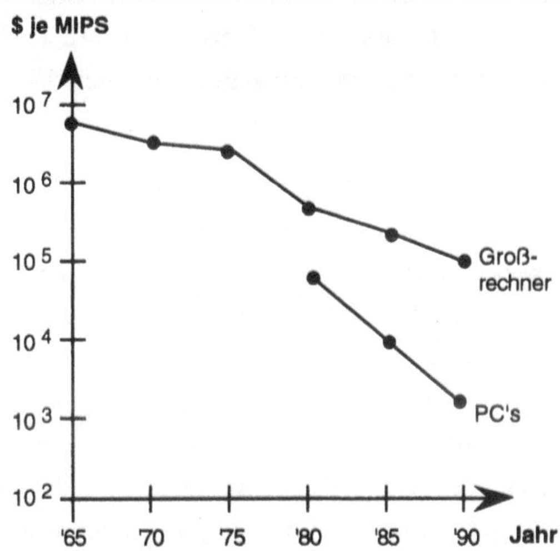

ABB. C-2: ENTWICKLUNG DES PREIS-/LEISTUNGSVERHÄLTNISSES VON COMPUTERN[39]

Weitere Meilensteine der Computerentwicklung können - neben der Einführung des Personal Computer (1977 Apple II, 1981 IBM PC) sowie der zu Anfang des Kapitels bereits skizzierten Rechnergenerationswechsel - aus betriebswirtschaftlicher Sicht noch im ersten kommerziellen Rechnereinsatz (1954 General Electric) sowie in der Einführung der Mini-Computer (1963 DEC) gesehen werden.

38 Vgl. Hansen (1987), S. 312, der dort offensichtlich mit nominalen Preisen arbeitet. Unter der Annahme einer Inflationsrate von 5 % p. a. ergibt sich eine reale Verbesserung des Preis-/Leistungsverhältnis um den Faktor 92, was einer Preisreduktion auf 1,1 % entspricht!

39 Quelle: Arthur D. Little (Hrsg.; 1992), S. 59.

VERBESSERUNGEN BEI SOFTWARE UND BENUTZERSCHNITTSTELLE

Jenseits der Hardwareentwicklungen verdienen insbesondere die folgenden Entwicklungen Erwähnung:[40]

- der Übergang von der Stapel- zur **Online-/Dialogverarbeitung** Ende der sechziger Jahre,
- das Aufkommen von **Datenbanken** und Datenbankmanagementsystemen zu Beginn der siebziger Jahre,
- die Einführung **graphischer Benutzeroberflächen** (1982 Apple Lisa, 1984 Apple Macintosh und wenig später Microsoft Windows), die ihre Quelle in einer Xerox-Entwicklung der siebziger Jahre haben,
- die weite kommerzielle Verbreitung von **Textverarbeitungs- und Tabellenkalkulationssoftware** am Arbeitsplatz in den achtziger Jahren (z. B. Wordstar, Lotus 123),
- der Einzug von **Arbeitsplatzvernetzung** und verteilten Systemen seit Ende der achtziger Jahre.

Es wird schon bei dieser exemplarischen Auflistung der wichtigsten Schlagworte klar, daß zwischen Hard- und Softwareentwicklung starke Interdependenzen bestehen. So wurden beispielsweise benutzerfreundliche Funktionen wie Dialogverarbeitung, graphische Benutzeroberfläche und Bürounterstützung am Arbeitsplatz in vernünftigen Rahmen erst möglich mit der Verfügbarkeit entsprechend leistungsfähiger Hardware in zentraler oder dezentraler Form (PC). Gleichzeitig zeigt sich jedoch, daß die im Vergleich zur Hardware jüngere Software-Branche zunehmend an Bedeutung gewinnt. Immer mehr steht der Anwender mit seinen Wünschen bezüglich Bedienungskomfort, Flexibilität und Funktionalität der Software im Vordergrund und immer unbedeutender wird dagegen das technologisch Machbare, insbesodere dann, wenn es mit proprietären Systemen verbunden ist.

In der folgenden Abbildung C-3 seien die bis hierhin skizzierten Hard- und Softwareentwicklungen nochmals synoptisch zusammengefaßt dargestellt.

---

40 Vgl. auch Heilmann (1987), S. 5 ff., Nilsson (1990), S. 134 f., Ortner (1991), S. 316 ff., Arthur D Little (Hrsg.; 1992), S. 39 ff. sowie S. 265 ff., Hoch/Schirra (1993), S. 23 ff.

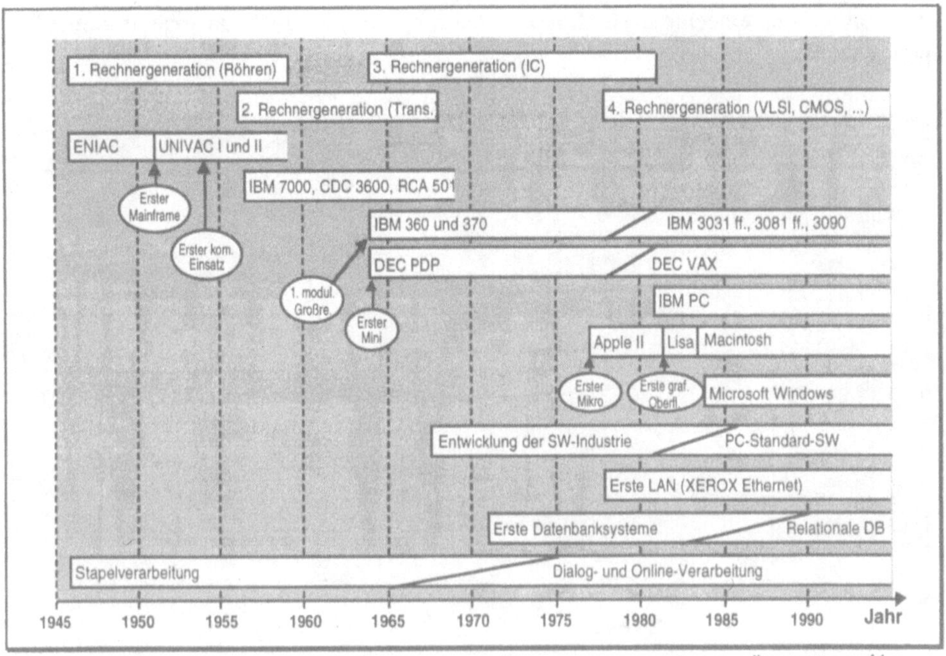

ABB. C-3: WESENTLICHE EDV-ENTWICKLUNGEN IM SYNOPTISCHEN ÜBERBLICK[41]

WESENTLICHE TRENDS IN DER UNTERNEHMENSFÜHRUNGSPRAXIS

Exogene Trends, die auf die Diskussion und Praxis der Computerunterstützung oberster Führungskräfte Einfluß genommen haben, sind nicht nur im technischen Bereich gegeben, sondern können vielmehr auch in den sich jeweils abwechselnden Paradigmen (oder Moden/Trends) hinsichtlich Unternehmenszielsetzung, -strategie, -organisation und Informationsmanagement lokalisiert werden.

Es lassen sich dabei insgesamt fünf Phasen abgrenzen, die grob mit den jeweiligen Nachkriegsdekaden zusammenfallen und - in Analogie zum vorangegangenen Schaubild - in Abbildung C-4 synoptisch skizziert sind. Diese Phasen werden in ihrer chronologischen Reihenfolge in den nachfolgenden Punkten in aller Kürze erläutert.[42] Es ist dabei zu beachten, daß es sich um eine idealtypisierende Darstellung handelt. Einige Unter-

41 In Anlehnung an Zwass (1992), S. 198 bzw. 200, Arthur D. Little (1992), S. 39 bzw. S. 266, Hoch/Schirra (1993), S. 24, Heilmann (1987), S. 6, McLeod (1979/1993).

42 Vgl. zum folgenden Henzler (1988), S. 87 ff., Ulrich, H. (1989), S. 54 ff., Ulrich, P. (1989), S. 148 - 152, Ortner (1991); S. 316 ff., Hinterhuber (1992a), S. 23 ff., Welge/Al-Laham (1992), Sp. 2355 - 2358, Gomez (1992), S. 166 ff., Müller-Stewens (1993), S. 3178 f. sowie Picot/Reichwald (1994).

nehmen werden einzelne dieser Phasen früher, später oder auch gar nicht durchlaufen haben.[43]

Paradigmen: / Phasen:	50er Jahre	60er Jahre	70er Jahre	80er Jahre	90er Jahre ?
Strategische Hauptzielsetzungen	Wachstum Rationalisierung der Produktion	Integration neuer Geschäfte	Wettbewerbsvorteile Komplexitätsbewältigung	Förderung des Unternehmergeistes	? Globalisierung Konzentration auf Kernkompetenzen
Typische organisatorische Instrumente	Arbeitsteilung und Spezialisierung Funktionale Organisation	Diversifikation Sparten-Organisation	Flexibilisierung der Organisation Matrix-Organisation Team-/Projektorganisation	Transparenz Holding-Organisation Profit Center	Lean Management Prozeßorganisation Netzwerke Allianzen
Typische strategische Instrumente	Kurzfristige Finanzplanung Budgetmanagement	Unternehmensplanung und Controlling Synergiemanagement Kostenmanagement	Strategische Planung Erfolgsplanung Erfolgspotentiale	Strategisches Management Kulturmanagement	Normatives Management Wertsteigerungsmanagement
Bedeutung bzw. Rolle der Information (-sverarbeitung)	Datenverarbeitung		Datenmanagement Informationsverarbeitung Information als betrieblicher Faktor	Informationsmanagement Information als Ressource	Strategisches Informationsmanagement Information als Waffe

ABB. C-4: WANDEL STRATEGISCHER UND ORGANISATORISCHER PARADIGMEN IM SYNOPTISCHEN ÜBERBLICK[44]

NACHKRIEGSZEIT UND FÜNFZIGER JAHRE

Die Nachkriegszeit ist gekennzeichnet durch ein stürmisches Wirtschaftswachstum, in dem die **Rationalisierung** der Produktion im Vordergrund des Interesses steht. Arbeitsteilung und Spezialisierung werden als wesentliche Instrumente zur Erreichung der hierfür notwendigen Skaleneffekte gesehen. Die Spezialisierung findet ihre analoge Fortsetzung in der **funktionalen Unternehmensorganisation**, die auch heute noch bei einigen, insbesondere kleineren und/oder Einproduktunternehmen vorzufinden ist.

43 Vgl. im Zusammenhang mit den folgenden Erörterungen u. a. Henzler (1988), S. 88 und Müller-Stewens (1993), S. 3182, der bei ca. 25 % der deutschen Unternehmen über 500 Mitarbeiter eine institutionalisierte strategische Planung und nur bei 5 % ein strategisches Management vermutet. Scholz (1991) kommt in einer anderen Erhebung bezogen auf die strategische Planung dagegegen auf deutlich höhere Werte (um 60 %). Analoges gilt auch für die zuvor beschriebene Technikentwicklung: Hildebrand (1992) identifiziert in einer empirischen Untersuchung 1991 noch jeweils zu über 40 % Batch-Anwendungen sowie konventionelle Dateiverwaltung.

44 In Anlehnung an Gomez (1992), S. 167, Hinterhuber (1992a), S. 24.

Das Steuerungsinstrumentarium der Unternehmensleitung fußt im wesentlichen auf einer **kurzfristigen** funktionsorientierten **Finanzplanung**, in deren Mittelpunkt Budgeteinhaltung und Liquidität stehen. Die hierfür notwendigen, vergleichsweise wenigen Informationen werden vom Rechnungswesen manuell geliefert.

In mittleren und größeren Unternehmen ist die automatisierte **maschinelle Datenverarbeitung** mittels Lochkartensortiermaschinen weit verbreitet. Sie erfolgt, dem Spezialisierungs- und Rationalisierungspostulat folgend, in zentralen Dienstleistungsabteilungen.

SECHZIGER JAHRE

Zu Ende der fünfziger und Beginn der sechziger Jahre rücken langfristigere Überlegungen sowie Probleme der Kostenübersicht im wachsenden Betrieb in den Mittelpunkt des Interesses. Die Steuerung der Unternehmung erfolgt nun zunehmend **erfolgsorientiert**, was sich in der Entwicklung einer (binnenorientirten) **Unternehmensplanung** wie des Controllings niederschlägt, letzteres sicherlich auch im zunehmenden Einfluß des Gedankenguts der Systemtheorie.

Gleichzeitig wird das Unternehmenswachstum nicht mehr nur in den bestehenden Produkten gesucht, sondern in zunehmenden Maß in der **Diversifikation** durch Integration neuer Geschäftsfelder und Realisation von **Synergiepotentialen**. Nebenbei erhofft man sich damit auch eine verbesserte Risikostreuung, indem sich zyklischen Konjunkturschwankungen einzelner Produkte gegenseitig ausgleichen.

Die Diversifikationsstrategie findet bei einer Vielzahl der Unternehmen ihre Entsprechung in einer **Spartenorganisation**. Zur Koordination zwischen Sparten gewinnen zentrale Stabsstellen gegen Ende der Dekade zunehmend an Bedeutung.

Die Ende der fünfziger Jahre aufgekommende, Batch-orientierte **elektronische Datenverarbeitung** löst die Lochkartentechnik zunehmend ab. Es entsteht die MIS-Euphorie hinsichtlich der Ausdehnungsmöglichkeiten dieses Rationalisierungsinstrumentes auf Fragen der Unternehmenssteuerung, ohne daß freilich Konzepte in nennenswertem Umfang erfolgreich implementiert werden. Gleichwohl ist dadurch zum ersten Mal die Informationsbereitstellung für Führungskräfte thematisiert.

Siebziger Jahre

Sich in Stab-Linien-Konflikten äußernde Koordinationsprobleme führen recht bald zu ersten Ansätzen von **Matrixorganisationen** und später dem Gedanken der Projektorganisation, mit denen man gleichzeitig glaubt, der zunehmenden Umweltkomplexität und -turbulenz flexibler begegnen zu können.

Die Umweltturbulenz findet ihren ersten Höhepunkt in der Ölkrise des Jahres 1973, die zu einer Abkehr vom Wachstumsglauben führt und die Notwendigkeit einer (extern orientierten) **strategischen Planung** vor Augen führt, in der nicht so sehr der bilanzielle Erfolg als vielmehr das Denken in **Erfolgspotentialen** und deren Ausnutzung im Zentrum der Betrachtung steht.

Die Möglichkeit der Dialogverarbeitung erlaubt in Verbindung mit dem Übergang von dateiorientierten Datenspeicherung zum datenbankorientierten **Datenmanagement** völlig neue Anwendungen, die nicht nur die Sachbearbeiterebene im Tagesgeschäft wirksamer unterstützen sondern auch bei Planungs- und Kontrollaufgaben ein größeres Anwendungspotential erschließen.

Achtziger Jahre

Die achtziger stehen in Zeichen organisatorischer **Vereinfachung** und der Förderung des **Unternehmergeistes** auf allen Ebenen der Unternehmung. Dies spiegelt sich zum einen in den vorherrschenden Organisationskonzepten wie der **Profit Center** und der Holding-Organisation wider, zum anderen aber auch in Ansätzen eines »Kulturmanagements«, wie es zum Beispiel im Schlagwort der »Corporate Idendity« zum Ausdruck kommt.

Dieses bettet sich mit anderen sozialen und politischen Variablen ein in das Konzept des **strategischen Managements**, dessen Zielsetzung die wesentlich aktivere Gestaltung und frühzeitige Erkennung neuer Erfolgspotentiale zur Generierung strategischer Wettbewerbsvorteile ist.

Zum integralen Bestandteil dieses Konzeptes und Schlüsselfaktor entwickelt sich ein unternehmensweites **Informationsmanagement**, dessen Aufgabe nicht mehr nur in der Daten- oder Systemadministration gesehen wird, sondern zuvorderst im Management der Unternehmensressource Information für alle Ebenen der Unternehmung.

ERSTE TENDENZEN DER NEUNZIGER JAHRE

Obschon längst nicht alle der bis hierhin skizzierten »Moden« (schon) von der breiten Masse der Unternehmen umgesetzt worden sind, sei abschließend noch ein Blick auf die sich andeutenden noch schwer fixierbaren Tendenzen der neunziger Jahre geworfen, denen sich die fortgeschrittenen Unternehmen vermutlich zu stellen haben werden.

Auf die **Globalisierung** von Märkten, Kunden und Wettbewerb reagieren große Konzerne bereits jetzt mit internationalen strategischen **Allianzen** oder Netzwerkorganisationen. Die zunehmende Bedeutung des Faktors **Zeit** spiegelt sich dabei in den Konzepten des **Lean Managements** wie der Prozeßorganisation wider. Traditionelle, hierarchische Formen der Unternehmensorganisation scheinen sich zum Teil in der Auflösung zu befinden. Der Fortschritt im Bereich der Informations- und Kommunikationstechnik ermöglicht (bzw. fördert) zunehmend **modulare Konzepte** der Unternehmensorganisation. Unter dem Schlagwort Refokussierung wird eine Konzentration auf **Kernkompetenzen** sowie ein **Wertsteigerungsmanagement** forciert.

Die Bedeutung zwischenbetrieblicher Organisationsformen sowie des Faktors Zeit in der strategischen Unternehmensführung reflektierend, gewinnt ein **strategisches Informationsmanagement** an Bedeutung, das sehr viel stärker extern orientiert ist und Information als Waffe im Wettbewerb propagiert.

Die nächste Entwicklungsstufe der strategischen Unternehmensführung wird von einigen Autoren in einem verständigungsorientierten, **normativen Management** (Unternehmenspolitik) gesehen, das mehr der Konflikt- denn der Komplexitätshandhabung verpflichtet ist. Darin käme zum einen ein fortgeschrittenes Kulturmanagement zum Ausdruck, zum anderen aber auch die sozialen Aspekte von Information und Kommunikation, die auch im weiteren Verlauf der Arbeit noch eine nähere Beleuchtung erfahren werden.

ANHANG D
KURZUMFRAGE ZUM EIS-SOFTWAREANGEBOT

ZIELSETZUNG, ZIELGRUPPE UND UMFANG DER UMFRAGE

Das Ziel dieser Umfrage bestand darin, sich einen Überblick über die am Markt angebotenen EIS-Standardsoftwarepakete zu verschaffen. Im Vordergrund des Interesses stand einerseits eine Bestandsaufnahme der angebotenen Softwarefunktionen und -architekturen, zum anderen ein Einblick in die Marktverhältnisse - und je nach Beteiligungsgrad somit eine Übersicht über Marktanteile der einzelnen Softwareanbieter. Daneben sollte auch ein Kontakt im Hinblick auf eine Besichtigungsmöglichkeit des EIS im Rahmen einer Produktpräsentation und/oder produktiv bei einem Kunden hergestellt werden.

Angeschrieben wurden 40 Unternehmen im deutschsprachigen Raum (38 in Deutschland, zwei in Österreich), die in einschlägigen Veröffentlichungen* als namhafte EIS-Softwarenanbieter in Deutschland genannt werden. EIS-Softwareanbieter im nichtdeutschsprachigen Ausland und ohne deutschen Vertriebspartner wurden nicht berücksichtigt.

UMFRAGEDURCHFÜHRUNG UND ANTWORTVERHALTEN

Anfang Dezember 1993 wurden konkreten Ansprechpartnern (soweit bekannt), ansonsten der Geschäftsleitung ein einseitiger Fragebogen (Abbildung D-2) zusammen mit dem nachfolgend abgebildeten Anschreiben (Abbildung D-1) und einem Bestätigungs-/ Empfehlungsschreiben des betreuenden Referenten der Dissertation, Herrn Prof. Dr. Arnold Picot, Institut für Organisation, Ludwig-Maximilians-Universität München zugesendet. Alle Anbieter, von denen nach zwei Monaten noch keine Antwort eingegangen war, wurden nochmals telefonisch kontaktiert, was in den meisten dieser Fälle zu einem erneuten Fragebogenversand (zu Händen eines konkreten Ansprechpartners) führte.

---

* Vgl. Bernsmeister et al. (1991), S 261 ff., Schneider (1991), S. 104, Bernsmeister et al. (1992), S. 347 ff., Fürst (1992), S. 12, Kleinhans et al. (1992), S. 9, Meiklejohn/Classe (1992), S. 47 ff., Müller (1992), S. 31, Wagner (1992), S. 77, Friedrich/Koll (1993), S. 41, Koll/Niemeyer (1993), S. 128 - 133 sowie S. 257.

Ulrich Oppelt
Diplom-Volkswirt

Edelweißstraße 12
D-81541 München
Tel.: (089) 69 54 63
Fax: (089) 69 54 85

Ulrich Oppelt • Edelweißstraße 12 • D-81541 München

«firma»
«ansprechpartner»
«strasse»
«plz_ort»

München, den 8. Dezember 1993

Management-/Führungsinformationssysteme (Executive Information Systems / EIS)

Sehr geehrte Damen und Herren,

wie Sie beiliegender Bestätigung entnehmen können, schreibe ich derzeit zum oben angegebenen Themenbereich an der Universität München meine Dissertation. In diesem Zusammenhang möchte ich mir -möglichst aus erster Hand- einen Überblick über den EIS-Markt sowie das aktuelle Software-Angebot verschaffen.

Da Ihr Unternehmen in mehreren Veröffentlichungen als namhafter EIS-Anbieter angeführt wird, wäre ich Ihnen sehr verbunden, wenn Sie mich genauer über das von Ihnen vertriebene EIS-Produkt informieren könnten und mir deshalb in folgenden vier Punkten behilflich sein würden:

- Beantwortung und Rücksendung des beigelegten Kurz-Fragebogens,
- Zusendung allgemeiner Informationen zu den von Ihnen angebotenen EIS-Produkten (Prospekte, Produktbeschreibungen, Veröffentlichungen, ...).
- Besteht die Möglichkeit (Ort, Zeit, ggf. Kosten), an einer Produktpräsentation teilzunehmen?
- Besteht die Möglichkeit (Firma, Ort, Ansprechpartner), eine Referenz-Installation zu besichtigen?

Für Ihre Unterstützung bedanke ich mich bereits im voraus. Ggf. Ihnen entstehende Unkosten bin ich selbstverständlich bereit zu tragen.

Mit freundlichen Grüßen

Ulrich Oppelt

ABB. D-1: ANSCHREIBEN ZUR SOFTWAREANBIETER-KURZUMFRAGE

Kurz-Fragebogen zum EIS-Softwareangebot in Deutschland

-Alle Angaben dienen ausschließlich wissenschaftlichen Zwecken-

Dipl.-Volksw. U. Oppelt, Edelweißstr. 12, 81541 München, Tel. 089/695463, Fax 695485

1) Allgemeine Angabei

EIS-Softwareanbieter: (Hersteller der Software) ______ Name des Unternehmens / Firmensitz / Gründungsjahr

Software-Vertrieb BRD: (Niederlassung/Vertretung) ______ Name des Unternehmens / Firmensitz / Gründungsjahr

Ansprechpartner: (bei Rückfragen) ______ Name / Abteilung / Durchwahl Telefon/Fax

2) Angaben zur Software

Falls Sie *mehrere* EIS-*Produkte* vertreiben, bitte den Fragebogen kopieren und folgende Angaben für *jedes* Produkt getrennt machen. Mehrere Software-*Module eines Produktes* (Paketes) jedoch bitte zusammenfassen.

EIS-Softwareprodukt: ______ Produktbezeichnung / Bezeichnung der aktuellen Version

Produkt-/Markt-Fokus: ______ bzgl. Branche/Sektor (z.B. Chemie, öff. Verwalt.), Fachbereich (z.B. Finanzen,Vertrieb) etc.

Jahr der Markteinführung: (Erstinstallation) ______ weltweit / in Deutschland

Preis pro Lizenz: (lauffähige Version) ______ von ca. TDM bis ca. TDM

Anzahl der Installationen: (Arbeitsplatzlizenzen) ______ weltweit ca. / davon in BRD ca.

Anzahl Kunden: (Firmen) ______ weltweit ca. / davon in BRD ca.

Software-Architektur:

Bitte geben Sie kurz an, wie sich die verschiedenen Module und Datenbanken Ihrer Software auf die jeweiligen Hardware-Komponenten verteilen (ggf. auf gesondertem Blatt).

Zentral auf Host/Großrechner	Dezentral auf LAN-Server	Lokal am Arbeitsplatz (PC/Workstation/Terminal)

Funktionen der Software:	im SW-Paket enthalten	nicht enthalten	Schnittstelle zu Fremdprodukt	Anmerkungen (z.B. Fremdprodukt)
• Datenaggregation und Drill-Down	O	O	O	------------
• Individuelle Masken/Personal Views	O	O	O	------------
• Ad-hoc Abfragen/Status Access	O	O	O	------------
• Ausnahmeberichte/Exception-Report	O	O	O	------------
• Statistik/Trendanalyse/Prognose	O	O	O	------------
• Simulation (what-if/how-to-achieve)	O	O	O	------------
• OR-Methoden (Lineare Prog.)	O	O	O	------------
• XPS-/KI-Methoden (Wissensbasis)	O	O	O	------------
• Bürokommunikation/E-Mail	O	O	O	------------
• Externe Komm. (Btx/Datex-P/HfD)	O	O	O	------------
• Online-Integration externer Daten	O	O	O	------------
• Tabellenkalkulation/Spread-Sheets	O	O	O	------------
• Textverarbeitung/Word-Processing	O	O	O	------------
• Präsentationsgrafik	O	O	O	------------
• Kalender/Taschenrechner/...	O	O	O	------------

ABB. D-2: FRAGEBOGEN ZUR SOFTWAREANBIETER-KURZUMFRAGE

Abbildung D-3 gibt einen Überblick über das Antwortverhalten. In vier Fällen wurde telefonisch mitgeteilt, daß man sich nicht als Anbieter eines EIS oder EIS-ähnlichen Systems verstehe und sich deshalb an der Umfrage nicht beteiligen könne. Vier weitere Fragebögen wurden mit dem Vermerk »unbekannt verzogen« zurückgeschickt. Die entsprechenden Anbieter konnten weder telefonisch noch durch erneute Literaturrecherchen ausfindig gemacht werden. Abzüglich einer weiteren schriftlichen Absage gingen schließlich Unterlagen von 23 Softwareanbietern ein (57,5 %), wohingegen 8 - trotz telefonischer Zusicherung der Beantwortung - eine Antwort schuldig blieben (20 %) - unter diesen auch einer der Marktführer. Zieht man von den 23 Antworten drei Anbieter, die keinen verwertbaren Fragebogen zurückgesendet haben ab, so erhält man unter Berücksichtigung, daß ein Anbieter zwei Fragebögen (für zwei verschiedene Produkte) einreichte, eine Beteiligungsquote von 20 Firmen (50 %) und eine für die weitere Auswertung zugrunde gelegte Produktzahl von 21.

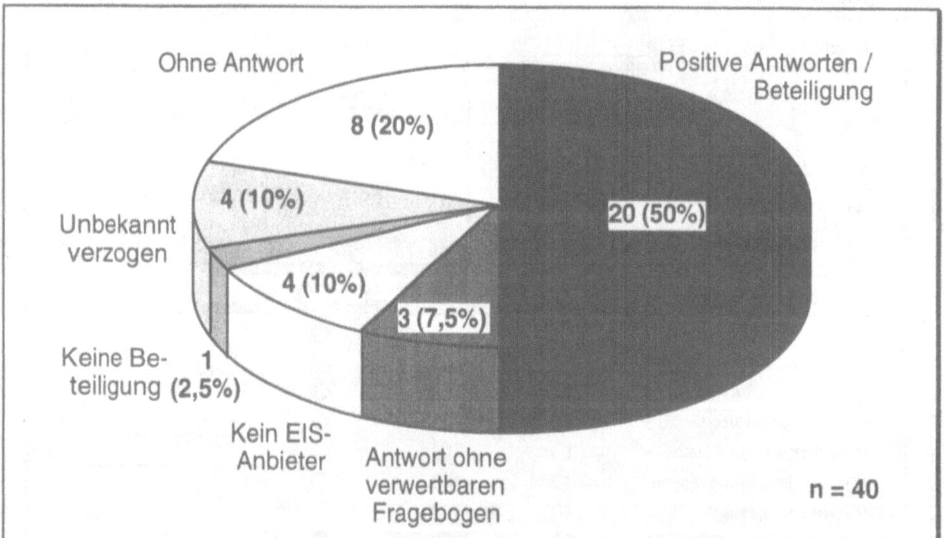

ABB. D-3: ANTWORTVERHALTEN DER EIS-SOFTWAREANBIETER

ERGEBNISSE DER UMFRAGE

Bei 14 der 21 untersuchten Produkte wurde kein **Produkt-/Markt-Fokus** der Software angegeben, mithin handelt es sich in zwei Drittel der Fälle um allgemeine und übergreifende EIS-Lösungen. Die restlichen Anbieter gaben als Schwerpunktsetzung vor allem Controlling/Finanzplanung oder Marketing/Vertrieb an.

Hinsichtlich des Jahres der **Firmengründung** der Sofware-»Hersteller« wurde in 13 Fällen eine Angabe gemacht. Drei Firmen stammen danach aus den sechziger Jahren, fünf aus den siebziger Jahren und fünf aus den achtziger Jahren. Die **Markteinführung** der EIS-Produkte ist sehr viel jüngeren Datums: sieben Produkte kamen zwischen 1984 und 1986 auf den Markt, eines 1989 und weitere zehn zwischen 1991 und 1994 (keine Angaben in drei Fällen). Bei drei der Unternehmen aus den achtziger Jahren fiel die Markteinführung des Produktes mit der Firmengründung zusammen.

Von den 20 Anbietern, die auf die Umfrage antworteten, machten 14 - teilweise jedoch lückenhafte - Angaben zur Anzahl der **Kunden** und **Installationen**. Summiert ergeben sich die folgenden Zahlen:

	weltweit	in Deutschland
Anzahl der Kunden	5.850	1.143
Anzahl Installationen/Arbeitsplatzlizenzen	136.920	10.550

Nachdem sich unter anderem einer der führenden EIS-Anbieter nicht an der Umfrage beteiligt hat, liegt die Anzahl der tatsächlich installierten Systeme weltweit und in Deutschland wohl *erheblich* über diesen Zahlen. Unter Berücksichtigung der von einigen Anbietern zuweilen angegeben Marktanteile kann ungefähr auf die **Gesamtzahl** der Installationen hochgerechnet werden. Danach dürfte ganz grob weltweit von circa 9.000 EIS-Anwenderfirmen mit circa 200.000 Abeitsplatzlizenzen ausgegangen werden. Bezogen auf die Bundesrepublik erscheinen Zahlen in der Größenordnung von 1.500 EIS-Anwenderfirmen mit circa 14.000 Arbeitsplatzlizenzen realistisch. Bei den Angaben der Softwareanbieter hinsichtlich der Anzahl installierter Systeme und den daraus abgeleiteten Schlußfolgerungen bleibt jedoch zu beachteten, daß derartigen Auskünfte in der Regel eher ein großzügiges Begriffsverständnis von »Kunde« und »Installation« seitens der Anbieter zugrundeliegen dürfte.

Bezüglich der **Lizenzpreise** sind erhebliche Unterschiede zu verzeichnen. So schwankt bei den 14 Produkten, bei denen in diesem Punkt Angaben gemacht wurden, die Preisuntergrenze je Lizenz zwischen 2 und 72 Tausend DM (Mittelwert TDM 17, Median TDM 10), die Preisobergrenze je Lizenz bewegt sich zwischen 10 Tausend DM und 1 Mio. DM (Mittelwert TDM 230, Median TDM 28).

Ein Blick auf die angebotenen **Softwarefunktionen** schließlich liefert das folgende Bild (Abbildung D-4).

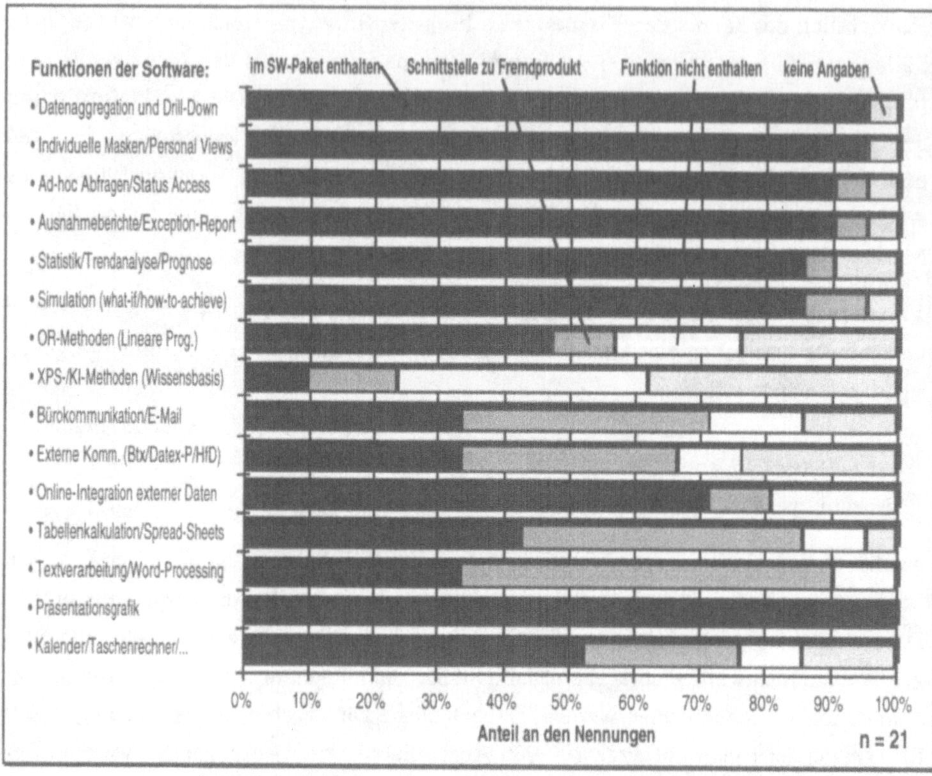

ABB. D-4: ANGEBOTENE EIS-SOFTWAREFUNKTIONEN

ANHANG E
KURZUMFRAGE ZU EIS-ANWENDUNGEN IN DEN GRÖSSTEN UNTERNEHMEN IN DEUTSCHLAND

ZIELSETZUNG, ZIELGRUPPE UND UMFANG DER UMFRAGE

Das Ziel der Untersuchung bestand darin, zu ermitteln, in welchem Umfang Executive Information Systems (EIS) oder EIS-ähnliche Systeme in den großen Unternehmen Deutschlands im Einsatz sind, von welchen Personengruppen (bzw. auf welchen Ebenen) sie wie intensiv genutzt werden und welche Funktionen von diesen Systemen zur Verfügung gestellt werden. Darüber hinaus diente die Umfrage - im Sinne eines Kontaktfragebogens - zur Ermittlung der Kooperationsbereitschaft bei EIS-Anwendern hinsichtlich der Durchführung von Fallstudien und/oder Experteninterviews zum Nutzungsverhalten oberster Führungskräfte bei installierten EIS-Systemen. Da einem möglichst hohen Rücklauf (aus Gründen der Repräsentativität wie auch der Kontaktherstellung) der Vorzug vor einer möglichst detaillierten Befragung gegeben wurde, fand ein nur einseitiger selbsterklärender Fragebogen zu den wichtigsten, oben angesprochenen Aspekten Verwendung.

Angeschrieben wurden alle Industrie-, Handels- und Dienstleistungsunternehmen mit Sitz in Deutschland, die 1992 einen Umsatz von über DM 3 Mrd. oder eine Beschäftigtenzahl von über 8000 Mitarbeitern hatten. Hinzugenommen wurden alle Banken und Versicherungen mit Beschäftigtenzahlen 1992 über 3000 Mitarbeitern oder einer Bilanzsumme von über DM 30 Mrd. (bzw. Prämieneinnahmen über DM 2 Mrd.).* Abgestellt wurde dabei auf Gruppen- beziehungsweise Welt-orientierte Zahlen inklusive konsolidierter Tochterunternehmungen. Sofern die Tochterunternehmen für sich genommen auch die Kriterien erfüllten und ferner über einen von der Muttergesellschaft abweichenden Firmensitz (in Deutschland) verfügten, wurden diese zusätzlich angeschrieben. Der sich ergebenden **Grundgesamtheit** der **383** »größten« Unternehmen in Deutschland lagen die folgende Überlegungen zu Grunde:

- »Große« Unternehmen dürften zum einen wegen ihrer internen Komplexität ein vorrangiges Interesse an EIS-artigen Technologien zur Unternehmenssteuerung haben, zum anderen aufgrund ihrer Finanzkraft auch in der Lage sein, hier eine Vorreiterrolle zu spielen. Mithin dürfte der Anteil EIS-nutzender Unternehmen dort am größ-

* Als Quelle dienten die Unternehmensverzeichnisse bzw. -ranglisten von Schmacke (Hrsg.; 1993), Hoppenstedt (Hrsg.; 1993) sowie GBI/WiWo (Hrsg.; 1993).

ten und die Anwendungserfahrungen am ausgeprägtesten sein. Letzteres war insbesondere natürlich auch im Hinblick auf die Anbahnung ergänzender qualitativer Verfahren (Fallstudien, Interviews) wünschenswert.

- Als Maßstab von »Größe« bedarf es im Lichte des vorgenannten Punktes einer *Berücksichtigung mehrerer Kriterien* (Umsatz bzw. Bilanzsumme oder Prämieneinnahmen sowie Mitarbeiterzahl), zumal eine Beschränkung auf eines der beiden Kriterien dazu führen kann, daß »große« Unternehmen, die zu einem der Kriterien keine Angaben machen (das andere Kriterium aber sehr wohl erfüllen), sonst unberücksichtigt bleiben. Die Kriterienschwelle wurde dann so angelegt, daß jeweils mindestens die 200 größten Industrie-, Handels- und Dienstleistungsunternehmen nach Umsatz sowie Mitarbeiterzahl erfaßt wurden, was nach Ausscheidung der Doppelerfassungen zu 296 Firmen führte, zu denen in einem analogen Verfahren 49 Institute des Kreditgewerbes (jeweils »Top 35«) sowie 38 des Versicherungsgewerbes (jeweils »Top 25«) hinzukamen.

Umfragedurchführung und Antwortverhalten

Mitte Dezember 1993* wurde der »Unternehmensleitung Organisation / Informationsverarbeitung / EDV« der ausgewählten Unternehmen der einseitige Fragebogen (Abbildung E-3) zusammen mit dem nachfolgend abgebildeten Anschreiben (Abbildung E-1) und einem Bestätigungs-/Empfehlungsschreiben des betreuenden Referenten der Dissertation, Herrn Prof. Dr. Arnold Picot, Institut für Organisation, Ludwig-Maximilians-Universität München zugesendet. Im Sinne einer erhöhten Rücklaufquote wurde das Anschreiben bewußt »persönlich« gehalten (privater Briefkopf), vom Verfasser selbst versendet und als »vertrauensbildende Maßnahme« eine private Rücksendeanschrift und Telefax-Nummer angegeben. Darüberhinaus wurde die kostenlose Übersendung eines anonymisierten Management Summary der Umfrage angeboten sowie auch »weitere Informationen«, die im Rahmen eines nachfolgenden Telefonats einzugrenzen waren.

Nach sieben Wochen, in denen ein Fragebogenrücklauf von knapp unter 25 % verzeichnet werden konnte, wurde an die Unternehmen, von denen noch keine Antwort vorlag ein Erinnerungsschreiben (Abbildung E-2) verschickt, dem - neben dem Originalanschreiben - wiederum Fragebogen und Bestätigungsschreiben beigelegt wurden.

---

* Zunächst wurden 344 Unternehmen angeschrieben, zu denen Mitte Januar weitere 39 »Nachzügler«, die die Umfargekriterien ebenfalls erfüllten, in den zunächst benutzten Quellen jedoch nicht identifiziert werden konnten, hinzu kamen

Ulrich Oppelt
Diplom-Volkswirt

Edelweißstraße 12
D-81541 München
Tel.: (089) 69 54 63
Fax: (089) 69 54 85

Ulrich Oppelt • Edelweißstraße 12 • D-81541 München

«firma»
Unternehmensleitung Organisation /
Informationsverarbeitung / EDV
«strasse»
«plz» «ort»

München, den 15. Dezember 1993

Einsatz computergestützter Informationssysteme bei obersten Führungskräften Ihres Unternehmens

Sehr geehrte Damen und Herren,

wie Sie beiliegender Bestätigung entnehmen können, schreibe ich derzeit an der Universität München zum Thema der Computerunterstützung oberster Führungskräfte meine Dissertation. In diesem Zusammenhang möchte ich mir per Umfrage unter den 300 größten Unternehmen in Deutschland zunächst einen Überblick über Stand und Perspektiven des Computereinsatzes in der obersten Führungsebene verschaffen. Zu diesem Zwecke finden Sie anliegend einen Kurz-Fragebogen, für dessen Beantwortung und möglichst umgehende Rücksendung (per Fax oder Post) ich Ihnen sehr verbunden wäre - auch wenn Sie nicht Anwender eines entsprechenden Systems sind.

Der Fragebogen wurde -unter der Zielsetzung einer unaufwendigen Beantwortung und hohen Rücklaufquote- mit einem Umfang von nur einer Seite bewußt kurz gefaßt und ist sowohl für einen Versand per Telefax als auch per Brief vorbereitet (Auf der Fragebogenrück seite findet sich die Rücksendeanschrift, positioniert für Fensterkuverts DIN-lang.). Alle Angaben dienen ausschließlich wissenschaftlichen Zwecken und werden ab solut vertraulich behandelt. Auf Wunsch erhalten Sie selbstverständlich ein anonymisiertes Mana gement-Summary der wesentlichen Ergebnisse der Umfrage und/oder weitere Informationen zum Thema (siehe Fragebogen Teil 3).

In einem zweiten Schritt soll in wenigen ausgewählten Unternehmen eine detaillierte Analyse (Fallstudien), insbesondere hinsichtlich der Nutzungsgewohnheiten des Systems, vorgenommen werden. Falls diesbezüglich bei Ihnen prinzipielle Bereitschaft besteht, bitte ich um einen entspre chenden Vermerk im Fragebogen (Teil 3, letzte Frage).

Für Ihre Unterstützung und Kooperation darf ich mich an dieser Stelle bereits im voraus bedanken.

Mit freundlichen Grüßen

Ulrich Oppelt

Anlagen

ABB. E-1: ANSCHREIBEN ZUR ANWENDER-KURZUMFRAGE

Ulrich Oppelt
Diplom-Volkswirt

Edelweißstraße 12
D-81541 München
Tel.: (089) 69 54 63
Fax: (089) 69 54 85

Ulrich Oppelt • Edelweißstraße 12 • D-81541 München
«firma»
Unternehmensleitung Organisation /
Informationsverarbeitung / EDV
«strasse»
«plz» «ort»

München, den 6. Februar 1994

Umfrage vom 15.12.93 zur Computerunterstützung oberster Führungskräfte Ihres Unternehmens

Sehr geehrte Damen und Herren,

vor ca. 7 Wochen erhielten Sie einen **Kurzfragebogen** zu Stand und Perspektiven der **Computerunter stützung oberster Führungskräfte** Ihres Unternehmens mit der Bitte um Beantwortung und Rücksendung. Da ich bis heute noch keine Antwort von Ihnen erhalten habe, erlaube ich mir, Sie auf diesem Wege nochmals um Ihre Mitwirkung zu bitten.

Die ersten Auswertungen der bisher erhaltenen Antworten deuten u. a. darauf hin, daß sich entsprechende Systeme bei der Mehrheit der befragten Unternehmen und Institutionen bereits im Einsatz oder zumindest in der Planung befinden, wobei unterschiedliche technische und organisatorische Konzeptionen erkennbar sind.

Wir würden uns sehr freuen, wenn wir zur Präzisierung, Absicherung und Abrundung dieser (und weiterer vorläufiger) Erkenntnisse auch **Ihre Antwort** berücksichtigen könnten (unabhängig davon ob Sie bereits Anwender entsprechender Systeme sind oder nicht). In diesem Zusammenhang darf ich auch nochmals auf folgende Punkte hinweisen:

- Ihre Fragebögen/Antworten werden **absolut vertraulich** behandelt,
- wohlwissend um Ihre Arbeitsbelastung und die Anzahl der Fragebögen, mit denen Entscheidungsträger gerade der großen Unternehmen in Deutschland regelmäßig konfrontiert werden, wurde der Fragebogen mit einem Umfang von **einer Seite** und einer geschätzten Beantwortungszeit von **5 - 10 Minuten** bewußt knapp gehalten,
- Sie erhalten selbstverständlich auf Wunsch ein aggregiertes und anonymisiertes **Management Summary** der Umfrageergebnisse.

Vielen Dank für Ihre Bemühungen und Ihre Mithilfe!

Mit freundlichen Grüßen

Ulrich Oppelt

Anlagen: *Fragebogen (zur Rücksendung per Telefax / Brief)*
Doppelseitige Kopie (Anschreiben vom 15.01.94 / Lehrstuhlbestätigung vom 24.11.93)

ABB. E-2: ERINNERUNGSSCHREIBEN ZUR ANWENDER-KURZUMFRAGE

KURZ-FRAGEBOGEN: COMPUTERUNTERSTÜTZUNG OBERSTER FÜHRUNGSKRÄFTE

Dipl.-Volksw. U. Oppelt, Edelweißstr. 12, 81541 München, Tel. (089) 69 54 63, **Fax (089) 69 54 85**

Rücksendung dieser Seite bitte per Fax an oben angegebene Nummer

1) Allgemeines zum Unternehmen

Name / Branche: ____________ Name des Unternehmens ____________ Branche(n) bzw. Branchenschwerpunkt

Anschrift: ____________ Straße/Nr. ggf. Postfach ____________ PLZ und Ort

Ansprechpartner: (bei Rückfragen) ____________ Name ____________ Abteilung ____________ Durchwahl Telefon/Fax

Statistisches: (bitte ankreuzen)

Weltumsatz 1992 in Mrd. DM(inkl. konsolidierter Töchter)				
< 3	3 bis < 4	4 bis < 6	6 bis < 14	≥ 14

Anzahl Beschäftigte 1992-Welt in Tsd. (inkl. kons. Töchter)				
< 3	3 bis < 8	8 bis < 13	13 bis < 25	≥ 25

2) Unterstützung oberster Führungskräfte durch computergestützte Informationssysteme (EIS)

Im folgenden wird der Begriff *EIS-Executive Information System* als umfassender *Oberbegriff* computergestützter Informationssysteme für das Top-Management verwendet (Vgl. dazu auch die Funktionsauflistung weiter unten!), der alternative Bezeichnungen weitgehend funktionsverwandter Systeme (wie z.B. MIS-Management-Informationssystem, FIS-Führungsinformationssystem, EUS-Entscheidungs-unterstützungssystem, DSS-Decision Support System, ESS-Executive Support System, ...) mit abdecken / umschließen soll.

Gibt es ein EIS in Ihrem Unternehmen? Ja O Nein O Geplant O

Start d. Produktivbetriebs war bzw. wird sein: ________ Jahr

Dauer der vorgelagerten Planungs- u. Installationsphase war bzw. wird sein: ________ Monate

Welche Art EIS ist im Einsatz (bzw. geplant)? Standard-Software O Angepaßte Fremd-SW O Eigenerstellte SW O

Eingesetzte(s) Produkt(e): ____________ Softwarename, ggf. Versionsbezeichnung

Einmal. Kosten der EIS-Implement. (Mio DM):

Kapital- (Hardware/Software) und Personalaufwand (intern / extern) für Planung, Konzeption, Beratung, Installation, Schulung				
< 0,25	0,25 ... <0,5	0,5 ... <0,75	0,75 ... <1,0	≥ 1,0

Lauf. Kosten des EIS-Betriebs (Mio DM p.a.):

Kapital- (Hardware/Software) und Personalaufwand (intern / extern) für Anpassung, Pflege, Betreuung, Entwicklung, Schulung				
< 0,1	0,1 ... < 0,2	0,2 ... < 0,3	0,3 ... < 0,4	≥ 0,4

Art und Umfang der EIS-Nutzung:

	Anzahl d. Nutzer	Durchschn. Nutzung selten • monatl. • wöchl. • tägl.
• direkt in 1. Führungsebene (Vorstand/Geschäftsführer):	____	O O O O
• indirekt über persönlichen Assistenten/Sekretariat:	____	O O O O
• mittelbar durch allgemeine Stabsabteilung:	____	O O O O
• in der 2. Führungsebene (Bereichs-/Spartenleitung):	____	O O O O
• weitere/sonstige: ________	____	O O O O

Funktionen des EIS:

	Ja	Nein	Geplant
• Datenaggregation und Drill-Down	O	O	O
• Ad-hoc Abfragen / Status Access	O	O	O
• Ausnahmeberichte / Exception-Report	O	O	O
• Statistik / Trendanalyse / Prognose	O	O	O
• Simulation (what-if/how-to-achieve)	O	O	O
• OR-Methoden (Lineare Programmierung)	O	O	O
• XPS- / KI-Methoden (Wissensbasis)	O	O	O
• Bürokommunikation / Electronic Mail	O	O	O
• Externe Kommunik. (Btx / Datex-P / HfD)	O	O	O
• Online-Integration externer Daten	O	O	O
• Textverarbeitung / Word-Processing	O	O	O
• Präsentationsgrafikerstellung	O	O	O
• Elektronischer Kalender / Taschenrechner	O	O	O
• sonstige: ________	O	O	O

3) Management Summary • weitere Informationen • Fallstudie

	Ja	Nein
Die -kostenlose- Übersendung eines anonymisierten Management-Summary der Umfrageergebnisse an oben angegebenen Ansprechpartner wird gewünscht	O	O
An weiteren Informationen zum Themengebiet besteht Interesse, bitte kontaktieren Sie den oben angegebenen Ansprechpartner	O	O
Zur Zusammenarbeit im Rahmen einer Fallstudie besteht prinzipielle Bereitschaft, wenden Sie sich für Einzelheiten bitte an oben angegebenen Ansprechpartner	O	O

ABB. E-3: FRAGEBOGEN ZUR ANWENDER-KURZUMFRAGE*

* Der Fragebogen für Banken bzw. Versicherungen enthielt an Stelle der Umsatzgrößenskala eine entsprechend angepaßte Bilanzsumen- bzw. Prämieneinnahmenskala.

Bis zum »Stichtag« 26. März 1994 (nach weiteren sieben Wochen) konnte schließlich ein Rücklauf von 156 Fragebögen (40,7 % - siehe auch Abbildung E-4) verzeichnet werden. Nach Abzug von 12 Unternehmen, die sich aus prinzipiellen Gründen oder wegen zeitlicher Überlastung nicht an der Umfrage beteiligen wollten, verblieben 144 verwendbare Fragebögen, was einer erfreulich hohen Beteiligungsquote von 37,6 % entspricht. Zwei weitere Fragebögen (entspricht 0,5 % der Grundgesamtheit), die - zum Teil deutlich - nach dem »Stichtag« der Untersuchung eintrafen, wurden in die Auswertung nicht mehr mit einbezogen. Ausgefüllt wurde der Fragebogen - soweit dies erkennbar war - in der überwiegenden Zahl der Fälle vom »Operating Sponsor« des EIS-Projektes, der ungefähr gleich oft in zentralen Organisations-/DV-Abteilungen vorzufinden war (häufig der Abteilungsleiter) wie in Abteilungen aus den Bereichen Unternehmensplanung beziehungsweise Controlling.

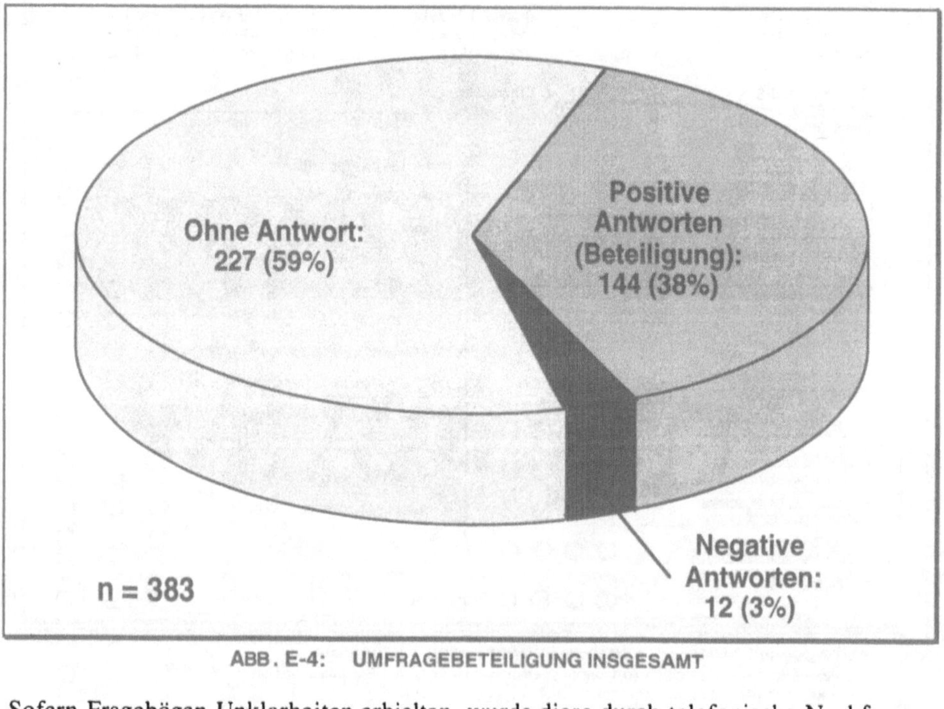

ABB. E-4: UMFRAGEBETEILIGUNG INSGESAMT

Sofern Fragebögen Unklarheiten erhielten, wurde diese durch telefonische Nachfragen bei den angegeben Ansprechpartnern geklärt. Zusammen mit den sich aus den Antworten zum letzten Teil des Fragebogens ergebenden Kontaktgesprächen (hinsichtlich weiterer Informationen wie der Möglichkeit von Fallstudien - Abbildung E-5) führte dies zu - teilweise mehrfachen - telefonischen Kontakten mit mehr als 60 der sich beteiligenden Unternehmen. In diesen Telefongesprächen, die teilweise bis zu einer halben Stunde dauerten, wurde dann vielmals ein breites Spektrum von Themen (und insbesondere auch den Problembereichen in der Praxis) angesprochen, was in einigen Fällen zu durchaus wichtigen, qualitativen Impulsen für die vorliegende Arbeit führte.

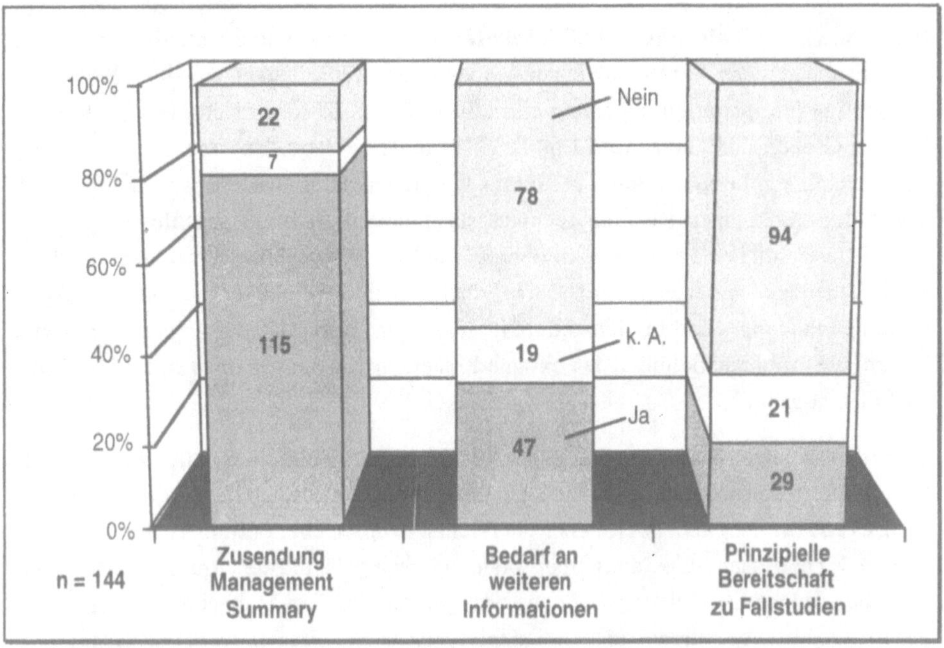

ABB. E-5: ANTWORTVERHALTEN IM TEIL 3 DES FRAGEBOGENS (»KONTAKTTEIL«)

ANMERKUNGEN ZUR REPRÄSENTATIVITÄT UND VALIDITÄT

Trotz vergleichsweiser hoher Rücklaufquote sowie recht guter **Repräsentativität** bezogen auf die Größen- und Branchenmerkmale der Stichprobe (Abbildungen E-6, E-7 & E-8) kann freilich nicht ausgeschlossen werden, daß unter den sich beteiligenden Unternehmen diejenigen bezogen auf die Grundgesamtheit überrepräsentiert sind, die ein besonderes Interesse an der EIS-Thematik haben, da sie sich entweder in der Planungs-/Implementierungsphase befinden oder aber bereits Anwender sind und eine Systemrevision/-erweiterung in Betracht ziehen. Insofern ist zu vermuten, daß der tatsächliche EIS-Durchdringungsgrad bezogen auf die Grundgesamtheit der 383 größten Unternehmen in Deutschland eher niedriger liegen dürfte als die ausgewiesenen 36 % (EIS im Einsatz) beziehungsweise 74 % (EIS im Einsatz oder zumindest geplant).* Als postives

* Eine im Frühjahr 1993 von der Universität Köln durchgeführte (und im Juli 1994 veröffentlichte) Umfrage ermittelt unter den 300 größten deutschen Unternehmen - bei allerdings nur 26 % Rück-

Indiz hinsichtlich der Repräsentativität kann allerdings gewertet werden, daß zwischen den beiden »Rücklaufgruppen« (vor und nach Erinnerung) sehr ähnliche Ergebnisse (Verteilungen) bezüglich der Antworten zu den verschiedenen Fragen zu verzeichnen waren.

Hinsichtlich der **Validität** und **Objektivität** der Ergebnisse sind sicherlich bezüglich der Angaben zu den *Kosten* sowie zur *Nutzung* gewisse Bedenken angebracht, die eine vorsichtige Interpretation angeraten erscheinen lassen. Obschon sich die **Kostenangaben** im Großen und Ganzen im Einklang mit anderen deutschen und amerikanischen Untersuchungen befinden, kann bei dieser wie den anderen Kostenabschätzungen aufgrund der allgemeinen Kostenzurechnungsproblematik nicht ausgeschlossen werden, daß die tatsächlichen *Voll*kosten im Schnitt wohl eher etwas höher anzusetzen sind, als es in Fragebögen angegeben wird. Darauf deuten auch die - leichter meßbaren - teilweise langen Planungs- und Implementierungszeiten hin. Bezüglich der geplanten Systeme kommt die Problematik hinzu, daß ex-ante Kosteneinschätzungen nicht selten zu niedrig ausfallen können.

Da die Fragebögen in der überwiegenden Mehrzahl der Fälle nicht durch oberste Führungskräfte selbst ausgefüllt worden sind, besteht die Gefahr, daß die Angaben zur **Nutzungsfrequenz** möglicherweise eher die (wahrscheinlich eher optimistischeren) Erwartungen der befragten »Operating Sponsors« widerspiegeln, als die tatsächliche Nutzung. Daß die angegebene Nutzungsfrequenz bezogen auf das Top-Management eher niedriger liegen dürfte bestätigten auch einige telefonische Rückfragen, wobei insgesamt festgehalten werden kann, daß die Antwortpartner - zumindest nach eigener Einschätzung - in der Mehrzahl der Fälle über einen recht guten und direkten Kontakt zu mindestens einem Vertreter aus dem obersten Führungskreis verfügten. Wirklich valide und objektive Erkenntnisse über die Frequenz und Dauer von EIS-Nutung im speziellen wie Media-Nutzung im allgemeinen dürften sich jedoch wohl nur durch Beobachtungsstudien über einen längeren Zeitraum generieren lassen (oder geeignete, nicht unaufwendige technische Messungen wie z. B. Art und Anzahl der abgerufenen Bildschirmmasken, Art der vom Server übertragenen Daten).* Denn auch bei einer persönlichen Befragung oberster Führungskräfte selbst besteht natürlich die Gefahr der unbewußten wie auch absichtlichen Fehleinschätzung der tatsächlichen Nutzungsfrequenz und insbesondere -dauer.**

laufquote - 46 % mit einen EIS im Einsatz, 23 % mit einem EIS in der Umsetzung, 11 % mit einem langfristig geplanten EIS und 20 % ohne EIS/EIS-Planungen. Vgl. Seibt et al. (1994), S. 2.

* Vgl. hierzu auch die Ergebnisse der Expertengespräche in Anhang F, wo zwei der drei Unternehmen entsprechende Wege eingeschlagen haben.

** Vgl. hierzu auch die Diskussion unter 2.2.1.2.

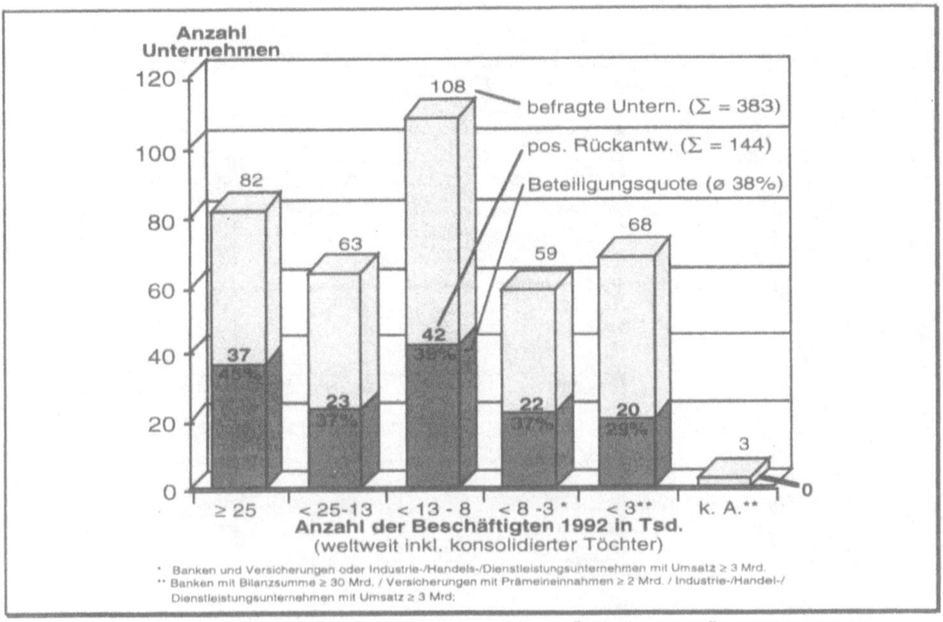

ABB. E-6: UMFRAGEBETEILIGUNG NACH BESCHÄFTIGTEN-GRÖSSENKLASSEN

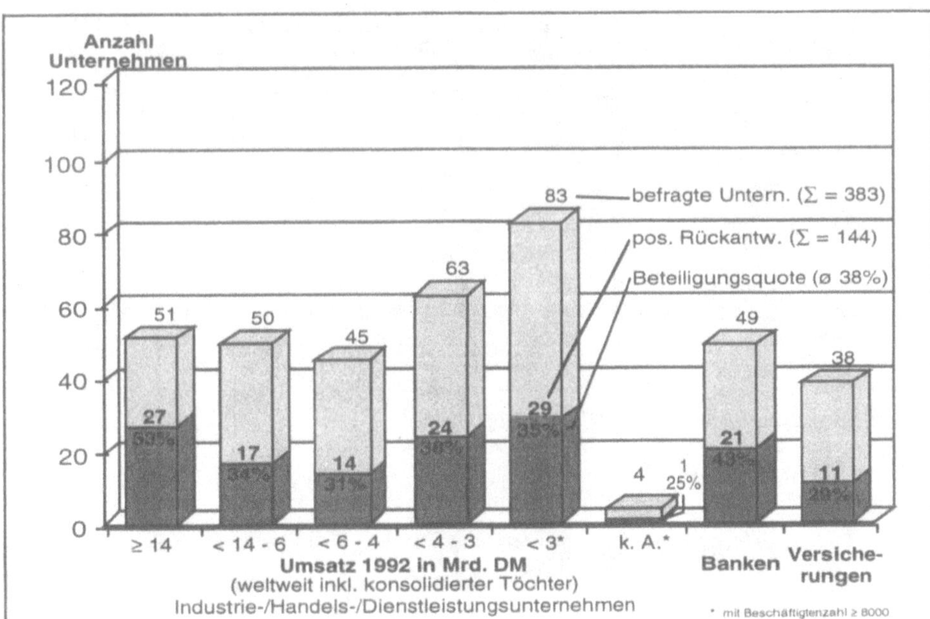

ABB. E-7: UMFRAGEBETEILIGUNG NACH UMSATZ-GRÖSSENKLASSEN

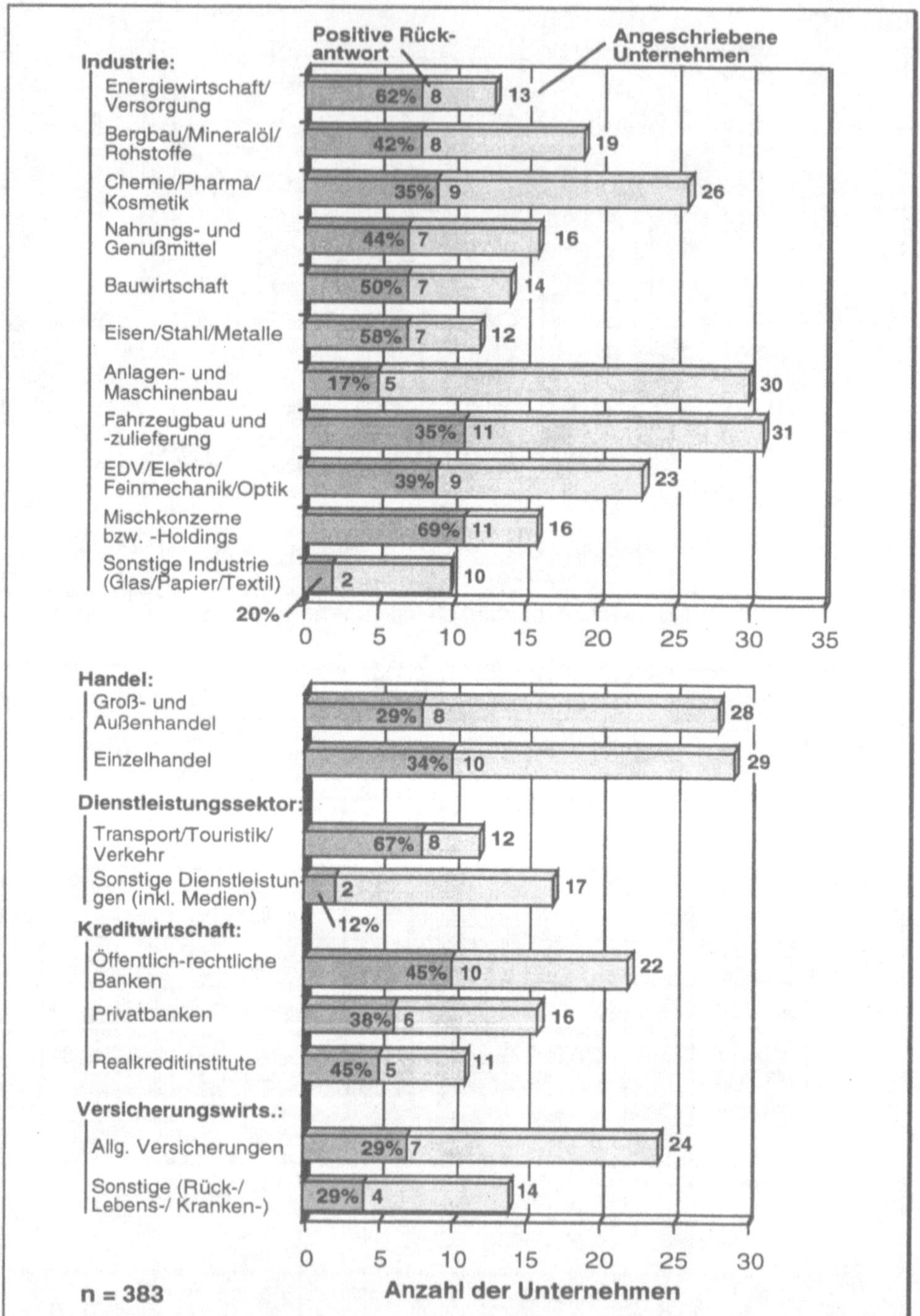

ABB. E-8: UMFRAGEBETEILIGUNG NACH WIRTSCHAFTSSEKTOREN UND -BRANCHEN

ERGEBNISSE DER UMFRAGE

Die folgenden Abbildungen E-9 bis E-20 zeigen in graphischer Veranschaulichung die Ergebnisse der Umfrage.

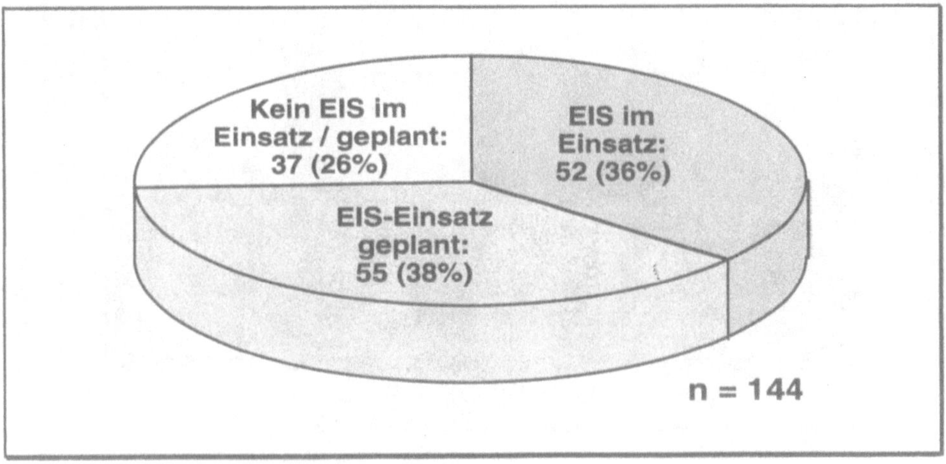

ABB. E-9: STATUS UND PERSPEKTIVEN DES EIS-EINSATZES

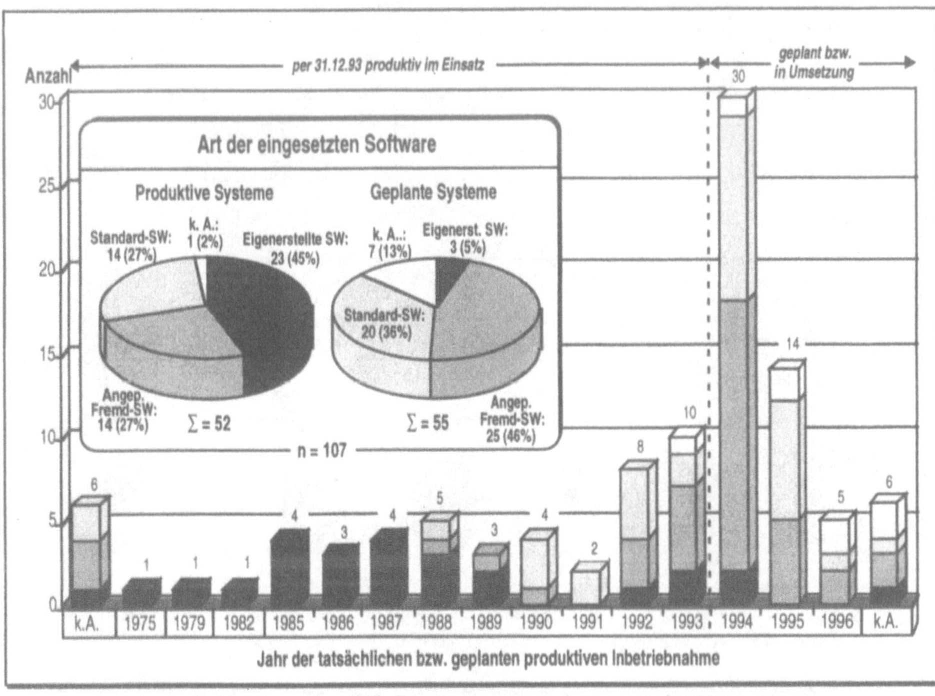

ABB. E-10: ART DER EIS-SOFTWARE UND JAHR DER INSTALLATION

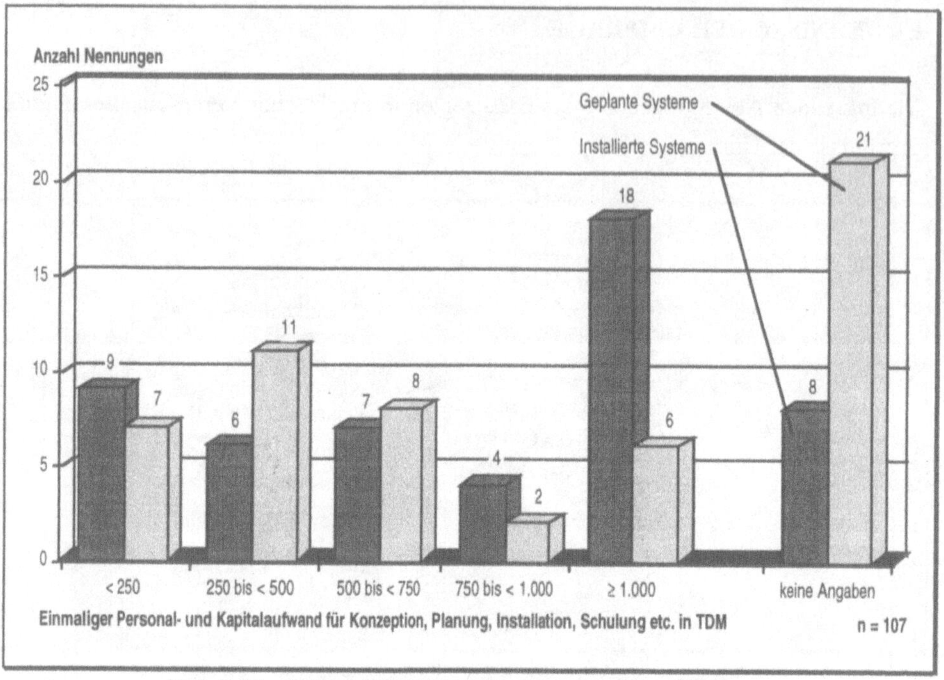

ABB. E-11: EINMALIGE IMPLEMENTIERUNGSAUFWENDUNGEN

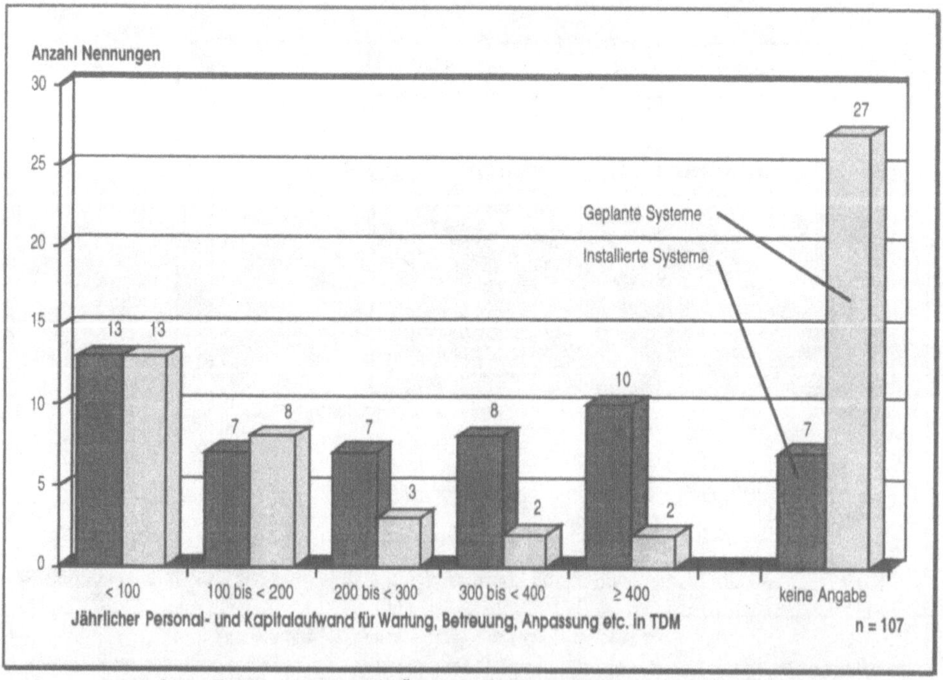

ABB. E-12: LAUFENDE JÄHRLICHE BETRIEBSAUFWENDUNGEN

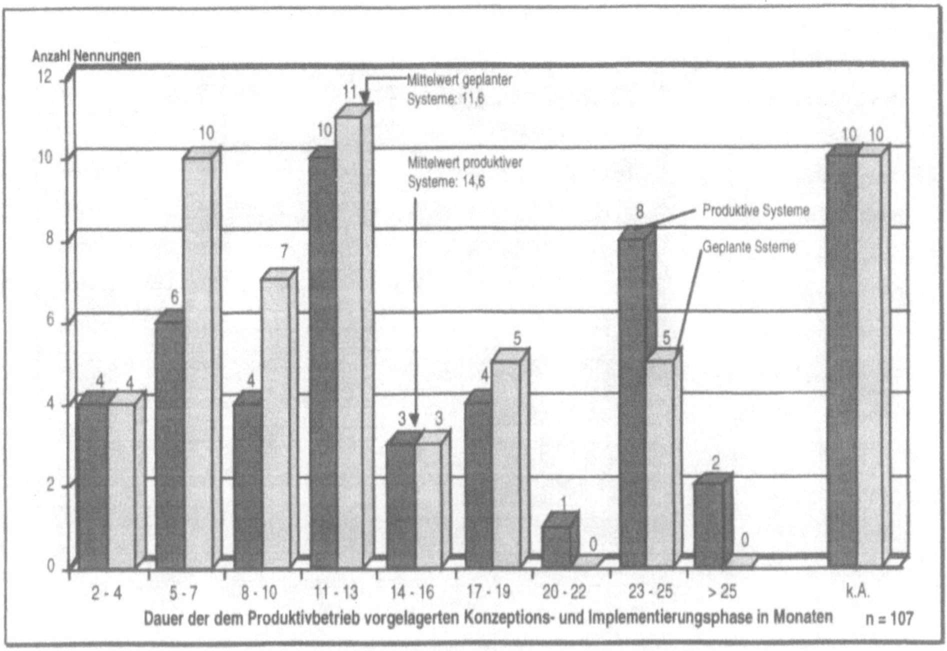

ABB. E-13: DAUER DER KONZEPTIONS- UND INSTALLATIONSPHASE

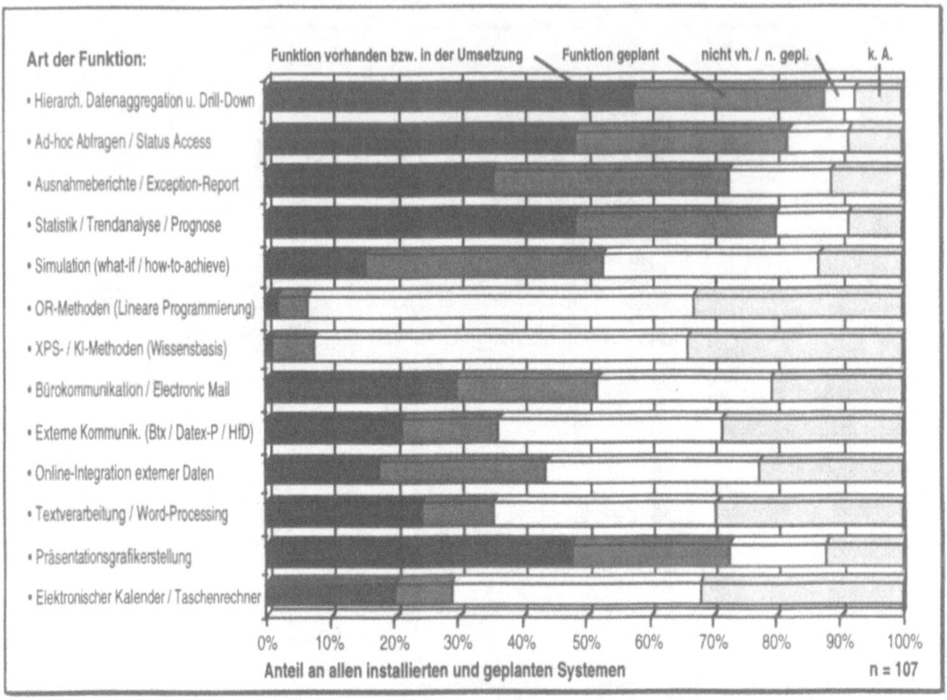

ABB. E-14: FUNKTIONALITÄT INSTALLIERTER UND GEPLANTER SYSTEME

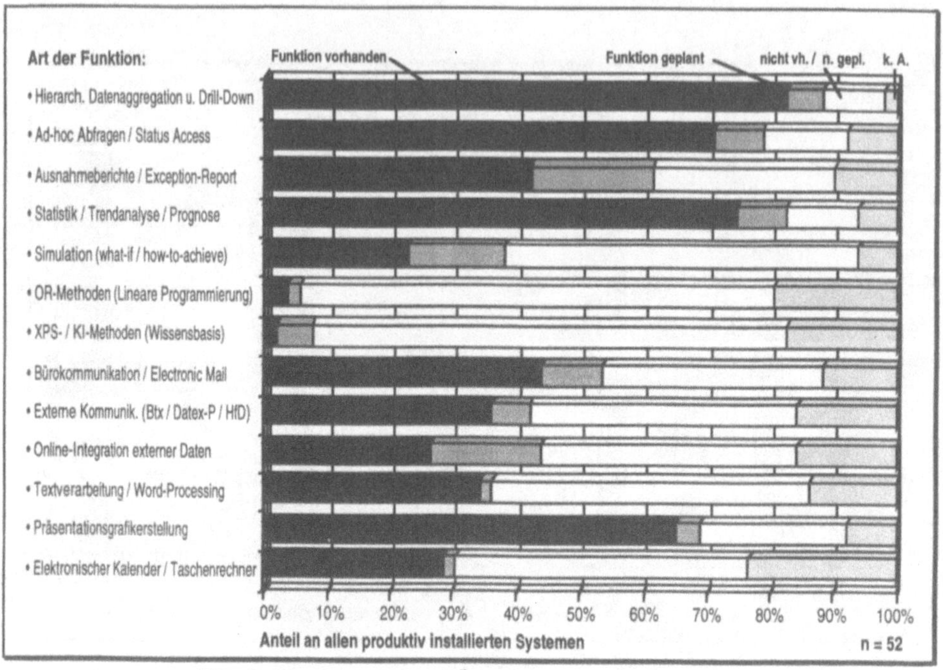

ABB. E-15: FUNKTIONALITÄT INSTALLIERTER SYSTEME

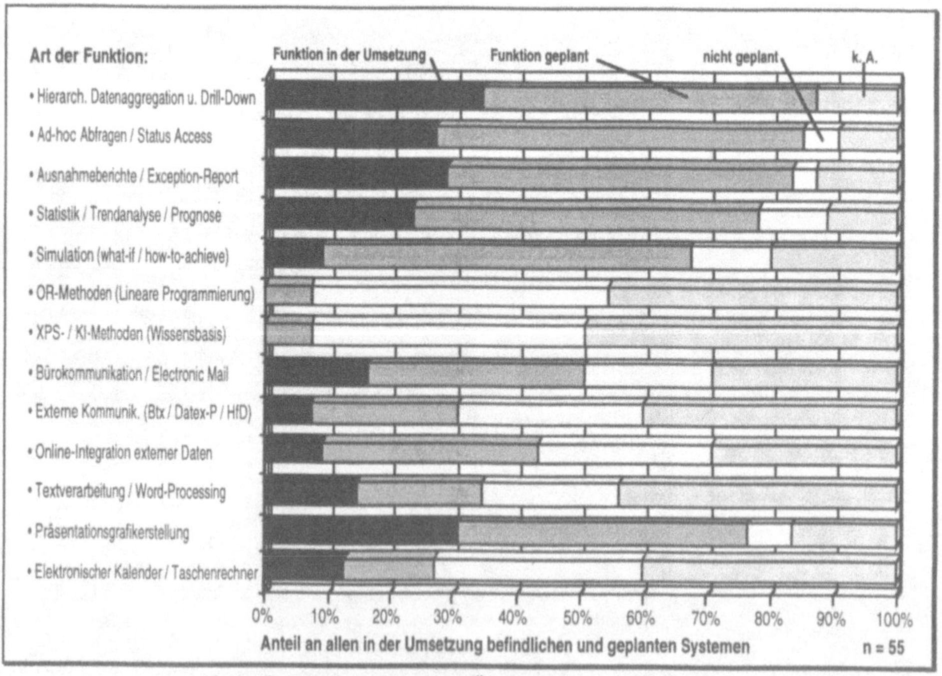

ABB. E-16: FUNKTIONALITÄT GEPLANTER SYSTEME

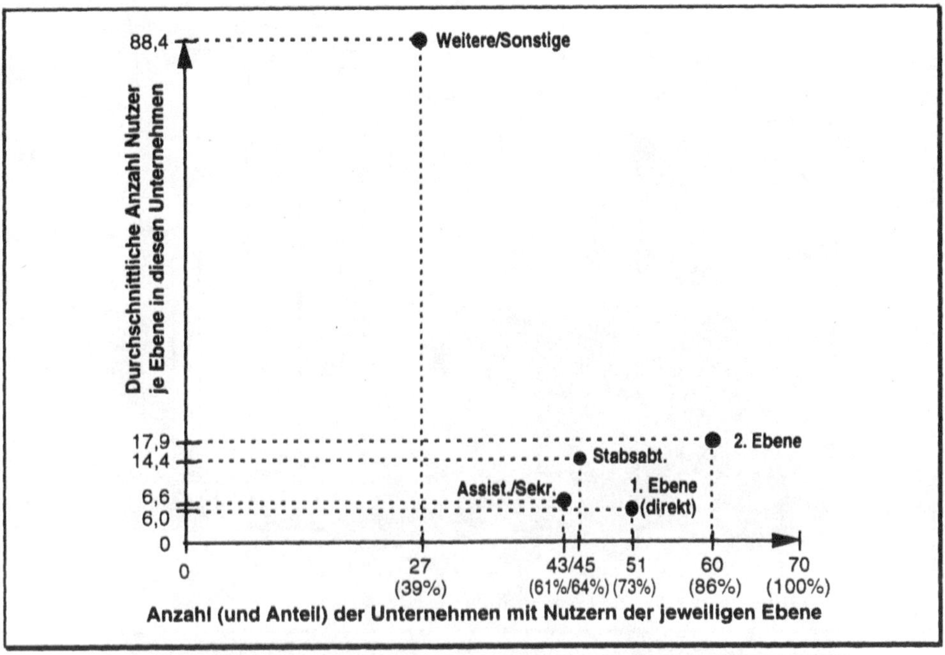

ABB. E-17: NUTZUNGSUMFANG INSTALLIERTER UND GEPLANTER SYSTEME

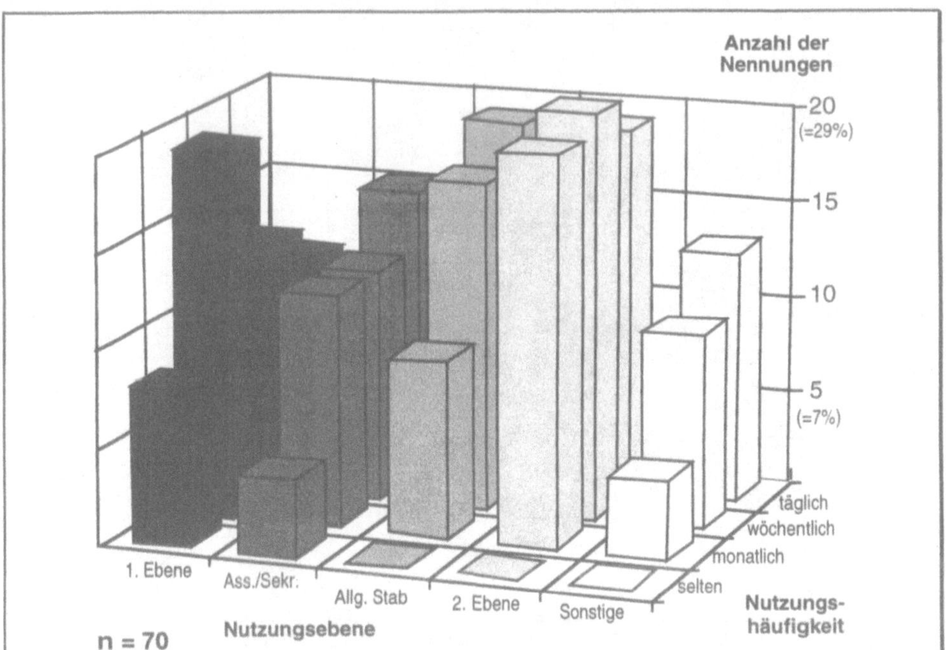

ABB. E-18: NUTZUNGSFREQUENZ INSTALLIERTER UND GEPLANTER SYSTEME

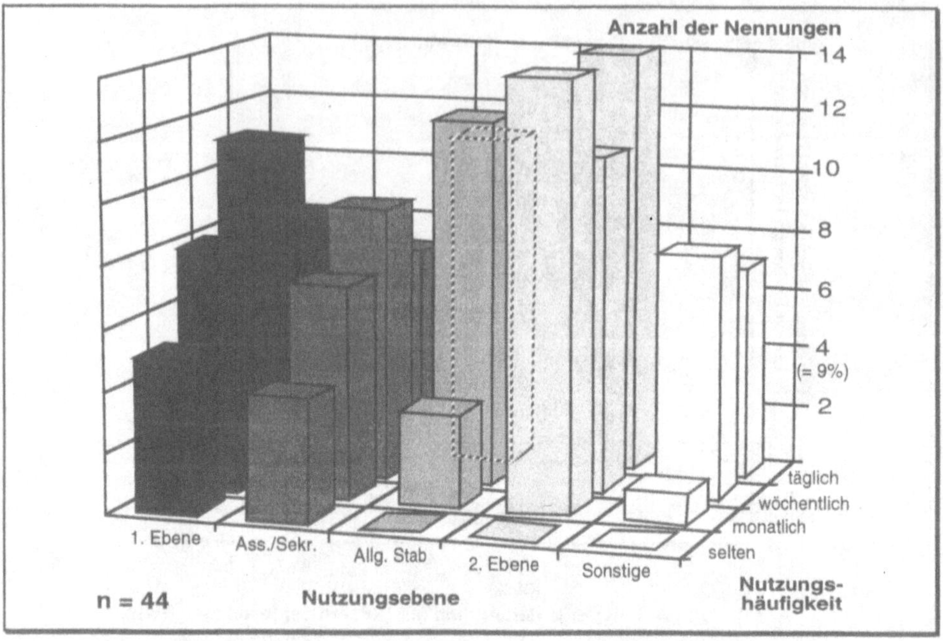

ABB. E-19: NUTZUNGSFREQUENZ INSTALLIERTER SYSTEME

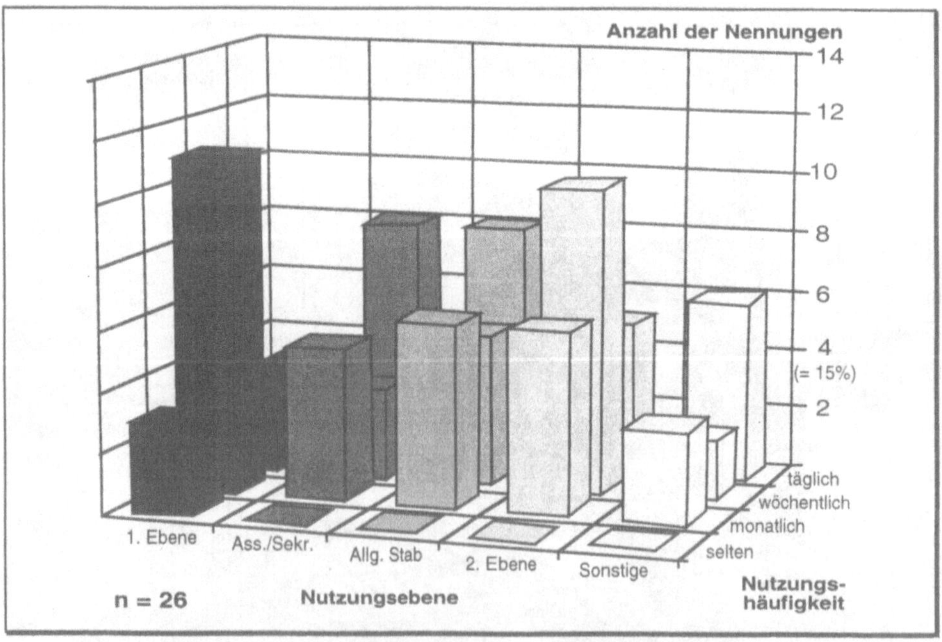

ABB. E-20: NUTZUNGSFREQUENZ GEPLANTER SYSTEME

ANHANG F
FALLSTUDIE UND EXPERTENGESPRÄCHE

ÜBERGEORDNETE ZIELSETZUNG UND VORGEHENSWEISE

Die übergeordnete Zielsetzung von Fallstudien beziehungsweise Expertengesprächen bestand darin, die theoretischen sowie quantitativ-empirischen Erörterungen zum Informationsverhalten oberster Führungskräfte (Kapitel II) wie zum Unterstützungspotential von EIS/ESS (Kapitel 3.3) *beispielhaft* mit zusätzlichen, *qualitativen* empirischen Eindrücken aus der Praxis anzureichern. Neben dem Zweck, dadurch gegebenenfalls zusätzliche Hinweise auf die Perspektiven der computerbasierten Informationsunterstützung oberster Führungskräfte (Kapitel IV) zu erhalten, sollten Fallstudien und Expertengespräche auch ganz allgemein eine gewisse »Verifizierungs-/Falsifikationsfunktion« hinsichtlich wesentlicher Ergebnisse der Dissertation erfüllen. Der skizzierten Zielsetzung folgend, kamen als Hauptzielgruppe der - im wesentlichen im Wege (halb-) strukturierter Interviews durchzuführenden Untersuchungen - Führungskräfte aus Unternehmen, die zumindest über einen EIS-Prototypen verfügen, in Betracht.

Im Rahmen der Kurzumfrage (Anhang E) war nach der prinzipiellen Bereitschaft zur Durchführung entsprechender qualitativer Verfahren gefragt worden. Insgesamt gaben 29 Unternehmen diesbezüglich ihre prinzipielle Bereitschaft zu erkennen (vgl. Abb. E-5), wobei jedoch einige aufgrund fehlender EIS-Erfahrungen nicht in Betracht gezogen wurden. Schließlich wurde den im Fragebogen genannten Ansprechpartnern (zumeist »Operating Sponsor« des EIS) von 17 Unternehmen im April 1994 - nach vorangegangener telefonischer Information über das Wesen der beabsichtigten Untersuchungen - ein detailliertes, zehnseitiges Fallstudienkonzept übersendet, mit der Bitte, im jeweiligen Hause die Durchführungschancen zu eruieren.

Obschon seitens der *Ansprechpartner* in der Mehrzahl der Fälle ein starkes Interesse zur Fallstudiendurchführung vorlag, erwies es sich als sehr problematisch *oberste* Führungskräfte für die benötigten einstündigen Interviews zu gewinnen. In einigen Firmen, die aus diesem Grunde für ein Fallstudienvorhaben absagen mußten, konnten jedoch Termine für Expertengespräche mit den EIS-Verantwortlichen arrangiert werden, so daß sich bezogen auf die 17 angeschriebenen Unternehmen letztlich folgendes Bild ergab:

- Ohne definitive Antwort - trotz mehrmaligem telefonischen Nachfassen: 3
- Absage (zumeist aus Zeit- und/oder Termingründen): 8

- Zusage für Fallstudie beziehungsweise Expertengespräche, ohne daß jedoch bis Ende September Terminarrangements getroffen werden konnten: 2
- Fallstudienzusage und -durchführung: 1
- Expertengesprächszusage und -durchführung: 3

Diejenigen Unternehmen, die sich zu Expertengespräche bereit erklärten, verfügten seit mehreren Jahren über produktive EIS, so daß dort Fragen nach den Erfahrungen mit EIS in den Mittelpunkt gestellt wurden. Das mit einer Fallstudie einverstandene Unternehmen befand sich in der Umsetzungs-/Prototypenphase. Aus diesem Grunde konzentrierte sich die Fallstudie auf allgemeinere Aspekte zum Thema Führungsinformation.

FALLSTUDIE »FÜHRUNGSINFORMATION«

ZUM HINTERGRUND DES UNTERSUCHTEN UNTERNEHMENS

Bei der im Rahmen dieser Fallstudie untersuchten Firma »NGU«* handelt es sich um eine deutsche Tochtergesellschaft eines internationalen Industrieunternehmens aus dem Nahrungs- und Genußmittelsektor. Die Schwerpunkte der Unternehmensaktivitäten von NGU liegen in den Bereichen Produktion, Marketing und Vertrieb. Den Schwerpunkten entsprechend ist NGU funktional organisiert. Zu den genannten drei Funktionsbereichen treten noch ein kaufmännischer Bereich (im folgenden mit »Finanzen« bezeichnet) sowie ein Personalbereich (»Personal«) hinzu.

NGU beschäftigt sich - auf Initiative des Marketing-Bereichs hin - seit circa 1991 mit dem Thema Führungsinformationssysteme. Im Jahre 1992 konkretisierte sich dann ein EIS-Projektvorhaben zur gemeinsamen Informationsbereitstellung für die Bereiche Verkauf, Marketing und Finanzen, das schließlich im Frühjahr 1993 formell gestartet wurde. Das Projektteam setzte sich - bis hin zur Projektleitung sowie dem Lenkungsausschuß - sowohl aus Vertretern der Anwenderseite als auch der Systementwicklerseite zusammen. Im Herbst 1994 werden Pilotanwendungen ausgewählten Benutzern zur Verfügung gestellt, im Winter 1994/95 soll das Gesamtsystem produktiv sein. Im Hause NGU wurde das Projekt unter anderem auch als Katalysator gesehen, sich grundsätzlich über die Informationsbedarfe des Managements Gedanken zu machen. Zielgruppe des EIS sind neben der ersten Führungsebene (Top Management) auch das mittlere Mana-

* NGU sei fortan als Pseudonym für die betrachtete Unternehmung verwendet. Es dient der Anonymisierung und ist ohne realen Bezug, abgesehen von der Interpretation NGU = Nahrungs- und Genußmittelunternehmen.

gement sowie ausgewählte Benutzer auf der Sachbearbeiter-Ebene (sog. »Power User«, denen erweiterte Analysefunktionen zur Verfügung gestellt werden sollen). Mit oberster Priorität sollen dabei zunächst die EIS-Module »Tagesverkaufszahlen«, »Nettobeiträge«, »Marktanalyse«, »Direkte Marketingausgaben«, »GuV« sowie »Weekly Highlights« (ein textbezogenes, bisher in schriftlicher Form vorliegendes Informationsmedium mit Neuigkeiten von innerhalb und außerhalb des Unternehmens).

Der Kontakt zu NGU entstand im Rahmen der schriftlichen Kurzumfrage zu EIS-Anwendungen in den größten Unternehmen in Deutschland (Anhang E), an der sich auch einer der beiden EIS-Projektleiter aus dem Hause NGU beteiligt hatte. Dieser zeichnete sich seitens NGU dann auch für die inhaltliche Abstimmung, das Gewinnen der Interviewpartner sowie die interne Koordination der Fallstudiendurchführung verantwortlich.

ZIELE UND VORGEHENSWEISE DER FALLSTUDIE

Im Rahmen der weiter oben skizzierten übergeodneten Zielsetzung von Fallstudie und Expertengesprächen sollte die Fallstudie dazu dienen, »beispielhaft« vertiefende Eindrücke zu gewinnen, und zwar:

- allgemein hinsichtlich Arbeit und Informationsverhalten von Führungskräften in der Praxis,
- den diesbezüglich möglicherweise vorhandenen Unterschieden zwischen Managern verschiedener Führungsebenen und/oder Funktionsbereichen,
- den ableitbaren Schlußfolgerungen hinsichtlich der Einsatzpotentiale eines EIS.

Vor diesem Hintergrund und im Hinblick auf die Erörterungen der Kapitel 2.2.2, 3.2.5 sowie IV wurden die folgenden Fragenkomplexe in den Mittelpunkt der Untersuchung gestellt:

a) Welchen Background haben die Interviewpartner - persönlich sowie hinsichtlich des NGU-Wettbewerbsumfeldes? Welche Auswirkungen, bezogen auf die nachfolgenden Punkte b) bis e), kann dies haben?
b) Wie sieht der Arbeitsalltag der befragten NGU-Manager aus? In welchem Maße handelt es sich bei den befragten NGU-Managern um »typische« Manager im Sinne der quantitativen Ergebnisse der Managerial Work Forschung?
c) Welche Informationen werden von diesen Managern in ihrer täglichen Arbeit als besonders kritisch eingestuft? Wie werden diese Informationsbedarfe derzeit gedeckt?
d) Welche Rolle spielt der Computer in der Arbeit der NGU-Manager? Decken sich die Ergebnisse mit anderen Untersuchungen auf diesem Gebiet?

e) Welche Veränderungen werden vom bevorstehenden Einsatz eines EIS erwartet - hinsichtlich der Charakteristika des Arbeitsalltags (b), dem Informationsverhalten (c) sowie der Rolle des Computers (d)?

Nachdem weder Vollständigkeit noch Repräsentativität Ziele der Fallstudie sind, wurde auf eine standardisierte und/oder quantitativ-exakte Erhebung weitgehend verzichtet. Da von vorne herein davon ausgegangen werden konnte, daß die verfügbare Zeit für Erhebungen auf oberen Führungsebenen äußerst knapp bemessen ist, wurde aus Gründen der effizienten Zeitausnutzung eine persönliche Interviewbefragung per (semi-) strukturiertem Fragebogen (»Interviewleitfaden«) als Erhebungsmethode gewählt. Neben der Möglichkeit des sofortigen Feedbacks bei Unklarheiten bietet das persönliche Einzelinterview auch den Vorteil, vergleichsweise unempfindlich gegenüber Verzerrungen zu sein, die durch zu langes »Überlegen« und schließlich strategischem Antwortverhalten bei schriftlichen Befragungen auftreten können. Zur Gewährleistung einer solchen »Spontanität« wurde auch darauf verzichtet, den Interviewleitfaden zuvor den Interviewpartnern zur Verfügung zu stellen.

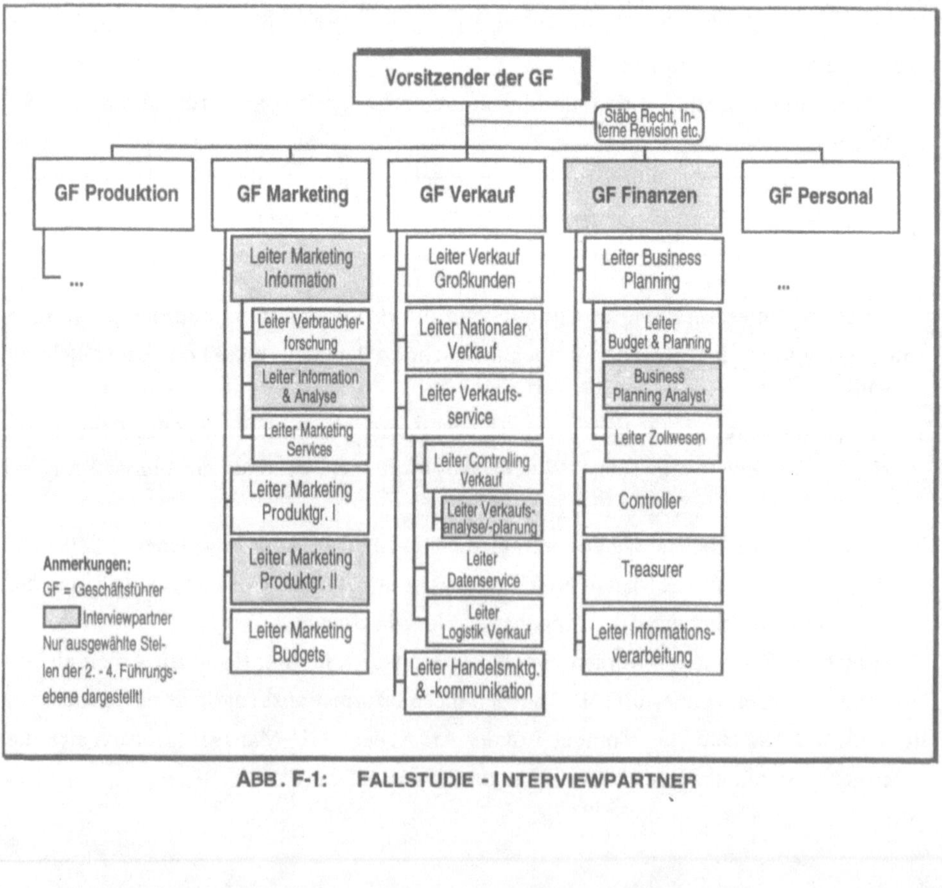

ABB. F-1: FALLSTUDIE - INTERVIEWPARTNER

Zur Durchführung der Fallstudie konnten insgesamt sechs Interviewpartner aus verschiedenen Bereichen und Führungsebenen von NGU gewonnen werden (Abbildung F-1). Drei Interviewpartner entstammen dem Marketing, zwei dem kaufmännischen Bereich und einer dem Verkauf. Einer ist der obersten Führungsebene zuzuordnen, zwei stammen aus der zweiten, weitere zwei aus der dritten und ein Teilnehmer aus der vierten Führungsebene. Eine Übersicht über die Interviewpartner im Rahmen der Organisationsstruktur liefert .

Als Interviewzeit standen zunächst 60 Minuten zur Verfügung, die in einigen Fällen dann allerdings - zum Teil deutlich - überschritten wurde. Die Interviews wurden anhand eines fünfseitigen Interviewleitfadens durchgeführt (Abbildungen F-2a - F-2e), der sich im Aufbau an die weiter oben skizzierten Fragestellungen a) bis e) anlehnt.

Die Interviewfragen unter Punkt 2, 3 und 5 (Abbildungen F-2a, F-2b & F-2d) lehnen sich an ausgewählte Systematisierungen des Kapitels 2.2.2 sowie zum Teil 3.2.5 an. Die (im Stil indirekten) Fragen unter Punkt 4 (Abbildungen F-2c) lehnen sich an »Standardfragen« der Methode der kritischen Erfolgsfaktoren an.* Die zeitlichen Restriktionen in Verbindung mit dem persönlichen »Antwortstil« der Interviewpartner führte dazu, daß nicht in allen Gesprächen alle Fragen angeschnitten werden konnten und auch die Reihenfolge der Fragestellungen zuweilen dem »natürlichen Gesprächsverlauf« angepaßt werden mußte.

* Vgl. beispielsweise Burkan (1991), S. 52 - 54.

1. **Gesprächseinleitung** (ca. 5 Min.)
   - Gegenseitige Vorstellung
   - Kurzüberblick über die Dissertation
   - Zielsetzung des Gesprächs
   - „Aufwärmfrage":

     Wie würden Sie - spontan und aus subjektiver Sicht - Information definieren?

2. **Background** (ca. 5 - 10 Min.)
   - Bezeichnung der beruflichen Position
   - Zusammenfassende Beschreibung des beruflichen Aufgabenfeldes
   - Wie lange Inhaber dieser Position? Seit wann Mitarbeiter des Unternehmens?
   - Alter und Art der Berufsausbildung (technisch-naturwiss. vs. wirtschaftswiss.)
   - Wie würde Sie selbst Ihren Arbeits- und Führungsstil charakterisieren?
   - Welches sind - aus Ihrer Sicht - die besonderen Merkmale/Unterschiede des Wettbewerbs-/Branchenumfeldes Ihres Unternehmens? (die 3 wichtigsten)
   - Welches sind die wichtigsten, strategischen Erfolgsfaktoren, um in diesem Umfeld als Unternehmen erfolgreich zu sein?

     (bitte bewußt auch sehr breit an qualitative Faktoren, wie z. B. Markenimage, Kundenzufriedenheit, Einflußnahme im politischen Entscheidungsprozessen/Gesetzesvorlagen etc. denken)

ABB. F-2A: INTERVIEWLEITFADEN - SEITE 1

3. Allgemeine Arbeitscharakteristika (ca. 10 - 15 Min.)

- Durchschnittliche Gesamtarbeitsbelastung je Woche inkl. Reise- und Heimarbeitszeiten sowie Zeiten für Arbeitsessen (grobe Angabe in Stunden)
- Ortsbezogene Verteilung der Arbeitszeit (wahlweise in h pro Woche oder %):
  im eigenen Büro - andernorts firmenintern - unterwegs (Reise/Transfer) - zu Hause - andernorts firmenextern
- Aktivitätsbezogene Verteilung der Arbeitszeit / Mediennutzung (grobe Angaben, wahlweise in h pro Woche oder %)
  - schriftlich: Zahlentabellen/numerische Reports - Textberichte/Tageszeitung/Fachzeitschrift - Brief/E-Mail/Fax
  - mündlich: Telefonate - Persönliches Gespräch - Konferenzen/Gremien
  - sonstiges: Reisen - Essen - Ausruhen/Nachdenken (sofern nicht bereits oben berücksichtigt)
- Aufgabenbezogene Arbeitszeitverteilung (jeweils in h pro Woche oder %):
  - Unternehmenspolitische Grundsatzentscheidungen - strategische Aufgabenfelder - dispositiv/taktische Problemstellungen - operativ/administrative Fragestellungen
- Zeitanteile spiegeln - in der Regel - nicht die Wichtigkeit der entsprechenden Aktivität oder Aufgaben wider. Kennzeichnen Sie bitte - mit einem Pfeil nach oben bzw. unten - diejenigen Items der obigen 3 Punkte, denen unter Maßgabe ihrer inhaltliche Bedeutung ein größeres bzw. geringeres Gewicht zukommt, als es in der Angabe der Zeitanteile zum Ausdruck kommt.
- Bestehen zwischen den verschieden Dimensionen (Ort, Aktivität, Aufgabe) Zusammenhänge?

ABB. F-2B: INTERVIEWLEITFADEN - SEITE 2

4. Informationsverhalten und -bedarf (ca. 10 - 15 Min.)

(alle folgenden Fragen legen ein breites Informationsverständnis zugrunde)

- Welches waren die (für Ihre Aufgabenerfüllung/für das Unternehmen insgesamt) drei wichtigsten Informationen, die Sie in den letzten 12 Monaten erhalten haben? (freie Antwort, ggf. Nachfrage nach Quelle, Grund, Charakteristika, ...)?
- Welches sind die wichtigsten Informationen, die Sie regelmäßig erhalten? Aus welchen Quellen? extern oder intern? schriftlich oder mündlich?
- Stellen Sie sich vor, Sie sind mehrere Wochen im Urlaub - ohne Informations- und Kommunikationsmöglichkeit mit der Firma (und der Außenwelt). Welches sind die drei Informationen, die Sie nach Ihrer Rückkehr als erstes nachfragen? Was wollen Sie als erstes wissen? Warum?
- Angenommen, Sie hätten 10 völlig unbeobachtete Minuten im Büro Ihres Counterpart bei Ihrem härtesten Konkurrenzunternehmen. Welche Informationen würden Sie in dieser Zeit versuchen dort zu sammeln?
- Stellen Sie sich den umgekehrten Fall vor. Welche Informationen aus Ihrem Büro sollten auf keinen Fall in die Hände der Konkurrenz geraten?
- Angenommen, Sie müßten auf drei Ihrer derzeit regelmäßig „gelieferten" Informationsquellen bzw. -medien verzichten, welche könnten Sie am leichtesten verschmerzen?

  (Ggf. Auswahlliste ganz unterschiedlicher Quellen/Medien vorlegen z.B. „Monthly Sales Report", „Quartalsdurchsprache Betriebsergebnis", „jährliches IHK-Treffen", „regelmäßige mündliche Reports des Assistenten", ...)
- Versuchen Sie grob abzuschätzen wieviel % der Gesamtmenge aller Informationen (sowie der Menge aller wichtigen Informationen), die Sie derzeit erhalten
  - eher quantitativ-formal bzw. qualitativ-informal sind,
  - firmenexternen oder -internen Ursprungs sind,
  - schriftlichen oder mündlichen Medien entstammen,
  - eher strategisch-prospektiven oder operativ-historischen Charakter haben.

ABB. F-2C: INTERVIEWLEITFADEN - SEITE 3

5. **Derzeitige Computer-Nutzung** (ca. 10 - 15 Min.; nur falls Computer vorhanden)

- Wie häufig benutzen Sie selbst in der Regel Ihren Computer?
  (grobe Anzahl „Sessions" pro Tag bzw. Woche bzw. Monat)
- Wie lange dauert durchschnittlich eine „Session"?
  (grobe Angabe in Minuten/Stunden)
- Wozu benutzen Sie Ihren Computer?
  (freie Angabe der 3 häufigsten Verwendungsarten)
- Wie würden Sie Ihre Computernutzung insgesamt charakterisieren?
  (Antwortmöglichkeiten [ungefähre Prozentangaben] zu den folgenden Fragen vorstrukturiert)
  - Nutzung eher zur Information oder Kommunikation
  - Nutzung eher in strategischen oder operativen Problemstellungen
  - Fokus mehr auf internen oder externen Daten/Kommunikationspartnern
  - Überwiegende Nutzung von Kommunikations-, Textverarbeitungs-, Tabellenkalkulations- oder Business-Grafik-Funktionalitäten
  - Hauptsächlich unterstützte Arbeitsphasen im Problemlösungsprozeß:
    Problemidentifikation - Informationssammlung - Alternativensuche - Alternativenbewertung - Alternativenauswahl (Entschluß) - Entschlußdurchsetzung - Kontrolle
- Worin sehen Sie die größen Vorteile des Einsatzes von Computern in Ihrem Job / auf oberster Führungsebene? (freie Antwort)
- Worin sehen Sie die drei größten Hemmnisse für eine stärkere Computer - nutzung in Ihrem Job / auf der obersten Führungsebene?
  (freie Angabe, ggf. unter Verweis auf mögliche Faktoren)

ABB. F-2D: INTERVIEWLEITFADEN - SEITE 4

6. Erwartete Effekte des EIS (ca. 10 Min.)

- Welche Veränderungen erwarten Sie bezogen auf die unter Punkt 3 angespro - chenen Charakteristika Ihrer Arbeit?
- Welche Veränderungen erwarten Sie bezogen auf die unter Punkt 4 erörterten Aspekte des Informationsbedarfs und -verhaltens?
- Welche Veränderungen erwarten Sie bezogen auf die unter Punkt 5 diskutierten Merkmale der derzeitigen Computernutzung?

7. Gesprächsabschluß

(ggf. Vertiefung einzelner Problemfelder - sofern noch Zeit übrig ist)

- Gibt es einen zusätzlichen Punkt, der aus Ihrer Sicht noch erwähnt werden sollte?

ABB. F-2E: INTERVIEWLEITFADEN - SEITE 5

Hinsichtlich der Interpretation der Interviewergebnisse verdienen zwei Faktoren eine besondere Erwähnung. Nachdem zum einen unter den Interviewpartnern die einzelnen Führungsebenen sowie die Funktionsbereiche von NGU weder vollständig noch repräsentativ vertreten sind, kann aus den Antworten der sechs Interviewpartner nur beschränkt auf Arbeitscharakteristika, Informationsbedarfe und Computernutzung des *gesamten* Managements von NGU geschlossen werden. Der zunächst erwünschten Spontanität der Antworten steht zum anderen die Gefahr entgegen, daß im Einzelfall Fragen ungenau beantwortet werden, weil einzelne, möglicherweise wichtige Fakten bei den spontanen Antworten ohne vorstrukturierte Antwortmöglichkeiten »vergessen« werden, man sich ihrer erst später erinnert.

Da zumindest jedoch alle Funktionsbereiche und Führungsebenen, die mit dem EIS anvisiert werden sollen, in der Interviewgruppe vertreten sind und zudem immerhin eine Gruppe von sechs Personen befragt wurde, kann es als durchaus statthaft angesehen werden, die Interviewergebnisse im Sinne impulsgebender Hinweise zu interpretieren - beispielsweise bezüglich der Homogenität oder aber Heterogenität des Management bei NGU sowie der sich daraus ergebenden Schlußfolgerungen für einen EIS-Einsatz.

ÜBERSICHT ÜBER DIE INTERVIEWERGEBNISSE

Die folgenden Abbildungen F-3a bis F-3e zeigen - tabellarisch zusammengefaßt - die relevanten Antworten auf die verschiedenen Fragen des Interviewleitfadens. Felder mit dem Kürzel »k. A.« signalisieren, daß die entsprechende Frage entweder aus Zeitmangel nicht mehr gestellt werden konnte oder der Interviewpartner hierzu keine Angaben machte.

Frage: / Interviewpartner:	GF Finanzen	Leiter Marketing Information	Leiter Marketing Produktgruppe II	Leiter Information & Analyse	Business Planning Analyst	Leiter Verkaufsanalyse/-planung
Organistorische Verankerung	Finanzen, 1. Ebene	Marketing, 2. Ebene	Marketing, 2. Ebene	Marketing, 3. Ebene	Finanzen, 3. Ebene	Verkauf, 4. Ebene
Dauer im Unternehmen / in d. Position	7 Jahre / 1 Jahr	18 Jahre / 6 Jahre	5 Jahre / 9 Monate	7 Jahre / k. A.	1 Jahr / 1 Jahr	6 Jahre / 1 Jahr
Ausbildungs-background	Wirtschaftswiss.	Psychologie	Wirtschaftswiss.	Kommunikationswiss.	Wirtschaftswiss.	Wirtschaftswiss.
Merkmale von Information ("Aufwärmfrage")	• Daten • Sachverhalte • Entscheidungs-relevanz	• was anders ist • was besonders ist • was hervorsticht	• Entscheidungs-relevanz	• Daten mit Bedeutung • Daten über Umwelt-veränderungen	• Neuigkeitswert • Entscheidungs-relevanz	• wenig Daten!
Merkmale des Branchen-umfeldes	• Oligopol. Markt • Wachstum nur auf Kosten d. Konkurr. • Markenprodukte	• mehr Kommunik. • schnelle Marktreak-tionen • soz. Spannungsfeld	• hochkompetitiv • Marketing-lastig • div. externe Umweltfaktoren	• Bedeutung des Marketing • Markttransparenz • Marktsättigung	• Oligopol • Informations-verwöhntheit • stark politisch	• Preisbindung • Wettbewerb in Distribution • schnelle/gute Daten
Strategische Erfolgsfaktoren	• junge Kunden gewinnen • Sicherstellung der Qualität • Marketingerfolg • Preispolitik • politische Balance	• günstige pol. Rah-menbedingungen • Glück in Trendauf-spürung + Produkt-umsetzung • historische "Fen-ster" ausnützen	• Markenloyalität • Qualität (Ge-schmack) • Image • Range von Ver-triebskanälen	• Fit zw. Marken-qualität und -image • Distributionspolitik (Schnelligkeit, Brei-te, Auswahl der Ka-näle)	• Geschmack/Qualität • Markenbildung/Mar-keting • Lobbying/Einfluß-nahme • Distribution	• Image • Konsumententrends analysieren/prägen • Produkterhältlich-keit/Marktpräsenz

ABB. F-3A: INTERVIEWERGEBNISSE (1)

Interview-partner: / Frage:	GF Finanzen	Leiter Marketing Information	Leiter Marketing Produktgruppe II	Leiter Information & Analyse	Business Planning Analyst	Leiter Verkaufsanalyse/-planung
Gesamtarbeitsbelastung je Woche	ca. 60 h = 100%	ca. 60 h = 100%	ca. 60 h = 100%	k. A.	ca. 50 h = 100%	ca. 55 h
Arbeitszeitverteilung nach Ort	eig. Büro: 10% and.-orts intern: 40% unterwegs: 10% zu Hause: 5% and.-orts extern 35%	eig. Büro: 40% and.-orts intern: 25% unterwegs: 10% zu Hause: 0% and.-orts extern 25%	eig. Büro: 25% and.-orts intern: 35% unterwegs: 5% zu Hause: 5% and.-orts extern 30%	k. A.	eig. Büro: 50% and.-orts intern: 40% unterwegs: k. A. zu Hause: 0% and.-orts extern 10%	k. A.
Arbeitszeitverteilung nach Aktivität/ Mediennutzung	schriftlich: 10% mündlich: 85% sonstiges: 5%	schriftlich: 30% mündlich: 70% sonstiges: 1%	schriftlich: 20% mündlich: 80% sonstiges: k. A.	k. A.	schriftlich: 45% mündlich: 55% sonstiges: k. A.	k. A.
Arbeitszeitverteilung nach Aufgaben	untern.-pol.: 10% strategisch sowie dispos./takt.: 85% operativ/adm.: 5%	untern.-pol.: 10% strategisch: 30% dispos./takt.: 50% operativ/adm.: 10%	untern.-pol.: 10% strategisch: 40% dispos./takt.: 25% operativ/adm.: 25%	untern.-pol.: 3% strategisch: 7% dispos./takt.: 65% operativ/adm.: 25%	untern.-pol. 20% strategisch 20% dispos./takt. 20% operativ/adm. 40%	k. A.
Inhaltliche Bedeutung im Vergleich zu den Zeitanteilen	größere Wichtigkeit: • sonstige Aktivitäten/ Medien geringere Wichtigkeit: • mündliche Medien	größere Wichtigkeit: • mündl. Medien • untern.-pol. sowie strateg. Aufgaben geringere Wichtigkeit: • schriftliche Medien • disp./takt. Aufgaben	größere Wichtigkeit: • Zeit im eig. Büro • schriftliche Medien geringere Wichtigkeit: • andernorts intern • mündliche Medien	k. A.	größere Wichtigkeit: • Zeit andernorts intern und extern • mündliche Medien geringere Wichtigkeit: • Zeit im eig. Büro • schriftliche Medien	k. A.
Zusammenhänge	k. A.	• eig. Büro - schriftl. - unt.-pol./strategisch • andernorts - mündl. - dispos./taktisch	• eig. Büro - schriftl. - strategisch • mündl. - untern.-pol. • andernorts - mündl.	k. A.	• eig. Büro - schriftl. - strategisch • andernorts - mündl. • mündl. - strat. & disp.	k. A.

ABB. F-3B: INTERVIEWERGEBNISSE (2)

Frage: \ Interviewpartner:	GF Finanzen	Leiter Marketing Information	Leiter Marketing Produktgruppe II	Leiter Information & Analyse	Business Planning Analyst	Leiter Verkaufsanalyse/-planung
Wichtigste Informationen der letzten 12 Monate	• neue Produkte der Konkurrenz • Konkurrentenanalyse	• neue Konzerngeschäftsführung • Job-Anreicherung • "Gesamtschau"	• Image-Analyse • Markenzufriedenheit • Psycho-Analyse • Aggregation!	• Marktentwicklung • Performance einzelner Produkte • Stellenbesetzung	• Performance einzelner Produkte • Wechsel in der Konzernführung	• Performance einzelner Produkte
Wichtigste regelmäßige Informationen	• schnelles Finanz-Reporting • Volumina/Marktanteilszahlen	• Marktanteile • Schlüsseldaten aus der Marktforschung	• Mtl. Mafo-Reports • Tagesverkäufe • Konsumentenstrukturanalyse	• Absatzzahlen • Gesamtmarktzahlen • Weekly Highlights (kurze Textberichte)	• Mtl. Marktinfos • Wettbewerberinfos • Weekly Highlights (z. T. zuvor mdl.)	• Marktanteile regionaler Testprodukte • Out-of-Stock-Data • Weekly Highlights
Erste Informationen nach langem Urlaub	• Volumina/Marktanteile (schr. Bericht) • Wechselkurse (via E-Mail)	• "Ist was passiert", schr. am Vorabend v. Sekr., tel. von MA • Marktanteile (Ber.)	• Verkäufe/Marktant. • Verkäufer-Marktbeobachtungen • Weekly Highlights	• Marktanteile • Wettbew.-Moves • Status von Kampagnen	• "Was ist passiert", projektbezogen; Lieferung per Telefon oder face-to-face	• Absatzzahlen • Info durch Sekr. • Weekly Highlights
Wertvollste Informationen beim Counterpart	• Produktinitiativen • gepl. Marketingakt. • Produktrezeptur	• Preisstrategien • Diversifikationen • Auslandsinvestition.	• Marketing-Pläne • Neuproduktpläne	• Planungsdaten für Schlüsselprodukte • Neuproduktpläne	• Neuproduktpläne • Marktstrategien • DB je Produkt	• Neuproduktpläne • Großhandelkonditionen
Wertvollste Informationen im eigenen Büro	-siehe darüber-	• Preisszenarien • Produktinnovation. & siehe darüber	-siehe darüber-	• Produkttests • Neuproduktpläne • Kampagnenpläne	• Lobbying-Strategien • Preis-Strategien & siehe darüber	• Kundenbudgets • Neueinführungspläne
Verzichtbare Informationen/Quellen	• Handelskammersitzungen • Bankenkontaktpflege	• Telefonkostenbericht • MA-Zeiterfassung • Tagesumsätze	• Nielson-Daten (sind zu alt)	• Promotion-Beobachtung • Tgl. Pressespiegel	• Einige Marktberichte • Detail-Fachzeitschriften	• einige "cc" Mitteilungen • z. T. Meetings
Zusammensetzung der Menge aller erhalt. Informationen	quan. 80% - 20% qual. ext. 30% - 70% int. schr. 70% - 30% mdl. strat. 30% - 70% oper.	quan. 80% - 20% qual. ext. 90% - 10% int. schr. 80% - 20% mdl. strat. - oper.: k. A.	quan. 70% - 30% qual. ext. 90% - 10% int. schr. 90% - 10% mdl. strat. 20% - 80% oper.	k. A.	quan. 40% - 60% qual. ext. 80% - 20% int. schr. 50% - 50% mdl. strat. 50% - 50% oper.	quan. 70% - 30% qual. ext. 90% - 10% int. schr. 70% - 30% mdl. strat. 20% - 80% oper.

ABB. F-3C: INTERVIEWERGEBNISSE (3)

Interviewpartner: / Frage:	GF Finanzen	Leiter Marketing Information	Leiter Marketing Produktgruppe II	Leiter Information & Analyse	Business Planning Analyst	Leiter Verkaufsanalyse/-planung
Häufigkeit und Umfang der pers. Computernutzung	ca. 15 Min. pro Tag (= 2% der Arbeitszeit)	keine gesch. Nutzung (aber private PC-Nutzung zu Hause!)	ca. 1 h pro Tag (= 8% der Arbeitszeit)	4 - 5 h pro Woche	2 - 3 h pro Tag (= 20% - 30% der Arbeitszeit)	8 - 9 h pro Tag (= 72% - 82% der Arbeitszeit)
Häufigste Verwendungsarten des Computers	• ausschließlich E-Mail (international), teilweise selbst, teilsweise via Sekr.	• keine (s. o.) (E-Mail-Nutzung ausschließlich über das Sekretariat)	• Potentialanalysen • Budgetplanung • allg. Simulationen (E-Mail via Sekr.)	• "Marktplanung" • "Marktanteile" 1 x mtl. eingespielt (E-Mail via Sekr.)	• E-Mail • Szenarien/Kalkulation • Texte schreiben	k. A.
Charakteristika der Computernutzung	• nur für Kommunikation mit konzerninternen, standortexternen Partnern	"nicht verzetteln"	• nur f. Information • 50% strat., 50 % op. • 10% interne 90% externe Daten • nur Tabellenkalk. u. Business-Grafik • hauptsächlich zur Problemident. und Alternativenbew.	• nur f. Information • 20% strat., 80% op. • nur externe Daten • 10% Text, 90% Tabellenkalk., 10% Grafik • insb. Altern.-suche u. bewert.; sodann Porblemid., Info.-sammlung u. Kontr.	• 85% Information/Analyse, 15% Komm. • 25% strat., 75% op. • 50% interne, 50% externe Daten • 30% Text, 40% Tabellenkalk., 30% Grf. • 40% Info.-sammlung 40% Alternativenbw. 20% Entschlußvorbe.	k. A.
Größte Vorteile des Computereinsatzes	• pers. Bedienung ist nicht erforderlich • aber mehr Wissen über PC´s ist nötig	• Verknüpfbarkeit einer großen Menge von Daten • Datendarstellung	• zielgerichteter Informationszugriff	• schnellere Verarbeitung	• Zeitersparn./Effizienz • Unterst. v. Teamarb. • keine Doppelarbeit.	k. A.
Größte Hemmnisse des Computereinsatzes	• auf Top-Ebene nicht effizient • muß idiotensicher sein	• Einarbeitungsaufw. • Generationsprobl. • Systemzugang • verführt z. Spielen • Delegation effizienter	• Zeitproblem • Bedarfsgerichtetheit • Handling	• manche Daten nicht im Computer verfügbar • Papier manchmal unumgänglich	• zu sehr in die Details gehen • Datenschutz und -sicherheit	k. A.

ABB. F-3D: INTERVIEWERGEBNISSE (4)

Interview-partner: / Frage:	GF Finanzen	Leiter Marketing Information	Leiter Marketing Produktgruppe II	Leiter Information & Analyse	Business Planning Analyst	Leiter Verkaufsanalyse/-planung
Erwartete EIS-Effekte bzgl. allgemeiner Arbeitscharakteristika	• keine	• im großen und ganzen keine Änderung	• effizientere Nutzung der Bürozeit	k. A.	k. A.	k. A.
Erwartete EIS-Effekte bzgl. des Informationsverhaltens und -bedarfs	• schnellere Infos • Transparenz • bessere Aufbereit. • Freiheit schaffen für Analyse u. Verantw. • kein Datensammeln • Problemidentifikat. • schnellere Delegat. • op. Unterstützung bei Basiskennzahl. • Info-Pull statt Push	• noch mehr Arbeit, da im wesentlichen Informationslieferant • Weekly Highlights als Textdatenbank ist sinnvoll	• gezieltere Fragen über Infos stellen • Infowünsche selber decken • Datenintegration u. -verknüpfung • zielger. u. gesamth. Info-Zugang • mehr Flexibilität • mehr Transparenz d. stärk. Visualisier.	• weniger schriftliche Kommunikation • wichtige Infos besser greifbar • ggf. schnellere Informationen	• Substitution schriftlicher Quellen • direkter Infozugriff, dadurch weniger Telefonate, Abstimmungen etc. • Probleme der Informationsinterpretation durch Entkoppelung von Infolieferung und -zugriff	• schnellere Verfügbarkeit operativer Daten • geringere Aufbereitungszeiten, dadurch mehr Zeit für Strategisches • bessere Vergleichbarkeit/Gegenüberstellung, dadurch neue Infoqualität
Erwartete EIS-Effekte bzgl. der Merkmale derzeitiger Computernutzung	• maximale tgl. Computernutzung 1 h (d. h. + 45 Min.), aber nur wenn Papier entsprechend reduziert wird	• System den ganzen Tag "angestellt" • bei starker Interaktivität Gefahr der Ineffizienz	• Halbierung der Zeit am Rechner (-50% - d. h. auf ca. 30 Min. pro Tag)	• höhere Computernutzung, ca. + 1 h pro Woche (d. h. ca. + 20%), zugleich 1 h weniger papierb. Infoaufnahme	• PC-Nutzungszeiten bleiben in etwa gleich • weniger Telefonate	k. A.
Sonstige Aspekte	k. A.	k. A.	• offene Frage der Nutzungsakzeptanz • mögliche Gefahr der Daten-Überanalyse	• Wesentliche Ideen entstehen auf Meetings bzw. werden dort ausgetauscht	• Schriftliche Infos haben häufig nur Bestätigungscharakter	• Wachsende Macht des Top Mgmt.? • Gefahr zunehmend. Detailverliebtheit

ABB. F-3E: INTERVIEWERGEBNISSE (5)

KOMMENTIERUNG DER INTERVIEWERGEBNISSE

Die Kommentierung der Ergebnisse in den folgenden Punkten a) bis e) lehnt sich in der Reihenfolge an den Fragebogen (Abbildungen F-2a - F-2e) beziehungsweise die entsprechenden Ergebnis-Übersichtstabellen (Abbildungen F-3a - F-3e) an.

A) BACKGROUND UND WETTBEWERBSUMFELD

Die befragten Interviewpartner sind im Schnitt seit etwas mehr als sieben Jahren Mitarbeiter von NGU. Mit einer Ausnahme allerdings befinden sie sich erst maximal seit einem Jahr in ihrer jetzigen Position. Im letzteren Sinne kann deshalb in diesen Fällen durchaus noch von »**Novizen**« gesprochen werden, Personen also, die in ihrer beruflichen Position noch nicht so lange sind, daß sie völlig routine- beziehungsweise gewohnheitsmäßiges Informationsverhalten an den Tag legen.

Vier der sechs Interviewpartner haben einen wirtschaftswissenschaftlichen **Ausbildungs-Background**, was sich - offenbar und interessanterweise - auch bei den assoziierten **Merkmalen des Begriffs Information** niederschlägt. Während für die Wirtschaftswissenschaftler die Entscheidungsrelevanz das wichtigste Merkmal von Information ist, nennen Psychologe und Kommunikationswissenschaftler deutlich andere Definitionsmerkmale. Schon in der Interpretation des Begriffs Information läßt sich somit eine gewisse Heterogenität der befragten Manager ausmachen.

Die **organisatorische Verankerung** der Interviewpartner dagegen spiegelt sich recht deutlich in den genannten **Merkmalen des Branchenumfeldes** wider. Die drei Marketing-Interviewpartner unterstreichen die Bedeutung des Marketing (bzw. der Marktreaktionen), die Vertreter aus dem Bereich Finanzen verweisen zuvorderst auf die oligopolistische Branchenstruktur, der Vertreter aus dem Verkauf verweist auf den Distributionswettbewerb. Bei Merkmalen wie der Bedeutung der sozialen beziehungsweise politischen Umweltfaktoren (3 Nennungen), der Marktinformationstransparenz (3 Nennungen) sowie der hohen Kompetitivität auf Kosten der Wettbewerber (2 Nennungen) ist dagegen keine Beeinflussung durch den individuellen Background erkennbar.

Unter den **strategischen Erfolgsfaktoren** werden Preis-/Distributions- (5 Nennungen) und Marketingfaktoren (4 Nennungen, u. a. Trendaufspürung etc.) sowie die Kriterien Geschmack/Qualität (4 Nennungen), Produktimage (3 Nennungen) und politische Faktoren/Lobyying (3 Nennungen) am häufigsten genannt. Insgesamt ist hier eine recht hohe Homogenität der Interviewpartner zu verzeichnen.

In Bezug auf die weiteren Erörterungen kann festgehalten werden, daß wohl insbesondere in der hohen **Informationstransparenz des Marktes** sowie der starken **Marketingorientierung des Geschäftes** Faktoren zu sehen sind, die sich in den Informationsbedarfen der Manager widerspiegeln dürften.

B) ALLGEMEINE ARBEITSCHARAKTERISTIKA

Im Einklang mit einer Vielzahl anderer empirischer Untersuchungen können folgende Beobachtungen festgehalten werden:

- Manager haben **hohe Wochenarbeitszeiten** (50 h bis 60 h), die auf den höherern Ebenen eher noch zunehmen.
- Die verfügbare **Zeit im eigenen Büroraum** schwankt zwischen 10 % und 50 % der Gesamtarbeitszeit mit einer Tendenz zu niedrigeren Zeiten im eigenen Büro auf den höheren Führungsebenen. Umgekehrt nehmen auf den oberen Ebenen die Zeiten andernorts (insbesondere firmenextern) zu, genau wie die damit korrespondierenden Reisezeiten. Ein Zusammenhang mit der funktionalen Zuordnung scheint im Beispielfall dagegen nicht gegeben zu sein.
- Je höher die Führungsebene, desto größer werden die Zeitanteile, die mit mündlichen Aktivitäten/Medien ausgefüllt werden und desto geringer die Zeiten für schriftliche Informationsaufnahme. In allen Ebenen und Funktionen jedoch dominieren **mündliche Medien**, schriftliche haben - so ein Interviewpartner - häufig nur Bestätigungscharakter für mündlich bereits erhaltene Informationen.
- Alle Interviewpartner widmen ihrer Zeit einem **breiten Spektrum von Aufgaben**. Die Zeitanteile für operativ-administrative Aufgabenstellungen gehen bei höheren Führungsebenen zurück (im Fallbeispiel von 40 % auf 5 %). Die **Masse der Zeit** wird auf oberen Führungsebenen jedoch nicht unternehmenspolitischen Grundsatzentscheidungen sondern vielmehr **strategischen und dispositiven Fragestellungen** gewidmet. Interessanterweise gab der Interviewpartner aus dem Business Planning höhere Zeitanteile für unternehmenspolitische Aufgabenstellungen an als alle anderen, hierarchisch teilweise deutlich höher angesiedelten Interviewpartner. Dies ist möglicherweise dem Umstand zuzuschreiben, daß die zeitintensive Entscheidungsvorbereitung für eine Vielzahl solcher Aufgaben genau an diese Stelle delegiert wird, die oberen Führungsebenen sich dann nur noch mit der weniger zeitintensiven Beschlußfassung beschäftigen.

Daneben sind die folgenden Beobachtungen erwähnenswert:

- Interessanterweise ordnen die zwei Interviewpartner mit mündlichen Zeitanteilen von 80 % und 85 % diesen Medien eine vergleichsweise geringere Bedeutung zu, wohingegen die Interviewpartner mit 55 % sowie 70 % mündlichen Kommunikationsanteilen diesen eine vergleichsweise höhere Wichtigkeit beimessen. Bei einer Zeitverteilung von circa 75 % mündlich zu 25 % schriftliche Medien würde innerhalb der vier Interviewpartner, die zu dieser Frage gehört wurden, ein Zustand erreicht, in dem die Zeitanteile wohl ungefähr die **inhaltliche Bedeutung** der Aktivität widerspiegeln würden. Ähnliche Beobachtungen sind für die Beurteilung der Zeit im eigenen Büro sowie andernorts zu verzeichnen.
- **Schriftliche Vorgänge** werden vornehmlich im **eigenen Büro** bearbeitet. Gleichzeitig wird die Zeit im eigenen Büro am ehesten mit den **strategischen Aufgabenstellungen** assoziiert. Termine andernorts sind dagegen eher mündlicher Natur und mehr dispositiven Fragestellungen gewidmet.

Insgesamt zeigen sich unter den befragten Personen deutliche Unterschiede in der *Verteilung* der wöchentlichen Arbeitszeit, die zu einem großen Maße mit der betrachteten Führungsebene zusammenzuhängen scheinen.

C) Informationsverhalten und -bedarfe

Abgesehen von dem Wechsel in der Konzerngeschäftsführung (2 Nennungen) sowie individual-arbeitsplatzbezogenen Faktoren (Job-Anreicherung, Stellenbesetzung), konzentrieren sich alle Nennungen hinsichtlich der **wichtigsten Informationen der letzten 12 Monate** auf Informationen externen Ursprungs. Dabei scheint eine gewisse **Korrelation mit der Führungsebene** gegeben zu sein. Bei den drei Interviewpartnern der untereren Führungsebenen wird übereinstimmend als wichtigste Information die Marktperformance bestimmter Produkte genannt, eine letztlich stark quantitative und historische Information. In der zweiten Führungsebene wird in beiden Fällen auf die notwendige Aggregation beziehungsweise Gesamtschau von Einzelinformationen hingewiesen. Daneben gewinnen weiche Informationen (Image-Studie, Psycho-Analyse) an Bedeutung. Das Gewicht, das diesen beiden Informationsquellen zugemessen wird, ist dabei sicherlich auch beeinflußt von der funktionalen Zugehörigkeit des Interviewpartners (Marketing). Auf der obersten Ebene schließlich werden - ebenfalls weiche - Informationen über die Konkurrenz als am wichtigsten in den letzten 12 Monaten aufgefaßt, Informationen im übrigen, die möglicherweise Hinweise auf zukünftige Erfolgspotentialen geben können. Eine Beeinflussung durch die funktionale Zugehörigkeit des Interviewpartners ist hier offenbar nicht gegeben, es überwiegt ein gesamtunternehmerisches Informationsinteresse.

Bei den **wichtigsten regelmäßigen Informationen** ist dagegen bei allen Interviewpartnern eine mehr oder minder **funktionsorienierte** Informationseinschätzung zu verzeichnen. So werden im Marketing die Marktforschungsinformationen als am wichtigsten eingestuft, im kaufmännischen Bereich Finanz- und Umsatzzahlen, im Verkauf Out-of-Stock Daten. Eine besonders häufige Nennung (drei mal) erfahren über alle Funktionsbereiche hinweg bei dieser Frage die »**Weekly Highlights**«, ein im wesentlichen textuelles, schriftliches Informationsmedium, in welchem sich sowohl firmeninterne als auch -externe Informationen finden und dessen Adressat unter anderem auch die Konzernzentrale ist. Interessanterweise werden die Weekly Highlights auf den höheren Führungsebenen offenbar als weniger wichtig eingestuft (keine Nennung). Dies mag darin begründet liegen, daß sich insbesondere das Marketing hierfür mehr als Informationslieferant sieht oder zumindest die zwei befragten Führungskräfte der zweiten Ebene die in den Weekly Highlights niedergelegten Informationen bereits zuvor auf anderem Wege erhalten. Letzteres trifft besonders auch auf den Geschäftsführer Finanzen zu, der selbst mitverantwortlich für den Inhalt der Weekly Highlights ist. Immerhin wird die geplante Aufnahme der Weekly Highlights in eine Textdatenbank des EIS vom Leiter Marketing Information an anderer Stelle (siehe Abbildung F-3e) als sinnvoll eingestuft.

Die **Informationsstrategie nach längerer Abwesenheit** vom Büro ist offenbar **zweigeteilt**. Die eine Gruppe gibt mehr der persönlichen Information (»Was ist passiert«) durch Sekretariat und/oder Assistenten den Vorzug, die andere vergewissert sich insbesondere anhand der in der betrachteten Branche äußerst aktuellen Absatz- und Marktanteilszahlen sowie deren Entwicklung, daß alles »ok« ist. Daneben sind auch funktionale Eigenheiten (Wechselkurse, Marktbeobachtungen der Verkäufer, Kampagnen-Status) zu konstatieren sowie eine erneute, zweifache Nennung der Weekly Highlights.

Als mit Abstand **wichtigste Information** im eigenen Büro wie im Büro des Counterpart werden von allen Interviewpartnern geplante Produktinnovationen beziehungsweise **Neuproduktpläne** genannt. Daneben spielen offensichtlich noch Preisstrategien/ -szenarien eine bedeutende Rolle. Das Antwortverhalten zu dieser Frage war über alle Führungsebenen und Funktionsbereiche hinweg erstaunlich homogen.

Die Frage nach den **unwichtigsten Informationen**, denjenigen Quellen/Medien also, deren Verzicht am leichtesten zu verschmerzen wäre, förderte eine Vielzahl ganz unterschiedlicher Aspekte zu Tage. Bis auf die Antworten des Geschäftsführers Finanzen bezogen sich dabei alle Nennungen auf **schriftliche Informationen**, die zum weit überwiegenden Teil im Wege eines automatisierten Information-Push auf den Schreibtischen der befragten Führungskräfte landen und größtenteils operativ-administrativen Charakter haben. Das befragte Mitglied der obersten Führungsebene - zu 85 % seiner Arbeitszeit mit kommunikativen Vorgängen befaßt - nennt im Einklang mit seiner Beurteilung wichtiger Informationsmedien (siehe Abbildung F-3b) zwei Arten externer sozialer Kontakte als am ehesten verzichtbar. Da NGU über eine starke Marktposition und äußerst gesunde Finanzlage verfügt, können die Nennungen des Geschäftsführers Finanzen im Beispielfall kaum verwundern.

Der Blick auf die subjektiven Einschätzungen der **Zusammensetzung der gelieferten Informationen** zeigt ein vergleichsweise **heterogenes Bild**. Ganz offensichtlich überwiegen auf allen Ebenen der *Anzahl* nach schriftliche und operative Informationen. Ersteres überrascht zunächst, führt man sich vor Augen, daß die Interviewpartner übereinstimmed angaben, den größeren Teil ihrer *Zeit* mündlich-kommunikativen Tätigkeiten zu widmen (Abbildung F-3b). Ganz offenbar korreliert somit die Anzahl der empfangen Informationen nicht mit der dafür aufgewendeten Zeit: vergleichsweise wenigen mündlichen Informationen steht ein hoher Zeitaufwand hierfür gegenüber. Mit jeweils einer Ausnahme scheinen bei allen Interviewpartnern zudem quantitative und externe Informationen zu überwiegen. Im Widerspruch zu einer Vielzahl anderer Untersuchungen gab unter den Interviewpartnern der Vertreter der obersten Führungsebene die niedrigsten Anteile für externe sowie qualitative Informationen an. Ein wesentlicher Grund hierfür ist wohl in der funktionalen Zuständigkeit zu sehen (Finanzen), insbesondere auch im Vergleich zu den stark extern orientierten Interviewpartnern aus Marketing und Verkauf.

D) Derzeitige Computer-Nutzung

Der Blick auf die angegebenen **Computernutzungszeiten** der NGU-Manager bestätigt im wesentlichen andere Untersuchungen auf diesem Gebiet. Die Zeit vor dem Computer beträgt auf den höheren Führungsebenen deutlich weniger als 10 % der Gesamtarbeitszeit (im Schnitt 3 %!), auf den niedereren liegt sie teilweise deutlich darüber.

Auf der obersten Ebene wird der Computer ausschließlich für E-Mail benutzt, eine **Verwendungsart**, die die nachgeordneten Ebenen mehrheitlich an das Sekretariat delegieren. Diejenigen, die den Computer zu Informationszwecken nutzen, geben eine überwiegend operative Nutzung mit Schwerpunkten bei den tabellenkalkulations- und

Businessgrafikfunktionalitäten an. Die darin schon anklingende Verwendung im Sinne eines DSS wird auch durch die häufige Nennung von »Alternativenbewertung« als der am stärksten unterstützten Phase des Problemlösungsprozesses bestätigt.

Die Frage nach den **größten Vorteilen** des Computereinsatzes fördert ganz unterschiedliche Antworten zu Tage, die sich allerdings allesamt auf einen Nenner bringen lassen, der ***effizienteren* Aufgabenbewältigung im *operativen* Bereich**. Damit im Einklang stehend gab der Geschäftsführer Finanzen an, daß eine *direkte* Computerunterstützung auf *oberster* Ebene nicht erforderlich ist. gleichwohl aber die Kenntnisse um die allgemeinen Möglichkeiten und Grenzen des PC´s auf oberster Ebene einer Erweiterung bedürfen.

Einigkeit herrscht dann auch bei den Vertretern der höheren Führungsebenen bezüglich der größten **Hemmnisse des Computereinsatzes**. Bedingt unter anderem durch hohen Einarbeitungs- und teilweise auch Handlings- und Systemzugangsaufwand in Verbindung mit den knappen Zeitressourcen wird die direkte Bedienung des Computers durch den Top-Manager als nicht effizient betrachtet.

E) ERWARTETE EFFEKTE DES EIS

Bezüglich **allgemeiner Arbeitscharakteristika** werden von den Interviewpartnern übereinstimmend **keine Änderungen** durch die Einführung des EIS erwartet. Das heißt, sowohl hinsichtlich Ort, Aktivität als auch Aufgabe wird von einer im wesentlichen gleichbleibenden Arbeitszeitverteilung ausgegangen.

Hinsichtlich der **Computernutzung** ist ein uneinheitliches Antwortverhalten zu verzeichnen. Zwei Interviewpartner rechnen mit einer stärkeren Computernutzung, einer mit einer in etwa gleichbleibenden, einer mit einer zurückgehenden. Sofern eine stärkere Computernutzung angegeben wurde, rechnet man mit einem Rückgang der papierbehafteten Informationsaufnahme im gleicher Höhe (Substitutionseffekt).

Die Erwartungen an das EIS spiegeln sich am stärksten bei den Antworten zur Frage nach **Änderungen des Informationsverhaltens** und -bedarfs wider. Neben der bereits erwähnten Substitution des Papiers werden insbesondere die Punkte Informationsverfügbarkeit/-zulieferungsgeschwindigkeit (4 Nennungen), Informationsaufbereitung/-transparenz (3 Nennungen), Bedarfs-/Zielgerichtetheit (»Information-Pull«, »Informationswünsche selber decken«, »direkter Zugriff«) sowie Informationsintegration/-verknüpfung/-gegenüberstellung (2 Nennungen) hervorgehoben. Alle diese Punkte können letztlich unter den Oberbegriff **effizientere Informationsversorgung** gestellt werden. Von einer völlig neuen *Art* oder *Qualität* der Informationsversorgung wird nur sehr zurückhaltend gesprochen.

Den erwarteten positiven Effekten stehen einige **mögliche Gefahren** gegenüber. Aus Sicht der Interviewpartner besonders schwerwiegend scheint die Gefahr zu sein, daß das System zu einer - letztlich ineffizienten - Überanalyse von Detaildaten führt (3 Nennungen). Daneben wurden folgende Aspekte genannt:

- Probleme insbesondere der **Informationsinterpretation** bei der bislang in diesem Maße nicht vorhandenen Entkoppelung von Informationslieferung und -zugriff,
- grundsätzliche Fragen der **Nutzungsakzeptanz**, wie sie letztlich auch im Verweis auf die Bedeutung von Meetings sowie in der Äußerung, daß schriftliche Informationen häufig bloß bestätigen, was man über mündliche Kanäle schon längst erfahren hat, zum Ausdruck kommen,
- die offene Frage nach organistorischen **Machtverschiebungen** beziehungsweise der Art und Weise, wie mit diesen umzugehen ist.

FAZIT UND SCHLUSSFOLGERUNGEN

Als wesentliche Ergebnisse der Fallstudie können festgehalten werden:

1) Die wesentliche Aussagen der Managerial Work Forschung - hinsichtlich des Arbeitsalltags von Managern im allgemeinen wie hinsichtlich führungsebenenbezogener Unterschiede - bestätigten sich auch in den Interviews mit den sechs NGU-Managern.

2) Die von den Managern als kritisch eingestuften Informationen sind fast ausnahmslos externen Ursprungs. In höheren Führungsbenen sind sie tendenziell stärker qualitativer und zukunftsorientierter Natur. Diese kritischen Informationsbedarfe werden - soweit möglich - derzeit insbesondere auf drei Wegen gedeckt:
   - über quantitative Absatz- und Marktanteilszahlen in schriftlicher Form, die in der betrachteten Branche in sehr aktueller und exakter Form - auch für die Konkurrenz - vorliegen,
   - über einzelne, in größeren Abständen durchgeführte, mehr qualitative Studien über Konsumenten und Konkurrenten, die ebenfalls schriftlich vorliegen,
   - über eine weniger formalisierte und in wichtigen Fällen mündliche »Berichterstattung« der regionalen Verkaufsmitarbeiter (z. B. über Produkt- und Marketinginitiativen der Wettbewerber).

3) Abgesehen von einigen Schlüsselgrößen (Marktanteil) sind die Informationsbedürfnisse der befragten NGU-Manager durchaus als recht heterogen einzustufen - genau wie die bevorzugten »Strategien« zu ihrer Deckung.

4) Die Antworten der befragten Manager deuten darauf hin, daß neben der Führungsebene auch eine Reihe anderer Faktoren einen Einfluß auf Informationsverständnis und -verhalten haben, so insbesondere:
   - die Wettbewerbseigenarten der Branche,
   - die funktionale Verankerung des Interviewpartners sowie
   - der individuelle Ausbildungs-Background.

5) Der Beispielfall bestätigt daneben auch die sehr beschränkte Rolle des Computers in der Arbeit von oberen und insbesondere obersten Führungskräften. Als wesentliches Hemmnis wird im Einklang mit anderen Untersuchungen genannt, daß die Delegation der PC-Bedienung auf oberen Ebenen sinnvoller sei.

6) Die mit dem bevorstehenden EIS-Einsatz verküpften Anwendererwartungen können als eher zurückhaltend eingeschätzt werden (im wesentlichen Papiersubstitution) und konzentrieren sich sehr stark auf eine *Effizienz*steigerung bei der Versorgung mit im wesentlichen bereits *vorhandenen* Informationen.

7) Der Blick auf die sechs mit Priorität vorangetriebenen EIS-Module zeigt:
   - Mit dem Modulen »Marktanalyse« (überwiegend quantitativ-numerisch) und »Weekly Highlights« (überwiegend qualitativ-textuell) sind im EIS zwei offensichtlich ganz wesentliche und von den Interviewpartnern häufig genannte Informationsressourcen vorgesehen.
   - Die Wichtigkeit der Module »Tagesverkaufszahlen« und »Nettobeiträge« im EIS kann im Lichte der Interviewerfahrungen zumindest kontrovers diskutiert werden (geringe Zahl von Nennungen). Immerhin scheinen hier jedoch Einzelinteressenten gegeben zu sein.
   - Die den zwei anderen Modulen (»GuV«, »Direkte Marketingausgaben«) zugrundeliegenden Informationen wurden im Kreis der Interviewpartner überhaupt nicht erwähnt. Dem Nutzen für den möglichen Adressatenkreis dieser Informationen sollten unter Umständen die Kosten kritisch gegenübergestellt werden.
   - Die Interviewergebnisse legen ferner nahe, bei zukünftigen Erweiterungen des EIS insbesondere die Möglichkeiten zu prüfen, noch stärker Konkurrenten- sowie Konsumenteninformationen in das EIS einzubinden.

EXPERTENGESPRÄCHE »EIS-ERFAHRUNGEN«

ZIELE UND VORGEHENSWEISE DER EXPERTENGESPRÄCHE

Im Rahmen der weiter oben skizzierten übergeordneten Zielsetzung von Fallstudie und Expertengesprächen lagen die Ziele der Expertengespräche darin, vertiefte Einblicke in Wesen und Rolle einiger ausgewählter EIS in der Praxis zu gewinnen. Vor dem Hintergrund und im Hinblick auf die Erörterungen des Kapitels 3.3 läßt sich die Zielsetzung auch anhand der folgenden, wesentlichen Fragenkomplexe der Expertengespräche umreißen:

- Welche typischen, wesentlichen Merkmale (hinsichtlich der Projekte wie der Systeme) von EIS lassen sich anhand der Praxisbeispiele erkennen?
- Welche Erfahrungen - hinsichtlich der Implementierung genau wie bezüglich der Systemnutzung - haben die befragten Unternehmen mit ihren EIS gesammelt?
- Wie werden die Zukunftsperspektiven der Systeme eingeschätzt?
- Inwieweit sind diese Praxiserfahrungen mit den Ergebnissen beziehungsweise Hypothesen der Dissertation kompatibel? Welche zusätzlichen Hinweise ergeben sich gegebenenfalls?

Den genannten Fragekomplexen folgend bestanden die Expertengespräche im wesentlichen aus zwei Teilen. Anhand eines Interviewleitfadens (Abbildung 1) sollten zunächst wesentliche Aspekte der EIS-Implementierung und -nutzung thematisiert werden. Anschließend sollten die wesentlichen Ergebnisse der Dissertation - möglicherweise auch vor einem größeren Auditorium - referiert und zur Diskussion gestellt werden.

Für das skizzierte Vorhaben konnten schließlich drei Unternehmen, die auch an der schriftlichen Umfrage teilgenommen hatten (Anhang E) und dort entsprechendes Interesse bekundet hatten, gewonnen werden. Als Hauptgesprächspartner stellte sich jeweils der im Fragebogen genannte Ansprechpartner zur Verfügung, der in einem Fall der EIS-Projektleiter war, in einem der EIS-Koordinator (Teilprojektleiter) und in einem weiteren der EIS-Systemverantwortliche und spätere Assistent des Vorstandsvorsitzenden (Abbildung 2). Für die im September 1994 durchgeführten Expertengespräche standen jeweils zwischen drei und fünf Stunden zur Verfügung, wobei jeweils circa zwei bis drei Stunden auf die Erörterung der im Gesprächsleitfaden enthaltenen Themen entfiel. Die - in zwei Fällen vor einem erweiterten Zuhörerkreis (EIS-Projektteam) stattfindende - Präsentation und Diskussion wesentlicher Ergebnisse der Dissertation nahm dann die jeweils restliche Zeit in Anspruch.

Projektinitiation: Aus welchem Anlaß und von wem wurde das Projekt initiiert? Wer sind/waren die Promotoren?

EIS-Zielsetzung: Für welche Personengruppe und welche Informationsbedarfe wurde das EIS entwickelt?

Projektteam: Wie ist das Projektteam zusammengestellt und organisiert?

EIS-Inhalte: Welche Informationen (Art, Aktualität, Periodizität) und Funktionen werden zur Verfügung gestellt?

Hürden bzw. Erfolgsfaktoren der EIS-Implementierung:

- Informationsbedarfsermittlung?
- (Daten-) technische Probleme (z. B. Schnittstellen)?
- (Projekt-) organisatorische Faktoren?
- Akzeptanzprobleme bzw. Management des "Humanfaktors"?

EIS-Nutzung: Welche Informationen bzw. Funktionen des EIS werden genutzt?

- Häufigkeit und Dauer der Nutzung?
- (Subjektive) Wichtigkeit der Information/Funktion?
- Zufriedenheit des Nutzers (insb. im Vergleich zu alternativen Medien "Papier" und "Face-to-Face")

Wo liegen die Hürden bzw. Erfolgsfaktoren der Nutzung?

Gesamtbeurteilung und Perspektiven des Systems

ABB. F-4: EXPERTENGESPRÄCHE - LEITFADEN

Item: / Unternehmen:	AZU	GPU	MKH
Art des Untern. (Branche/Wirtschaftssektor)	Unternehmen der Automobil- und Zulieferindustrie	Unternehmen des Grundstoff- und Produktionsgütergewerbes	Mischkonzern-Holding
EIS-bez. Funkt. des Gesprächspartners	EIS-Systemverantwortlicher	EIS-Projektleiter	EIS-Koordinator

ABB. F-5: EXPERTENGESPRÄCHSTEILNEHMER IM ÜBERBLICK

ÜBERSICHT ÜBER DIE GESPRÄCHSERGEBNISSE

Die folgenden drei Abbildungen geben in tabellarischer Form einen Überblick über die wesentlichen Ergebnisse der Expertengespräche. Abbildung 3 enthält Schlüsselcharakteristika der EIS-Projekte sowie die subjektiven Einschätzungen der Gesprächspartner hinsichtlich wesentlicher Erfolgsfaktoren und Hürden einer EIS-Implementierung. Abbildung 4 gibt einen Überblick über einige grundsätzliche Kennzeichen der eingesetzten Systeme. Abbildung 5 schließlich wirft einen Blick auf die EIS-Nutzergruppen, die Art der Systemnutzung sowie die Perspektiven der Systeme.

Item: / Unternehmen:	AZU	GPU	MKH
EIS-Initiative bzw. Anstoß	1984 Vorstandsvorsitzender	1988 Kaufm. Vorstand	1988 Vorstand Finanzen
Projektstart u. Exec. Sponsor	1985 Vorstandsvorsitzender	1989 bzw. 1991 Technischer Vorstand	1989 Vorstandsvorsitzender
Abschluß der Implementierung	1988 (danach Konsolidierung und Relaunch)	1993 (bis 1991 Eigenentwicklungsansätze)	1991 (zuvor verschiedene Prototypen)
Eingesetztes Produkt	Eigenentwicklung auf Großrechnerplattform	Fremdentwicklung (PC-orientiert)	Comshare Commander EIS
Vollkosten für Impl. u. Betrieb	Impl.: > 1 Mio. DM Betr.: 100-200 TDM p.a.	Impl.: > 1 Mio. DM Betr.: 300-400 TDM p.a.	Impl.: > 1 Mio. DM Betr.: > 400 TDM p.a.
Erfolgsfaktoren der Implement.	• Executive Sponsor	• Executive Sponsor • Berücks. der untern.-spezif. Führungspolitik (Kultur etc.) • vom Bestehend. lösen	• Executive Sponsor • aktive Einbeziehung der Nutzer und Informationslieferanten
Hürden der Implementierung	• politische Faktoren • Führungsphilosophien	• keine breite Top Mgmt.-Beteiligung • Breite d. Adressatenkreises vs. Führungsrelevanz der Infos • Akzeptanzprobl./Barrikaden im mittl. Mgmt.	• zu breiter Ansatz (statt Beschränkung auf wenige Fach-/Kernthemen)

ABB. F-6: EIS-EXPERTENGESPRÄCHE - PROJEKTCHARAKTERISTIKA

Item: / Unternehmen:	AZU	GPU	MKH
System-architektur	reine Großrechner-anwendung	PC-Netzwerk mit Datenserver	Großrechnerdatenbank mit PC-Frontend
Datenzugriff	gemischt (Doku./Daten)	Dokument-orientiert	Dokument-orientiert
Wesentliche Systemmodule (und Aktualisierungsrhythmus)	• Technik (mtl.) • Produktion (tgl.-mtl.) • Vertrieb (mtl.) • Personal (tgl.-mtl.) • Finanzen (mtl.)	• "Aktuelles" (tgl.) • Produktion (wtl.-mtl.) • Material (mtl.) • Personal (mtl.) • Kosten (mtl.) • Investitionen (qtl.) • Volkswirtschaft (qtl.)	• Einkauf/Material (qtl.) • Personal/Orga. (mtl.) • Kosten/Ergebn. (mtl.) • Finanzen (qtl.) • Volkswirtschaft (mtl.)
Anzahl Masken	ca. 200	ca. 350	ca. 1.500
Kernfunktionen	• Datenagg./Drill-down • Ad-hoc Status Acc. • Statistik/Trendanal. • Grafik-Erstellung	• Datenagg./Drill-down • Exception Report • Statistik/Trendanal. • Grafik-Erstellung • Navigationsunterstütz.	• Datenagg./Drill-down • Statistik/Trendanal. • Grafik-Erstellung • Elektr. Kalender
Sonstiges	• E-Mail nicht integr., aber im Unt. vorh. (ca. 3.500 Nutzer)	• Elektr. Kal. sowie E-Mail nicht integr., aber im Unt. vorh. (ca. 1.000 Mailnutzer)	• E-Mail nicht integr., aber im Konzern vh. (ca. 80.000 Nutzer)

ABB. F-7: EIS-EXPERTENGESPRÄCHE - SYSTEMCHARAKTERISTIKA

KOMMENTIERUNG DER ERGEBNISSE

Die folgende Kommentierung in den Punkten aa) bis cc) lehnt sich in Struktur und Reihenfolge an die Abbildungen 3 bis 5 an.

A) PROJEKTCHARAKTERISTIKA

Die drei betrachteten EIS-Projekte zeigen auffallende Gemeinsamkeiten. So ging in jedem Falle die **Initiative** für das EIS-Projekt vom Vorstand aus - und dort insbesondere von dem mit dem finanzwirtschaftlich-kaufmännischen Bereich betrauten Mandatsträger. Als (Executive) **Sponsor** des eigentlichen EIS-Projektes fungierte sodann - sofern vorhanden - jeweils der Vorstandsvorsitzende. Beide Beobachtungen können als durch-

Item: / Unternehmen:	AZU	GPU	MKH
Ursprüngliche EIS-Zielgruppe	Top Management	Top und oberes Management sowie Stäbe	Top Management
Tatsächliche Nutzer (Stand 12/93)	ca. 65, und zwar: • Vorstandassistenten • 2. Führungsebene • Fachabteilungen	ca. 80, und zwar: • Vorstände + Ass. • 2. Führungsebene • Stäbe	ca. 20, und zwar: • Vorstände • Vorstandsassistenten • 2. Führungsebene
Charakterisierung der Systemnutzung (Stand 12/93)	• nur monatliche Nutzung auf den oberen Ebenen • in den Fachabteilungen (Personal u. Produktion) z. T. häufiger	• schwankende Nutzung, insg. im monatlichen Bereich • bez. auf einz. Masken deutlich niedriger • Personalinfos in Relation zur Aktualisierungsfrequenz am meisten gefragt	• Nutzung im Vorstand weniger als monatlich • ansonsten etwa monatliche Nutzung (jeweils wenn neue Daten verfügbar)
Systemstatus und Entwicklungsperspektiven (Stand 09/94)	• Module Technik, Vertrieb u. Finanzen wurden eingestellt • Module Produktion u. Personal bleiben als fachbezogene Infosysteme am Leben	• derzeit Konsolidierung, Realisation von Online-Abfragen gepl. • Anzahl der Nutzer steigt, ohne daß sich allerdings die Frequenz der Maskenaufrufe erhöht	• System wurde 07/94 aus Kosten-/Nutzenerwägungen vorerst eingestellt • Subsystem Finanzen wird (für Finanzbereich und VV) fortgeführt

ABB. F-8: EIS-EXPERTENGESPRÄCHE - SYSTEMNUTZER, -NUTZUNG UND -PERSPEKTIVEN

aus typisch für ein EIS-Projekt bezeichnet werden.

Vom Zeitpunkt der ersten Idee bis zum Abschluß der Implementierung vergingen in den betrachteten Fällen zwischen drei und fünf Jahre. Diese vergleichsweise hohe **Dauer** war neben vereinzelten (daten-) technischen Problemen insbesondere den nicht unaufwendigen konzeptionellen Vorklärungen zuzuschreiben. Neben Fragen der Systembreite (bereichsbezogene vs. bereichsübergreifende Ausrichtung), Systemtiefe (Detaillierungsgrad der Informationen) fallen darunter auch Themen wie Zugriffs- beziehungsweise Datenschutz und -sicherheit. Einzelne Prototypen waren in zwei Fällen allerdings schon sehr viel schneller realisiert (ca. 9 Monate nach formellem Projektstart).

Dabei wurden drei ganz unterschiedliche Wege hinsichtlich des **verwendeten Produktes** (bzw. der **Systemarchitektur** - siehe Abbildung 4) eingeschlagen. Eine der betrachteten Firmen entschied sich - nicht zuletzt auch wegen der stark auf das Top Management ausgerichteten Bedieneroberfläche - für das EIS-Produkt des Marktführers Comshare - eine verteilte Großrechner-/PC-Lösung. Ein Unternehmen ließ sich ein PC-/ Netzwerk-orientiertes Produkt von einem Softwareunternehmen maßschneidern, nachdem es zuvor Ansätze einer Eigenentwicklung gegeben hatte. Das dritte Unternehmen schließlich betrieb eine rein Großrechner-basierte Eigenentwicklung, was wohl insbesondere durch den frühen Projektstart erklärbar ist. 1985 waren schließlich noch keine Standard-EIS auf dem Markt etabliert.

Die Dauer der Projekte spiegelt sich in den **Vollkosten** (Kapital- und Personalaufwand) der Implementierung wider, die in jedem Falle über eine Million DM betrugen. Interessanterweise liegen die Betriebskosten bei der Großrechnerlösung am niedrigsten und beim »Standard-Softwarepaket« am höchsten. Abgesehen davon, daß es sich auch bei den am Markt angebotenen EIS-Produkten nur sehr eingeschränkt um fertige Pakete sondern mehr um Entwicklungswerkzeuge handelt, kann dies auch darin begründet sein, daß auch in der Zeit nach einer erfolgten EIS-Installation noch über einen gewissen Zeitraum Änderungs- und Erweiterungsmaßnahmen anfallen, die bei den ein sowie drei Jahre alten Systemen mehr ins Gewicht fallen als bei dem bereits sechs Jahre alten.

Als wesentlicher **Erfolgsfaktor** eines EIS-Projektes wurde von den Beteiligten einhellig die Unterstützung durch einen starken Executive Sponsor genannt. Daneben werden insbesondere in der aktiven Beteiligung der späteren Nutzer, der adäquaten Abstimmung von angebotener Informationsbreite und -tiefe sowie in politisch-kulturellen Faktoren wesentliche Einflußgrößen auf den Projekterfolg gesehen.

B) SYSTEMCHARAKTERISTIKA

Zwei der drei Systeme verfügen über einen rein Dokument-orientierten **Datenzugriff**, bei dem im Prinzip die in einer zentralen Datenbank gespeicherten, »fertigen Bilder« (zuweilen nicht ganz inhaltsgleich auch als »Masken« bezeichnet) vom PC aus abgerufen werden können. Ein System bedient sich eines gemischten Zugangs. Je nach Art der Daten besteht dort die Möglichkeit entweder fertige Dokumenten abzurufen oder aber Masken online mit Daten zu füllen.

Alle Systeme bieten ein breitgefächertes Spektrum an Informationen. Diese werden durch jeweils mehrere **Systemmodule** bereitgestellt, deren Abgrenzung und Bezeichnung sich zumeist an die gängigen Funktionsbereichsbezeichnungen anlehnt. Am wichtigsten scheinen dabei die finanzirtschaftlichen Größen sowie Daten aus dem Personalbereich zu sein; entsprechende Module sind bei allen drei Unternehmen implementiert. Zu mindestens 90 % liefern alle betrachteten EIS Informationen, die so oder so ähnlich auch zuvor schon (oder sogar immer noch) auf Papier erhältlich waren (sind).

Die Anzahl der »**Bildschirmmasken**« (und somit die Anzahl von Sichtweisen auf die gesammelten Informationen) liegt bei den betrachteten Systemen zwischen 200 und 1.500, was einen Eindruck von der angebotenen Informationsvielfalt vermittelt, zugleich aber auch auf den nicht unerheblichen Wartungs- beziehungsweise Aktualisierungsaufwand solcher Systeme verweist. Die besonders hohe Zahl im Falle der Konzernholding ist im wesentlichen dadurch verursacht, daß in jenem System für jeden der Unternehmensbereiche/Divisionen die entsprechenden Informationen bereitgehalten werden.*

Ganz im Einklang mit den Ergebnissen der durchgeführten Feldumfrage (Anhang E) - und insofern typischerweise - verfügen die betrachteten drei Systeme nur über eine eingeschränkte EIS-/ESS-**Funktionalität**. Alle Systeme bieten die hierarchische Datenaggregation samt der Möglichkeit des Drill-down, Methoden der Statistik, Trendanalyse und/oder Prognose sowie die automatisierte Grafikerstellung. Zwei Systeme bieten zudem eine gewisse administrative Unterstützung per elektronischem Kalender. Nur jeweils eines der drei Systeme ermöglicht einen Ad-hoc Status Access sowie ein Exception Reporting. Obschon Electronic Mail in allen Unternehmen vorhanden ist und teilweise breit genutzt wird, beinhaltet keines der Systeme eine integrierte E-Mail Funktion (oder wenigstens Schnittstelle). Ebenso fehlen Möglichkeiten der externen Kommunikation, der Online-Integration externer Daten sowie der Simulation (»what-if«, »how-to-achieve«). Einzelne der »fehlenden« Funktionen waren in zweien der Fälle immerhin geplant.

C) SYSTEMNUTZUNG UND -PERSPEKTIVEN

Alle Systeme wurden zuvorderst mit Top Management **Ausrichtung** konzipiert. Das System der MKH blieb auch in der Praxis im wesentlichen auf diese Zielgruppe beschränkt, während sich die Systeme von AZU und GPU implizit beziehungsweise explizit auch auf andere Nutzergruppen ausdehnten - und dementsprechend auch über höhere **Nutzerzahlen** verfügen.

Unberührt von der unterschiedlichen Anzahl der Nutzer sowie den differierenden Sy-

* Eine Division der Gesamtzahl der Masken durch die Anzahl der Unternehmensbereiche liefert einen Wert, der etwa in der Größenordnung der beiden anderen Unternehmen liegt.

steminhalten und -funktionen bewegt sich die **Nutzung** aller Systeme gleichermaßen (nur) im monatlichen Bereich. Einige wenige täglich aktualisierte, markt- oder produktionsnahe Kennzahlen werden darüber hinaus auch häufiger abgefragt, dann allerdings vorwiegend von Mitarbeitern der davon betroffenen Fachabteilungen. Alle drei Unternehmen führten hinsichtlich des Nutzungsverhaltens eigene Untersuchungen durch. MKH verfolgte die Nutzungsdauer über einen limitierten Zeitraum per Analyse der aufgezeichneten »Login-Zeiten«, die personenbezogen als theoretische Maximalzeit einer Nutzung aufgefaßt werden können, allerdings keinen Rückschluß auf weitere Details erlauben. Bei GPU wird fortwährend aufgezeichnet, wie häufig die einzelnen Bildschirmmasken vom Server abgefragt werden, was einen guten Überblick über die nachgefragten Inhalte gibt, allerdings keinen Rückschluß auf die Person des Nachfragers oder die Dauer der Nutzung erlaubt. Ähnlich wie bei GPU besteht auch bei AZU die Möglichkeit, einen »Nutzungs-Monitor« zuzuschalten, so daß auch hier über drei Monate hinweg eine Verfolgung der nachgefragten Informationsinhalte (Frequenz der Maskenaufrufe) möglich war. Unabhängig von der verwendeten Methode jedoch kommen die Unternehmen zu weitgehend identischen **Beobachtungen**:

- Die Systemnutzung verzeichnet insgesamt zu Monatsanfang (d. h. unmittelbar nach Aktualisierung der Daten) einen Spitzenwert (»Neugier«) und ebbt danach deutlich ab.
- Auch in diesen »Spitzennutzungszeiten« nutzt nur ein Teil der potentiellen Nutzer das System, die dann auch nur eine kleine Auswahl an Bildschirmmasken aufrufen. Insgesamt bleibt die Gesamtzahl der Maskenaufrufe im Monat nicht selten unter der Anzahl angebotener Masken.
- Die Präferenz für einzelne Bildschirmgruppen (Systemmodule) ist im Monatsvergleich teilweise recht schwankend und offensichtlich von äußeren Einflüssen determiniert. So werden in Zeiten des Personalabbaus überwiegend Personalinformationen nachgefragt, bei unruhigen Finanzmärkten Devisen- und Aktienkurse und bei Problemen in der Produktion Daten aus dem Produktionsbereich.
- Die Nutzung (auch in den Spitzenzeiten) bezogen auf die einzelnen Nutzer nimmt langfristig tendenziell ab. Dieser Gewöhnungseffekt wird - über alle Nutzer betrachtet - durch die normalerweise stetig steigende Zahl an Nutzern teilweise überdeckt (bzw. kompensiert).*

* Diesen scheinbar widersprüchlichen Befund (sinkende Nutzung bei steigender Nutzerzahl) führt einer der Gesprächspartner auf den »Prestigeeffekt« eines »Vorstandsinformationssystems« zurück: Gerade für das mittlere Management scheint es erstrebenswert zu sein, auch losgelöst von einer fachlichen Notwendigkeit das Zugriffs*recht* auf Informationen zu haben, die ja eigentlich für den Vorstand bestimmt sind.

Die Abwägung von Nutzungsverhalten (bzw. Nutzen) und Kosten führte bei MKH dazu, daß das System auf Vorschlag des EIS-Projektteams hin eingestellt wurde. Nur ein fachbereichsbezogenes Subsystem wird hier weiterbetrieben. Für die Zukunft wird ein Relaunch jedoch nicht ausgeschlossenen. Auch bei AZU wurde das System - im Rahmen eines Lean Management Programms - deutlich beschnitten, so daß nur noch zwei isolierte Subsysteme übrig blieben, nämlich ein Personal- sowie ein Produktionsinformationssystem. Systemnutzer im Top Management sind bei AZU nicht (mehr) zu verzeichnen, wobei ein Grund hierfür auch im Wandel der Führungsphilosophien auf der obersten Ebene gesehen wird. GPU schließlich betreibt das - ja erst kürzlich installierte - System zunächst weiter, ohne neben der Perfektionierung des Betriebs größere Erweiterungsmaßnahmen (mit Ausnahme des geplanten Online-Zugangs) kurzfristig ins Auge gefaßt zu haben.

Fazit und Schlussfolgerungen

Der Blick auf die EIS-Praxiserfahrungen der drei betrachteten Unternehmen hinterläßt einen **zwiespältigen Eindruck**. Zwar kann einerseits konzidiert werden, daß die Systeme - auch vom höheren Management - genutzt werden und zwar in einem Umfang, der trotz allem durchaus noch auf dem Niveau klassischer Papierberichte liegen dürfte. Insofern liegt es hier nahe, von einer »Elektrifizierung des papierbehafteten Berichtswesens« zu sprechen. Die intensivste Nutzung scheint sich dabei in denjenigen Fachbereichen zu vollziehen, die die entsprechenden Informationen für ihr *operatives* Geschäft benötigen.

Andererseits erscheint es im Lichte der Fallbeispiele jedoch als verfehlt, von EIS als einem wichtigen Instrument der Unternehmensführung zu sprechen. Ebensowenig kann von einer »neuen Qualität« der Informationsversorgung *oberster* Führungskräfte gesprochen werden. Den Systemen ist - zumindest in den betrachteten drei Fällen - der durchschlagende Erfolg im *Top* Management versagt geblieben.

Nachdem schwerwiegende Fehler im Projektmanagement bei keinem der drei Unternehmen zu erkennen sind, bleiben zur Begründung der oben skizzierten Beobachtungen im wesentlichen zwei **Erklärungshypothesen**:

- Das Top Management allgemein (bzw. zumindest bei AZU, GPU und MKH) eignet sich prinzipiell nicht als Adressat computerbasierter Informationsunterstützung.
- Den drei dargestellten Systemen ermangelt es möglicherweise an den für das Top Management wirklich interessanten Inhalten und/oder Funktionen.

LITERATURVERZEICHNIS

Anmerkungen zur Zitierweise: Sofern bei einem Zitat nicht auf die Originalveröffentlichung einer Quelle zurückgegriffen werden konnte, sondern ein Wiederabdruck, eine Neuauflage oder eine Übersetzung herangezogen wurde, ist dies durch die zweite auf den/die Verfassernamen folgende Jahreszahl kenntlich gemacht. Die erste Jahreszahl weist - im Sinne einer korrekten historischen Einordnung - dann auf das Jahr der Originalveröffentlichung beziehungsweise Erstauflage hin. Bei aus der Originalsprache übersetzten Werken ist überdies der Originalbeitrag gesondert aufgeführt. Ferner sind bei einigen älteren oder schwerer zugänglichen Quellen bekannte Nachdrucke - auch wenn sie nicht verwendet wurden - zwecks leichterer Auffindbarkeit mit angegeben.

Abel, B. (1977); *Problemorientiertes Informationsverhalten: Individuelle und organisatorische Gestaltungsbedingungen innovativer Entscheidungssituationen*; Darmstadt: STMV, 1977;

Ackoff, R. L. (1958); *Towards a Behavioral Theory of Communication*; in: MS, 4. Jg., 1958, S. 218 - 234.

Ackoff, R. L. (1967); *Management Misinformation Systems*; in: MS, 14. Jg., Nr. 4, Dez. 1967, S. B-147 - B-156; ngdr. in: Davis/Everest (Hrsg.; 1976), S. 17 - 21; Dock et al. (Hrsg.; 1977), S. 119 - 126; Wetherbe et al. (Hrsg.; 1988), S. 81 - 87;

Ackoff, R. L. (1967/1972); *Management-Missinformationssysteme*; dt. Übersetzung von Ackoff (1967), in: Sanders (1970/1972), S. 38 - 51.

Ahituv, N. / Neumann, S. (1982); *Pinciples of Information Systems for Management; Dubuque*, Iowa: W. C. Brown, 1982;

Albach, H. / Weber, J. (Hrsg.; 1991); *Controlling: Selbstverständnis - Instrumente - Perspektiven*; ZfB-Ergänzungsheft 3/91; Wiesbaden: Gabler, 1991;

Alter, S. L. (1977); *A Taxonomy of Decision Support Systems*; in: SMR, 19. Jg., Nr. 1, Her. 1977, S. 33 - 42;

Alter, S. L. (1980); *Decision Support Systems: Current Practices and Continuing Challenges;* Reading, Mass.: Addison-Wesley, 1980;

Anderson, R. (1986); *Management, Information Systems and Computers: An Introduction*; London usw.: Macmillan, 1986;

Angell, I. O. / Smithson, S. (1991); *Information Systems Management: Opportunities and Risks*; London: Macmillan, 1991;

Anthony, R. N. (1965); *Planning and Control Systems: A Framework for Analysis*; Boston, Mass.: Harvard University, 1965;

Anthony, R. N. (1988); *The Management Control Function*; Boston, Mass.: HBS Press, 1988;

Anthony, R. N. / Dearden, J. / Bedford, N. M. (1965/1988); *Management Control Systems*; 6. Aufl., Homewood Ill.: Irwin, 1988;

Argyris, C. (1970/1976); *Resistance to Rational Management Systems*; in: Innovation, o. Jg., Nr. 10, 1970, S. 28 - 35; ngdr. in: Davis/Everest (Hrsg.; 1976), S. 245 - 251;

Argyris, C. (1971); *Management Information Systems: The Challenge to Rationality and Emotionality*; in: MS, 17. Jg., Nr. 6, Feb. 1971, S. B-275 - B-292;

Aron, J. D. (1969/1976); *Information Systems in Perspective*; in: ACM Computing Surveys, 1. Jg., Nr. 4, Dez. 1969, S. 213 - 236; ngdr. in: Davis/Everest (Hrsg.; 1976), S. 1 - 6;

Arthur D. Little, Inc. (Hrsg.; 1992); *Der vernetzte Manager: Geschäftserfolge durch Super-Computing und High-Speed-Datenzugriff*; Düsseldorf usw.: Econ, 1992;

Ashby, W. R. (1952/1954); *Design for a Brain*; 2. Aufl., London: Chapman & Hall, 1954;

Awad, E. M. (1988); *Management Information Systems: Concepts, Sructure, and Applications*; Menlo Park, Cal.: Benjamin/Cummings, 1988;

Back-Hock, A. (1990a); *Executive Information Systems - ein neuer Anlauf zur Realisierung von computergestützten Management-Informationssystemen*; in: WiSt, 19. Jg., Nr. 3, März 1990, S. 137 - 140;

Back-Hock, A. (1990b); *Executive-Information-Systems-Software für die Gestaltung von Controlling-Informationssystemen*; in: Scheer (Hrsg.; 1990), S. 186 - 210;

Back-Hock, A. / Kirn, T. (1991); *Executive Information Systeme (EIS) im Controlling*; in: KRP, o. Jg., Nr. 3, 1991, S. 131 - 136;

Baetge, J. (1993); *Wirtschafts- und Sozialkybernetik*; in: Gabler (Hrsg.; 1993), Bd. 8, S. 3839 f.;

Bamberg, G. / Coenenberg, A. G. (1991); *Betriebswirtschaftliche Entscheidungslehre*; 6. Aufl., München: Vahlen, 1991;

Barnard, C. I. (1936/1968); *Mind in Everyday Affairs*; Vortrag, Princeton University, 10. März 1936; ngdr. in: Barnard (1938/1968), S. 301 - 322;

Barnard, C. I. (1938/1968); *The Functions of the Executive*; 18. Aufl., Cambridge, Mass.: Harvard University Press, 1968;

Barrow, C. (1990); *Implementing an Executive Information System: Seven Steps for Sucsess*; in: JISM, 7. Jg., Nr. 2, Frj. 1990, S. 41 - 46;

Bayerische Rückversicherung AG (Hrsg.; 1987); *Gesellschaft und Unsicherheit*; Karlsruhe: VVW, 1987;

Bechtler, T. W. (1986); *Management und Intuition*; in: Bechtler (Hrsg.; 1986), S. 19 - 37;

Bechtler, T. W. (Hrsg.; 1986); *Management und Intuition*; Zürich: Moderne Industrie, 1986;

Becker, J. (1991); *Executive-Informationskonzepte zur Unterstützung betriebswirtschaftlicher Controllingfunktionen;* in: ZP, 2. Jg., Nr. 4, 1991, S. 337 - 354;

Beckurts, K. H. / Reichwald, R. (1984); *Kooperation im Management mit integrierter Bürotechnik: Anwendererfahrungen*; München: CW-Publikationen, 1984;

Beer, S. (1959); *Cybernetics and Management*; London: 1959;

Behme, W. / Schimmelpfeng, K. (Hrsg.; 1993); *Führungsinformationssysteme: Neue Entwicklungstendenzen im EDV-gestützten Berichtswesen*; Wiesbaden: Gabler, 1993;

Benbasat, I. / Nault, B. R. (1990); *An Evaluation of Empirical Research in Managerial Support Systems*; in: DSSs, 6. Jg., Nr. 3, Aug. 1990, S. 203 - 226;

Benz, J. (1991); *PC-Standard-Statistik-Programmpakete als Methodenbankbasis in Systemen für Management und Marketing*; in: IM, 16. Jg., Nr. 3, Aug. 1991, S. 28 - 34;

Bernsmeister, E. / Harvey, D. / Malarciuc, G. / Meiklejohn, I. (1991a); *Executive Information Systems 1: Planung, Entwicklung und Implementierung*; Düsseldorf: Kienbaum Unternehmensberatung GmbH, 1991;

Bernsmeister, E. / Harvey, D. / Malarciuc, G. / Meiklejohn, I. (1991b); *Executive Information Systems 2: Auswahl von EIS-Produkten*; Düsseldorf: Kienbaum Unternehmensberatung GmbH, 1991;

Bernsmeister, E. / Harvey, D. / Malarciuc, G. / Meiklejohn, I. / Ottensmeyer, A. / W urst, H. (1992); *Executive Information Systems: Planung, Entwicklung und Implementierung*; Düsseldorf: Kienbaum Unternehmensberatung GmbH, 1992;

Berthel, J. (1975); *Betriebliche Informationssysteme*; Stuttgart: Poeschel, 1975;

Berthel, J. (1992); *Informationsbedarf*; in: Frese (Hrsg.; 1992), Sp. 872 - 886;

Bibliographisches Institut AG (Hrsg.; 1980); *Meyers Enzyklopädisches Lexikon*, 25 Bde., 9. Aufl., Mannheim usw.: Bibliographisches Institut, 1980

Bierdümpel, E. (1987); *Japanisches Informationsverhalten: Eine emprische Untersuchung des Technologietransfers von Japan nach Malaysia*; Bergisch Gladbach usw.: Eul, 1987;

Bird, J. (1991); *Executive Information Systems Management Handbook*, Oxford: NCC Blackwell, 1991;

Bitz, M. / Dellmann, K. / Domsch, M. / Egner, H. (Hrsg.; 1993); *Vahlens Kompendium der Betriebswirtschaftslehre*; 2 Bände, 3. Aufl., München: Vahlen, 1993;

Blumenthal, S. C. (1969); *Management Information Systems: A Framework for Planning and Development*; Englewood Cliffs, N.J. usw.: Prentice-Hall, 1969;

Böhme, G. (1974); *Information und Verständigung*; in: Weizsäcker (Hrsg.; 1974), S. 17 - 34;

Bonczek, R. H. / Holsapple, C. W. / Whinston, A. B. (1982); *The Evolution from MIS to DSS: Extension of Data Management to Model Management*; in: Ginzberg et al. (Hrsg.; 1982), S. 61 - 78;

Borkowski, V. / Geis, W. (1990a); *Künstliche Intelligenz*; in: Mertens et al. (Hrsg.; 1990), S. 252 f.;

Borkowski, V. / Geis, W. (1990b); *Expertensysteme, Grundlagen*; in: Mertens et al. (Hrsg.; 1990), S. 173 - 176;

Borkowski, V. / Geis, W. (1990c); *Expertensysteme, Anwendungen in der Betriebswirtschaft*; in: Mertens et al. (Hrsg.; 1990), S. 176 - 178;

Boulden, J. B. / Buffa, E. S. (1970); *Corporate Models: On-line, Real-time Systems*; in: HBR, 48. Jg., Nr. 4, July-Aug. 1970, S. 65 - 83.

Boynton, A. C. / Zmud, R. W. (1984); *An Assessment of Critical Success Factors*; in: SMR, 25. Jg., Nr. 4, Som. 1984, S. 17 - 27;

Brady, R. H. (1967); *Computers in Toplevel Decision Making*; in: HBR, 45. Jg., Nr. 4, Juli-Aug. 1967, S. 67 - 76;

Brockhaus GmbH (Hrsg.; 1989); *Brockhaus Enzyklopädie*; 24 Bde., 19. Aufl., Mannheim: Brockhaus, 1989;

Bronner, R. (1990); *Experimente zum Umgang mit Komplexität in Entscheidungsprozessen*; in: Fisch/Boos (Hrsg.; 1990), S. 215 - 234;

Bronner, R. (1993); *Entscheidungsverhalten*; in: Hauschildt/Grün (Hrsg.; 1993), S. 713 - 745;

Bronner, R. / Witte, E. / Wossidlo, P. R. (1972); *Betriebswirtschaftliche Experimente zum Informations-Verhalten in Entscheidungsprozessen*; in: Witte (1972), S. 165 - 203;

Bronner, R. / Wossidlo, P. R. (1988); *Experimente zum Informationsverhalten*; in: Witte / Hauschildt / Grün (Hrsg.; 1988), S. 241 - 267;

Brooker, W. M. A. (1965/1988); *The Total Systems Myth*; in: SPJ, Juli-Aug. 1965, S. 28 - 32; ngdr. in: Dock et al. (Hrsg.; 1977), S. 60 - 68 sowie Wetherbe et al. (Hrsg.; 1988), S. 58 - 64;

Brunak, S. / Lautrup, B. (1993); *Neuronale Netze: Die nächste Computer-Revolution*; München u. Wien: Hauser, 1993;

Bruns, W. J. Jr. / McKinnon, S. M. (1993); *Infomation and Managers: A Field Study*; in: JMAR, Bd. 5, Her. 1993, S. 84 - 108;

Bühner, R. (Hrsg.; 1989); *Führungsorganisation und Technologiemanagement: Festschrift für Friedrich Hoffmann zum 65. Geburtstag*; Berlin: Duncker u. Humblot, 1989;

Bulkeley, W. M. (1988); *Special Systes Make Computing Less Traumatic for Top Executives*; in: WSJ v. 20. Juni 1988, S. 17.

Bullen, C. V. / Rockart, J. F. (1981/1986); *A Primer on Critical Success Factors,* CISR Working Paper Nr. 69, Sloan School of Management, MIT, Cambridge, Mass.; Juni 1981; ngdr. in: Rockart/Bullen (Hrsg.; 1986), S. 383 - 423;

Bullinger, H.-J. (Hrsg.; 1993); *Führungsinformationssysteme (FIS): Ergebnisse einer Anwender- und Marktstudie*; Baden Baden: FBO, 1993;

Bullinger, H.-J. / Friedrich, R. / Koll, P. (1992); *Management-Informationssysteme (MIS): Vorgehensweisen, Trends und Entwicklungen*; in: OM, 40. Jg., Nr. 11, Nov. 1992, S. 6 - 18;

Bullinger, H.-J. / Huber, H. / Koll, P. (1991); *Chefinformationssysteme (CIS): Navigationsinstrumente der Unternehmensführung*; in: OM, 39. Jg., Nr. 3, März 1991, S. 6 - 20;

Bullinger, H.-J. / Koll, P. (1992); *Chefinformationssysteme (CIS)*; in: Krallmann et al. (Hrsg.; 1992), S. 49 - 72;

Burkan, W. C. (1991); *Executive Information Systems: From Proposal through Implementation*, New York: Van Nostrand Reinhold, 1991;

Burns, T. (1957); *Management in Action*; in: ORQ, 8. Jg., Nr. 2, Juni 1957, S. 45 - 60;

Capurro, R. (1987); *Was ist Information? Hinweise zum Wort- und Begriffsumfeld eines umstrittenen Begriffs*; in: HMD, 24. Jg., Nr. 133, Jan. 1987, S. 107 - 114;

Carlson, C. K. (1988); *Information Management Approach and Support to Decision-Making*; in: I&M, Vol. 15, Nr. 3, 1988, S. 135 - 149;

Carlson, E. D. (1979); *An Approach for Designing Decision Support Systems*; in: Data Base, 10. Jg., Nr. 3, März 1979, S. 80 - 97;

Carlson, S. (1951/1991); *Executive Behavior: A Study of the Work Load and the Working Methods of Managing Directors*; Stockholm: Strombergs, 1951; ngdr. in: Carlson/Mintzberg/Stewart (1991), S. 13 - 94;

Carlson, S. / Mintzberg, H. / Stewart, R. (1991); *Executive Behaviour*; Uppsala: Uppsala University, 1991;

Carroll, S. J. / Gillen, D. J. (1987); *Are the Classical Management Functions Useful in Describing Managerial Work?;* in: AMR, 12. Jg., Nr. 1, Jan. 1987, S. 38 - 51;

Cash, J. I. Jr. / McFarlan, F. W. / McKenney, J. L. (1992); *Corporate Information Systems Management: The Issues Facing Senior Executives*; 3. Aufl. von McFarlan/McKenney (1983), Homewood, Ill.: Irwin, 1992;

Churchman, C. W. (1971); *The Design of Inquiring Systems: Basic Concepts of Systems and Organizartions*; New York usw.: Basic Books, 1971;

Churchman, C. W. (1971/1973); *Die Konstruktion von Erkenntnissystemen: Grundlagen für die System- und Organisationstheorie;* Frankfurt am Main usw., 1973;

Churchman, C. W. / Ackoff, R. L. (1947); *An Experimental Measure of Personality*; in: Philosophy of Science; 14. Jg., 1947, S. 304 - 332.

Churchman, C. W. / Ackoff, R. L. / Arnoff, E. L. (1957); *Introduction to Operations Research*; New York 1957;

Churchman, C. W. / Ratoosh, P. (Hrsg.; 1967); *Measurement: Definitions and Theories*; New York usw.: Wiley, 1967;

Cummings, L. L. / Staw, B. M. (Hrsg.; 1990); *Information and Cognition in Orgnizations*; Greenwich, Conn.: JAI, 1990;

CW-CSE (Hrsg.; 1986); *3. Europäischer Kongreß über Büro-Systeme und Informations-Management: Proceedings*; München: CW-Publikationen, 1986;

Cyert, R. M. / March, J. G. (1963); *A Behavioral Theory of the Firm*; Englewood Cliffs, N. J.: Prentice Hall, 1963;

Daft, R. L. / Lengel, R. H. (1984); *Information Richness: A New Approach to Managerial Behavior and Organization Design*; in: ROB, 6. Jg., 1984, S. 191 - 233; ngdr. in: Cummings /Staw (Hrsg.; 1990), S. 243 - 286.

Davis, D. (1984); *Computers and Top Management*; in: SMR, 25. Jg., Nr. 3, Frj. 1984, S. 63 - 67;

Davis, G. B. / Everest, G. C. (Hrsg.; 1976), *Readings in Management Information Systems*, New York usw.: McGraw-Hill, 1976;

Davis, G. B. / Olson, M. H. (1974/1985); *Management Information Systems: Conceptual Foundations, Structure, and Development*; 2. Aufl.; New York usw.: McGraw-Hill, 1985;

De Long, D. W. / Rockart, J. F. (1984/1986); *A Survey of Current Trends in the Use of Executive Support Systems*, CISR Working Paper Nr. 121, Sloan School of Management, MIT, Cambridge, Mass.: Nov. 1984; ngdr. in: Rockart/Bullen (Hrsg.; 1986), S. 190 - 205;

De Long, D. W. / Rockart, J. F. (1986); *Identifying the Attributes of Successful Executive Support System Implementation*, CISR Working Paper Nr. 132, Sloan School of Management, MIT, Cambridge, Mass.; Feb. 1986;

Dearborn, D. C. / Simon, H. A. (1958/1976); *Selective Perception: The Identifications of Executives*; in: Sociometry, 21. Jg., 1958, S. 140 - 144; ngdr. in: Simon (1945/1976), S. 309 - 314;

Dearden, J. (1964); *Can Management Information Be Automated?*; in: HBR, 42. Jg., Nr. 2, März-Apr. 1964, S. 128 - 135;

Dearden, J. (1966); *Myth of Real-Time Management Information*; in: HBR, 44. Jg., Nr. 3, Mai - Juni 1966, S. 123 - 132; ngdr. in: Davis/Everest (Hrsg.; 1976), S. 127 - 136

Dearden, J. (1972); *MIS Is a Mirage*; in HBR, 50. Jg., Nr. 1, Jan.-Feb. 1972, S. 90 - 99; ngdr. in: Davis/Everest (Hesg., 1976), S. 109 - 120; Dock et al. (Hrsg.; 1977), S. 131 - 142; Wetherbe et al. (Hrsg.; 1988), S. 92 - 101;

Dearden, J. (1983); *Will the Computer Change the Job of Top Management?*; in: SMR, 25. Jg., Nr. 1, Her. 1983, S. 57 - 60;

Dearden, J. / McFarlan, F. W. (1966); *Management Information Systems: Text and Cases*; Homewood, Ill.: Irwin, 1966;

DeSanctis, G. / Gallupe, R. B. (1985/1988); *Group Decision Support Systems: A New Frontier*; in: Data Base, Win. 1985; ngdr. in: Wetherbe et al. (Hrsg.; 1988), S. 346 - 357;

DeSanctis, G. / Gallupe, R. B. (1987); *A Foundation for the Study of Group Decision Support Systems;* in: MS, 33. Jg., Nr. 5, Mai 1987, S. 589 - 609;

Dichtl, E. / Issing, O. (Hrsg. 1993); *Vahlens großes Wirtschaftslexikon*; 2 Bde., 2. Aufl., München: Beck, 1993;

Dickson, G. W. (1968); *Management Information-Decision Systems: A New Era ahead?*; in: BH, 11. Jg., Nr. 6, Dez. 1968, S. 17 - 26; ngdr. in: Dock et al. (Hrsg.; 1977), S. 80 - 88;

Dickson, G. W. (1981); *Management Information Systems: Evolution and Status*; in: Advances in Computers, Bd. 20, 1981, S. 1 - 37;

Dickson, G. W. / Simmons, J. K. (1970); *The Behavioral Side of MIS: Some Aspects of the »People Problem"*; in: BH, 13. Jg., Nr. 4, Aug. 1970, S. 59 - 71; ngdr. in: Davis/Everest (Hrsg.; 1976), S. 252 - 265 sowie Dock et al. (Hrsg.; 1977), S. 288 - 299;

Diebold, J. (1964); *ADP - the Still-sleeping Giant*; in: HBR, 42. Jg., Nr. 5, Sep.-Okt. 1964, S. 60 - 65;

Dock, V. T. / Luchsinger, V. P. / Cornette, W. R. (Hrsg.; 1977); *MIS: A Managerial Perspective*; Chicago usw.: Science Research Associates, 1977;

Donath, B. (1985); *Executive Information and the Computer Age: How Computer-Literate Up-and-Comers Are Changing the Business Information Landscape*, in: BM, 70. Jg., Nr. 3, März 1985, S. 64 - 68;

Dreyfus, H. L. / Dreyfus, S. E. (1986); *Mind over Machine: The Power of Intuition and Expertise in the Era of the Computer*; New York: Free Press, 1986;

Drucker, P. F. (1955/1986); *The Practice of Management*; 3. Aufl., New York usw.: Harper & Row, 1986;

Drucker, P. F. (1966/1993); *The Effective Executive*; 3. Aufl., New York: Harper Business, 1993;

Drucker, P. F. (1973/1993); *Management: Tasks, Responsibilities, Practices*; 3. Aufl., New York: Harper Business, 1993;

Drucker, P. F. (1986); *The Frontiers of Management*; New York: Trumann Talley, 1986;

Drucker, P. F. (1989); *The New Realities: In Government and Politics / In Economics and Business / In Society and World View*; New York usw.: Harper & Row, 1989;

Dyer, A. (1965); *Management Information Systems Opportunity and Challenge for The Data Processing Manager*; in: Data Processing, 8. Jg., Nr. 6, 1965, S. 16 - 25;

El Sawy, O. A. (1985); *Personal Information Systems for Strategic Scanning in Turbulent Environments: Can The CEO Go On-Line?*; in: MISQ, 9. Jg., Nr. 1, März 1985, S. 53 - 60;

El-Najdawi, M. K. / Stylanou, A. C. (1993); *Expert Support Systems: Integrating AI Technologies*; in: CACM, 36. Jg., Nr. 12, Dez. 1993;

Elam, J. J. / Huber, G. P / Hurt, M. E. (1986); *An Examination of the DSS Literature (1975 - 1985)*; in: McLean/Sol (Hrsg.; 1986), S. 1 - 17;

Elm, W. A. (1972); *Das Management-Informationssystem als Mittel der Unternehmensführung*; Berlin usw.: de Gruyter, 1972;

Emery, J. C. (1987); *Management Information Systems: The Critical Strategic Resource*; New York usw.: Oxford University Press, 1987;

Emery, J. C. / Sprague, C. R. (1972/1988); *MIS: Mirage or Misconception?*; in: HBR, 50. Jg., Nr. 3, Mai-Juni 1972, S. 22 f.; ngdr. in: Dock et al. (Hrsg.; 1977), S. 143 - 148;Wetherbe et al. (Hrsg.; 1988), S. 103 - 106;

Fayol, H. (1916); *Adminstration Industrielle et Général*; Paris, 1916;

Fayol, H. (1916/1929); *Allgemeine und industrielle Verwaltung*; dt. Übersetzung von Fayol (1916), München usw.: Oldenbourg, 1929;

FBO GmbH (Hrsg.; 1985); *Jahrbuch der Bürokommunikation 1985*; Baden Baden: FBO, 1985;

Feigenbaum, E. / McCorduck, P. / Nii, H. P. (1988); *The Rise of the Expert Company*; New York: Times Books, 1988;

Feldman, M. S. / March, J. G. (1981); *Information in Organizations as Signal and Symbol*; in: ASQ, 26. Jg., Nr. 2, Juni 1981, S. 171 - 186;

Feldman, M. S. / March, J. G. (1981/1990); *Information in Organisationen als Signal und Symbol*; dt. Übersetzung von Feldman/March (1981), in: March (Hrsg.; 1988/1990), S. 455 - 477;

Fengler, D. / Simon, B. (1993); *Strategische Controlling-Auswertung mit EIS-Software: Wie strategische Planungs- und Kontrollinformationen mit einem PC-gestützten Führungsinformationssystem aufbereitet werden können*; in: Controlling, 5. Jg., Nr. 1, Jan.-Feb. 1993, S. 34 - 42;

Fickenscher, H. / Hanke, P. / Kollmann, K.-H. (1991); *Zielorientiertes Informationsmanagement: Ein Leitfaden zum Einsatz und Nutzen des Produktionsfaktors Information*, 2. Aufl.; Braunschweig: Vieweg, 1991;

Finholt, T. / Sproull, L. S. (1990); *Electronic Groups at Work*; in: OS, 1. Jg., Nr. 1, Feb. 1990, S. 41 - 64;

Fisch, R. / Boos, M. (Hrsg.; 1990); *Vom Umgang mit Komplexität in Organisationen: Konzepte - Fallbeispiele - Strategien*; Konstanz: Universitätsverlag, 1990;

Fleischer, M. / Morell, J. A. (1988); *The Use of Office Automation by Managers: A Survey*; in: IMR, 4. Jg., Nr. 1, Som. 1988, S. 29 - 40;

Fornfeist, M. (1985); *Kommunikationstechnik und Aufgabe: Organisatorische Aufgabenanalyse unter Berücksichtigung des Kommunikationsproblems;* München: CW-Publikationen, 1985;

Forrester, J. W. (1958); *Industrial Dynamics: A Major Breakthrough for Decision Makers*; in: HBR, Jg., Nr. 4, Juli-Aug. 1958, S. 37 - 66;

Forrester, J. W. (1961); *Industrial Dynamics*; Cambridge, Mass.: MIT Press, 1961;

Forster, N. S. / Rockart, J. F. (1989); *Critical Success Factors: An Annotated Bibliography*; CISR Working Paper Nr. 191, Sloan School of Management, MIT, Cambridge, Mass.: Juni 1989;

Franck, E. (1991); *Künstliche Intelligenz: Eine grundlagentheoretische Diskussion ihrer Einsatzmöglichkeiten und -grenzen*; Tübingen, 1991;

Franck, E. (1992a); *Zu den Möglichkeiten und Grenzen einer künstlichen Intelligenz: Intelligenz und die beiden Beschreibungsebenen des kognitiven Systems;* in: Künstliche Intelligenz, o. Jg., Nr. 1, Jan.-Feb. 1992, S. 84 - 89;

Franck, E. (1992b); *Körperliche Entscheidungen und ihre Konsequenzen für die Entscheidungstheorie*; in: DBW, 57. Jg., Nr. 5, Mai 1992, S. 631 - 647;

Frese, E. (Hrsg.; 1992); *Handwörterbuch der Organisation*; 3. Aufl., Stuttgart: Poeschel, 1992;

Frese, E. / Werder, A. v. (1992); *Bürokommunikation*; in: Frese (Hrsg.; 1992), Sp. 374 - 390;

Friedrich, P. / Koll, P. (1993); *MIS: Regeln zur Auswahl*; in: Online, o.Jg., Nr. 1, Jan. 1993, S. 40 f.;

Fuhrmann, S. / Pietsch, T. (Hrsg.; 1990); *Büroautomation im betrieblichen Umfeld: Konzepte und Anwendungen eines Computer Integrated Business (CIB)*; Berlin: Schmidt, 1990;

Fürst, H. J. (1992); *Eine neue MIS-Generation kündigt sich an: Proprietäre Systeme sind bald »out«*; in: *Renaissance der MIS-Euphorie?*, CW Extra, o. Jg., Nr. 3 v. 1.05.1992, S. 10 - 15 u. 19;

Gabler Verlag GmbH (Hrsg.; 1993); *Gabler-Wirtschafts-Lexikon*; 8 Bände (Taschenbuch-Kassette), 13. Aufl., Wiesbaden: Gabler, 1993;

Galbraith, J. (1972); *Strategies of Organizaton Design*; Reading, Mass.: Addison-Wesley, 1973;

Galbraith, J. (1977); *Organizational Design*; Reading, Mass.: Addison-Wesley, 1977;

Gallagher, J. D. (1961); *Management Information Systems and the Computer*; New York: AMA, 1961;

Gappmaier, M. / Heinrich, L. J. (1992); *Das aktuelle Schlagwort: Computerunterstützung kooperativen Arbeitens (CSCW)*; in: WI, 34. Jg., Nr. 3, Juni 1992, S. 340 - 343;

GBI/WiWo (Hrsg.; 1993); *Die Top 1000*; in: WiWo, o. Jg., Nr. 52 v. 24.12.1993, S. 118 - 138.

Gebert, D. (1992); *Kommunikation*; in: Frese (Hrsg.; 1992), Sp. 1110 - 1121;

Gelfond, S. M. (1988); *The Computer Age Dawns in the Corner Office*; in: BW vom 27. Juni 1988, S. 43 f.;

Gemünden, H. G. (1983a); *»Echte Führungsentscheidungen« - empirische Beobachtungen zu Gutenbergs Idealtypologie*; in: DBW, 43. Jg., Nr. 1, Jan.-Feb. 1983, S. 49 - 64;

Gemünden, H. G. (1983b); *Führungsentscheidungen: Eine Realtypologie*; in: Hauschildt et al. (1983), S. 24 - 102.

Gemünden, H. G. (1983c); *Entscheidungstyp und Informations-Nachfrage*; in: Hauschildt et al. (1983), S. 103 - 143.

Gemünden, H. G. (1992); *Informationsverhalten*; in: Frese (Hrsg.; 1992), S. 1010 - 1029;

Gemünden, H. G. (1993); *Informationsverhalten*; in: Hauschildt/Grün (Hrsg.; 1993), S. 839 - 877;

George, J. F. / Tyran, C. K. (1993); *Expert Systems and Organizations: Predictions and Evidence*; in: AMIT, 3. Jg., Nr. 3, 1993, S. 173 - 189;

Ginzberg, M. J. / Reitman, W. / Stohr, E. A. (Hrsg.; 1982); *Decision Support Systems: Proceedings of the NYU Symposium on Decision Support Systems, New York, 21-22 May, 1981*; Amsterdam usw.: North-Holland, 1982;

Ginzberg, M. J. / Stohr, E. A. (1982); *Decision Support Systems: Issues and Perspectives*; in: Ginzberg et al. (Hrsg.; 1982), S. 9 - 31;

Gomez, P. (1992); *Neue Trends in der Konzernorganisation*; in: ZFO, 61. Jg., Nr. 3, Mai-Juni 1992, S. 166 - 172;

Gorry, G. A. / Scott Morton, M. S. (1971/1986); *A Framework for Management Information Systems*; in: SMR, 13. Jg., Nr. 1, Her. 1971, S. 55 - 70; ngdr. in: Rockart/Bullen (Hrsg.; 1986), S. 5 - 24;

Greschner, J. / Zahn, E. (1992); *Strategischer Erfolgsfaktor Information*; in: Krallmann et al. (Hrsg.; 1992), S. 9 - 28;

Grochla, E. (1971); *Analyse gegenwärtiger und zukünftiger Entwicklungstendenzen bei der Planung, Entwicklung und Implementierung computer-gestützter Entscheidungssysteme: Eine Zusammenfassung*; in: Grochla (Hrsg.; 1971), S. 219 - 227;

Grochla, E. (Hrsg.; 1971); Computer-gestützte Entscheidungen in Unternehmungen; Wiesbaden: Gabler, 1971;

Grochla, E. (Hrsg.; 1980); *Handwörterbuch der Organisation*; 2. Aufl., Stuttgart: Poeschel, 1980;

Grochla, E. / Szyperski, N. (Hrsg.; 1971); *Management-Infomationssysteme: Eine Herausforderung an Forschung und Entwicklung*; Wiesbaden: Gabler, 1971;

Groffmann, H.-D. (1992); *Kooperatives Führungsinformationssystem: Grundlagen - Konzept - Prototyp*; Wiesbaden: Gabler, 1992;

Grotz-Martin, S. (1983); *Informations-Qualität und Informations-Akzeptanz*; in: Hauschildt et al. (1983), S.. 144 - 173.

Grün, O. (1988); *Empirische Entscheidungsforschung: Von der Prozeßanalyse zum Decision Engineering*; in: ZFO, 57. Jg., Sep.-Okt. 1988, S. 328 - 334;

Grün, O. / Hamel, W. / Witte, E. (1972); *Felduntersuchungen zur Struktur von Informations- und Entscheidungsprozessen*; in: Witte (1972), S. 111 - 164;

Grün, O. / Hamel, W. / Witte, E. (1988); *Die Struktur des Entscheidungsprozesses*; in: Witte et al. (Hrsg.; 1988), S. 36 - 54;

Guimaraes, T. / Saraph, J. V. (1991); *The Role of Prototyping in Executive Decision Systems*; in: I&M, Vol. 21, Nr. 5, 1991, S. 257 - 267;

Gulick, L. / Urwick, L. (Hrsg.; 1937); *Papers on the Science of Administration*; New York: Institute of Public Administration, 1937;

Gutenberg, E. (1962); *Unternehmensführung: Organisation und Entscheidung*; Wiesbaden: Gabler, 1962;

Habermas, J. (1981/1987a); *Theorie des kommunikativen Handelns I: Handlungsrationalität und gesellschaftliche Rationalisierung*; 4. Aufl., Frankfurt am Main: Suhrkamp, 1987

Habermas, J. (1981/1987b); *Theorie des kommunikativen Handelns II: Zur Kritik der funktionalistischen Vernuft*; 4. Aufl., Frankfurt am Main: Suhrkamp, 1987;

Hackathorn, R. D. / Keen, P. G. W. (1981/1988); *Organizational Strategies for Personal Computing in Decision Support Systems*; in: MISQ, 5. Jg., Nr. 3, Sep. 1981, S. 21 - 26; ngdr. in: Wetherbe et al. (Hrsg.; 1988), S. 328 - 334;

Haidle, U. / Grotz-Martin, S. (1983); *Untersuchungsobjekt und Forschungsmethoden*; in: Hauschildt et al. (1983), S. 11 - 23;

Hamel, W. (1988); *Zielvariation in innovativen Entscheidungsprozessen;* in: Witte et al. (Hrsg.; 1988), S. 79 - 96;

Hammer, R. M. (1990); *Strategische Planung und Frühaufklärung - Ein Modell für die Praxis*; in: Hammer et al. (Hrsg.; 1990), S. 238 - 250;

Hammer, R. M. / Hinterhuber, H. H. / Kapferer, R. / Turnheim, G. (Hrsg.; 1990); *Strategisches Management in den 90er Jahren: Entwicklungstendenzen - Controlling - Human Ressources*; Wien: Manz, 1990;

Hanold, T. (1972/1976); *An Executive View of MIS*; in: Datamation, 18. Jg., Nr. 11, Nov. 1972, S. 65 - 71; ngdr. in: Davis/Everest (1976), S. 140 - 146;

Hansen, H. R. (1987); *Wirtschaftsinformatik I: Einführung in die betriebliche Datenverarbeitung*; 5. Aufl., Stuttgart: Fischer, 1987;

Harrison, E. F. (1975); *The Managerial Decision-Making Process*; Boston, 1975;

Harvey, D. / Goodwin, C. / Suri, P. (1992); *External Information and EIS: A Guide to Acquiring and Using External Information*; London: Business Intelligence Ltd., 1992;

Hauschildt, J. (1983a); *Die Fragen dieses Forschungsprojektes*; in: Hauschildt et al. (1983), S. 1 - 10;

Hauschildt, J. (1983b); *Die Effizienz von Führungsentscheidungen und ihre Ursachen*; in: Hauschildt et al. (1983), S. 211 - 261

Hauschildt, J. (1988a); *Zielbildung und Problemlösung*; in: Witte et al. (Hrsg.; 1988), S. 59 - 78;

Hauschildt, J. (1988b); *Ziel-Klarheit oder kontrollierte Ziel-Unklarheit in Entscheidungen?*; in: Witte et al. (Hrsg.; 1988), S. 97 - 108;

Hauschildt, J. (1989); *Informationsverhalten bei innovativen Problemstellungen: Nachlese zu einem Forschungsprojekt*; in: ZfB, 59. Jg., Nr. 4, Apr. 1989, S. 377 - 396;

Hauschildt, J. (1990); *Komplexität, Zielbildung und Effizienz von Entscheidungen in Organisationen*; in: Fisch/Boos (Hrsg.; 1990), S. 131 - 147;

Hauschildt, J. / Gemünden, H. G. / Grotz-Martin, S. / Haidle, U. (1983); *Entscheidungen der Geschäftsführung: Typologie, Informationsverhalten, Effizienz*; Tübingen: Mohr, 1983;

Hauschildt, J. / Grün, O. (Hrsg.; 1993); *Ergebnisse empirischer betriebswirtschaftlicher Forschung: Zu einer Realtheorie der Unternehmung. Festschrift für Eberhard Witte*; Stuttgart: Schäffer-Poeschel, 1993;

Hayek, F. A. (1937/1976); *Wirtschaftstheorie und Wissen*; in: Economica, Neue Serie, 4. Jg., 1937, S. 33 -54; ngdr. in: Hayek (1952/1976), S. 49 - 77;

Hayek, F. A. (1946/1976); *Die Verwertung des Wissens in der Gesellschaft;* Vortrag, Universität Princeton: 20. Mai 1946; ngdr. in: Hayek (1952/1976), S. 103 - 121;

Hayek, F. A. (1952/1976); *Individualismus und wirtschaftliche Ordnung*; 2. Aufl., Salzburg: Neugebauer, 1976;

Head, R. V. (1966/1976); *Real-time Management Information? Let's not Be Silly*; in: Datamation, 12. Jg., Nr. 8, Aug. 1966, S. 124 - 125; ngdr. in: Davis/Everest (Hrsg.; 1976), S. 137 - 139;

Head, R. V. (1967); *Management Information Systems: A Critical Appraisal*; in: Datamation, 13. Jg., Nr. 5, Mai 1967, S. 22 - 27;

Head, R. V. (1970/1977); *The Elusive MIS*; in: Datamation, 16. Jg., Nr. 10, Okt. 1970, S. 22 - 27; ngdr. in: Dock et al. (Hrsg.; 1977), S. 89 - 97;

Heilmann, H. (1987); *Computerunterstützung für das Management - Entwicklung und Überblick*; in: HMD, 24. Jg., Nr. 138, Nov. 1987, S. 3 - 18;

Heilmann, H. / Gassert, H. / Horváth, P. (Hrsg.; 1990); *Informationsmanagement: Aufgabe der Unternehmensleitung*; Stuttgart : Poeschel, 1990;

Heinen, E. (1991); *Industriebetriebslehre als entscheidungsorientierte Unternehmensführung*; in: Heinen (Hrsg.; 1991), S. 1 - 71;

Heinen, E. (Hrsg.; 1984); *Betriebswirtschaftliche Führungslehre*; 2. Aufl., Wiesbaden: Gabler, 1984;

Heinen, E. (Hrsg.; 1991); *Industriebetriebslehre: Entscheidungen im Industriebetrieb*; 9. Aufl., Wiesbaden: Gabler, 1991;

Henderson, J. C. (1987); *Finding Synergy between Decision Support Systems and Expert Systems Research*; CISR Working Paper Nr. 153, Sloan School of Management, MIT, Cambridge, Mass.: März 1987;

Henderson, J. C. / Ingraham, R. S. (1982); *Prototyping for DSS: A Critical Appraisal*; in: Ginzberg et al. (Hrsg.; 1982), S. 79 - 96;

Hensel, G. (1993); *Expertensysteme: Die Euphorie ist vorbei*; in DMR, o. Jg., Nr. 5, Mai 1993, S. 15 - 19;

Henzler, H. (1988); *Entwicklungsschritte zur strategischen Führung*; in: Henzler (Hrsg.; 1988), S. 87 - 105;

Henzler, H. (Hrsg.; 1988); *Handbuch Strategische Führung*; Wiesbaden: Gabler, 1988;

Hichert, R. (1994); *EIS-Diskussion zu techniklastig - es geht um die operativen Potentiale*; in: CW, 20. Jg., Nr. 10 vom 11. März 1994;

Hichert, R. / Moritz, M. (Hrsg.; 1992); *Management-Informationssysteme: Praktische Anwendungen*; Berlin usw.: Springer, 1992;

Higby, M. A. / Farah, B. N. (1991); *The Status of Marketing Information Systems, Decision Support Systems and Expert Systems in the Marketing Function of U.S. Firms*; in: I&M, Vol. 20, Nr. 2, 1991, S. 29 - 35;

Hildebrand, K. (1992); *Informationsmanagement - Status Quo und Perspektiven: Ergebnisse einer empirischen Untersuchung*; in: WI, 34. Jg., Nr. 5, Okt. 1992, S. 465 - 471;

Hill, S. (1987); *Management Information Systems: Some Reflections and Evidence*; in: Piercy (Hrsg.; 1987), S. 185 - 192;

Hines, T. (1987); *Left Brain/Right Brain Mythodology and Implications for Management and Training*; in: AMR, 12. Jg., Nr. 4, Apr. 1987, S. 600 - 606;

Hinterhuber, H. H. (1990); *Strategie und strategische Führungskompetenz*; in: Hammer et al. (Hrsg.; 1990), S. 17 - 40;

Hinterhuber, H. H. (1992a); *Strategische Unternehmensführung I: Strategisches Denken, Vision - Unternehmenspoltik - Strategie*; 5. Aufl., Berlin usw.: de Gruyter, 1992;

Hirschheim, R. A. (1985a); *Office Automation: A Social and Organizational Perspective*; Chichester: Wiley, 1985;

Hirschheim, R. A. (1985b); *Office Automation: Concepts, Technologies, and Issues*; Wokingham: Addison Wesley, 1985;

Hoch, D. J. / Schirra, W. (1993); *Entwicklung der Informationstechnologie - Management des Wandels in einer Zeit des Paradigmenwechsels*; in: Scheer (Hrsg.; 1993), S. 3 - 47;

Hofstadter, D. R. (1977/1993); *Gödel, Escher, Bach: ein Endloses Geflochtenes Band*; 3. Aufl. der deut. Übersetzung von Hofstadter (1979), München: DTV, 1993;

Hofstadter, D. R. (1979); *Gödel, Escher, Bach: An Eternal Golden Braid*; New York usw.: Basic Books, 1979;

Holzheu, F. (1987); *Die Bewältigung von Unsicherheit als ökonomisches Grundproblem*; in: Bayerische Rückversicherung AG (Hrsg.; 1987), S. 11 - 36;

Hoppenstedt (Hrsg.; 1993); *Handbuch der Großunternehmen 1993*, Darmstadt: Hoppenstedt, 1993;

Horváth, P. (1994); *Controlling*; 5. Aufl., München: Vahlen, 1994;

Houdeshel, G. / Watson, H. J. (1987/1992); *The Management Information and Decision Support (MIDS) System at Lockheed Georgia*; in: MISQ, 11. Jg., Nr. 1, März 1987, ngdr. in: Watson et al. (Hrsg.; 1992), S. 13 - 32;

Huch, B. / Behme, W. / Schimmelpfeng, K. (Hrsg.; 1992); *Controlling und EDV: Konzepte und Methoden für die Unternehmenspraxis*; Frankfurt am Main: FAZ-Verlag, 1992;

Hunt, J. G. / Newell, P. F. (1971/1976); *Management in the 1980's Revisited*; in: PJ, 50. Jg., Nr. 1, Jan. 1971, S. 35 - 43 u. 71; ngdr. in: Davis/Everest (Hrsg.; 1976), S. 275 - 284;

Isenberg, D. J. (1984); *How Managers Think*; in: HBR, 62. Jg., Nr. 6, Nov.-Dez. 1984;

Jablin, F. M. / Putnam, L. L. / Roberts, K. H. / Porter, L. W. (Hrsg.; 1987); *Handbook of Organizational Communication: An Interdisciplinary Perspective*; Newbury Park, Cal. usw.: Sage, 1987;

Jarke, M. (1986); *Group Decision Support through Office Systems: Development in Distributed DSS Technology;* in: McLean/Sol (Hrsg.; 1986), S. 145 - 155;

Jones, C. H. (1970); *At last: Real Computer Power for Decision Makers*; in: HBR, 48. Jg., Nr. 5, Sep.-Oct. 1970, S. 75 - 89.

Jones, J. W. / McLeod, R. Jr. (1986); *The Structure of Executive Information Systems: An Exploratory Analysis*; in: Decision Sciences, 17. Jg., Nr. 2, 1986, S. 220 - 249;

Jones, J. W. / Saunders, C. / McLeod, R. Jr. (1993); *Media Usage and Velocity in Executive Information Acquisition: An Exploratory Study;* in: EJIS, 2. Jg., Nr. 4, 1993, S. 260 - 272;

Jung, C. G. (1923); *Psychological Types*; London: Rutledge, 1923;

Kalscheuer, H. D. / Gsell, P. J. (1972); *Integrierte Datenverarbeitungsssteme für die Unternehmensführung*; 3. Aufl., Berlin usw.: de Gruyter, 1972;

Keen, P. G. W. (1976); *»Interactive" Computer Systems for Managers: A Modest Proposal*; in: SMR, 18. Jg., Nr. 1, Her. 1976, S. 1 - 17;

Keen, P. G. W. (1980); *MIS Research: Reference Disciplines and a Cumulative Tradition*; CISR Working Paper Nr. 63, Sloan School of Management, MIT, Cambridge, Mass.: Okt. 1980;

Keen, P. G. W. (1980/1986); *Decision Support Systems: A Research Perspective*, CISR Working Paper Nr. 54, Sloan School of Management, MIT, Cambridge, Mass.: März 1980; ngdr. in: Rockart/Bullen (Hrsg.; 1986), S. 25 - 48;

Keen, P. G. W. (1986); *Decision Support Systems: The Next Decade*; in: McLean/Sol (Hrsg.; 1986), S. 221 - 237;

Keen, P. G. W. / Hackathorn, R. D. (1979/1986); *Decision Support Systems and Personal Computing*; CISR Working Paper Nr. 47, Sloan School of Management, MIT, Cambridge, Mass.: Okt. 1979; ngdr. in: Rockart/Bullen (Hrsg.; 1986), S. 49 - 68;

Keen, P. G. W. / Scott Morton, M. S. (1978); *Decision Support Systems: An Organizational Perspective*; Reading, Mass. usw.: Addison-Wesley, 1978;

Kemper, H.-G. (1991); *Entwicklung und Einsatz von Executive Information Systems (EIS) in deutschen Unternehmen: Ein Stimmungsbild*; in: IM, 6. Jg., Nr. 4, Nov. 1991, S. 70 - 78;

Kieser, A. / Reber, G. / Wunderer, R. (Hrsg.; 1987); *Handwörterbuch der Führung*; Stuttgart: Poeschel, 1987;

Kirsch, W. (1971); *Entscheidungsprozesse II: Informationsverarbeitungstheorie des Entscheidungsverhaltens*; Wiesbaden: Gabler, 1971;

Kirsch, W. (1974); *Probleme der Unternehmensführung bei der Entwicklung und Implementierung von Management-Informationssystemen*; in: DU, 28. Jg., Nr. 3, Juni 1974, S. 173 - 185;

Kirsch, W. (1988); *Die Handhabung von Entscheidungsproblemen: Einführung in die Theorie der Entscheidungsprozesse*; 3. Aufl., München: Kirsch, 1988;

Kirsch, W. (1989); *Entscheidungsorientierte Betriebswirtschaftslehre und angewandte Führungslehre*; in: Kirsch/Picot (Hrsg.; 1989), S. 119 - 135;

Kirsch, W. (1990); *Unternehmenspolitik und strategische Unternehmensführung*; München: Kirsch, 1990;

Kirsch, W. (1992); *Kommunikatives Handeln, Autopoiese, Rationalität: Sondierungen zu einer evolutionären Führungslehre*; München: Kirsch, 1992;

Kirsch, W. (1993); *Betriebswirtschaftslehre: Eine Annäherung aus der Perspektive der Unternehmensführung*; München: Kirsch, 1993;

Kirsch, W. / Bamberger, I. / Berg, C. C. / Weber, W. (1993); *Die Betriebswirtschaft: Einführung in ihre Entscheidungsprobleme*; in: Kirsch (1993), S. 19 - 190;

Kirsch, W. / Klein, H. K. (1977a); *Management-Informationssysteme I: Wege zur Rationalisierung der Führung*; Stuttgart: Kohlhammer, 1977;

Kirsch, W. / Klein, H. K. (1977b); *Management-Informationssysteme II: Auf dem Weg zu einem neuen Taylorismus?*; Stuttgart: Kohlhammer, 1977;

Kirsch, W. / Picot, A. (Hrsg.; 1989); *Die Betriebswirtschaftslehre im Spannungsfeld zwischen Generalisierung und Spezialisierung: Edmund Heinen zum 70. Geburtstag*; Wiesbaden: Gabler, 1989;

Klein, H. K. (1982); *Computer-unterstützte Informationssysteme: Erkenntnisproblematik, Technologie und Entwicklungsmethodologoien*; in: WiSt, 11. Jg., Nr. 11, Nov. 1982, S. 515 - 523;

Kleinhans, A. / Rüttler, M. / Zahn, E. (1992); *Management-Unterstützungssysteme - Eine vielfältige Begriffswelt*; in: Hichert/Moritz (Hrsg.; 1992), S. 1 - 14;

Kleinhans, A. M. (1989); *Wissensverarbeitung im Management: Möglichkeiten und Grenzen wissensbasierter Managementunterstützungs-, Planungs- und Simualtionssysteme*; Frankfurt am Main usw.: Lang, 1989;

Klingenberg, H. / Kränzle, H.-P. (1983); *Kommunikationstechnik und Nutzerverhalten: Die Wahl zwischen Kommunikationsmitteln in Organisationen*; München: CW-Publikationen, 1983;

Koll, P. / Niemeier, J. (1993); *Führungsinformationssysteme (FIS): Ergebnisse einer Anwender- und Marktstudie*; in: Bullinger (Hrsg.; 1993), S. 1 - 172;

Koontz, H. / O'Donnel, C. (1955/1959); *Principles of Management: An Analysis of Management Functions*; 2. Auf., New York usw.: McGraw-Hill, 1959;

Koontz, H. / O'Donnel, C. / Weihrich, H. (1955/1984); *Principles of Management: An Analysis of Management Functions*; 8. Aufl. von Koontz/O'Donnel (1955), New York usw.: McGraw-Hill, 1984;

Koreimann, D. S. (1976); *Methoden der Informationsbedarfsanalyse*; Berlin usw.: de Gruyter, 1976;

Kotter, J. P. (1982); *What Effective General Managers Really Do*; in: HBR, 60. Jg., Nr. 6, Nov.-Dez. 1982, S. 156 - 167;

Kotter, J. P. (1982/1986); *The General Managers*; 2. Aufl., New York: Free Press, 1986;

Kraemer, K. L. / King, J. L. (1988); *Computer-Based Systems for Cooperative Work & Group Decision Making*; in: ACM Computing Surveys, 20. Jg., Nr. 2, 1988, S. 115 - 146;

Krallmann, H. (1990); *Rechnerunterstützter Arbeitsplatz des Managers*; in: WI, 32. Jg., Nr. 6, Dez. 1990, S. 491 f.;

Krallmann, H. (Hrsg.; 1990), *Innovative Anwendungen der Informations- und Kommunikationstechnik in den 90er Jahren;* München: Oldenbourg, 1990;

Krallmann, H. / Papke, J. / Rieger, B. (Hrsg.; 1992); *Rechnergestützte Werkzeuge für das Management: Grundlagen, Methoden und Anwendungen*; Berlin: Schmidt, 1992;

Krallmann, H. / Rieger, B. (1987); *Vom Decision Support System (DSS) zum Executive Support System (ESS)*; in: HMD, 24. Jg., Nr. 138, Nov. 1987, S. 28 - 38;

Krcmar, H. (1991a); *Das Aufgabenspektrum im Informationsmanagement - ein Meinungsbild in deutschen Unternehmen*; Arbeitspapier Nr. 19, Lehrstuhl für Wirtschaftsinformatik, Universität Hohenheim, Stuttgart: März 1991;

Krcmar, H. (1991b); *Annäherungen an Informationsmanagement - Managementdisziplin und/oder Technologiedisziplin?*, Arbeitspapier Nr. 23, Lehrstuhl für Wirtschaftsinformatik, Universität Hohenheim, Stuttgart: Aug. 1991;

Krcmar, H. (1992); *Computer Aided Team - Ein Überblick*; in: OM, 40. Jg., Nr. 1, Jan. 1992, S. 6 - 9;

Krcmar, H. / Lewe, H. (1992); *Group-Systems: Aufbau und Auswirkungen*; in: OM, 40. Jg., Nr. 1, Jan. 1992, S. 32 - 41;

Kriebel, C. H. (1972/1977); *The Future MIS*; in: Infosystems, 19. Jg., Nr. 6, 1972, S. 18 - 42; ngdr. in: Dock et al. (Hrsg.; 1977), S. 450 - 456;

Kroeber, D. W. / Watson, H. J. (1984/1987); *Computer-based Information Systems: A Management Approach*, 2. Aufl.; New York usw.: Macmillan, 1987;

Küpper, H.-U. / Mellwig, W. / Moxter, A. / Ordelheide, D. (Hrsg.; 1990); *Unternehmensführung und Controlling*; Wiesbaden: Gabler, 1990;

Küpper, H.-U. / Weber, J. / Zünd, A. (1990); *Zum Selbstverständnis des Controlling*; in: ZfB, 60. Jg., Nr. 3, März 1990, S. 281 - 293;

Kurke, L. B. / Aldrich, H. E. (1983); *Mintzberg Was Right! A Replication and Extension of »The Nature of Managerial Work«*; in: MS, 29. Jg., Nr. 8, Aug. 1983, S. 975 - 984;

Laudon, K. C. / Laudon, J. P. (1988); *Management Information Systems: A Contemporary Perspective*; New York usw.: Macmillan, 1988;

Leavitt, H. J. / Whisler, T. L. (1958); *Management in the 1980's: New Information Flows Cut New Organization Channels*; in: HBR, 36. Jg., Nr. 6, Nov.-Dez. 1958, S. 41 - 48;

Levinson, E. (1984/1986); *The Implementation of Executive Support Systems*, CISR Working Paper Nr. 119, Sloan School of Management, MIT, Cambridge, Mass.: Okt. 1984; ngdr. in: Rockart/Bullen (Hrsg.; 1986), S. 148 - 171;

Levitan, K. B. (1982); *Information Ressources as »Goods« in the Life Cycle of Information Production*; in: JASIS, Nr. 1, Jan. 1982, S. 44 - 54;

Lindblom, C. E. (1959); *The Science of »Muddling Through«*; in: PAR, 19. Jg., Nr. 2, März-Apr. 1959, S. 79 - 88;

Lindemann, P. / Nagel, K. (Hrsg.; 1972); *Management-Informationssysteme: Beiträge aus der Praxis*; Neuwied usw.: Luchterhand, 1972;

Lorsch, J. W. (Hrsg.; 1987); *Handbook of Organizational Behavior*; Englewood Cliffs, N. J. usw.: Prentice-Hall, 1987;

Lucas, H. C. Jr. (1975); *Why Information Systems Fail*; New York usw.: Columbia University Press, 1975;

Luconi, F. L. / Malone, T. W. / Scott Morton, M. S. (1986); *Expert Systems: The Next Challenge for Managers*; in: SMR, 27. Jg., Nr. 4, Som. 1986, S. 3 - 14; leicht verändert ngdr. in: Rockart/Bullen (Hrsg.; 1986), S. 354 - 373;

Lullies, V. / Bollinger, H. / Weltz, F. (1990); *Konfliktfeld Informationstechnik: Innovation als Managementproblem*; Frankfurt am Main: Campus, 1990;

Macharzina, K. (1974); *Zur Leistungsfähigkeit von automatisierten Informationsystemen*; in: Macharzina/Rosenstiel (Hrsg.; 1974), S. 203 - 207;

Macharzina, K. / Rosenstiel, L. v. (Hrsg.; 1974); *Führungswandel in Unternehmung und Verwaltung;* Wiesbaden: Gabler, 1974;

Mahoney, T. A. / Jerdee, T. H. / Carroll, S. J. (1963); *Development of Management Performance: A Research Approach*; Cincinnati, Ohio: South-Western, 1963;

Mahoney, T. A. / Jerdee, T. H. / Carroll, S. J. (1965); *The Job(s) of Management*; in: IR, 4. Jg., Nr. 2, Feb. 1965, S. 97 - 110;

Maier, M. (1990); *Theoretische Bezugsrahmen und Methoden zur Gestaltung computergestützter Informationssysteme*; München: VVF, 1990;

Main, J. (1989); *At Last, Software CEOs Can Use*; Fortune v. 13. März 1989;

Malcolm, D. G. (1960); *Exploring the Military Analogy - Real-Time Management Control*; in: Malcolm/Rowe (Hrsg.; 1960), S. 187 - 208;

Malcolm, D. G. / Rowe, A. J. (1960); *Research and Development in Management Controls - a Discussion*; in Malcolm/Rowe (Hrsg.; 1960), S. 351 - 356;

Malcolm, D. G. / Rowe, A. J. (Hrsg.; 1960), *Management Control Systems: The Proceedings of a Symposium Held at System Development Corporation, Santa Monica, California, July 29 - 31, 1959*; New York usw.: Wiley, 1960;

March, J. G. (1978a); *Bounded Rationality, Ambiguity, and the Engineering of Choice*; in: BJE, 9. Jg., Nr. 2, Her. 1978, S. 587 - 608;

March, J. G. (1978a/1990); *Beschränkte Rationalität, Ungewißheit und die Technik der Auswahl*; dt. Übersetzung von March (1978a), in: March (Hrsg.; 1988/1990), S. 297 - 328;

March, J. G. (1978b/1990); *Mehrdeutigkeit und Rechnungswesen: Die unbestimmte Verbindung zwischen Information und Entscheidungsprozeß*; in: March (Hrsg.; 1988/1990), S. 427 - 453;

March, J. G. (1986/1990); *Eine Chronik der Überlegungen über Entscheidungsprozesse in Organisationen*; dt. Übersetzung eines Vortrages vom 24. Okt. 1986, in: March (Hrsg.; 1988/1990), S. 1 - 23;

March, J. G. (Hrsg.; 1988); *Decisions and Organizations*; Oxford: Blackwell, 1988;

March, J. G. (Hrsg.; 1988/1990); *Entscheidung und Organisation: Kritische und konstruktive Beiträge, Entwicklungen und Perspektiven*; dt. Übersetzung von March (Hrsg.; 1988), Wiesbaden: Gabler, 1990;

March, J. G. / Sevón, G. (1984); *Gossip, Information, and Decision Making*; in: Sproull/Crecine (Hrsg.; 1984), Bd. 1, S. 95 - 107;

March, J. G. / Sevón, G. (1984/1990); *Unterhaltung, Information und Entscheidung*; dt. Übersetzung von March/Sevón (1984), in: March (Hrsg.; 1988/1990), S. 479 - 492;

March, J. G. / Simon, H. A. (1958); *Organizations*; New York: Wiley, 1958;

March, J. G. / Simon, H. A. (1958/1976); *Organisation und Individuum: Menschliches Verhalten in Organisationen*; dt. Übersetzung von March/Simon (1958), Wiesbaden: Gabler, 1976;

March, J. G. / Simon, H. A. (1958/1993); *Organizations*; 2. Aufl. von March/Simon (1958), Oxford usw.: Basil Blackwell, 1993;

March, J. G. / Simon, H. A. (1993); *Organizations Revisited*; in: ICC, 2. Jg., Nr. 3, 1993, S. 299 - 316;

Mårtensson, P. / Mähring, M. (1992); *Information Support from Staff to Executives: An Explorative Study*; EFI Research Report, Stockholm School of Economics, Stockholm: Sep. 1992;

Martin, J. (1965); *Programming Real-Time Computer Systems*; Englewood Cliffs, N. J.: Prentice Hall, 1965;

Martin, J. (1967); *Design of Real-TIme Computer Systems*; Englewood Cliffs, N. J.: Prentice-Hall, 1967;

Martino, R. L. (1963); *The Development and Installation of a Total Management System*; in: Data Processing for Management, Apr. 1963;

Mason, R. O. (1969/1981); *Basic Concepts for Designing Management Information Systems*; Accounting Information Systems, Research Paper Nr. 8, Graduate School of Management, University of California, Los Angeles, Okt. 1969; ngdr. in: Mason/Swanson (Hrsg.: 1981), S. 81 - 95;

Mason, R. O. / Mitroff, I. I. (1973); A Program for Research on Management Information Systems; in: MS, 19. Jg., Nr. 5, Jan. 1973, S. 475 - 487;

Mason, R. O. / Swanson, E. B. (1979/1981); *Measurement for Management Decision: A Perspective*; in: CMR, 21. Jg., Nr. 3, Frj. 1979, S. 70 - 81; ngdr. in: Mason/Swanson (Hrsg.; 1981), S. 10 - 25;

Mason, R. O. / Swanson, E. B. (Hrsg.; 1981); *Measurement for Management Decision*; Reading, Mass. usw: Addison-Wesley, 1981;

Maul, C. (1993); *Der Beitrag der Systemtheorie zum strategischen Führungsverhalten in komplexen Situationen*; in: ZfB, 63. Jg., Nr. 7, Juli 1993, S. 715 - 740;

McFarlan, F. W. (Hrsg.; 1984); *The Information Systems Research Challenge: Proceedings*; Boston, Mass.: HBS Press, 1984;

McFarlan, F. W. / McKenney, J. L. (1983); *Corporate Information Systems Management: The Issues Facing Senior Management*; Homewood, Ill.: Irwin, 1983;

McKinnon, S. M. / Bruns, W. J. Jr. (1992); *The Information Mosaic*; Boston, Mass.: HBS Press, 1992;

McLean, E. R. / Sol, H. G. (Hrsg.; 1986); *Decision Support Systems: A Decade in Perspective*; Amsterdam: North-Holland, 1986;

McLeod R. Jr. / Jones, J. W. (1986/1992); *Making Executive Information Systems More Effective*; in: BH, 29. Jg., Nr. 5, Sep.-Okt. 1986; ngdr. in: Watson et al. (Hrsg.; 1992), S. 53 - 69;

McLeod, R. Jr. (1979/1993); *Management Information Systems: A Study of Computer-based Information Systems*; 5. Aufl., New York usw.: Macmillan, 1993;

Meiklejohn, I. / Classe, A. (1992); *Selecting an EIS: A Guide to EIS Products and their Evaluation*; London: Business Intelligence Ltd., 1992;

Mertens, P. (1989a); *Expertensysteme*; in: Szyperski/Winand (Hrsg.; 1989), Sp. 476 - 485;

Mertens, P. (1989b); *Expertisesysteme als Variante der Expertensysteme zur Führungsinformation*; in: ZfB, 41. Jg., Nr. 10, Okt. 1989, S. 834 - 854;

Mertens, P. (1991); *Expertisesysteme*; in: Reinermann (Hrsg.; 1991), S. 231 - 246;

Mertens, P. / Back-Hock, A. (1992); *Wissensbasierte Systeme zur Unterstützung des Controlling*; in: Huch et al. (Hrsg.; 1992), S. 258 - 272;

Mertens, P. / Borkowski, V. / Geis, W. (1993); *Betriebliche Expertensystemanwendungen*, 3. Aufl., Berlin usw.: Springer, 1993;

Mertens, P. / Griese, J. (1972/1991); *Integrierte Informationsverarbeitung 2: Planungs- und Kontrollsysteme in der Industrie*; 6. Aufl., Wiesbaden: Gabler, 1991;

Mertens, P. / König, W. / Krallmann, H. / Scheer, A.-W. / Seibt, D. / Stahlknecht, P. / Strunz, H. / Thome, R. / Wedekind, H. (Hrsg.; 1990); *Lexikon der Wirtschaftsinformatik*; 2. Aufl., Berlin usw.: Springer, 1990;

Miksch, K. (1991); *Management Informationssysteme: Der Nutzen steckt im Design*; in: DMR, o. Jg., Nr. 11, Nov. 1991, S. 12 - 16;

Millet, I. / Mawhinney, C. H. (1992); *Executive Information Systems: A Critical Perspective*; in: I&M, Vol. 23, 1992, S. 83 - 92;

Minnig, C. (1991); *Einfluss der computergestützten Informations- und Kommunikationstechnologie auf das menschliche Informationsverhalten: Wirkungsanalyse und organisatorische Reaktionsmöglichkeiten*; Bern usw.: Lang, 1991;

Mintzberg, H. (1973/1980): *The Nature of Managerial Work*, 2. Aufl., Englewood Cliffs, N. J. usw.: Prentice-Hall, 1980;

Mintzberg, H. (1975a); *The Managers Job: Folklore and Fact*; in: HBR, 53. Jg., Nr. 4, Juli-Aug. 1975, S. 49 - 61; ngdr. u. a. in: Quinn et al. (Hrsg.; 1988), S. 22 - 31 sowie in HBR, 68. Jg., Nr. 2, März-Apr. 1990;

Mintzberg, H. (1975a/1990); *Zwischen Fakt und Fiktion - der schwierige Beruf Manager*; dt. Übersetzung von Mintzberg (1975a), in: HM, 12. Jg., Nr. 4, Okt.-Dez. 1990, S. 86 - 98;

Mintzberg, H. (1975b); *Impediments to the Use of Management Information*, New York, 1975; in Ausschnitten ngdr. in: Mintzberg (1989) bzw. Mintzberg (1989/1991);

Mintzberg, H. (1975b/1991); *Die Rolle des* MIS *bei der Informationsverarbeitung*; in: Mintzberg (1989/1991), S. 85 - 88;

Mintzberg, H. (1976); *Planning on the Left Side, Managing on the Right*; in: HBR, 54. Jg., Nr. 4, Juli-Aug. 1976;

Mintzberg, H. (1989); *Mintzberg on Management: Inside Our Strange World of Organizations*; New York: Free Press, 1989;

Mintzberg, H. (1989/1991); *Mintzberg über Management: Führung und Organisation, Mythos und Realität*; dt. Übersetzung von Mintzberg (1989), Wiesbaden: Gabler, 1991;

Mintzberg, H. (1991); *Managerial Work: Forty Years Later*; in: Carlson/Mintzberg/Stewart (1991), S. 97 - 118;

Mockler, R. J. (1968/1988); *The Systems Approach to Business Organization and Decision Making*; in: CMR, 11. Jg., Nr. 2, Win. 1968/69, S. 53 - 58; ngdr. in: Wetherbe et al. (Hrsg.; 1988), S. 25 - 31;

Montgomery, D. B. / Urban, G. L. (1970/1976); *Marketing Decision-Information Systems: An Emerging View*; in: JMR, 7. Jg., Nr. 2, Mai 1970, S. 226 - 234; ngdr. in: Davis/Everest (Hrsg.; 1976), S. 7 - 16;

Morell, J. A. / Fleischer, M. (1988); *Use of Office Automation by Managers - How Much, and to What Purpose?*; in: I&M, Vol. 14, 1988, S. 205 - 210;

Müller, B. (1992); *Eine Maus für den Chef*; in: WiWo, 46. Jg., Nr. 9 vom 28.02.1992, S. 111 - 115;

Müller-Böling, D. / Ramme, I. (1990); *Informations- und Kommunikationstechniken für Führungskräfte: Top-Manager zwischen Technikeuphorie und Tastaturphobie*; München usw.: Oldenbourg, 1990;

Müller-Stewens, G. (1993); *Strategisches Management*; in: Gabler Verlag (Hrsg.; 1993), Bd. 7, S. 3178 - 3182;

Mußhoff, H. J. (1989); *Decision Support Systems (DSS)*; in: Szyperski/Winand (Hrsg.; 1989), Sp. 255 - 262;

Myers-Briggs, I. (1962); *Manual for the Myers-Briggs Type Indicator*; Princeton, N. J.: Educational Testing Service, 1962;

Naumann, J. D. / Jenkins, A. M. (1982); *Prototyping: The New Paradigm for Systems Development*, in: MISQ, 6. Jg., Nr. 3, Sep. 1982, S. 29 - 44;

Neuschel, R. (1960); *Management by System*; New York: McGraw-Hill, 1960;

Newell, A. / Simon, H. A. (1972); *Human Problem Solving*; Englewood Cliffs, N. J.: Prentice-Hall, 1972;

Newquist, H. P. (1986/1988); *Expert Systems: The Promise of a Smart Machine*; in: Computerworld, o. Jg., o. Nr., 1986; ngdr. in: Wetherbe et al. (Hrsg.; 1988), S. 358 - 365;

Nichols, G. E. (1969/1977); *On the Nature of Management Information*; in: Management Accounting, Apr. 1969, S. 9 - 13; ngdr. in: Dock et al. (Hrsg.; 1977), S. 71 - 79;

Nilsson, R. (1990); *Strategischer Erfolgsfaktor Wissensverarbeitung: Von der Datenverarbeitung über die Informationsverarbeitung zur Wissensverarbeitung*; in: CMn, 15. Jg., Nr. 3, Mai 1990, S. 134 - 138;

Nippa, M. (1988); *Gestaltungsgrundsätze für die Bürorganisation: Konzepte für eone informationsorientierte Unternhmungsentwicklung unter Berücksichtigung neuer Bürokommunikationstechniken*; Berlin: Schmidt, 1988;

O'Reilly, C. A. (1983); *The Use of Information in Organizational Decision Making: A Model and Some Propositions*; in: ROB, 5. Jg., 1983, S. 103 - 139; ngdr. in: Cummings / Staw (Hrsg.; 1990), S. 89 - 125;

O'Reilly, C. A. / Chatman, J. A. / Anderson, J. C. (1987); *Message Flow and Decision Making*; in: Jablin et al. (Hrsg.; 1987), S. 600 - 623;

O. V. (1990); *EIS: Glasnost für die Chefetage*, in: DMR, o. Jg., Nr. 2, Feb. 1990, S. 14 - 20;

Oppelt, R. U. G. (1990); *Der Einfluß deutscher Banken auf Industrie-Aktiengesellschaften im Lichte der Property Rights Theorie*; Diplomarbeit, München: Ludwig-Maximilians-Universität, 1990;

Oppelt, R. U. G. (1992); *Executive Information Systems: EIS-Konferenz am 5. und 6. November in Berlin*; Kongreßbericht, in: OM, 40. Jg., Nr. 3, März 1992, S. 113 f.;

Ortner, E. (1991); *Informationsmanagement: Wie es entstand, was es ist und wohin es sich entwickelt*; in: Informatik-Spektrum, 14. Jg., 1991, S. 315 - 327;

Ott, H.-J (1992).; *Informationsmanagement*; in: WISU, o. Jg., Nr. 6, Dez. 1992, S. 476 - 482;

Paller, A. / Laska, R. (1990); *The EIS-Book: Information Systems for Top Managers*; Homewood, Ill.: Dow Jones-Irwin, 1990;

Petrovic, O. (1992); *Groupware - Systemkategorien, Anwendungsbeispiele, Problemfelder und Entwicklungsstand*; in: IM, 7. Jg., Nr. 1, Feb. 1992;

Picot, A. (1982); *Neue Techniken der Bürokommunikation in wirtschaftlicher und organisatorischer Sicht*; in: CW-CSE (Hrsg.; 1982), S. 261 - 295;

Picot, A. (1986a); *Informationsmanagement und Unternehmensstrategie*; in: CW-CSE (Hrsg.; 1986), S. 757 - 796;

Picot, A. (1986b); *Zehn Thesen zur Bedeutung der Informationstechnik für die Betriebswirtschaftslehre*; in: IM, 1. Jg., Nr. 3, Aug. 1986, S. 52 - 54;

Picot, A. (1987a); *Betriebswirtschaftlicher Nutzen von Electronic Mail*; in: IM, 2. Jg., Nr. 2, Mai 1987, S. 61 - 67;

Picot, A. (1987b); *Ökonomische Theorien und Führung*; in: Kieser et al. (Hrsg.; 1987), Sp. 1583 - 1595;

Picot, A. (1988a); *Produktionsfaktor Nr. 1: Information*; in: Siemens-Zeitschrift, o. Jg., Nr. 4, 1988, S. 4 - 7;

Picot, A. (1988b); *Markterfolg durch Information*; in: Comparex Journal; o. Jg., Nr. 4, 1988, S. 3;

Picot, A. (1989a); *Der Produktionsfaktor Information in der Unternehmensführung*; in: Thexis, Nr. 4/1989, S. 3 - 9;

Picot, A. (1989b); *Zur Bedeutung allgemeiner Theorieansätze für die betriebswirtschaftliche Information und Kommunikaton: Der Beitrag der Transaktionskosten- und Principal-Agent-Theorie*; in: Kirsch/Picot (Hrsg.; 1989), S. 361 - 379;

Picot, A. (1990); *Der Produktionsfaktor Information in der Unternehmensführung*; in: IM, 5. Jg., Nr. 1, Feb. 1990, S. 6 - 14;

Picot, A. (1993); *Organisation*; in: Bitz et al. (Hrsg.; 1993); Bd. 2, S. 101 - 174;

Picot, A. / Franck, E. (1988); *Die Planung der Unternehmensressource Information*; in: WISU, Nr. 10 u. 11, Okt. bzw. Nov. 1988, S. 544 - 549 bzw. 608 - 614;

Picot, A. / Lange, B. (1979); *Synoptische versus inkrementale Gestaltung des strategischen Planungsprozesses - Theoretische Grundlagen und Ergebnisse einer Laborstudie*; in: ZfbF, 31. Jg., Nr. 8, Aug. 1979, S. 569 - 596;

Picot, A. / Maier, M. (1992); *Computergestützte Informationssysteme*; in: Frese (Hrsg.; 1992), Sp. 923 - 936;

Picot, A. / Reichwald, R. (1984/1987); *Bürokommunikation: Leitsätze für den Anwender*; 3. Aufl., Hallbergmoos: AIT, 1987;

Picot, A. / Reichwald, R. (1985); *Zur Effektivierung der Büroarbeit mit neuer Kommunikationstechnik: Einige Leitsätze für das Organisationsmanagement*; in: FBO GmbH (Hrsg.; 1985), S. 8 - 11;

Picot, A. / Reichwald, R. (1991); *Informationswirtschaft*; in: Heinen (Hrsg.; 1991), S. 241 - 393;

Picot, A. / Reichwald, R. (1994); *Auflösung der Unternehmung? Vom Einfluß der IuK-Technik auf Organisationsstrukturen und Kooperationsformen*; in: ZfB, 64. Jg., Nr. 5, Mai 1994, S. 547 - 570;

Piechota, S. (1993); *Perspektiven für die DV-Unterstützung des Controlling mit Hilfe von Führungsinformationssystemen;* in: Behme/Schimmelpfeng (Hrsg.; 1993), S. 83 - 103;

Piercy, N. (Hrsg.; 1987); *Management Information Systems: The Technology Challenge*; London: Croom Helm, 1987;

Pohle, K. (1990); *Kritsiche Analyse des Management-Informationssystems aus der Sicht des Vorstandes*; in: Küpper et al. (Hrsg.; 1990), S. 1 - 18;

Popper, K. R. (1972); *Objective Knowledge*; Oxford, 1972;

Popper, K. R. (1972/1974); *Objektive Erkenntnis: Ein evolutionärer Entwurf*; 2. Aufl. der dt. Übersetzung von Popper (1972), Hamburg: Hoffmann & Campe, 1974;

Porter, M. E. / Millar, V. E. (1985); *How Information Gives You Competitive Advantage: The Information Revolution Is Transforming the Nature of Competition*; in: HBR, 63. Jg., Nr. 4, Juli-Aug. 1985, S. 149 - 160;

Porter, M. E. / Millar, V. E. (1985/1986); *Wettbewerbsvorteile durch Information: Die Informationstechnik revolutioniert Branchen und Märkte*; dt. Übersetzung von Porter/Millar (1985), in: HM, 8. Jg., Nr. 1, Jan.-März 1986, S. 26 - 35;

Pounds, W. F. (1969/1976); *The Process of Problem Finding*; in: Industrial Management Review, 11. Jg., Nr. 1, Her.1969, S. 1 - 19; ngdr. in: Davis/Everest (Hrsg.; 1976), S. 188 - 194;

Prince, T. R. (1966); *Information Systems for Management Planning and Control*; Homewood, Ill.: Irwin, 1966;

Probst, A. R. / Valicek, A. (1986); *Management Support Systems: Beitrag zur Unterstützung der unternehmerischen Führungsprozesse*; in: DU, 40. Jg., Nr. 3, Juni 1986, S. 180 - 193;

Quinn, J. B. / Mintzberg, H. / James, R. M. (Hrsg.; 1988); *The Strategy Process: Concepts, Contexts, and Cases*; Englewood Cliffs, N. J. usw.: Prentice-Hall, 1988;

Radermacher, F.-J. (1988); *Entwicklungsperspektiven rechnergestützter Entscheidungsfindung*; in: Wolff (Hrsg.; 1988), S. 289 - 320;

Rainer, R. K. Jr. (1989); *Successful Executive Information Systems: A Multiple Constituency Approach*; Diss., Athens: University of Georgia, 1989;

Rainer, R. K. Jr. / Snyder, C. A. / Watson, H. J. (1992); *The Evolution of Executive Information System Software*; in: DSSs, 8. Jg., Nr. 4, Aug. 1992, S. 333 - 341;

Ramme, I. (1990); *Die Arbeit von Führungskräften: Konzepte und empirische Ergebnisse*; Bergisch Gladbach: Eul, 1990;

Rappaport, A. S. (1968/1988); *Management Misinformation Systems - Another Perspective*; in: MS, 15. Jg., Nr. 4, Dez. 1968, S. B-133 - B-136; ngdr. in: Dock et al. (Hrsg.; 1977), S. 127 - 130, Wetherbe et al. (Hrsg.; 1988), S. 88 - 91;

Ream, N. J. (1960); *The Need for Compact Management Intelligence*; in: Malcolm/Rowe (Hrsg.; 1960), S. 82 - 94;

Reichmann, T. (1990); *Kennzahlengestütztes Controlling auf der Basis eines Führungsinformationssystems*; in: Scheer (Hrsg.; 1990), S. 159 - 185;

Reichmann, T. / Fritz, B. / Nölken, D. (1993); *EIS-gestütztes Controlling: Schnittstelle zwischen Controlling und Informationsmanagement*; in: Scheer (Hrsg.; 1993), S. 463 - 489;

Reichwald, R. (1992); *Die Wiederentdeckung der menschlichen Arbeit als primärer Produktionsfaktor für eine marktnahe Produktion*; in: Reichwald (Hrsg.; 1992), S. 3 - 18;

Reichwald, R. (1993); *Kommunikation*; in: Bitz et al (Hrsg.; 1993), Bd. 2, S. 447 - 494;

Reichwald, R. (Hrsg.; 1992); *Marktnahe Produktion: Lean Production - Leistungstiefe - Time to Market - Vernetzung - Qualifikation*; Wiesbaden: Gabler, 1992;

Reichwald, R. / Manz, U. / Odemer, W. / Sorg, S. (1984); *Ein integriertes Bürosystem im Organisationstest - Ergebnisse der Begleituntersuchung im Kooperationsfeld von Führungskräften*; in: Beckurts/Reichwald (1984), S. 71 - 166.

Reichwald, R. / Nippa, M. (1988); *Die Büroaufgabe als Ausgangspunkt erfolgreicher Anwendungen neuer Informations- und Kommunikationstechnik*; in: IM, 3. Jg., Nr. 2, Mai 1988, S. 16 - 23;

Reichwald, R. / Stauffert, T. (1989); *Bürokommunikationstechnik für Führungskräfte: Gibt es Nutzungspotential?*; in: OM, 37. Jg., Nr. 4, Apr. 1989, S. 6 - 12;

Reindl, E. J. (1991); *Auswertung der CW-Extra-Befragung bei deutschen Top-Anwendern: Kosten-/Nutzennachweis versus IT-Investition?*; in: CW Extra »Information Management bei den Top 100«, o. Jg., Nr. 5 v. 13.12.1991, S. 34 f. u. 49;

Reinermann, H. (1991); *Gestaltung von Führungs-Informationssystemen*; in: Reinermann (Hrsg.; 1991), S. 353 - 389;

Reinermann, H. (Hrsg.; 1991); *Führung und Information - Chancen der Informationstechnik für die Führung in Politik und Verwaltung*; Heidelberg: Decker & Müller, 1991;

Reinhard, W. / Weidermann, P. (1984); *Planung als Voraussetzung der Führung*; in: Heinen (Hrsg.; 1984), S. 51 - 137;

Rhind, R. (1968); *Management Information Systems: Some Dreams Have Turned to Nightmares*; in: BH, 11. Jg., Nr. 3, Juni 1968, S. 37 - 46;

Rieger, B. (1990a); *Vergleich ausgewählter EIS-Generatoren*; in; WI, 32. Jg., Nr. 6, Dez. 1990, S. 503 - 518;

Rieger, B. (1990b); *Executive Information Systems (EIS): Büroautomation für das Top-Management*; in: Fuhrmann/Pietsch (Hrsg.; 1990), S. 183 - 206;

Rieger, B. (1990c); *Executive Information Systems (EIS): Rechnergestützte Aufbereitung von Führungsinformationen*; in: Krallmann (Hrsg.; 1990), S. 103 - 125;

Rockart, J. F. (1978); *A New Approach to Defining the Chief Executive's Information Needs*; CISR Working Paper Nr. 37, Sloan School of Management, MIT, Cambridge, Mass.: Mai 1978;

Rockart, J. F. (1979); *Chief Executives Define their Own Data Needs*; in: HBR, 57. Jg., Nr. 2, März-Apr. 1979, S. 81 - 93; ngdr. in: Rockart/Bullen (Hrsg.; 1986), S. 209 - 234;

Rockart, J. F. / Bullen, C. V. (Hrsg.; 1986); *The Rise of Managerial Computing: The Best of the Center for Information Systems Research, Sloan School of Management, Massachusettes Institute of Technology*; Homewood, Ill.: Dow Jones-Irwin, 1986;

Rockart, J. F. / De Long, D. W. (1986); *Executive Support Systems and the Nature of Executive Work*; CISR Working Paper Nr. 135, Sloan School of Management, MIT, Cambridge, Mass.: Apr. 1986;

Rockart, J. F. / De Long, D. W. (1988); *Executive Support Systems: The Emergence of Top Management Computer Use*, Homewood, Ill.: Dow Jones-Irwin, 1988;

Rockart, J. F. / Treacy, M. E. (1980); *Executive Information Support Systems*; CISR Working Paper Nr. 65, Sloan School of Management, MIT, Cambridge, Mass.: Nov. 1980;

Rockart, J. F. / Treacy, M. E. (1982/1986); The CEO Goes On-Line; in: HBR, 60. Jg., Nr. 1, Jan.-Feb. 1982; ngdr. in: Rockart/Bullen (Hrsg.; 1986), S. 135 - 147;

Roethlisberger, F. / Dickson, W. (1939); Management and the Worker; Cambridge, Mass., 1939;

Rosenzweig, J. (1960); *The Weapon Systems Management Concept and Electronic Data Processing*; in: MS, 6. Jg., Nr. 2, Jan. 1960, S. 149 - 164;

Rühli, E. (1989); *Entscheidungsorientierter Ansatz und Allgemeine Betriebswirtschaftslehre*; in: Kirsch/Picot (Hrsg.; 1989), S. 99 - 117;

Sanders, D. H. (1970/1972); *Computer und Management*; dt. Übersetzung der 1. Aufl. von Sanders (1970/1974), Berlin usw.: de Gruyter, 1972;

Sanders, D. H. (1970/1974); *Computers and Management;* 2. Aufl., New York usw.: McGraw-Hill, 1974;

Sayles, L. R. (1964); *Management Behaviour: Administration in Complex Organizations*; New York usw.: McGraw-Hill, 1964;

Sayles, L. R. (1979); *Leadership: What Effective Managers Really Do ... and How They Do It*; New York usw.: McGraw-Hill, 1979;

Scheer, A.-W. (Hrsg.; 1990); *Rechnungswesen und EDV, 11. Saarbrücker Arbeitstagung 1990: Wandel der Kalkulationsobjekte*; Heidelberg: Physica, 1990;

Scheer, A.-W. (Hrsg.; 1993); *Handbuch Informations Management: Aufgaben - Konzepte - Praxislösungen*; Wiesbaden: Gabler, 1993;

Schirmer, F. (1992); *Arbeitsverhalten von Managern: Bestandsaufnahme, Kritik und Weiterentwicklung der Aktivitätsforschung*; Wiesbaden: Gabler, 1992;

Schmacke, E. (Hrsg.; 1993); *Die großen 500 auf einen Blick: Deutschlands Top-Unternehmen mit Anschriften, Umsätzen, Management*; Ausgabe 1993/94, Neuwied usw.: Luchterhand, 1993;

Schmidhäusler, F. J. (1990a); *EIS - Executive Information System: Zur Computerunterstützung des Topmanagements*; in: ZFO, 59. Jg., Nr. 2, März/Apr. 1990, S. 118 - 127;

Schmidhäusler, F. J. (1990b); *Das MIS ist tot, es lebe das EIS*; in: Controlling, 2. Jg., Nr. 3, Mai-Juni 1990, S. 156 - 158;

Schmidt, G. (1993); *Expertensysteme*; in: Scheer (Hrsg.; 1993), S. 847 - 867;

Schmidt, R.-B. (1969); *Wirtschaftslehre der Unternehmung II: Zielerreichung*; Stuttgart: 1969;

Schmitz, P. (1992); *Expertensysteme*; in: Frese (Hrsg.; 1992), Sp. 611 - 626;

Schneider, D. (1987); *Allgemeine Betriebswirtschaftslehre*; 3. Aufl., München usw.: Oldenbourg, 1987;

Schneider, M. (1991); *Die Sendung mit der Maus*; in: MM, 21. Jg., Nr. 7, Juli 1991, S. 121 - 125;

Scholz, L. (1991); *Strategische Unternehmensplanung in der deutschen Industrie: Bestandsaufnahme und kritische Bewertung*; in: IFO-Schnelldienst, o.Jg., Nr. 11, Nov. 1991, S. 17 - 25;

Schreyögg, G. / Hübl, G. (1992); *Manager in Aktion: Ergebnisse einer Beobachtungsstudie in mittelständischen Unternehmen*; in: ZFO, 61. Jg., Nr. 2, März-Apr. 1992, S. 82 - 89;

Schultz, G. / Whisler, T. (Hrsg.; 1960); *Management Organization and the Computer*; Glencoe, Ill.: Free Press, 1960;

Scott Morton, M. S. (1971);* Management Decision Systems: Computer-Based Support for Decision Making; Boston, Mass.: Harvard University, 1971;

Scott Morton, M. S. (1983/1984);* *The State of the Art of Research in Management Support Systems*; CISR Working Paper Nr. 107, Sloan School of Management, Cambridge, Mass.: Juli 1983; ngdr. in: McFarlan (Hrsg.; 1984), S. 13 - 41 sowie in: Rockart/Bullen (Hrsg.; 1986), S. 325 - 353;

Scott, G. M. (1986); *Principles of Management Information Systems*; New York usw.: McGraw-Hill, 1986;

Seibt, D. / Kemper, H. G. / Ballensiefen, K. / Schardt, D. (1994); *Executive Information Systems (EIS) in deutschen Großunternehmen: Ergebnisse einer empirischen Erhebung*; Arbeitsbericht 94/1, Lehrstuhl für Wirtschaftsinformatik insbesondere Informationsmanagement, Universität zu Köln, Köln: Juli 1994;

Senn, J. A. (1978/1990); *Information Systems in Management*, 4. Aufl.; Belmont, Cal.: Wadsworth, 1990;

Seyfried, K.-H. (1991); *Fundiert entscheiden: Mit Elektronik Zeit gewinnen*; in: Capital, o. Jg., Nr. 2, Feb. 1991, S. 158 - 159;

Shannon, C. E. / Weaver, W. (1949); *The Mathematical Theory of Communication*; Urbana, Ill.: 1949;

Simon, H. A. (1945/1976); *Administrative Behavior: A Study of Decision-Making Processes in Administrative Organization*; 3. Aufl., New York usw.: Macmillan, 1976;

Simon, H. A. (1945/1981); *Entscheidungsverhalten in Organisationen: Eine Untersuchung von Entscheidungsprozessen in Management und Verwaltung*; dt. Übersetzung von Simon (1945/1976), Landsberg am Lech: Moderne Industrie, 1981;

Simon, H. A. (1960/1977); *The New Science of Management Decision*; 3. Aufl., Englewood Cliffs, N. J.: Prentice-Hall, 1977;

Simon, H. A. (1968/1976); *The Future of Information-Processing Technology*; in: MS, 14. Jg., 1968, S. 619 - 624; ngdr. in: Simon (1945/1976), S. 279 - 287;

Simon, H. A. (1973/1976); *Applying Information Technology to Organization Design*; in: PAR, 33. Jg., 1973, S. 268 - 278; ngdr. in: Simon (1945/1976), S. 288 - 308;

Simon, H. A. / Newell, A. (1958); *Heuristic Problem Solving: The Next Advance in Operations Research*; in Operations Research, 6. Jg., Nr. 1, Jan.-Feb. 1958, S. 1 - 10;

Snyder, N. H. / Wheelen, T. L. (1981); *Managerial Roles: Mintzberg and the Management Process Theorists*; in: Academy of Management Proceedings, Bd. 41, 1981, S. 249 - 253.

Sollenberger, H. M. (1969/1977); *Management Information Systems in the Real World*; Working Paper, American Institute of Certified Public Accountants, Inc., 1969; ngdr. in: Dock, et al. (Hrsg.; 1977), S. 440 - 447;

Sprague, R. H. Jr. (1980/1988); *A Framework for the Development of Decision Support Systems*; in: MISQ, 4. Jg., Nr. 4, Dez. 1980, S. 1 - 26; ngdr. in: Wetherbe et al. (Hrsg.; 1988), S. 304 - 327;

Sprague, R. H. Jr. (1986); *DSS in Context*; in: McLean/Sol (Hrsg.; 1986), S. 19 - 24;

* Nachdem in angelsächsischen wie deutschsprachigen Veröffentlichungen (auch des Autors selbst) Uneinigkeit herrscht über die Zuordnung des Namensbestandteils »Scott« zu Vor- oder Nachnamen, lehnt sich die vorliegende Zitierweise am aktuellen MIT-Vorlesungsverzeichnis an.

Sprague, R. H. Jr. / Carlson, E. D. (1982); *Building Effective Decision Support Systems*; Englewood Cliffs, N. J.: Prentice-Hall, 1982;

Sproull, L. S. / Crecine, J. P. (Hrsg.; 1984); *Advances in Information Processing in Organisations*, 1984.

Stabell, C. B. (1986); *Decision Support Systems: Alternative Perspectives and Schools*; in: McLean/Sol (Hrsg.; 1986), S. 173 - 182;

Staehle, W. H. (1991); *Management: Eine verhaltenswissenschaftliche Perspektive*; 6. Aufl., München: Vahlen, 1991;

Stahlknecht, P. (1990); *Management-Informationssysteme (MIS)*; in: Mertens et al. (Hrsg.; 1990), S. 265 - 267;

Steinmann, H. / Schreyögg, G. (1990); *Management: Grundlagen der Unternehmensführung - Konzepte, Funktionen, Praxisfälle*; Wiesbaden: Gabler, 1990;

Stern, H. A. (1971); *A Management Information System: What Is It and Why?*; in: Grochla/Szyperski (Hrsg.; 1971), S. 133 - 144;

Stewart, R. (1967/1988); *Managers and their Jobs: A Study of the Similarities and Differences in the Ways Managers Spend their Time*; 2. Aufl., London usw.: Macmillan, 1988;

Stewart, R. (1987); *Middle Managers: Their Jobs and Behavior*; in: Lorsch (Hrsg.; 1987), S. 385 - 391;

Stewart, R. (1989); *Studies of Managerial Jobs and Behaviour: The Ways Forward*; in: JMS, 26. Jg., Nr. 1, Jan. 1989, S. 1 - 10; ngdr. in: Carlson/Mintzberg/Stewart (1991), S. 137 - 146;

Stewart, R. (1991); *Role Sharing at the Top: A Neglected Aspect of Studies of Managerial Behaviour*; in: Carlson et al. (1991), S. 120 - 136;

Stoller, D. / Van Horn, R. (1958); *Design of a Management Information System*; Dokument Nr. AD 400-353; Santa Monica, Cal.: Rand Corporation, 1958;

Straub, D. W. / Wetherbe, J. C. (1989); *Information Technologies for the 1990s: An Organizational Impact Perspective;* in: CACM, 32. Jg., Nr. 11, Nov. 1989, S. 1328 - 1339;

Streicher, H. (1985); *Die Angst des Vorstands vor dem Computer: Akzeptanzprobleme des Top-Managements bei der Datenverarbeitung und neuen Bürotechniken*; in: FBO (Hrsg.; 1985), S. 70 - 73;

Swanson, E. B. (1992); *Information Accessibility Reconsidered*; in: AMIT, 2. Jg., Nr. 3, 1992, S. 183 - 196;

Synnott, W. R. (1987); *The Information Weapon: Winning Customers and Markets with Technology*, New York usw.: Wiley, 1987;

Szyperski, N. (1980); *Informationsbedarf*; in: Grochla (Hrsg.), Sp. 904 - 913;

Szyperski, N. / Winand, U. (Hrsg.; 1989); *Handwörterbuch der Planung*; Stuttgart: Poeschel, 1989;

Thierauf, R. J. (1984/1987); *Effective Management Information Systems: Accent on Current Practices*; 2. Aufl., Columbus, Ohio: Merrill, 1987;

Thierauf, R. J. (1991); *Executive Information Systems: A Guide for Senior Management and MIS Professionals*, New York usw.: Quorum, 1991;

Todd, P. / Benbasat, I. (1992); *The Use of Information in Decision Making: An Experimental Investigation of the Impact of Computer Based Decision Aids*; in: MISQ, 16. Jg., Nr. 3, Sep. 1992, S. 373 - 393;

Tolliver, E. M. (1971/1988); *Myths of Automated Management Systems*; in: JSM, 22. Jg., Nr. 3, März 1971; ngdr. in: Dock et al. (Hrsg.; 1977), S. 113 - 118, Wetherbe et al. (Hrsg.; 1988), S. 75 - 79;

Tom, P. L. (1991); *Managing Information as a Corporate Resource*; 2. Aufl., New York usw.: Harper Collins, 1991;

Treacy, M. E. (1985/1986); *Future Directions in DSS Technology*; CISR Working Paper Nr. 123, Sloan School of Management, MIT, Cambridge, Mass.: Jan. 1985; ngdr. in: Rockart/Bullen (Hrsg.; 1986), S. 111 - 129;

Turban, E. (1988/1990); *Decision Support and Expert Systems: Management Support Systems*; 2. Aufl.; New York usw.: Macmillan, 1990;

Turban, E. / Watkins, P. R. (1986/1988); *Integrating Expert Systems and Decision Support Systems*; in: MISQ, 10. Jg., Nr. 2, Juni 1986, S. 121 - 136; ngdr. in: Wetherbe et al. (Hrsg.; 1988), S. 366 - 381;

Ulrich, H. (1989); *Organisationskonzepte der industriellen Unternehmung im technologischen Wandel*; in: Bühner (Hrsg.; 1989), S. 53 - 61;

Ulrich, P. (1989); *Der spezielle Blick der Allgemeinen Betriebswirtschaftslehre für die ökonomischen Dinge der Unternehmensführung: Ein sozialökonomischer Ansatz*; in: Kirsch/Picot (Hrsg.; 1989), S. 137 - 154;

Vogel, B. (1991); *Chefinformationssysteme: Konzerne per Knopfdruck im Griff*; in: IMn, o. Jg., Nr. 8, Aug. 1991, S. 116 - 121;

Vogel, C. / Wagner, H.-P. (1993); *Executive Information Systems: Ergebnisse einer empirischen Untersuchung zur organisatorischen Gestaltung*; in: ZFO, 62. Jg., Nr. 1, 1993, S. 26 - 33;

Volonino, L. / Watson, H. J. (1990); *The Strategic Business Objectives Method for Guiding Executive Information Systems Development*; in: JISM, 7. Jg., Nr. 3, Win. 1990-91, S. 27 - 39; ngdr. in: Watson et al. (Hrsg.; 1992), S. 145 - 159;

Wagner, H.-P. (1992); *EIS im Angebot: Produktvergleich*; in: Computer Persönlich, o. Jg., Nr. 13 v. 10. Juni 1992, S. 76 - 78;

Wahren, H.-K. (1987); *Zwischenmenschliche Kommunikation und Interaktion im Unternehmen: Grundlagen, Probleme und Ansätze zur Lösung*; Berlin usw.: de Gruyter, 1987;

Watson, H. J. / Frolick, M. N. (1991/1992); *Determining Information Requirements for an Executive Information System*; in: IS/EJ, 1991; ngdr. in: Watson et al. (Hrsg.; 1992), S. 161 - 176;

Watson, H. J. / Frolick, M. N. (1992); *Executive Information Systems: Determing Information Requirements*; in: JISM, 9. Jg., Nr. 2, Frj. 1992, S. 37 - 43;

Watson, H. J. / Frolick, M. N. (1993); *Determining Information Requirements for an EIS*; in: MISQ, 17. Jg.,Nr. 3, Sep. 1993, S. 255 - 269;

Watson, H. J. / Rainer, R. K. Jr. / Houdeshel, G. (Hrsg.; 1992); *Executive Information Systems: Emergence Development Impact*; New York usw.: Wiley, 1992;

Watson, H. J. / Rainer, R. K. Jr. / Koh, C. E. (1991); *Executive Information Systems: A Framework for Development and a Survey of Current Practices*; in: MISQ, 15. Jg., Nr. 1, März 1991, S. 13 - 30;

Watzlawick, P. / Beavin, J. H. / Jackson, D. D. (1967); *Pragmatics of Human Communication: A Study of Interactional Patterns, Pathologies, and Paradoxes*; New York: Norton, 1967;

Watzlawick, P. / Beavin, J. H. / Jackson, D. D. (1967/1990); *Menschliche Kommunikation: Formen, Störungen, Paradoxien*; 8. Aufl. der dt. Übersetzung von Watzlawick et al. (1967), Bern usw.: Huber, 1990;

Weber, J. (1993); *Controlling*; in: Gabler Verlag (Hrsg.; 1993), Bd. 2, S. 689 - 691;

Weick, K. E. (1969/1979); *The Social Psychology of Organizing*; 2. Aufl., Reading, Mass.: Addison-Wesley, 1979;

Weizsäcker, E. v. (1974); *Erstmaligkeit und Bestätigung als Komponenten der pragmatischen Information*; in: Weizsäcker (Hrsg.; 1974), S. 82 - 113;

Weizsäcker, E. v. (Hrsg.; 1974); *Offene Systeme I: Beiträge zur Zeitstruktur von Information, Entropie und Evolution*; Stuttgart: Klett, 1974;

Welge, M. K. / Al-Laham, A. (1992); *Strategisches Management, Organisation*; in: Frese (Hrsg.; 1992), Sp. 2355 - 2374;

Weltz, F. / Bollinger, H. / Ortmann, R. G. (1989); *Qualitätsförderung im Büro: Konzepte und Praxisbeispiele*; Frankfurt am Main usw.: Campus, 1989;

Weltz, F. / Bollinger, H. (1990); *Management und Computer: Bisher keine Erfolgsstory - Der Wandel der Führungsfunktion durch den Einsatz neuer Informations- und Kommunikationstechnik*; in: OM, 38. Jg., Nr. 7-8, Juli-Aug. 1990, S. 48 - 53;

Werner, L. (1992); *Entscheidungsunterstützungssysteme: Ein problem- und benutzerorientiertes Management-Instrument*; Heidelberg: Physica, 1992;

Wessling, E. (1991); *Individuum und Information: Die Erfassung von Information und Wissen in ökonomischen Handlungstheorien*; Tübingen: Mohr, 1991;

Wetherbe, J. C. (1991); *Executive Information Requirements: Getting It Right*; in: MISQ, 15. Jg., Nr. 1, März 1991, S. 51 - 65;

Wetherbe, J. C. / Dock, V. T. / Mandell, S. L. (Hrsg.; 1988); *Readings in Information Systems: A Managerial Perspective*; St. Paul, Minn.: West Publishing, 1988;

Wiener, N. (1948); *Cybernetics*; New York: Wiley, 1948;

Wieselhuber, N. (1990); *Informations-Management: Informationsvorsprung bedeutet Wettbewerbsvorteile!*; in: Heilmann et al. (Hrsg.; 1990), S. 29 - 54;

Wild, J. (1971); *Zur Problematik der Nutzenbewertung von Information*; in: ZfB, 41. Jg., Nr. 5, Mai 1971, S. 315 - 334;

Wilensky, H. (1967); *Organizational Intelligence, Knowledge and Policy in Government and Industry*; New York, 1967;

Williamson, O. E. (1993); *The Evolving Science of Organization*; in: JITE, 149. Jg., Nr. 1, 1993, S. 36 - 63;

Wilm, E. (1994); *Warum ist Führung eine Kunst, Herr von Kuenheim?; Interview mit E. v. Kuenheim*, in: FAZ-Magazin, 15. Jg., Nr. 724 vom 14. Jan. 1994, S. 36 f.;

Winograd, T. / Flores, F. (1986); *Understanding Computers and Cognition*; Norwood, N. J.: Ablex, 1986;

Winograd, T. / Flores, F. (1986/1989); *Erkenntnis Maschinen Verstehen: Zur Neugestaltung von Computersystemen*; dt. Übersetzung von Winograd/Flores (1986), Berlin: Rotbuch, 1989;

Wiseman, C. (1985); *Strategy and Computers: Information Systems as Competitive Weapons*, Homewood, Ill.: Dow Jones-Irvin, 1985;

Wiseman, C. / Macmillan, I. C. (1984/1988); *Creating Competitive Weapons from Information Systems*; in: JBS, 5. Jg., Nr. 2, Her. 1984; ngdr. in: Wetherbe et al. (Hrsg.; 1988), S. 146 - 155;

Witte, E. (1972); *Das Informationsverhalten in Entscheidungsprozessen*; Tübingen: Mohr, 1972;

Witte, E. (1988a); *Gegenstand und Methoden des Forschungsprojektes*; in: Witte et al. (Hrsg.; 1988), S. 19 - 35;

Witte, E. (1988b); *Phasen-Theorem und Organisation komplexer Entscheidungsverläufe*; in: Witte et al. (Hrsg.; 1988), S. 202 - 226;

Witte, E. (1992); *Entscheidungsprozesse*; in: Frese (Hrsg.; 1992), S. 552 - 565;

Witte, E. / Hauschildt, J. / Grün, O. (Hrsg.; 1988); *Innovative Entscheidungsprozesse: Die Ergebnisse des Projektes »Columbus«*; Tübingen: Mohr, 1988;

Wittmann, W. (1959); *Unternehmung und unvollkommene Information: Unternehmerische Voraussicht - Ungewißheit und Planung*; Köln usw.: Westdeutscher Verlag, 1959;

Wittmann, W. (1980); *Information*; in: Grochla (Hrsg.; 1980), Sp. 894 - 904;

Wöhe, G. (1960/1993), *Einführung in die Allgemeine Betriebswirtschaftslehre*; 18. Aufl., München: Vahlen, 1993;

Wolff, M. R. (Hrsg.; 1988); *Entscheidungsunterstützende Systeme im Unternehmen: Wirtschafts-Informatik-Symposium der IBM Deutschland GmbH 26. - 28. November 1986 in Bad Neuenahr*; München usw.: Oldenbourg, 1988;

Young, S. (1968/1988); *Organization as a Total System*; in: CMR, 10. Jg., Nr. 3, Frj. 1968, S. 21 - 32; ngdr. in: Dock et al. (Hrsg.; 1977), S. 48 - 59 sowie Wetherbe et al. (Hrsg.; 1988), S. 45 - 57;

Zani, W. M. (1970); *Blueprint for MIS*; in: HBR, 48. Jg., Nr. 6, Nov.-Dez. 1970, S. 95 - 100; ngdr. in: Davis/Everest (Hrsg.; 1976), S. 221 - 225;

Ziegenbein, K. (1992); *Controlling*; 4. Aufl., Ludwigshafen: Kiehl, 1992;

Zmud, R. W. (1986); *Supporting Senior Executives through Decision Support Technologies: A Review and Directions for Future Research*; in: McLean/Sol (Hrsg.; 1986), S. 87 - 101;

Zuboff, S. (1988); *In the Age of the Smart Machine: The Future of Work and Power*; Oxford usw.: Heinemann, 1988;

Zwass, R. (1992); *Management Information Systems*; Dubuque, 1992;

STICHWORTVERZEICHNIS

www.ingramcontent.com/pod-product-compliance
Lightning Source LLC
LaVergne TN
LVHW091726021026
849161LV00003BB/325